Jonn Elledge

DIE GESCHICHTE DER WELT IN 47 GRENZEN

Wie die Linien auf unseren Karten zustande kamen
und was sie uns über Politik, Macht und Gesellschaft verraten

Jonn Elledge

DIE GESCHICHTE DER WELT IN 47 GRENZEN

Wie die Linien auf unseren Karten zustande kamen und was sie uns über Politik, Macht und Gesellschaft verraten

FBV

Bibliografische Information der Deutschen Nationalbibliothek
Die Deutsche Nationalbibliothek verzeichnet diese Publikation in der Deutschen Nationalbibliografie.
Detaillierte bibliografische Daten sind im Internet über http://d-nb.de abrufbar.

Für Fragen und Anregungen
info@m-vg.de

Wichtiger Hinweis
Ausschließlich zum Zweck der besseren Lesbarkeit wurde auf eine genderspezifische Schreibweise sowie eine Mehrfachbezeichnung verzichtet. Alle personenbezogenen Bezeichnungen sind somit geschlechtsneutral zu verstehen.

1. Auflage 2025

Türkenstraße 89
80799 München
Tel.: 089 651285–0

Die englische Originalausgabe erschien 2024 bei WILDFIRE, einem Imprint der HEADLINE PUBLISHING GROUP unter dem Titel *A History of the World in 47 Borders*.

Übersetzung: Dr. Ulrich Korn
Redaktion: Rainer Weber
Umschlaggestaltung: Marc-Torben Fischer
Umschlagabbildung: Adobe Stock/Corona Borealis
Satz: Achim Münster, Overath
Druck: CPI books GmbH, Leck
Printed in the EU

Wir produzieren nachhaltig
www.m-vg.de

ISBN Print 978-3-95972-846-1
ISBN E-Book (EPUB, Mobi) 978-3-98609-613-7

Kritikerstimmen

»Extrem fesselnd und äußerst unterhaltsam. Dieses Buch ist ein wahres Paradies für grenzenlose Nerds – inklusive einer guten Portion Humor. Jonn Elledge versteht es meisterhaft, komplexe Themen zu durchleuchten und sie auf eine Weise zu erklären, die wie ein spannendes und amüsantes Gespräch in einer Bar wirkt.«

— Marina Hyde, Autorin von *What Just Happened?*

»Eine faszinierende und oft sehr lustige Geschichte über eines unserer großen aktuellen Themen: Grenzen.«

— Tom Holland, Autor sowie Moderator des Podcasts *The Rest Is History*

»Gefüllt mit Geschichten, die Sie bereits zu kennen glauben, sowie solchen, die selbst die größten Nerds in Ihrem Umfeld überraschen werden, wird Ihnen diese schlaue und teils unkonventionelle Erzählweise dabei helfen, die Welt aus einer ganz neuen Perspektive zu betrachten – vorausgesetzt, Sie schaffen es überhaupt, das Buch aus der Hand zu legen.«

— Patrick Maguire, Autor von *Left Out*

»Manchmal überraschend, manchmal humorvoll, mal düster, mal skurril oder auch alles zugleich – *Die Geschichte der Welt in 47 Grenzen* entwirrt einige der seltsamen historischen und geografischen Verstrickungen, in die wir uns selbst gebracht haben.«

— Gideon Defoe, Autor von *Atlas der ausgestorbenen Länder*

»Eine geniale Darstellung, wie diese Linien auf einer Karte das Leben, die Schicksale und die Volkswirtschaften beeinflussen. Nach dem Lesen werden Sie eine Landkarte mit ganz anderen Augen betrachten.«

— Stephen Bush, Kolumnist der *Financial Times*

»Es ist äußerst unterhaltsam, die moderne Welt in kurzen, spannenden Kapiteln zu erklären. Genau das Buch, das man sich wünscht.«

— Rob Hutton, Autor von *The Illusionist*

»Voller faszinierender Geschichten.«

— Greg Jenner, Autor sowie Moderator des Podcasts *You're Dead to Me*

»Alle Grenzen sind willkürlich, und jede Nation ist eine Erfindung. Jonn Elledge nimmt uns mit auf eine humorvolle Reise durch die faszinierenden, verstörenden und teils bizarren Entscheidungen, die die Welt zu dem gemacht haben, was sie heute ist.«

— Dorian Lynskey, Autor von *The Ministry of Truth*

»Irgendwie gelingt es Jonn Elledge, geopolitische Geschichte in eine unterhaltsame, faszinierende und aufschlussreiche Erkenntnis zu verwandeln, die uns nicht nur die heutige Welt näherbringt, sondern auch die Zerbrechlichkeit und Entschlossenheit des menschlichen Geistes offenbart. Voller überraschender Informationen, die man sofort jedem erzählen möchte, zeigt uns *Die Geschichte der Welt in 47 Grenzen*, dass Geschichte sich nicht wiederholt, sondern sich auf ungewöhnliche Weise direkt vor unseren Augen entfaltet. Ein großartiger Autor – ein Lesegenuss von Anfang bis Ende.«

— Miranda Sawyer, Autorin von *Out of Time*

»Einfach großartig. In diesem Buch lernt man mehr als in vielen Schuljahren.«

— Charlotte Ivers, Kolumnistin der *Sunday Times*

»Jonn Elledge ist ein ausgesprochen lebhafter Autor – warmherzig, humorvoll und gleichzeitig politisch scharfsinnig. Genau das macht ihn zum idealen Begleiter für eine Erkundung der Grenzen dieser Welt, die sich unter seinem fragenden Blick als tödlich ernst und zugleich vollkommen absurd entpuppen.«

— Phil Tinline, Autor von *The Death of Consensus*

»Mit dem Witz – und oft auch dem gleichen Tonfall – wie Douglas Adams, der uns von den tragischen Absurditäten der Galaxis erzählt, führt uns Jonn Elledge durch die Grenzen, die uns seit dem Zeitpunkt trennen, als wir beschlossen haben, nicht länger den Karibus zu folgen, um Getreide anzubauen und Steuern zu zahlen. Warum verlaufen manche Grenzen gerade, andere dagegen gebogen? Warum nimmt Israel am Eurovision Song Contest teil? Warum existiert Nordirland? Die Antworten auf diese Fragen finden Sie hier.«

— Matthew Sweet, Autor von *Operation Chaos*

INHALT

EINLEITUNG 13

TEIL 1: GESCHICHTEN 23

DIE VEREINIGUNG VON OBER- UND UNTERÄGYPTEN 25

DIE CHINESISCHE MAUER UND DIE GRENZE ALS VEREINIGER 31

WARUM IST EUROPA KEINE HALBINSEL IN ASIEN? 39

DER RÖMISCHE LIMES UND DIE MACHT DER PERIPHERIE 45

DAS VERMÄCHTNIS KARLS DES GROSSEN 55

DIE GRENZEN GROSSBRITANNIENS 65

ÜBER FEUDALISMUS, MARKGRAFEN, MARQUISEN UND GRENZFÜRSTEN 75

DIE POLITIK DER OFFENEN GRENZEN DES DSCHINGIS KHAN 81

SPANIEN UND PORTUGAL TEILEN DIE WELT UNTER SICH AUF 91

HEILIG, RÖMISCH UND EIN REICH 99

BRITANNIEN, IRLAND UND DIE ERFINDUNG DES KARTOGRAFISCHEN KOLONIALISMUS 109

DIE GRUNDLEGEND MISSVERSTANDENE MASON-DIXON-LINIE 117

DIE REFORMEN DER LOKALEN VERWALTUNGSSTRUKTUR DURCH KAISER NAPOLEON I. 127

DIE AMERIKANISCHE INVASION IN MEXIKO 135

DAS SCHLESWIG-HOLSTEIN-GESCHÄFT 141

»... WO NOCH NIE EIN WEISSER SEINEN FUSS HINGESETZT HAT« 149

DIE GRENZKOMMISSION SUDAN-UGANDA 159

EUROPÄISCHER NATIONALISMUS UND DIE VEREINIGTEN STAATEN VON GROSSÖSTERREICH . . . 165

GROSSBRITANNIEN UND FRANKREICH TEILEN DEN NAHEN OSTEN UNTER SICH AUF . . . 173

DIE TEILUNG VON ULSTER . . . 181

DIE TEILUNG INDIENS . . . 187

DER EISERNE VORHANG UND DIE TEILUNG BERLINS . . . 197

TEIL 2: VERMÄCHTNISSE . . . 205

KÖNIGSBERG/KALININGRAD: OSTDEUTSCHLAND/WESTRUSSLAND . . . 207

DER SELTSAME FALL VON BIR TAWIL . . . 215

DIE GEFAHREN DER GARTENARBEIT IN DER KOREANISCHEN DMZ . . . 221

CHINAS NEUN-STRICHE-LINIE UND IHRE KONFLIKTE . . . 229

DIE UNSICHEREN GRENZEN ZWISCHEN ISRAEL UND PALÄSTINA . . . 237

DIE SIAMESISCHEN ZWILLINGSSTÄDTE BAARLE-HERTOG UND BAARLE-NASSAU . . . 247

DIE GRENZE ZWISCHEN DEN USA UND KANADA – UND DAS PROBLEM MIT GERADEN LINIEN . . . 253

EIN PAAR FLECKEN, DIE NICHT ZUR SCHWEIZ ZÄHLEN . . . 261

ANMERKUNGEN ZU MIKROSTAATEN . . . 269

STADTGRENZEN . . . 275

DER FLUCH DER VORSTÄDTE UND DIE GRENZEN VON DETROIT . . . 283

WASHINGTON, D.C. UND DAS QUADRAT ZWISCHEN DEN STAATEN . . . 289

GRENZEN VOM ANDEREN ENDE DER WELT . . . 297

EINIGE VERSEHENTLICHE INVASIONEN . . . 305

COSTA RICA, NICARAGUA UND DER »GOOGLE-MAPS-KRIEG« . . . 311

DAS DILEMMA DES KARTOGRAFEN 317

TEIL 3: ANDERE ARTEN VON GRENZEN 323

EINE KURZE GESCHICHTE DES NULLMERIDIANS 325

EINIGE HINWEISE ZU ZEITZONEN 335

EINE KURZE GESCHICHTE DER INTERNATIONALEN DATUMSGRENZE 343

VON SEEGRENZEN UND DEM SEERECHT 351

EINIGE ANMERKUNGEN ZU BINNENSTAATEN 359

WIE DIE WELT TERRITORIALANSPRÜCHE IN DER ANTARKTIS EINFROR 363

DAS ANDERE, GRÖSSERE, MUSIKALISCHERE EUROPA 371

GRENZEN IN DER LUFT 379

DIE LETZTE GRENZE 385

FAZIT: DAS ENDE DER GRENZE 393

QUELLEN UND WEITERFÜHRENDE LITERATUR 399

DANKSAGUNG 415

KARTENVERZEICHNIS

DIE CHINESISCHE MAUER 35

DIE GRENZE ZWISCHEN EUROPA UND ASIEN 41

DIE TEILUNG DES REICHES KARLS DES GROSSEN IM VERTRAG VON VERDUN 60

DAS MONGOLISCHE REICH IM 13. JAHRHUNDERT 85

DIE VON DEN KATHOLISCHEN MÄCHTEN VEREINBARTEN GRENZEN DER WELT IN DEN 1490ER- UND 1500ER-JAHREN 95

DIE SICH ÜBERSCHNEIDENDEN ANSPRÜCHE VON PENNSYLVANIA UND MARYLAND 119

DIE STAATSGRENZEN UM DIE DELMARVA-HALBINSEL 121

DAS REICH NAPOLEONS IM JAHR 1812 132

TERRITORIALE VERÄNDERUNGEN IM MEXIKANISCH-AMERIKANISCHEN KRIEG (1846–1848) 139

SCHLESWIG-HOLSTEIN AUF DER HALBINSEL JÜTLAND 143

DER AUSGANG DES WETTLAUFS UM AFRIKA 155

DAS VON DER SUDAN-UGANDA-GRENZKOMMISSION VERMESSENE GEBIET . . . 163

DER VORSCHLAG FÜR DIE »VEREINIGTEN STAATEN VON GROSSÖSTERREICH« . . 171

DIE DURCH DAS SYKES-PICOT-ABKOMMEN FESTGELEGTEN EINFLUSSSPHÄREN 175

DIE HEUTIGEN GEBIETE UM DIE OSTSEE 208

DIE GEBIETE UM DIE OSTSEE ZWISCHEN DEN WELTKRIEGEN 210

BIR TAWIL UND DIE FESTLEGUNGEN DER ÄGYPTISCHEN UND SUDANESISCHEN GRENZE 217

CHINAS »NEUN-STRICHE-LINIE« 231

DER DISTRICT OF COLUMBIA DAMALS UND HEUTE 290

DIE INTERNATIONALE DATUMSGRENZE 346

DIE VERSCHIEDENEN KATEGORIEN VON HOHEITSGEWÄSSERN 353

DIE TERRITORIALEN ANSPRÜCHE AUF DIE ANTARKTIS 366

DER EUROPÄISCHE RUNDFUNKRAUM 375

Für Agnes –
Gott, ich wünschte, du wärest hier, um das zu sehen

EINLEITUNG

Eine noch kürzere Geschichte

Der Hauptgrund, warum wir von dem ersten dokumentierten Fall einer von Menschen gezogenen internationalen Grenze wissen, ist ihre Abschaffung.

Sie war natürlich nicht die erste, die es gab. Menschen haben Linien auf Landkarten gezogen, seit solche Karten existieren. Und selbst in der Zeit davor werden unsere Vorfahren genau gewusst haben, dass diese Seite des Flusses das Land unseres Stammes ist, während dort drüben, in der Ferne, die anderen wohnen. Das erste Beispiel für eine internationale Grenze, die wir mit ziemlicher Sicherheit bestimmen können, ist jene, die das Land am Nil im 4. Jahrtausend v. Chr. teilte. Nördlich dieser Grenze, gelegen im tief liegenden Flussdelta, lag Unterägypten. Im Süden befand sich Oberägypten, das sich über den schmaleren, höher gelegenen Streifen in Richtung Nassersee erstreckte. Die Trennlinie verlief etwa auf dem 30. Breitengrad, südlich des heutigen Kairo.

Doch dann, um 3100 v. Chr., gab es diese Grenze nicht mehr. Menes, der sich vielleicht mit Narmer gleichsetzen lässt, wurde der erste Pharao, der die beiden Königreiche vereinigte und damit die erste und beständigste nationale Identität der Welt schuf. In den folgenden Jahrhunderten trugen die ägyptischen Herrscher Insignien, die beide Hälften ihres Reiches symbolisierten, und bezeichneten sich selbst als »Herr der beiden Länder«.

An dieser Geschichte sind mehrere Aspekte bemerkenswert. Zum einen, dass Grenzen und Abgrenzungen, die Trennung zwischen Menschen wie uns und den anderen, uns die gesamte Menschheitsgeschichte hindurch begleitet haben. Zum anderen, dass beide zwar mitunter ihre Wurzeln in der realen physischen Geografie haben, es aber nicht immer klar ist, ob die Grenze durch politische Identitäten gezogen wurde oder ob die politischen Identitäten durch die Grenze geformt wurden. Ein dritter Punkt ist, dass Grenzen noch lange nachwirken können, nachdem sie abgeschafft wurden.

Aber wahrscheinlich ist die wichtigste Erkenntnis aus dieser Geschichte, dass mit ausreichend zeitlichem oder geografischem Abstand fast jede Grenze so rätselhaft werden kann, dass sie letztlich bedeutungslos erscheint.

*

Hier ist ein Spiel, das Sie zu Hause ausprobieren können: Geben Sie »Weltkarte« in die Bildersuche einer Suchmaschine ein. Wahrscheinlich werden Ihnen verschiedene Kartenentwürfe angezeigt – möglicherweise auch eine überwältigende Auswahl an Farbschemata. Dennoch ist es sehr wahrscheinlich, dass alle Karten im Wesentlichen gleich sind, da die Suchmaschine davon ausgeht, dass Sie mit der Suche nach einer Weltkarte eine politische Karte meinen, die nationale Grenzen darstellt und die Länder in unterschiedlichen Farben zeigt.

Diese Annahme ist so tief in unserer Kultur verankert, dass es einen Moment dauern kann, bis man überhaupt erkennt, dass es sich um eine Annahme handelt – aber genau das ist es. Theoretisch könnte unser Interesse eher natürlichen geografischen Merkmalen wie Flüssen und Bergen gelten als den politischen Grenzen zwischen Ländern. Selbst im menschlichen Bereich könnte die Frage, wo Menschen tatsächlich leben – also Karten von Städten und Bevölkerungsdichte – relevanter sein als die oft abstrakte politische Kontrolle über Gebiete, in denen sie nicht ansässig sind. Dennoch geht die Suchmaschine davon aus, dass unser Hauptinteresse den von Menschen geschaffenen Entitäten gilt, die wir als Nationalstaaten bezeichnen. Diese Annahme basiert auf der Vermutung, dass auch unser Gehirn ähnlich funktioniert.

Unsere Vorfahren hätten die Welt nicht unbedingt so wahrgenommen. Hätte es in der Geschichte eine korrekte Kartografie oder gar Internetsuchmaschinen gegeben, hätte eine »Weltkarte« ganz anders ausgesehen. Bevor wir also über bestimmte Grenzen und ihre Bedeutung sprechen, hier sozusagen eine Karte des vor uns liegenden Gebiets, eine kleine Übersicht.

Die ersten politischen Gebilde, die wir als Staaten erkennen können – oder zumindest die ersten, von denen wir Aufzeichnungen haben, was natürlich nicht das Gleiche ist –, entstanden im Lauf des 4. Jahrtausend v. Chr. im sogenannten »Fruchtbaren Halbmond«, einer Region, die sich vom Niltal bis zur Mündung der Flüsse Tigris und Euphrat in den Persischen Golf erstreckt. Später entstanden in anderen Flusstälern weitere Zivilisationen: die Harappakultur im Industal in Pakistan und die ersten chinesischen Dynastien am Gelben Fluss.

Die Herrscher dieser Orte hatten mit ziemlicher Sicherheit eine ungefähre Vorstellung davon, welches Land definitiv ihnen gehörte und welches nicht. Aber die Randgebiete waren eher unbestimmte Bereiche – in denen sie nur begrenzten Einfluss hatten – statt streng gezogene Linien, die den Punkt markierten, an dem es plötzlich endete. Darüber hinaus handelte es sich bei dem, was jenseits der Grenze lag, seltener um einen rivalisierenden Staat als um eine Art Niemandsland, das sich jeglicher politischen Kontrolle entzog und die Heimat von Nomaden war. Zudem existierten dort wahrscheinlich viele aufregende Dinge, die tödlich für einen waren. Es gab einfach nicht genug Menschen auf der Welt, um das gesamte Land für sich zu beanspruchen. Und es ist wahrscheinlich kein Zufall, dass die erste uns bekannte Grenze die bereits erwähnte Trennungslinie zwischen Ober- und Unterägypten ist, da das Niltal eines der wenigen Gebiete war, das fruchtbar und wohlhabend genug war, um rivalisierende Staaten zu ernähren, die aneinandergeraten konnten.

Diese Situation – Inseln mit Staatssystem in einem riesigen Meer aus Land – scheint fast die gesamte Menschheitsgeschichte über angehalten zu haben. Die Herrscher der großen Reiche im Altertum zogen es vor, sich nach Möglichkeit auf natürliche Gegebenheiten – Berge oder Flüsse – als Grenzen zu stützen. Wenn sie ihre eigenen, von Menschenhand geschaffenen Grenzen anlegten, wie den Hadrianswall oder die Chinesische Mauer, ging es weniger darum, die Grenzlinie zwischen Staaten zu markieren als vielmehr zwischen Ordnung und Chaos. Es war eine Möglichkeit, sie mit einer gewissen Kontrollfunktion auszustatten, auch wenn es nur darum ging, ihre Herrschaft über Mensch und Natur gleichermaßen hervorzuheben. Das chinesische Han-Reich verstand seine Mauer, wie der amerikanische Historiker John Mears 2001 schrieb, »weniger als klare, durchgehende Linie, sondern eher als eine Art *Cordon sanitaire,* als Schutzkordon, als eine Barriere, die den Personen- und Warenverkehr über das hinaus einschränkte, was sie als ungefähre Grenze ihres Staates betrachteten«. Ein halbes Jahrtausend später konnten und taten dies auf der anderen Seite Eurasiens ganze »Nationen«, die dem Römischen Reich beitraten und sich als *Foederati* – verbündete Stämme, die mit dem Römischen Reich durch einen Vertrag *(foedus)* verbunden waren – innerhalb seiner Grenzen niederließen. Trotz der Macht, die diese Reiche besaßen, ist dies eine wesentlich schwammigere Vorstellung von nationalen Grenzen als die, an die wir alle gewöhnt sind.

Der Nationalstaat – eine Möglichkeit, die Welt zu gestalten, sodass politische und ethnische/sprachliche Grenzen übereinstimmen – entstand ebenfalls später, als wir manchmal annehmen. Wir leben in einer Welt, die immer noch von zwei westeuropäischen Ländern, England und Frankreich, geprägt ist, die sich früh formierten (beide sind über 1000 Jahre alt). Dieser Umstand, zusammen mit Karten, die Titel wie »Europa im Jahr 1000 n. Chr.« tragen und irreführend modern aussehen, hat uns bisweilen dazu verleitet, uns ein mittelalterliches Europa vorzustellen, das aus einem System rivalisierender Staaten besteht, das dem heutigen nicht unähnlich ist. Bis zur frühen Neuzeit war »Nation« jedoch ein ausgesprochen schwammiger Begriff: Menschen konnten sich frei bewegen, solange sie nicht in Leibeigenschaft oder Sklaverei lebten, doch Städte und Territorien wurden ständig zwischen Adelsfamilien durch Eroberungen, Friedensverträge oder Heiratsbündnisse wie Waren gehandelt. Selbst in England und Frankreich blieben die Grenzen viel länger verschwommen, als wir manchmal vermuten – man denke nur daran, dass Lancashire, aus dem später die großen englischen Städte Manchester und Liverpool hervorgingen, nicht im *Domesday Book,* einer frühen Volks- und Besitzstandserhebung im mittelalterlichen England, aufgeführt sind, oder dass Giuseppe Garibaldi, einer der berühmtesten Italiener aller Zeiten, in Nice geboren wurde, das heute besser als Nizza (in Frankreich) bekannt ist.

Aber dann, in einigen recht hektischen Jahrhunderten um 1500, ereigneten sich ein paar miteinander zusammenhängende Dinge, die die Vorstellung der Menschen, die sie von der Welt hatten, grundlegend veränderten. Zum einen erhielten Karten dank verfeinerter Werkzeuge und

Druckverfahren eine viel bessere Qualität. Das war recht nützlich, um beispielsweise die Kontrolle über das eine Stück Land da drüben zu verkünden, von dem man glaubte, es sei im Besitz der Familie; außerdem bekamen die politischen Führungspersönlichkeiten so eine räumlichere Vorstellung von ihrer Macht.

Eine weitere Veränderung bestand darin, wie zumindest die Europäer über Staaten dachten. Dies mag zum Teil darauf zurückzuführen sein, dass man zu einer Regierungsform überging, die eher auf einer zentralisierten Verwaltung als auf feudalen Beziehungen basierte; dazu hatte auch die Reformation viel beigetragen. Aber ab einem gewissen Zeitpunkt wurde die Vorstellung, dass ein Großteil ihres Kontinents unter dem Einfluss eines vagen und womöglich nicht existierenden Phänomens namens »Christentum« stand, durch den Gedanken ersetzt, dass die Welt aus unabhängigen souveränen Staaten besteht. Diese Verschiebung wird bisweilen dem Westfälischen Frieden von 1648 zugeschrieben (siehe Seite 105), aber dies erweist sich als eines jener Dinge in der Geschichte, von denen jeder »weiß«, dass sie möglicherweise völlig falsch sind: In den entsprechenden Verträgen ist fast nichts über Souveränität zu finden.

Jedenfalls begann man um das Jahr 1700 damit, Karten anzufertigen, auf denen nationale Grenzen mit dickeren Linien markiert waren als irgendwelche anderen Formen von Grenzlinien: Zum ersten Mal in der Geschichte war das Wichtigste, was man über ein Stück Land wissen musste, zu welchem Staat es gehörte. Gleichzeitig verschlangen die größeren europäischen Mächte nicht eingemeindete Grenzgebiete. Jetzt hatten Staaten die größte Bedeutung, überall war man Teil eines Staates, und sie waren nicht nur politische Einheiten, sondern auch Quellen kultureller Identität.

Dies sollte sich durch die Expansion und den Imperialismus der europäischen Mächte bald – zumindest relativ gesehen – auf die gesamte Welt auswirken. Zu Beginn des 19. Jahrhunderts legten die USA unter Thomas Jefferson Staatsgrenzen fest und verteilten Land an Siedler, wobei sie sich auf kaum mehr als auf die Kartografie stützten. Am Ende des Jahrhunderts teilten die europäischen Mächte Afrika – *einen ganzen Kontinent* – auf ähnliche Weise auf. Die Worte des britischen Premierministers Lord Salisbury, die in bester britischer Tradition diese schreckliche Sache auf amüsant ironische Weise zum Ausdruck bringen, zugleich aber auch deutlich machen, dass er nicht die Absicht hatte, dies zu stoppen, fassen die Ergebnisse am besten zusammen: »Wir haben Linien auf Karten gezogen, an Orten, die noch kein weißer Mann je betreten hat; wir haben uns gegenseitig Berge, Flüsse und Seen zugesprochen, nur gehemmt durch das kleine Hindernis, dass wir nie genau wussten, wo sich die Berge, Flüsse und Seen tatsächlich befinden.« Nicht allzu lange Zeit zuvor wäre dieser Gedanke bedeutungslos gewesen – wie kann man die Welt nur anhand einer Karte aufteilen?

Schließlich gingen die Reiche natürlich unter (nun ja, die meisten von ihnen; China, Russland und die Vereinigten Staaten gibt es, glaube ich, immer noch). Aber viele der Linien, die sie auf den Landkarten zogen, blieben bestehen. Und so teilen die heutigen Karten die Landmassen unseres Planeten in etwa 193 einzelne Teile auf, von denen die meisten weniger als zwei Jahrhunderte alt sind. Darüber hinaus legen sie nahe, dass die Grenzen zwischen ihnen nicht nur klar gezogen sind, sondern auch die einzige wirkliche Möglichkeit darstellen, die Erde aufzuteilen.

Es ist unmöglich, ein exaktes und unumstößliches Maß für die Länge einer Küstenlinie zu finden; man kann immer weiter heranzoomen, um eine genauere Messung zu erhalten und Details einzubeziehen, die aus weiterer Entfernung nicht zu erkennen sind. Ebenso könnte man nicht, auch wenn es unendlich viele Wörter gäbe, die Geschichte einer Grenze erfassen, die jedes besondere Vorkommnis, dass sich in ihrer Vergangenheit und in ihrem geografischen Dasein ereignet hat, einschließt. All diese Aspekte und Hintergründe müssen verdichtet und zusammengefasst werden. Was Sie hier vor sich haben, ist daher keine endgültige Darstellung, sondern lediglich meine Interpretation der interessantesten Punkte, in der Annahme, dass, wenn ich sie spannend finde, Ihnen es vielleicht genauso geht. Ebenso musste ich entscheiden, welche Geschichten ich einbeziehe. Dies ist trotz des Titels keine endgültige Geschichte der Welt: Es gibt ganze Jahrhunderte, ganze Zivilisationen, auf die ich nicht eingehen konnte.

Diese Lücken spiegeln teilweise die zeitlichen und räumlichen Beschränkungen wider, die mit dem Schreiben eines Buches einhergehen, und zum Teil den Drang, mich nicht wiederholen zu wollen – aber auch, wenn ich ehrlich bin, meine eigenen Grenzen als Mensch und die Tatsache, dass ich Engländer, Brite, Europäer, Westler und Weißer bin. Ich habe versucht, meine Komfortzone zu verlassen, um zu erkennen, wie viele der Probleme der Welt von Menschen verursacht werden, die mehr oder weniger so aussehen wie ich – aber das ist gleichwohl meine Geschichte mit meiner Voreingenommenheit. Wenn ich Ihre Grenze oder Ihre Zivilisation ausgelassen habe, für die Sie vielleicht ein besonderes Faible haben, kann ich mich nur entschuldigen – und Sie einladen, Exemplare dieses Buches für alle Ihre Freunde und Familienmitglieder zu kaufen, um die Wahrscheinlichkeit zu erhöhen, dass ich diesen Fehler in einem Fortsetzungsband korrigieren kann.

Ich sollte auch gleich zu Beginn klarstellen, dass das Folgende keine einfache, lineare Geschichte ist, die sich von der Vergangenheit bis in die Gegenwart erstreckt. Das wäre auch nicht möglich, ohne auf vertrackte und verwirrende Weise von einer Grenze zur anderen zu springen, da sich viele dieser Geschichten über einen sehr langen Zeitraum erstrecken. Tatsächlich enthalten die meisten Essays in diesem Buch sowohl Abschnitte zur Historie als auch Kommentare zum Zustand der heutigen Welt.

Abgesehen davon ist der erste Teil des Buches, **Geschichten**, grob chronologisch aufgebaut. Darin gehe ich auf einige der interessantesten Grenzziehungen ein, die in der Vergangenheit stattfanden: von der Antike bis zum 20. Jahrhundert – einige, weil sie nach meinem Dafürhalten besonders wichtig sind, um die Geschichte der Grenzen als Umsetzung einer Idee zu erzählen, und einige wegen der Rolle, die sie bei der Gestaltung der Welt, in der wir heute leben, gespielt haben.

In Teil zwei, **Vermächtnisse**, gehe ich auf die Geschichte jener Grenzen ein, deren interessantester Aspekt darin besteht, auf welche Weise sie die Welt noch heute beeinflussen – indem sie potenzielle militärische Unruheherde schaffen oder weniger beängstigende außenpolitische Zwickmühlen hervorbringen. Oder einfach nur, weil sie für merkwürdige oder verwirrende Linien auf der Landkarte sorgen.

Schließlich betrachte ich in Teil drei, **andere Arten von Grenzen**, jene Grenzen, bei denen es weniger darum geht, die Herrschaft über den Boden, auf dem wir mit unseren Füßen stehen, aufzuteilen. Dazu gehören die zeitlichen Grenzen zwischen Daten und Zeitzonen; die Grenzen, die auf See oder in der Luft gelten; und schließlich die Grenzen im Weltraum. So wie das Buch in der fernen Vergangenheit beginnt, endet es mit einem Blick in die Zukunft.

Während ich hier erkläre, was Sie in diesem Buch erwartet, möchte ich kurz auf die sprachliche Differenzierung eingehen. Zunächst gibt es technisch gesehen einen feinen Unterschied zwischen den englischen Begriffen *boundary* und *border*. Eine *boundary* im Sinne einer »Begrenzung« oder eines Limits ist, in den Worten von Philip Steinberg, Direktor des IBRU Centre for Borders Research an der University of Durham, eine »dünne Linie, an der sich die Gebiete zweier Staaten treffen«, wohingegen eine *border* im Sinne einer staatlichen Grenze zu verstehen ist, nämlich die Linie, die man überschreitet, um von einem Staat in einen anderen zu gelangen. Ersteres steht für Trennung, letzteres für Verbindung. Deshalb finden Sie in Gebäuden von Flughäfen, die Hunderte von Kilometern von jeglichen physischen Grenzen entfernt sind, Schilder, die Sie darauf hinweisen, dass Sie eine (staatliche) Grenze überqueren werden. Das ist ein erwähnenswerter Unterschied, auch wenn ich ihn auf den folgenden Seiten weitgehend ignorieren und die beiden Wörter synonym verwenden werde.

Ebenso ist der Begriff »Naher Osten« (engl. *Middle East*) offensichtlich problematisch, da er eine europäische Perspektive auf die Welt voraussetzt, die in einer bestimmten Zeit, einem bestimmten Ort und einer bestimmten Einstellung verwurzelt ist. Wenn man einen kurzen Moment darüber nachdenkt, ist dies genauso absurd wie die Tatsache, dass ein großer Teil der östlichen Hälfte der Vereinigten Staaten immer noch allgemein als »Mittlerer Westen« bezeichnet wird. Das Ganze wird noch komplizierter, indem ein Großteil dessen, was wir englischsprachigen Menschen heute als *Middle East* bezeichnen, den östlichen Mittelmeerraum, früher als »*Naher* Osten« bezeichnet wurde (wie es in den deutschsprachigen Ländern heute noch der Fall ist, Anm. d. Übers.). Ich habe überlegt, weniger belastete Begriffe wie »Westasien«, »Südwestasien« oder »SWANA« zu verwenden. Aber wenngleich »Asien« ursprünglich der Begriff für die heutige Türkei war, würde eine Bezugnahme auf diese Region als solche heute wahrscheinlich eine breite Leserschaft verwirren, und schließlich wollen wir uns hier klar und verständlich ausdrücken. Daher werde ich, wie bei der Unterscheidung zwischen Grenze und Begrenzung, zugunsten der umgangssprachlichen Verwendung darauf verzichten. Mit diesem Hinweis möchte ich sagen: Hey Leute, ich bin wirklich nicht glücklich damit, okay?

Abschließend sollte ich gleich zu Anfang des Buches zugeben, dass sein Titel irreführend ist. Es enthält *47 Kapitel*, aber einige davon befassen sich mit mehreren Grenzen. Die Linien, die die Menschheit auf Karten gezogen hat, sind im Grunde unzählbar. Es ist also angemessen, dass die Zahl der Grenzen, die auf diesen Seiten behandelt werden, die gleiche sein sollte.

*

Wir alle kennen die Weltkarte oder die Landkarte unseres eigenen Fleckchens Erde. Und wir sind uns so im Klaren darüber, wo unser Einfluss endet und etwas anderes beginnt, dass man sich leicht vorstellen kann, dass die Linien, die diese Gebiete durchziehen, eine ebenso natürliche Gegebenheit der Geografie sind wie die Berge, Flüsse oder Küsten. Das sind sie jedoch nicht. Diese Trennungslinien sind eher Konzepte als physische Fakten, und für ein Tier oder einen Außerirdischen wären sie gar nicht erkennbar. Außerdem kann das, was einst geschaffen wurde, auch wieder rückgängig gemacht werden. Es gab eine Zeit, bevor diese Linien existierten; und es wird eine Zeit geben, in der sie nicht mehr da sein werden.

Keine Grenze ist unvermeidlich oder ewig. Grenzen wurden willkürlich und zufällig gezogen und hätten in vielen Fällen ganz anders aussehen können, wenn ein Krieg oder ein Vertrag – oder die Entscheidungen einiger weniger müder Europäer – anders verlaufen wären. Manchmal sind sie nur ein flüchtiges Phänomen, manchmal sind sie Jahrhunderte lang von Dauer. Einige geben Anlass zum Schmunzeln oder Lachen, andere sind absurd, und wieder andere forderten Millionen Todesopfer.

Wenn wir die Geschichten dieser Grenzen erzählen, können wir viel über die Eitelkeit und die Torheit des Menschen erfahren und nachvollziehen, wie das, was in einem Jahrhundert offensichtlich und dauerhaft erscheint, in einem anderen Jahrhundert zufällig oder lächerlich anmutet. Diese Geschichten zeigen uns, wie Entscheidungen, die aus Gründen einer kurzzeitigen Machtpolitik oder der Selbstgewissheit getroffen wurden, langfristige, reale Auswirkungen auf Jahrzehnte oder Jahrhunderte haben können. Und wo könnte man besser beginnen als vor 5000 Jahren südlich von Kairo, um zu betrachten, was die erste Grenze in der Geschichte der Menschheit wirklich bedeutete.

Teil 1

GESCHICHTEN

Die Erfindung der Grenzen

Aufstieg und Fall von Imperien

Die Entstehung der Nationalstaaten

Europa mischt die Welt auf

DIE VEREINIGUNG VON OBER- UND UNTERÄGYPTEN

Die – möglicherweise – erste Grenze der Welt

Der Übergang von der Urgeschichte zur Geschichte ist nicht der Punkt, ab dem plötzlich besondere Ereignisse stattfanden, sondern markiert lediglich den Zeitpunkt, an dem die Menschen anfingen, etwas aufzuschreiben. Daher lässt sich nicht mit Sicherheit sagen, wo die ersten Grenzen entstanden, da der dem Menschen innewohnende Trieb, »uns« von »denen« zu trennen, gewiss älter ist als der Drang, dies schriftlich festzuhalten, damit diese Aufzeichnungen bis ins 21. Jahrhundert überdauern und gelesen werden können.

Tatsächlich kamen die ersten Stadtstaaten, Stämme und andere Völker, die eine gewisse Gruppenidentität (je nach persönlicher Ideologie und Vorliebe des Lesers bitte streichen) besaßen, möglicherweise ohne Grenzen im neuzeitlichen Verständnis aus, und zwar aus dem einfachen Grund, weil die Welt nach heutigen Maßstäben im Großen und Ganzen leer war. Sie hatten zweifellos eine Vorstellung davon, wo das Land, das sie kontrollierten, endete. Doch darüber hinaus war es eher unwahrscheinlich, dass es eine gedachte Linie gab, die die Grenze zu einem anderen Stamm markierte, sondern vielmehr ein Niemandsland, das von keiner Menschenseele verwaltet wurde. Hätte damals jemand Landkarten erfunden, was jedoch nicht der Fall war, hätten diese nicht so sehr wie das heutige Flickwerk aus Nationalstaaten ausgesehen, sondern eher wie das Weltall oder das Meer: Inseln der Ordnung in einem chaotischen Meer.

Einer der ersten Orte, an denen das nicht mehr der Fall war, war Nordostafrika. In prähistorischen Zeiten war diese Region die Heimat nomadischer Jäger und Sammler, die auf der Suche nach Nahrung von hier nach dort zogen, möglicherweise mit Viehherden im Schlepptau. Um das 8. Jahrtausend v. Chr. führte ein natürlicher Klimawandel jedoch dazu, dass das Land plötzlich auszutrocknen begann, und über viele Generationen hinweg wurden die Nomaden sesshaft, um die stets fruchtbaren Böden am Fluss zu bewirtschaften. Diese Böden waren aber im Vergleich zu der großen Wüste, die dahinter lag, sehr begrenzt; Sesshaftigkeit bedeutete, dass viele Menschen auf relativ kleinem Raum lebten.

Wenn man also chronologisch vorgeht, ist das erste Beispiel für etwas, was einer heutigen internationalen Grenze ähnelt, etwa im 4. Jahrtausend v. Chr., mit ziemlicher Sicherheit diejenige, die man am Nil findet. Nördlich der Grenze lag Unterägypten, das Land des Flussdeltas, ein relativ weites, fruchtbares Gebiet, das häufig überflutet wurde. Im Süden befand sich das höher gelegene Oberägypten, das Land im Flusstal, wo das fruchtbare Land enger begrenzt war und sich alle Siedlungen dicht am Fluss drängten. Die Trennlinie, wenn es überhaupt so etwas wie eine durchgängige Linie gab, lag um den 30. Breitengrad herum. Diese beiden Königreiche hatten unterschiedliche Bräuche und Dialekte und wahrscheinlich auch unterschiedliche geopolitische Interessen, wobei der Norden auf das Mittelmeer und die Levante blickte und der Süden auf Nubien und Afrika. Es gibt auch keinen Grund anzunehmen, dass sie sich als zwei Hälften eines geteilten Ganzen betrachteten. Die Idee eines Landes namens Ägypten entstand erst später.

Warum also kennen wir diese Grenze zu einem Zeitpunkt in der Geschichte, über den wir fast nichts wissen? Weil sie irgendwann um 3000 v. Chr. von jemandem abgeschafft wurde. Ein König aus Oberägypten namens Menes eroberte den Norden und gründete in Memphis eine neue Hauptstadt, von der aus er sein neu geeintes Königreich regierte. So wurde er zum ersten Pharao und schuf eine Nation, die bis in die heutige Zeit über die gesamte Dauer der Menschheitsgeschichte hinweg besteht. Über Jahrhunderte hinweg stellten sich die ägyptischen Herrscher mit Symbolen dar, die beide Hälften ihres Königreichs repräsentierten, und verwendeten den Titel »vom Binsehalm und der Biene« (den Sinnbildern für Ober- bzw. Unterägypten) und bezeichneten sich selbst als »Vereiniger der beiden Länder« (die genauen Übersetzungen variieren). Sie trugen sogar eine Doppelkrone, die *Pschent*, die die weiße Krone Oberägyptens und die rote Krone Unterägyptens miteinander verband. Von zentraler Bedeutung für das Selbstverständnis der ältesten Ägypter als Nation war die Tatsache, dass sie einst aus zwei Königreichen bestanden, nun aber dank ihrer wohlwollenden Herrscher eins geworden waren.

Natürlich ist es recht schwierig, herauszufinden, was in einer Welt vor sich ging, die weiter von Sokrates entfernt ist als der griechische Philosoph von uns. Zudem wissen wir auch viel weniger über Unterägypten als über Oberägypten, denn der etwas feuchtere Boden führte dazu, dass bestimmte Dinge einfach schneller verrotteten. Und die ägyptische Geschichte dauert *ewig* an, so lange, dass die Eroberungen durch die Perser und Alexander den Großen – Ereignisse, die wir selbstsicher als »antike Geschichte« klassifiziert haben – in einer Zeit stattfinden, die allgemein als »Spätzeit« bezeichnet wird. Es wird Sie also nicht überraschen, dass es bei dieser Geschichte einige Fragezeichen gibt.

In seinem Buch *Aufstieg und Fall des Alten Ägypten* hebt Toby Wilkinson neuere Erkenntnisse hervor, die darauf hindeuten, dass die letzten beiden Königreiche vor der Vereinigung um 3100 v. Chr. in Thinis und Hierakonpolis, beide weit im Inneren Oberägyptens gelegen, zu verorten waren. Als Ägypten in späteren Zeiten politischer Instabilität erneut geteilt wurde, erfolgte diese Teilung, so Wilkinson, weitgehend bei Assiut, einer plötzlichen Verengung des Niltals nördlich dieser beiden Orte, aber gut 320 Kilometer südlich der gedachten Grenze. Die politische Geografie ist bei Weitem nicht so eindeutig, wie es die traditionelle Erzählung vermuten lässt.

Möglicherweise hat Menes – und das ist ein heikles Thema – nie existiert. Sein Name taucht in den archäologischen Aufzeichnungen kaum auf, und so hat sich ein Konsens herausgebildet, ihn mit einem in Thinis ansässigen König namens Narmer gleichzusetzen, dem zugutegehalten werden darf, dass es ihn tatsächlich gab. (Pharaonen hatten, einzig zu dem Zweck, das Leben noch schwieriger zu gestalten, oft mehrere Namen.) Auf der einen Seite der Palette von Narmer, die von einem Ägyptologen als das »erste historische Dokument der Welt« bezeichnet wurde, scheint er die hohe weiße Krone Oberägyptens zu tragen und jemanden zu erschlagen; auf der anderen Seite sieht man ihn als fröhlichen Herrscher mit der roten Krone Unterägyptens auf dem Kopf, die genauso hoch ist wie die weiße.

Das deutet sicherlich darauf hin, dass es sich hierbei um eine Darstellung von Eroberung und Vereinigung handelt. Dennoch wird diskutiert, ob die Palette ein realhistorisches Ereignis oder eher die mythologische Geschichte eines Ursprungs veranschaulichen soll, in der Art von »aufgezogen von Wölfen, Brudermörder, dann Gründer von Rom«. Die archäologischen Funde lassen vermuten, dass ein Königreich im Süden Ägyptens seinen Herrschaftsbereich allmählich ausweitete, zunächst über seine unmittelbaren Nachbarn hinaus und dann in den Norden. Es gab jedoch womöglich keinen Zeitpunkt, an dem zwei klar umgrenzte Königreiche zu einem einzigen verschmolzen, oder einen bestimmten König, der eben dies bewirkte.

Warum wird diese Grenze dann überhaupt in den historischen Aufzeichnungen erwähnt? Weil wir zwar nicht viel darüber wissen, wie die Taten und Handlungen der frühesten Pharaonen aussahen und was sie bewirkten, aber die uns vorliegenden Beweise (Gräber, Denkmäler, Königslisten und dergleichen) geben uns zu verstehen, wie sie *gesehen* werden wollten. Und all diese Insignien – die Doppelkrone, deren beide Hälften tatsächlich aus Oberägypten stammen könnten; die Titel wie »Herr der beiden Länder« – deuten darauf hin, dass es den Pharaonen wichtig war, sich als Personifizierung des vereinten Ägyptens zu positionieren. Mindestens einer von ihnen, Djer, soll eine Art Rundreise unternommen haben, die als »Umschreitung der beiden Länder« bezeichnet wird, und er soll sein riesiges Königreich durch seine bloße Anwesenheit zusammengeführt haben.

5000 Jahre später, nachdem Ägypten die Besatzung durch alle Feinde, von den Persern bis zu den Briten, überstanden hat und immer noch als eine Einheit dasteht, mag die Vorstellung, dass es wieder zerbricht, abwegig erscheinen. Im alten Ägypten war dies jedoch eine sehr reale Befürchtung: Während der »Zwischenperioden«, zwischen dem Alten, Mittleren und Neuen Reich, zerbrach das Land erneut, und zeitweise regierten mehrere Dynastien gleichzeitig von verschiedenen Hauptstädten aus. Titel wie »Vereiniger der beiden Länder« spiegelten die Tatsache wider, dass das Ansehen des Pharaos zum Teil darauf beruhte, dass er stark genug war, das Land zusammenzuhalten.

Ob die Grenze zwischen den beiden ägyptischen Reichen jemals buchstäblich existiert hatte, war weniger wichtig als die Tatsache, dass ihr Herrscher genug Macht hatte, sie zu beseitigen.

Eine letzte Sache noch, bevor wir das alte Ägypten hinter uns lassen und uns den relativ jungen Ereignissen des 1. Jahrtausends v. Chr. zuwenden. Zur Zeit von Djoser, dem Gründer der dritten Dynastie im 27. Jahrhundert v. Chr., war Ägypten in Provinzen unterteilt, die als »Gaue« bekannt waren. Jeder dieser Gaue wurde von einem »Nomarchen« oder Gaufürsten regiert, der offenbar ein Herrscher mit eigener pseudo-feudaler Machtbasis war und dessen Amt erblich geworden war. Auf dem Höhepunkt des Königreichs gab es 42 von ihnen, und sie bestanden bis zu den muslimischen Eroberungen im Jahr 640 n. Chr. fort.

Mit anderen Worten: Die Gaue waren lokale Regierungseinheiten, die in der einen oder anderen Form über 3200 Jahre lang Bestand hatten. Das rückt englische Grafschaften oder amerikanische Bundesstaaten in die richtige Perspektive, nicht wahr?

DIE CHINESISCHE MAUER UND DIE GRENZE ALS VEREINIGER

Seit 221 v. Chr. markiert sie die Grenzen des Reichs der Mitte

Den bekannten Spruch, der da lautet: »Die eine Sache, die jeder über die Chinesische Mauer weiß, ist falsch«, kann man heute nicht mehr behaupten. Denn das Einzige, was *heute* jeder darüber weiß, ist: »Es stimmt nicht, dass man sie vom Weltraum aus sehen kann«, und das ist, wie sich herausstellt, richtig. Die Mauer ist zwar sehr lang, aber nur wenige Meter breit und hat auf alle Fälle die gleiche Farbe wie das Terrain, das sie umgibt, sodass man sie selbst aus einer erdnahen Umlaufbahn nicht sehen kann. Wenn Sie die Chinesische Mauer sehen wollen, fahren Sie am besten immer noch nach China.

Tatsache ist jedoch, dass sie fast unvorstellbare Ausmaße hat: eine etwa 50 000 Kilometer lange Mauer – das reicht auf diesem Breitengrad aus, um die Welt eineinhalbmal zu umrunden. Das ist aber mit Blick auf die tatsächliche Mauer definitiv nicht der Fall, und das liegt zum Teil daran, dass sie nicht in einer geraden Linie verläuft. Der Hauptgrund jedoch ist, dass es sich mitnichten um eine einzelne Mauer handelt: Es ist vielmehr ein Netz aus Parallelen und Verzweigungen, das sich wie ein 2500 Kilometer langes Geflecht über Nordchina erstreckt, vom Jadetor im äußersten Westen bis zur Grenze zu Nordkorea. Nicht alle diese Mauern existieren noch: Das verbleibende Netz wird auf eine Länge von etwa 21 000 Kilometern geschätzt, was aber immer noch, um es fairerweise zu sagen, jede Menge Mauer ist.

Um zu erklären, warum diese Mauern notwendig waren – und wie sie zu einem Symbol für die Vereinigung Chinas wurden –, ist es hilfreich, einen Schritt zurückzugehen und eine wichtige Frage zu stellen. Warum haben wir überhaupt damit angefangen, Grenzen zu ziehen?

Während des größten Teils der Steinzeit – die mit etwa 2,5 Millionen Jahren etwa 99,8 Prozent der gesamten Menschheitsgeschichte ausmacht – bestand unsere Spezies überwiegend aus Jägern und Sammlern: kleine Stammesgruppen, die viel umherzogen, nur selten auf Fremde trafen und ihre Kalorien bezogen, indem sie Tiere jagten und Pflanzen sammelten. Aber irgendwann, wahrscheinlich vor etwa 12 000 Jahren, änderte sich das. In einem Ereignis, das verschiedentlich als neolithische Revolution oder Agrarrevolution bekannt ist, erfand jemand – wahrscheinlich waren es viele Jemande – die Landwirtschaft.

Warum sich überhaupt jemand die Mühe machte, ist seltsamerweise ein Rätsel: Man könnte, wenn man ein Verfechter des unaufhaltsamen Fortschritts ist, annehmen, dass dies grundsätzlich alles verbessert hat, doch tatsächlich gibt es jede Menge Hinweise darauf, dass die Landwirtschaft mehr Arbeit für weniger Kalorien bedeutete. Anthropologen haben zahlreiche Theorien aufgestellt, warum unsere Vorfahren diese anscheinend selbstzerstörerische Entscheidung trafen – eine Entscheidung, die nach jeder vernünftigen Definition dennoch das wichtigste Ereignis in der Geschichte unserer Spezies ist: Klimawandel, kurzfristige Vorteile, die langfristige Probleme verschleiern, oder Vorteile für die Oberschicht, die die Nachteile für die breite Masse überwiegen. Eine mögliche Erklärung ist ein einfacher demografischer Grund: Durch Landwirtschaft lassen sich mehr Menschen in einem bestimmten Gebiet ernähren als durch Jagen und Sammeln, was bedeutete, dass diejenigen, die Landwirtschaft betrieben, unweigerlich die Oberhand gewannen. Auf vielerlei Weise – mehr Arbeit, mehr Ungleichheit, der Übergang zur Sesshaftigkeit, der häufigere Schwangerschaften ermöglichte, und damit die Erfindung des Patriarchats – wurde das Leben härter. Aber mit einer wachsenden Bevölkerung gab es zumindest mehr Leben, um das man sich kümmern musste.

Wie dem auch sei: Landwirtschaft bedeutete, sesshaft zu werden, was alle möglichen Auswirkungen auf die Beziehung zwischen den Menschen und der materiellen Welt hatte. Zum einen brachte es mehr Besitz mit sich: Man konnte etwas »besitzen«, ohne es auf dem Rücken tragen zu müssen. Es bedeutete auch, dass die Kontrolle über gutes Ackerland zu einem der wichtigsten Faktoren wurde, um zu bestimmen, welche Gruppen von Menschen Erfolg haben würden und welche nicht. Wo sich früher Grüppchen von Menschen über weite Gebiete bewegten, konzentrierten sich nun wesentlich größere Gruppen in relativ kleinen Gebieten.

Wenn jedoch eine Gruppe von Menschen ein Stück Land kontrollierte, bedeutete dies zwangsläufig, dass andere dies nicht konnten. Das gab der ersten Gruppe einen Ansporn zur Verteidigung und der zweiten einen Anreiz zum Angriff.

Sie können wahrscheinlich erkennen, dass dies der Startschuss für im Grunde die gesamte Menschheitsgeschichte ist.

Die frühesten Zivilisationen – in Ägypten, Mesopotamien, dem Industal in Pakistan und in Nordwestindien – entstanden alle in Flusstälern, wo das Land fruchtbar und die Jahreszeiten vorhersehbar waren. Aus naheliegenden Gründen wissen wir relativ wenig über das Leben und die Politik an solchen Orten. Wie bei der Geschichte von Menes/Narmer sind wir auf Wissenschaften wie Archäologie und Anthropologie angewiesen, weil niemand so gütig war, die Geschichtsschreibung zu erfinden. Soweit wir das heute beurteilen können, ähnelten einige dieser Orte zu bestimmten Zeiten vereinten Reichen, deren wichtigste Grenze die unscharfe Linie zwischen Zivilisation und Barbarei war; zu anderen Zeiten bestanden sie möglicherweise aus mehreren Staaten, die als Rivalen um Territorium und Hegemonie kämpften, wobei die Macht häufig zwischen Reichen, Dynastien und Städten wechselte. Eine Zeit politischer Stabilität und wirtschaftlichen Gedeihens konnte dazu führen, dass sich in dem Gebiet die Zivilisation weiterentwickelte und die Besiedlung ausdehnte. Doch irgendwann gingen die guten Zeiten zwangsläufig zu Ende, und die daraus resultierende Vielfalt an verschiedenen Städten/Staaten/*Dingen* barg unweigerlich das Potenzial für Konflikte untereinander.

So scheint es auch im alten China gewesen zu sein. Auf ihrem Höhepunkt kontrollierten die frühesten Reiche Gebiete, die zwar nur einen Bruchteil der Größe des heutigen China ausmachten, aber nach damaligen Maßstäben immer noch riesig waren. Wie in Ägypten neigten jedoch auch diese Reiche dazu, sich regelmäßig in kleinere Teile aufzusplittern. So kam es, dass die Zhou, Chinas dritte und langlebigste Dynastie, im 1. Jahrtausend v. Chr. noch einige Jahrhunderte vor sich hatte und theoretisch immer noch an der Spitze eines Reiches stand, über das sie seit Mitte des 11. Jahrhunderts v. Chr. herrschten.[1] In der Praxis jedoch begann die eigentliche Macht bereits im 8. Jahrhundert v. Chr., sich vom Zentrum hin zu einer Vielzahl kleinerer lokaler Machthaber zu verlagern.

Im 5. Jahrhundert v. Chr. sah sich der Kaiser gezwungen, die Unabhängigkeit einiger dieser kleineren Staaten anzuerkennen; im 3. Jahrhundert v. Chr. war er kaum mehr als eine Repräsentationsfigur und seine Anerkennung spielte keine Rolle mehr. Um Ihnen eine Vorstellung davon zu geben, was dies bedeutet haben könnte: Das 5. bis 3. Jahrhundert v. Chr. ist als »Zeit der Streitenden Reiche« bekannt.

Das ist die Welt, in der die Chinesen es erstmals unternahmen, ihre Mauern zu bauen. Bereits im 7. Jahrhundert v. Chr. begann man im Königreich Chu – ein Vasallenstaat der Zhou, der sich auf das Gebiet der heutigen Provinz Hubei konzentrierte – mit dem Bau einer permanenten Verteidigungsbarriere, die als »Quadratische Mauer« bekannt ist, um ihre Hauptstadt zu schützen. Die Qi im Norden nutzten eine Kombination aus Flussdeichen, unpassierbaren Bergen und brandneuen Bauwerken aus Erde und Stein, um *ihr* Gebiet abzusichern. Das Königreich Zhongshan errichtete Mauern, um sich vor den Zhao und Qin zu schützen; die Wei bauten zwei Mauern – eine zum Schutz ihrer Hauptstadt, eine weitere zur Verteidigung ihrer Reiche gegen Nomadenstämme im Westen und auch gegen die Qin. Die Qin, vermutlich ein wenig verärgert darüber, bauten ihre eigenen Mauern, um sich vor noch mehr Nomaden zu schützen.

Und so ging es weiter. (Es gab noch mehr Königreiche und noch viel mehr Mauern, aber das sollte fürs Erste reichen.) Diese Mauern dienten natürlich der Verteidigung, aber auch zur Markierung des eigenen Territoriums. Man hat den Eindruck, als wollten die lokalen Dynastien dem Land

---

1 Sie waren vielleicht nicht wirklich die dritte. Die Dynastie, die normalerweise an erster Stelle der Liste steht, die Xia-Dynastie, hinterließ keine Aufzeichnungen und gilt daher im Allgemeinen nur als etwas wenig glaubwürdiger als die legendäre Phase der »Drei Herrscher und fünf Kaiser«, die ihr vorausging. Die nächste in der Reihe, die Shang-Dynastie, die in der zweiten Hälfte des 2. Jahrtausends v. Chr. regiert haben soll, hinterließ *tatsächlich* einige Beweise in Form von Dokumenten und archäologischen Fundstücken. Das bedeutet, dass zwar immer noch darüber diskutiert wird, wann die Shang-Dynastie begonnen und geendet hat, und man weiterhin über all die Dinge debattiert, die damit zusammenhängen, gleichwohl ist man sich einig, dass sie zumindest existierte. In gewisser Weise jedenfalls.

buchstäblich ihren Stempel aufdrücken– um zu zeigen, dass sie genauso mächtig waren wie das benachbarte Königreich.

All dies fand 221 v. Chr. ein gewisses Ende, als Shihuangdi, das Oberhaupt der zu diesem Zeitpunkt äußerst mächtigen Qin-Dynastie, die Annexion von Qi vollendete, China vereinte und der Welt verkündete, dass seine Dynastie »10 000« Generationen andauern würde.[2] Dies stellte sich als etwas allzu optimistisch heraus: 207 v. Chr., nur vier Jahre nach seinem Tod, brach sein Reich zusammen, und nach einem kurzen Bürgerkrieg wurde seine Dynastie durch die etwas beständigere Han-Dynastie ersetzt. Dennoch ging Shihuangdi aufgrund seiner vielen Pläne, welche vorsahen, die zuvor verfeindeten Staaten in ein einziges Volk mit einer einzigen Identität zu verwandeln, als erster echter Kaiser Chinas in die Geschichte ein.

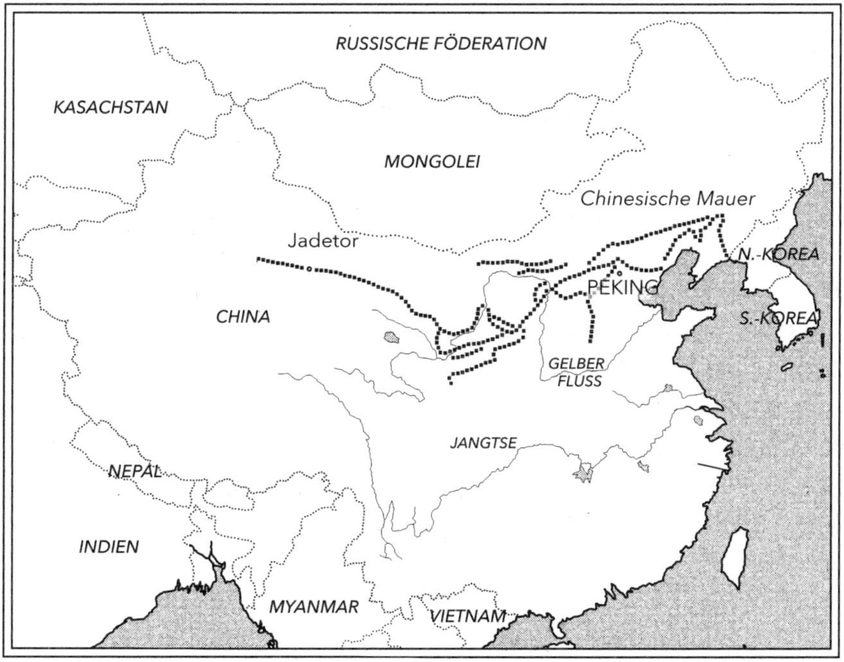

Die Chinesische Mauer, übertragen auf die heutige Karte. Nicht alle Abschnitte sind dargestellt

2 Ich sagte Ihnen ja bereits, dass die Qin sauer waren.

Sein Regime vereinheitlichte die verschiedenen chinesischen Schriftsysteme in einer einzigen Schrift, standardisierte Gewichte und Maße und erließ sogar Regeln für die Breite von Wagenachsen, um das Transportwesen zu verbessern. Es gibt einen Grund, warum die Qin – etwa ausgesprochen wie »Tschin« – dem Staat seinen Namen gaben.

Und doch wird der erste Kaiser auch als eine Art Bösewicht in Erinnerung bleiben, denn zu diesen verschiedenen Vorhaben gehörte ein zermürbendes Programm öffentlicher Arbeiten. Mit einer riesigen Armee unbezahlter Arbeiter, die zur Arbeit gezwungen wurden, um auf diese Weise eine Art Steuer zu entrichten, baute der Staat neue Straßen, Kanäle und Festungen. Außerdem ließ er die verschiedenen historischen Mauern zu einer einzigen Anlage verbinden, die zur Verteidigung gegen Invasionen der Barbaren aus dem Norden, aber auch als Symbol des neu vereinten Staates dienen sollte. In der Literatur dieser Zeit wird gegen die verheerenden Auswirkungen gewettert, die dies auf junge Männer, die zur Arbeit gezwungen wurden, und die von ihnen zurückgelassenen Familien haben würde. Aber China hatte jetzt, ob gut oder schlecht, seine Mauer.

Die ursprünglichen Bauwerke ähnelten eher Erdwällen als Mauern in unserem heutigen Verständnis; sie bestanden aus verdichteter Erde und anderen Materialien, die vor Ort gesammelt werden konnten, oder wie es bei *National Geographic* heißt: »rote Palmwedel in der Wüste Gobi, wild wachsende Pappelstämme im Tarimbecken, Schilf in Gansu.« Was heute noch steht, ist größtenteils ein viel jüngeres Bauwerk. Das Bild, das Sie beim Lesen vor Augen haben – eine Konstruktion aus Ziegeln, die so breit wie hoch ist und sich wie eine große graue Schlange entlang der Hügel bis zum Horizont windet –, ist höchstwahrscheinlich die Ming-Mauer. Dieser am besten erhaltene Teil der Mauerbauwerke diente bewusst als Schutzanlage. Es war ein Versuch der Dynastie, die China ab 1368 n. Chr. regierte, ein System wiederzubeleben, das so weit von ihnen entfernt war wie das Römische Reich von uns, um so sicherzustellen, dass eine Invasion wie die Eroberungen der Mongolen im vorigen Jahrhundert sich nie wieder wiederholte. Ihre Mauern, die sich über 7200 Kilometer von der Wüste bis zum Meer erstreckten, waren nicht nur einfache Wälle. Sie waren ein kompletter Militärkomplex, einschließlich Toren und Ställen, Türmen und Festungen, mit aufgeblasenen Namen wie »Turm zur Unterdrückung des Nordens«

oder (mein persönlicher Favorit) »Turm zur Unterdrückung der ziegenartigen Fremden«.

Das funktionierte zwar, aber im großen Rahmen der chinesischen Geschichte nicht lange. Als die Ming-Dynastie zu schwächeln begann, war der Staat nicht mehr in der Lage, seine Verteidigungsanlagen ordnungsgemäß zu bemannen oder diejenigen, die sie bewachten, ausreichend zu versorgen. Es stellte sich heraus, dass eine Mauer nur so stark war wie der Staat, den sie schützte. Als die Mandschu im 17. Jahrhundert eine Invasion einleiteten, reichte die Mauer nicht aus, um sie aufzuhalten. Das soll jedoch nicht heißen, dass die Mauer keinen Nutzen hatte: Die von den Mandschu gegründete Qing-Dynastie, die letzte Herrscherdynastie des kaiserlichen China, betrachtete sie als nützliches Bollwerk, um einen übermäßigen Einfluss der chinesischen Kultur daran zu hindern, in ihre ursprünglichen nichtchinesischen Gebiete im Nordosten zurückzugelangen.

All dies bringt uns zu einer der wichtigsten Fakten über die Mauern. Ihr Zweck und ihre Bedeutung haben sich im Lauf der Jahrhunderte radikal verändert – was angesichts der geringen Wahrscheinlichkeit, dass über 2000 Jahre hinweg alles beim Alten bleibt, vielleicht keine Überraschung sein sollte. Die Vorläufer des Bollwerks waren ein Ausdruck der Zersplitterung Chinas, während die Mauern der Qin-Dynastie ein Symbol der Einigung waren. In manchen Jahrhunderten zog sich das Reich hinter die Mauern zurück, die so die Grenze zwischen der Zivilisation Chinas und der chaotischen Welt jenseits des Landes symbolisierten. In anderen Jahrhunderten erstreckte sich das Reich weit darüber hinaus, sodass die Mauern weniger eine Verteidigungsanlage als vielmehr eine Kommunikations- und Transportader darstellten – eine Möglichkeit, Reisen und Handel vom Kernland in die Provinzen zu ermöglichen und zu überwachen. In wieder anderen Jahrhunderten wurden sie vergessen und vernachlässigt und dem Verfall preisgegeben.

Dann wäre da noch der unvermeidliche Tourismus. In Zeiten, in denen China sich der Welt verschloss, waren die Mauern etwas, hinter dem sich das Land verstecken konnte. Zeigte es sich jedoch offener gegenüber der Welt, wurden die beeindruckenden historischen Mauern zu einem der wichtigsten Anziehungspunkte für Besucher. Schon seit dem Fall der Ming-Dynastie waren sie ein wichtiger Zwischenstopp auf der Touristenroute, die die Menschen aus dem Westen auf sich nahmen. Heute besuchen ganze Busladungen einheimischer Touristen den Mauerabschnitt in der Nähe von Peking: So wie einst wohlhabende junge Europäer auf ihrer Grand Tour durch Europa reisten, besuchen heute wohlhabende junge chinesische Studenten ihre Mauern.

Auch wenn die Mauern noch immer einen Zweck erfüllen, nämlich als Symbol für das eine, vereinte China, das sie schützen sollten, zu dienen, konnten sie das Land nicht ewig vor der Welt verbergen. Und es waren nicht nur die Mongolen und Mandschu, denen es gelang, sie zu durchbrechen: Als die Europäer im 19. Jahrhundert das Land im fernen Osten erreichten, kamen sie auf dem Seeweg mit Kanonenbooten in chinesische Häfen. Wie die Chu-, die Qi- und die anderen Reiche und Dynastien vor all den Jahrtausenden erkannten, musste auch die Ming-Dynastie im 17. Jahrhundert feststellen: Keine Grenze kann Außenstehende für immer fernhalten.

WARUM IST EUROPA KEINE HALBINSEL IN ASIEN?

Wie die Griechen und die Kirche einen Kontinent erfanden

Die verschiedenen städtischen Verkehrssysteme verfolgen unterschiedlich ehrgeizige Ziele. Die New Yorker U-Bahn endet an der nördlichen Stadtgrenze, sodass die Bewohner der Vororte im benachbarten Westchester County gezwungen sind, eine andere Möglichkeit der Personenbeförderung zu finden. Die Pariser Metro erstreckt sich wie ein paar Tentakel über den Boulevard Périphérique hinaus, der in etwa dem Verlauf der letzten Stadtmauer folgt. Die Londoner U-Bahn ist in den nördlichen und westlichen Vororten der Stadt so gut wie kaum zu übersehen, dafür aber im Südosten kurioserweise so gut wie nicht vorhanden.

Aber die U-Bahn in Istanbul stellt sie alle in den Schatten. Sechs ihrer acht Linien befinden sich in Europa; zwei – noch innerhalb der Stadtgrenzen – in Asien. Die beiden Gebiete sind durch die 76,6 Kilometer lange Marmaray-S-Bahnlinie verbunden, deren Name sich aus dem Marmarameer (das etwas südlich liegt) und *ray*, dem türkischen Wort für »Schiene«, zusammensetzt. Wenn Sie nach Istanbul reisen, können Sie buchstäblich mit einem Nahverkehrszug zwischen den Kontinenten pendeln.

Das ist jedoch nicht so beeindruckend, wie es zunächst klingt. Tatsächlich können Sie den Kontinent wechseln, indem Sie nur 3 Kilometer und eine Haltestelle zurücklegen (von Sirkeci nach Üsküdar, wenn Sie Lust dazu haben), und obwohl die Marmaray-Linie 13,5 Kilometer durch einen Tunnel führt, verlaufen nur etwa 1,4 Kilometer davon durch den Bosporus, die schmale Meerenge, die Europa von Asien trennt. Der größte Teil der Strecke verläuft unterirdisch, und zwar aus dem gleichen Grund, aus dem die New Yorker Subway oder die Pariser Metro unterirdisch verlaufen: weil es verdammt umständlich wäre, Teile Istanbuls abzureißen, um dort Züge hindurchfahren zu lassen. Je länger man den Bosporus betrachtet, desto alberner erscheint es, das Land auf der einen Seite als grundlegend anders anzusehen als das Land auf der gegenüberliegenden Seite.

Es gibt natürlich mehrere Stellen auf der Erde, an denen Kontinente aufeinandertreffen. So ließe sich behaupten, dass beispielsweise die Sinai-Halbinsel oder der Isthmus von Panama ebenfalls recht willkürliche Punkte sind, die man als Übergänge von einem Teil zum anderen bezeichnen könnte. Dabei handelt es sich jedoch eindeutig um schmale Landstreifen, die zwei riesige Landmassen voneinander trennen. Was die Grenze zwischen Europa und Asien so besonders macht, ist, dass sie nicht weniger absurd wird, wenn man sie aus der Ferne betrachtet. Südlich von Istanbul verläuft die Grenze durch das Marmarameer und die Dardanellen, eine weitere Meerenge, die an ihrer schmalsten Stelle nur 1,2 Kilometer breit ist. Im Norden verläuft sie weiter über das Schwarze Meer, den Kamm des Kaukasus, das Kaspische Meer und den Ural. Das alles sind, geografisch gesehen, imposante Merkmale, da bin ich mir sicher, aber:

- Wir teilen Kontinente im Allgemeinen nicht durch Gebirgszüge auf – Nordamerika wird weder durch die Rocky Mountains noch durch die Appalachen geteilt;
- Es gibt auf jeden Fall eine Lücke zwischen dem Kaspischen Meer und dem Uralgebirge, wo niemand so recht zu wissen scheint, wo die Grenze tatsächlich verläuft – die Flüsse Ural und Emba entspringen beide dort, aber es ist letztlich eine Ermessensfrage, denn:
- Wenn man sich eine Weltkarte ansieht, ist es offensichtlich, dass Europa und Asien, im Gegensatz zu Nord- und Südamerika, *eine* Landmasse bilden, zwischen denen eine willkürliche Linie gezogen wurde.

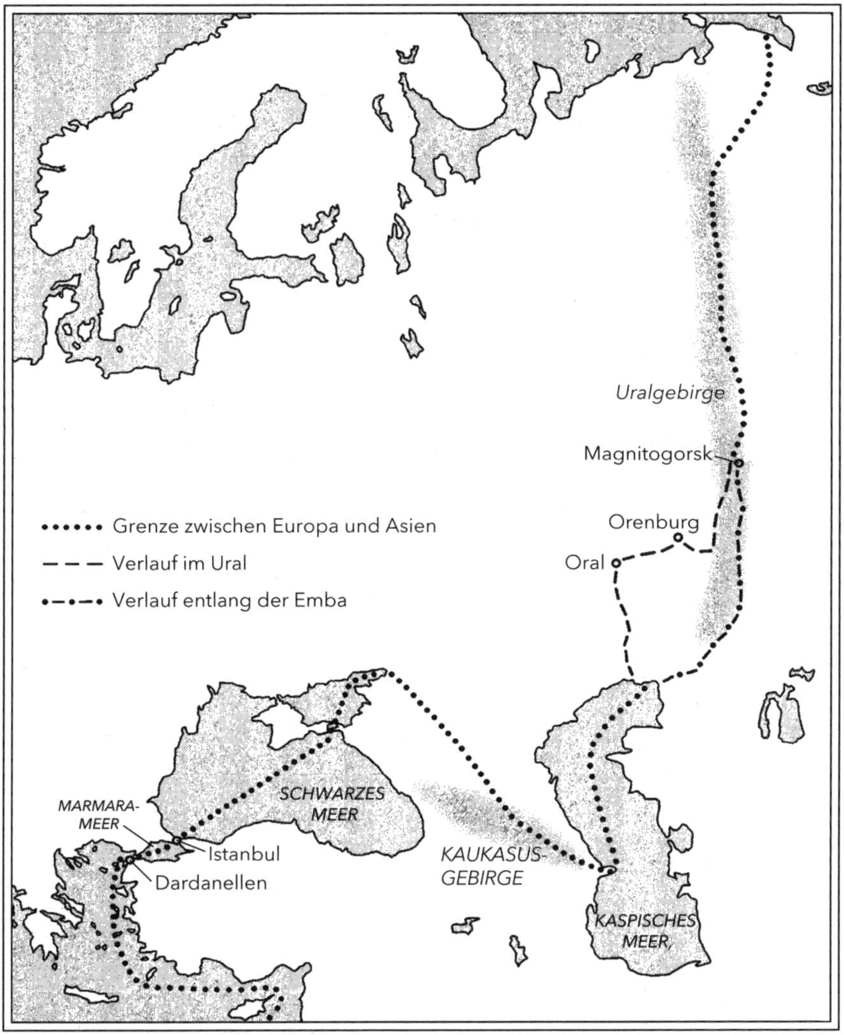

Die seltsame, mäandernde Route der Grenze zwischen Europa und Asien. Unmittelbar nördlich des Kaspischen Meeres ist ihre Route umstritten, wobei einige Quellen behaupten, sie folge dem Ural, andere behaupten, sie folge der Emba

So willkürlich diese Einteilung auch ist, so alt ist sie auch. Die Vorstellung, es gebe einen grundlegenden Unterschied zwischen den Ländern auf beiden Seiten der Ägäis, geht auf die alten Griechen zurück. Eines der frühesten bekannten geografischen Werke, die *Periēgēsis* (»Beschreibung der

Erde«) von Hekataios von Milet, das aus dem frühen 5. Jahrhundert v. Chr. stammt, hatte die Form eines Reiseberichts, der im Uhrzeigersinn um das Mittelmeer herumführte und im ersten Buch »Europa« (von der Straße von Gibraltar bis zum heutigen Griechenland) und im zweiten Buch »Asien« (die moderne Türkei bis Marokko) behandelte. Diese Anordnung zweier Kontinente wurde später zu einem System mit drei Kontinenten, wobei die Grenze zu »Libyen« – Afrika – am Nil verlief.

Die Kerngebiete der antiken griechischen Welt – Attika und der Peloponnes auf der einen Seite der Ägäis und die Westküste Anatoliens auf der anderen Seite – standen im Mittelpunkt dieses Plans. Wenn man ein Grieche des Altertums war, war es wohl am nützlichsten, zu wissen, wo sich ein Ort im Verhältnis zu Griechenland befand.

Das 5. Jahrhundert v. Chr. war auch eine Zeit der Konflikte zwischen Persien, dessen Reich die Länder östlich der Ägäis beherrschte, und den griechischen Stadtstaaten, die größtenteils im Westen lagen und deren Nationalmythos von einem weiteren epochalen Krieg mit einer östlichen Macht namens Troja erzählte. Es ist zumindest möglich, dass auch dies zu der plötzlichen Begeisterung beitrug, Ost und West voneinander zu trennen.

Schon damals gab es jedoch Stimmen, die das für absurd hielten: Noch vor dem Ende des 5. Jahrhunderts v. Chr. beklagte der Historiker und Geograf Herodot schriftlich, dass er keine Ahnung habe, wer die Welt in drei Teile geteilt oder ihnen Namen gegeben habe, aber dass alle sehr unsicher darüber zu sein schienen, wo die Grenzen verliefen. Es war vielleicht kein Zufall, dass er aus Halikarnassos stammte – dem heutigen Bodrum in der Türkei –, einer griechischen Stadt auf der »asiatischen« Seite der Ägäis, deren Anführer auf der persischen Seite des Krieges gekämpft hatten.

Die nächsten 1000 Jahre wurden von Imperien dominiert – makedonischen und römischen –, die Teile Europas, Asiens und Afrikas gleichermaßen eroberten. Im 2. Jahrhundert n. Chr. erstreckte sich ein einziger Staat von Carlisle bis Kuwait, und obwohl es Provinzen mit den Namen Afrika und Asien gab, deckten diese nur winzige Teile der Kontinente ab, denen wir diese Namen zuordnen (ein Abschnitt der Mittelmeerküste bzw. Westanatolien). Es gab keinen besonderen Grund, zu erwarten, dass ein willkürliches geografisches System, das auf der griechischen Weltanschauung um 500 v. Chr. basierte, Bestand haben würde.

Offensichtlich hat es das aber. Vielleicht lag es am griechischen Einfluss auf die römische Vorstellungswelt, ganz zu schweigen von der griechischen Vorherrschaft im östlichen Reich, das fast 1000 Jahre überdauerte, nachdem der westliche Teil zerfallen war. Oder vielleicht lag es an der Religion. Im 2. Jahrhundert n. Chr. unterschied sich Griechenland nicht stärker von Syrien als sich Griechenland von Frankreich unterschied. Einige Jahrhunderte später jedoch kam es zu den Eroberungen seitens des Islams, und die Welt östlich und südlich von Griechenland unterschied sich stark von den christlichen Ländern im Nordwesten. Nur wenige in diesen Ländern mögen sich als Europäer betrachtet haben, aber sie waren sich sehr im Klaren darüber, Teil der Christenheit zu sein.

Im 9. Jahrhundert bezeichnete ein Dichter Kaiser Karl den Großen, einen fränkischen Herrscher, dem wir in einigen Kapiteln noch begegnen werden, als *Pater Europae*, den Vater Europas, in dem Versuch, eine schmeichelhafte Bezeichnung für einen Mann zu finden, der über ein so riesiges Territorium herrschte. Im Lauf der Jahrhunderte, als das Wissen des klassischen Altertums in aller Munde war, die christlichen Mächte sich bemühten, Spanien zurückzuerobern, und das Osmanische Reich immer näher an das Herz Europas rückte, muss eine Weltanschauung, die eine natürliche Trennung zwischen gesitteten, europäischen, *christlichen* Menschen und finsteren Asiaten mit ihren seltsamen Göttern nahelegte, recht ansprechend gewesen sein.

Dies war eine ganz andere Herangehensweise als in der Antike. Die Griechen des klassischen Zeitalters hatten möglicherweise politische und geografische Gründe für ihre Dreiteilung der ihnen bekannten Welt. Doch sie wussten auch so wenig über das, was im hohen Norden lag, dass sie vielleicht tatsächlich glaubten, es gäbe eine prinzipielle physische Trennung zwischen Europa und Asien. Die Europäer der Renaissance *wussten* jedoch, dass Europa und Asien eine einzige Landmasse bildeten. Diese politisch konstruierte und etwas künstliche Teilung ist bei Weitem nicht der einzige Grund dafür, dass Russland, das sich über die Grenze erstreckte, sich in den folgenden Jahrhunderten die Frage stellte, ob seine Bevölkerung nun echte Europäer seien oder nicht, aber hilfreich war sie mit Sicherheit nicht.

Es ist in den Jahrhunderten seither nicht weniger absurd geworden. Im Zeitalter der Imperien änderte sich der Konsens über den Verlauf der Grenze durch Russland mehrfach – zweifellos ein Zeichen dafür, dass es keine fundamentale Wahrheit zu entdecken gab. Mitte des 20. Jahrhunderts setzte sich die Theorie der Plattentektonik durch – die Vorstellung, dass die Erdoberfläche in Platten unterteilt ist, die sich über Millionen von Jahren aneinander stoßen und verschieben. Wissenschaftler entdeckten, dass die meisten Kontinente (Afrika, Antarktis, Australien sowie Nord- und Südamerika) ihre eigene Platte hatten. Europa war jedoch nur ein westlicher Außenposten der eurasischen Platte. Wenn Teile Asiens überhaupt als separate Landmassen betrachtet werden konnten, dann sind es nach diesem Modell die Arabische Halbinsel und der indische Subkontinent.

Diese Orte galten offiziell jedoch nie als Kontinente: In einer Welt, die größtenteils von europäischen Menschen gestaltet wurde, hat sich die Idee von Europa als Kontinent erhalten, obwohl sie offensichtlich erfunden ist. Und die griechischsprachige Nation Zypern wird immer noch als europäisches Land betrachtet, trotz ihres abtrünnigen türkischsprachigen Nordens und der Tatsache, dass sie näher an der asiatischen Landmasse liegt.

Ich habe vorhin gesagt, dass das antike Griechenland sich über beide Seiten der angenommenen Grenze erstreckte. Was ich nicht erwähnt habe, ist, dass das moderne Griechenland dies auch tat. Noch im 20. Jahrhundert gab es in Kleinasien, Ostthrakien und anderen überwiegend islamischen Regionen rund 1,2 Millionen griechisch-orthodoxe Christen sowie 400 000 Muslime im heutigen Griechenland. Im Jahr 1923 wurden beide Gemeinschaften zur Umsiedlung gezwungen: ein Akt der gesetzlich verankerten ethnischen Säuberung, die mehr als 1 Million Flüchtlinge hervorbrachte. Es hatte nie wirklich eine schlichte Trennung zwischen einem christlichen Europa und einer islamischen asiatischen Welt im Osten gegeben – aber die Wirren nach dem Ersten Weltkrieg boten einen Vorwand, um den Versuch zu unternehmen, eine solche zu schaffen.

Istanbul ist übrigens längst nicht die einzige Stadt, die an der Grenze zwischen Europa und Asien liegt. Wenn Sie sich für eine Reise entscheiden, werden Sie unter anderem in Orenburg und Magnitogorsk in Russland sowie in Oral in Kasachstan Halt machen, die alle am Fluss Ural liegen. In jeder dieser Städte können Sie – anders als in Istanbul – einfach von Europa nach Asien gehen und auch wieder zurück. Auch wenn es nicht als Vorwand für ethnische Säuberungen benutzt wird, ist das Ganze einfach albern.

DER RÖMISCHE LIMES UND DIE MACHT DER PERIPHERIE

Das zentrifugale Reich

Severus Alexander muss geahnt haben, dass er sich an hohen Erwartungen messen lassen musste. Einer seiner beiden Namen stammte vom Ehemann seiner Großtante, Septimius Severus, der die Dynastie gegründet hatte, die um die Wende zum 3. Jahrhundert in Rom an der Macht war; der andere war der des größten Eroberers, den die Welt je gekannt hatte, des Mannes, der ein halbes Jahrtausend zuvor Länder von Griechenland bis Indien unter die Kontrolle des winzigen Makedonien gebracht hatte. Schlimmer noch, Severus Alexander bestieg den Kaiserthron im Alter von nur 13 Jahren – ein schwieriges Alter für jeden Jungen, auch ohne ein zerrissenes und schwächelndes Reich verwalten zu müssen – und in dem vollen Bewusstsein dessen, dass sein Cousin ermordet worden war, um ihm den Weg zu ebnen.

Es lief nicht besonders gut. Der junge Alexander wurde weithin als Aushängeschild für die wahren Machthaber in Rom, seine Mutter und Großmutter, angesehen, und die Römer, die nicht gerade für ihren Feminismus bekannt waren, hielten so etwas für ungebührlich.[3] Berichten zufolge wurde die Stadt so gesetzlos, dass die Prätorianergarde, die persönliche Leibwache

---

3 Auf den Münzen des Kaisers ist er mit einem eher dünnen Kinnbart abgebildet, der an einen Jungen erinnert, der wie ein Mann aussehen möchte, es aber leider nicht ist. Man bekommt den Eindruck eines Kaisers, der sich mit einem gefälschten Ausweis Bier für seine Kumpels kauft.

des Kaisers, ihren eigenen Anführer direkt vor seinen Augen ermordete, während einer der Konsuln, der Historiker Cassius Dio, im Jahr 229 n. Chr. einen Großteil seines Amtsjahres außerhalb der Stadt verbrachte, um einem ähnlichen Schicksal zu entgehen.

Alexanders größtes Problem war jedoch die Außenpolitik. Trotz einigem Murren über ihren jungenhaften und unwürdigen Kaiser stoppte die römische Armee eine Invasion der Perser in Mesopotamien, jedenfalls mehr oder weniger. (Die römische Gegenoffensive war eine Katastrophe, insbesondere der Teil, den Alexander persönlich befehligte; dennoch entschieden die Perser, dass es den Aufwand nicht wert war und kehrten nach Hause zurück.) Doch dann, noch bevor jemand wieder richtig Luft holen konnte, begannen Barbarenstämme, die Rhein- und Donaugrenze zu überqueren. Die Armee war dezimiert und die Überlebenden waren erschöpft. Um Zeit zu gewinnen, unternahm Alexander den Versuch, die Germanen zu bestechen, damit sie wieder abzogen. Das war für die Truppen einfach zu viel. Was für ein »Kaiser« war das, der versuchte, seine Feinde zu bestechen, anstatt die Grenzen des Reiches mit Blut und Eisen zu verteidigen? Und das auf Anraten einer *Frau*?

Also töteten sie ihn. Und um sicherzugehen, ermordeten sie auch gleich seine Mutter. An Alexanders Stelle setzten sie ihren eigenen Befehlshaber ein: Maximinus Thrax (»Der Thraker«), ein ehemaliger Hirte und ausgezeichneter Militäroffizier, der der erste römische Kaiser wurde, der nicht der herrschenden Klasse des Reiches angehörte. Hier hatten sie nun sicherlich einen Mann, der die Bedürfnisse der Soldaten, die Rom vor seinen Feinden verteidigen sollten, wirklich verstehen konnte. Schließlich war er einer von ihnen gewesen!

Drei enttäuschende Jahre später töteten ihn die Truppen ebenfalls. Wie sich zeigte, sollte dies noch recht oft geschehen. Im Lauf des nächsten halben Jahrhunderts sollte das Römische Reich zwischen den Mitkaisern, abtrünnigen Kaisern und Usurpatoren mindestens 26 Kaiser[4] haben – unge-

4 Die genauen Zahlen sind umstritten, weil aus heutiger Sicht – und vielleicht auch damals – nicht klar ist, wer genau als rechtmäßiger Kaiser galt. Ehrlich gesagt ist das Chaos im Römischen Reich wahrscheinlich das beste Argument für das Erbfolgeprinzip. Ja, manchmal kommt dabei ein sabbernder Idiot heraus, der dank ausgedehnter Inzucht nur fünf Urgroßeltern hat, aber zumindest wird so die Zahl der Thronanwärter begrenzt.

fähr so viele wie in den ersten 220 Jahren, obwohl diese Jahrhunderte auch wenig verheißungsvolle Perioden wie das Vierkaiserjahr (69 n. Chr.) und das Fünfkaiserjahr (193 n. Chr.) umfassten.

Es gibt mehrere Gründe, warum das Imperium in der Zeit, die wir als Reichskrise des 3. Jahrhunderts kennen, zusammenbrach und zerfiel: das Wiederaufleben Persiens, der Migrationsdruck, der durch eine unbemerkte Krise in Zentralasien ausgelöst wurde, die Wirtschaftskrise und die Inflation, die auf die Geldentwertung durch Septimius Severus folgten. Ein großer Teil davon war jedoch der Verfall der militärischen Disziplin nach der Ermordung von Severus Alexander, als die Befehlshaber an der Rhein- und Donaugrenze erkannten, dass sie alle Trümpfe in der Hand hielten. Diese Krise war zum Teil darauf zurückzuführen, dass das Reich seine eigenen Grenzen verteidigen musste.

Die allmähliche, aber unaufhaltsame Ausdehnung des römischen Territoriums war eines der Hauptthemen in der Geschichte des Staates gewesen. In den ersten Jahrhunderten hatte die Stadt kaum mehr als ihr unmittelbares Hinterland kontrolliert und wurde eine Zeit lang von dem etruskischen Staat im Norden beherrscht.[5] Mitte des 4. Jahrhunderts v. Chr. – ungefähr zu der Zeit, als Severus Alexanders eindrucksvollerer Namensvetter im Osten sein Unwesen trieb – hatten die Römer jedoch eine Reihe von Kriegen geführt und nach und nach einen Großteil der italienischen Halbinsel erobert. Danach besiegten sie die Karthager und wurden zur dominierenden Macht im westlichen Mittelmeerraum. Sie besetzten Griechenland und Spanien und dehnten sich dann weiter aus: nach Gallien, Afrika, Ägypten und sogar auf eine ferne, kalte und im Allgemeinen unattraktive Insel namens Britannien. Ein halbes Jahrtausend lang erweiterte Rom seine Grenzen, bis es einen Großteil der bekannten Welt umfasste.

Und dann, etwa ein Jahrhundert bevor Severus Alexander die Herrschaft übernahm, war Schluss damit. Kaiser Hadrian, der 117 n. Chr. an die Macht kam, begann sich Sorgen zu machen, dass das Reich zu groß werden könnte, und zog sich aus einigen weit entfernten und kürzlich eroberten

5 Die heutige Toskana.

Gebieten zurück, um die Kontrolle über das Land, das sich bereits in römischer Hand befand, zu festigen. Er leitete zudem Schritte ein, um die zuvor wechselnden Grenzen des Reiches in eine klarer definierte, feste Grenze zu verwandeln.[6]

Sie können wahrscheinlich mindestens ein Beispiel für diese Grenzen erraten, da sie noch immer den Namen des Kaisers trägt. Der Hadrianswall erstreckte sich über 118 Kilometer durch Nordengland und teilte die zwar gesicherte, aber unruhige römische Provinz Britannia im Süden von den wilden Ländern Kaledoniens im Norden. Wie bei den Mauern, die einige Jahrhunderte zuvor am anderen Ende Eurasiens in China errichtet worden waren, ging man wahrscheinlich nie davon aus, dass er für Außenstehende unüberwindbar wäre; vielmehr handelte es sich um eine Art Stolperdraht, der den Vormarsch des Feindes drosseln und über das römische Netzwerk von Festungen als Frühwarnsystem dienen sollte. Darüber hinaus war er eine Demonstration der römischen Macht in einer rebellischen Region und erfüllte möglicherweise sogar eine wirtschaftliche Funktion, indem er den Warenfluss ins Römische Reich und aus ihm hinaus kontrollierte und Steuern darauf erhoben wurden.

Der Hadrianswall war eines der eindrucksvolleren Zeichen für die Grenzen der römischen Macht, aber nicht das einzige. Die längste und am stärksten befestigte Grenze des Imperiums war der *Limes Germanicus*, die deutsche Grenze: eine befestigte Linie von über 560 Kilometern, die von mindestens 60 Kastellen und 900 Wachtürmen verteidigt wurde. Dies diente wahrscheinlich auch dazu, den Handel zu kontrollieren und angrenzende Gebiete zu überwachen, aber auch als klare Trennlinie zwischen »uns« und »denen« beziehungsweise als Mittel, um die germanischen Stämme daran zu hindern, vollständig ins Reich einzufallen. Um die Lücke zwischen den beiden großen Flüssen zu schließen, aus denen der *Limes* bestand, der Donau im Osten und dem Rhein im Westen, waren da auch noch 300 Kilometer schwer verteidigter Erdwälle.

---

6 Sowohl Hadrian als auch sein unmittelbarer Vorgänger Trajan wurden im heutigen Spanien geboren, wobei Ersterer mit Sicherheit und Letzterer wahrscheinlich römischer Abstammung war. Nicht nur die Grenzen des Staates wurden erweitert, sondern auch die Vorstellung davon, wer als Römer galt, bis hin zum Edikt des Caracalla im Jahr 212 n. Chr., das im Grunde alle in Freiheit geborenen Männer zu Bürgern des Reiches machte.

Andernorts stießen die Grenzen der römischen Macht auf andere natürliche Hindernisse – darunter Flüsse, Meere oder Wüsten, insbesondere die Sahara. Dahinter lagen Vasallenstaaten, weitere barbarische Stämme, die einiges an Kontrolle erforderten, oder Land, das für menschliches Leben unwirtlich war. Nur in der fernöstlichen Provinz Mesopotamien, wo die römischen Interessen direkt mit denen Persiens konfrontiert waren, traf das Reich einen vergleichbaren Staat an.

Während die Aufrüstung mit Legionen entlang dieser Grenzen, vor allem entlang der germanischen, teilweise dem Schutz des Reiches vor äußeren Bedrohungen diente, erfüllte sie auch einen anderen Zweck: die Menschen, die an der Macht waren, vor inneren Bedrohungen zu schützen. Jahrhunderte zuvor lag die Verantwortung, die Truppen zu bezahlen, bei den einzelnen Generälen. Das war zwar gut und schön, um die Kosten niedrig zu halten, aber im letzten Jahrhundert der Republik hatte es zu Unruhen geführt, als mehrere politisch ambitionierte Generäle (Marius, Sulla, Pompeius) feststellten, dass sie dadurch praktisch über eine loyale Privatarmee verfügten. Das Ergebnis war ein halbes Jahrhundert des Chaos sowie einer der berühmtesten Grenzübertritte der Geschichte, als Julius Cäsar und seine Armee im Januar 49 v. Chr. den Rubikon überquerten – den Fluss, der die Nordgrenze Italiens markierte – und damit einen weiteren Bürgerkrieg auslösten.

Als Cäsars Adoptivsohn und Erbe Octavian – der spätere Augustus – schließlich genug Bürgerkriege gewonnen hatte, um als letzter Mann die Stellung zu halten und Roms erster Kaiser zu werden, machte er sich daran, das Militär zu reformieren und sicherzustellen, dass die Truppen aus der kaiserlichen Schatzkammer und nicht von ihren kommandierenden Offizieren bezahlt wurden. Er unterschied auch zwischen den Senatorenprovinzen des italienischen und griechischen Kernlandes des Reiches, deren Statthalter vom Senat ernannt wurden und kaum bewacht werden mussten, und den stärker militarisierten Reichsprovinzen der Grenzgebiete, deren Statthalter von Augustus selbst eingesetzt wurden. Auf diese Weise sorgte man dafür, dass potenziell unruhestiftende Truppen dem Kaiser treu ergeben waren und weit weg von Rom gehalten wurden.

All dies funktionierte recht gut – zweieinhalb Jahrhunderte sind für jede politische Ordnung eine ordentliche Zeitspanne –, aber dieses System barg auch den Keim seiner eigenen Zerstörung. Zum einen verschlang es viel Geld, und die Kosten wurden größtenteils durch Eroberungen und Plünderungen finanziert: Hadrians Entscheidung, das Reich sei groß genug, könnte paradoxerweise dazu geführt haben, dass es schwieriger war, ein Reich dieser Größe zu erhalten. Die Entscheidung, die Armee von einer Eroberungs- und Ruhmesmaschine in eine Grenztruppe umzuwandeln, ließ sie auch weniger glorreich erscheinen, sodass der Dienst für die Römer an Reiz verlor und die Armee zunehmend von Barbaren abhängig wurde. Das machte sie womöglich nicht weniger effektiv oder weniger loyal, egal was einige der snobistischeren Römer später behaupten würden. Aber es schuf wahrscheinlich *tatsächlich* Raum für die Idee, dass das Römische Reich nicht unbedingt auf Rom ausgerichtet sein musste.

Zu guter Letzt bedeutete es, dass, als das Reich ins Wanken geriet, viele der Kräfte, die es herausforderten, nicht im Kerngebiet, sondern an seinen Rändern standen, insbesondere entlang der Grenzen von Rhein und Donau. Da der Militärdienst in Rom selbst aus der Mode gekommen war, waren nur sehr wenige dieser Kämpfer tatsächlich Römer. Das Ergebnis war (und hier kamen wir ins Spiel) die jahrzehntelange Reichskrise des 3. Jahrhunderts, in der die Kaiser von ihren eigenen Truppen ausgerufen wurden, nachdem sie ihnen das Blaue vom Himmel versprochen hatten, und die fallen gelassen und ermordet wurden, sobald sie scheiterten. Einige dieser »Soldatenkaiser« versuchten, die Dinge zu klären, indem sie eine formelle Nachfolgelinie festlegten und ihre Söhne zu ihren Erben ernannten. Das bedeutete in der Regel, dass, wenn die Zeit gekommen war, die Kaiser zu ermorden, auch ihre Söhne getötet wurden.

Zu den kürzesten Herrschaften überhaupt gehörte die der Mitkaiser Balbinus und Pupienus, die in den chaotischen Zeiten des Jahres 238 n. Chr., dem Sechskaiserjahr, nur 99 Tage regierten. Im Vergleich zu ihren Vorgängern, dem unglückseligen Vater-Sohn-Gespann Gordian I. und Gordian II., war das eine Ewigkeit, diese schafften es gerade einmal auf 22 Tage. Doch während dieser 14 Wochen gerieten Balbinus und Pupienus in einen Konflikt, weil jeder glaubte, der andere plane seinen Untergang. Sie steckten gerade mitten in einem weiteren Streit, als die Prätorianergarde in den Raum stürmte, sie ergriff und zu Tode hackte.

Später begann das Reich auseinanderzufallen. Um 260 n. Chr., als die Krise bereits Jahrzehnte andauerte und noch immer kein Ende in Sicht war, nutzte ein General namens Postumus die Verärgerung seiner Truppen über den Befehl, einen Teil der Beute an die kaiserliche Schatzkammer abzugeben, und ließ sich selbst zum Herrscher eines neuen *gallischen* Reiches erklären, das aus Gallien und Germanien bestand und später auch Britannien und Hispania umfasste. Ein Jahrzehnt später übernahm am anderen Ende des Reiches eine Königin namens Zenobia aus Palmyras die Kontrolle über die syrischen, arabischen und ägyptischen Provinzen. Beide dieser abtrünnigen Staaten behielten einige der Strukturen des Reiches bei, das sie stürzten – tatsächlich könnte ihr Aufstand ebenso sehr aus dem Wunsch nach Ordnung entstanden sein, die Rom nicht mehr bieten konnte, wie aus dem Streben nach Unabhängigkeit.

Es gibt einige Diskussionen darüber, wann genau der Untergang Roms besiegelt war, aber niemand hat ihn jemals auf das 3. Jahrhundert datiert. Die Beständigkeit und Einheit des Reiches wiederherzustellen war jedoch eine Aufgabe, die zu groß für einen Mann war, und sie dauerte fast so lange wie der Untergang. Im Jahr 274 gelang es Kaiser Aurelian, ein gewisses Maß an Ordnung wiederherzustellen, indem er seine Truppen mit eiserner Faust regierte und beide abtrünnigen Reiche besiegte. Die gleiche Rücksichtslosigkeit, die ihm den Titel *Restitutor Orbis* (»Wiederhersteller der Welt«) eingebracht hatte, könnte jedoch auch zu seinem Tod geführt haben, als ein Sekretär, der ihm eine Lüge aufgetischt hatte, beschloss, dass seine beste Überlebenschance darin bestand, ein Dokument zu fälschen, in dem die Pläne des Kaisers zur Hinrichtung verschiedener Beamter dargelegt wurden. Wie zu erwarten war, kamen diese Beamten Aurelian zuvor, bevor er sie erreichen konnte.[7]

Ein Jahrzehnt später führte Kaiser Diokletian weitere Militärreformen durch, bei denen er die Grenztruppen schwächte und stattdessen mobile Truppen aufstellte, die je nach Bedarf verlegt werden konnten. Dies und die Entscheidung, nichtrömische Truppen in entfernte Provinzen zu ent-

7 Ein zusätzlicher Fakt über Aurelian: Einige Münzen deuten darauf hin, dass seine Frau Ulpia Severina nach seinem Tod möglicherweise für kurze Zeit eigenständig regierte. Falls das zutrifft, war sie die einzige Frau, die jemals über das Weströmische Reich herrschte.

senden, reichte aus, um die Generäle an der Grenze zu schwächen und die Wahrscheinlichkeit zu verringern, dass ihre Truppen sie zu Kaisern erklärten. Das war noch nicht das Ende der Geschichte – auf Diokletians Abdankung im Jahr 305 folgten noch mehr Bürgerkriege, die erst mit dem Sieg Konstantins im Jahr 324 endeten. Aber die Tatsache, dass er sich tatsächlich in den Ruhestand *zurückziehen* konnte, um dann eines natürlichen Todes zu sterben, sagt etwas über seine Bedeutung aus.

Andere von Diokletian selbst gezogene Grenzen sollten sich als wesentlich langlebiger erweisen. Eine seiner größten Reformen war die »Tetrarchie«, die das Reich zunächst in eine östliche und eine westliche Hälfte aufteilte, die dann anschließend nochmals unterteilt wurden. Zwei dieser vier Reichsteile wurden von ranghöheren Kaisern mit dem Titel *Augusti* regiert, die anderen beiden von ihren jüngeren Kollegen und designierten Nachfolgern, den *Caesares*. Dabei handelte es sich stets um Einflusszonen mit nur grob verlaufenden Grenzen und nicht um eigenständige Staaten. Man beabsichtigte jedoch, das Nachfolgeproblem zu lösen und die Tatsache anzuerkennen, dass das Reich nun eindeutig zu groß für einen Mann war.

Wie gut dieser Versuch, Konflikte zwischen rivalisierenden Machtzentren zu verhindern, gelang, lässt sich daran erkennen, dass die Kriege, die unweigerlich auf Diokletians Abdankung folgten, als Bürgerkriege der Tetrarchie bekannt waren. Die vierfache Aufteilung überlebte jedoch die Wiedervereinigung als neue regionale Machtzentren, als sogenannte Präfekturen. Noch wichtiger ist, dass die Idee einer westlichen, lateinischen Hälfte des Reiches und einer östlichen, griechischen Hälfte nie ganz verschwunden ist; im Jahr 395, nach dem Tod des letzten einigenden Kaisers Theodosius I., wurde das Reich endgültig geteilt.

Die Kräfte, die die Krise verursacht hatten, waren noch nicht vollständig geschwächt. Stämme der Barbaren versuchten immer noch, den *Limes Germanicus* zu überqueren, und baten um Zuflucht vor den chaotischen Ereignissen, die außerhalb des Reiches stattfanden, sodass sie in der Regel angeheuert wurden, um die Grenze vor den nächsten Angreifern zu schützen. Bis im Jahr 476 der letzte westliche Kaiser, ein kleiner Junge namens Romulus Augustulus, der sowohl nach dem Gründer Roms als auch nach dem Gründer des Reiches benannt war, schließlich von einem vorbeiziehenden germanischen Kriegsherrn abgesetzt wurde – zugunsten des anderen, *besseren* Kaisers im Osten.[8] Fast 1000 Jahre lang sollte in Konstantinopel – der neuen Hauptstadt, die Konstantin gegründet hatte, um gleich weit von der problematischen deutschen und der östlichen Grenze entfernt zu sein, und die dann bescheiden nach ihm selbst benannt wurde – ein Reich bestehen, das sich »Rom« nannte; die Stadt Rom selbst sollte jedoch kaum jemals dazugehören.

Noch später, im Jahr 1054, spaltete sich auch die Kirche, die eines der nachhaltigsten Vermächtnisse Roms war, in zwei Teile, allgemein bekannt als das Große Schisma. Die daraus resultierenden Hälften waren wiederum ein lateinischsprachiger katholischer Westen und ein griechischsprachiger orthodoxer Osten, eine Teilung, die bis heute in gewisser Weise anhält.[9]
[9]Auch heute noch wird das Vermächtnis Roms in gewissem Maße durch seine Grenzen definiert.

---

8 Wie so oft wird auch dies angezweifelt: Einige Historiker ziehen es vor, Romulus' Vorgänger Julius Nepos als den wahren letzten westlichen Kaiser zu betrachten, da er weithin anerkannt war, nie auf seinen Anspruch verzichtete und bis 480 lebte. Aber der etwas traurige junge Kaiser mit dem thematisch klingenden Namen wird allgemein als der letzte anerkannt, möglicherweise weil es eine bessere Geschichte ergibt, also habe ich mich dafür entschieden.

9 Damit meine ich, dass die Trennung immer noch da ist; es gibt auch noch eine ganze Reihe anderer Abspaltungen.

DAS VERMÄCHTNIS KARLS DES GROSSEN

Der Vertrag von Verdun im Jahr 843 und seine über elf Jahrhunderte währenden Folgen

Am Weihnachtstag des Jahres 800 n. Chr. krönte Papst Leo III. in Rom Karl den Großen, den König der Franken, zum Kaiser. Seit dem Untergang des Abendlandes über drei Jahrhunderte zuvor herrschte Chaos in dem ständig wechselnden Flickenteppich von Staaten, der das umfasste, was einst Italien und Gallien gewesen war. Nun war das westliche Imperium endlich wieder da.

Knapp ein halbes Jahrhundert später splitteten die Nachkommen Karls des Großen sein Erbe in drei Teile auf. Und als wäre das nicht schon vertrackt genug, zerstückelten sie fast sofort danach einen der Bereiche in noch kleinere Stücke. Ein Staatsgebilde, das sogenannte Römische Reich, sollte im Westen noch fast 1000 Jahre lang fortbestehen – wesentlich länger, als das ursprüngliche Reich dort geherrscht hatte. Doch es reichte weder in territorialer Hinsicht noch bezüglich der Macht an seinen Namensvetter heran, und es hatte oft nichts mit Rom zu tun. Dennoch wirkten das Erbe des Reiches Karls des Großen und die Art, wie seine Territorien aufgeteilt wurden, noch über 1000 Jahre nach seinem Tod auf Europa ein – oft auf unangenehme Weise. Tatsächlich beeinflussen sie nach manchen Einschätzungen die Landkarte Europas bis heute.

Es gibt einige Dinge, die man über den »Vater Europas« wissen sollte. Erstens war sein Name nicht wirklich Karl der Große – das ist eine Zusammenfügung von Charles-le-magne, Karl dem Großen, ein Ehrentitel, der seine Erfolge widerspiegelt, und nicht das, was Frau Karl der Große rief, wenn sie seine Aufmerksamkeit wollte. In den Herrscherlisten auf beiden Seiten des Rheins (wir werden darauf zurückkommen) wird er auch als Karl I. geführt. Vielleicht noch überraschender: Er hatte einen zahmen Elefanten namens Abul-Abbas, offenbar ein Geschenk des neu gegründeten abbasidischen Kalifats in Bagdad. In Wissenschaftskreisen wird seit Langem heftig darüber diskutiert, ob er ein *indischer* oder ein *afrikanischer* Elefant war.

Das Wichtigste, was wir über Karl den Großen wissen müssen, ist jedoch, dass sein Ansehen nicht so gut war, wie es hätte sein können. Zum einen könnte er ein uneheliches Kind gewesen sein. Zum anderen erbte er tatsächlich nur die Hälfte von Franken, einem poströmischen Barbarenreich mit dem Rhein als Zentrum. Die Kerngebiete des größten Teils Frankreichs und Süddeutschlands hatte er seinem Bruder, Karlmann, hinterlassen. Doch Karlmann starb 771, also noch vor seinem 21. Lebensjahr[10], was Karl dem Großen äußerst gelegen kam, weil er dadurch die Alleinherrschaft des Frankenreichs übernehmen konnte.

Das größte Problem war jedoch, dass Karl der Große aus einer Linie von Usurpatoren stammte. Sein Großvater, Karl Martell, nach dem er benannt worden war, war Hausmeier gewesen, eine Art Stabschef der merowingischen Könige von Franken. Diese Könige hatten jedoch seit geraumer Zeit immer mehr Symbolcharakter, und als Karl die Schlachten gegen Gott und die Welt gewann, war es ziemlich klar, dass er nun die wahre Macht im Königreich war. Als Karls Sohn Pippin – der Vater Karls des Großen – im Jahr 751 zum König ernannt wurde, ließ er sich auch von einigen Bischöfen salben, um den Mangel an magischem königlichem Blut auszugleichen.

Als Karl der Große 768 den Thron bestieg, war seine Dynastie noch nicht einmal eine Generation alt, und vieles von dem, was er tat, scheint sein Bemühen gewesen zu sein, sie zu festigen. Da war zum einen die Investition in Bildung und Kultur, die als karolingische Renaissance in die Ge-

10 Offensichtlich starb er eines natürlichen Todes. Natürlich.

schichte eingegangen ist und ein Versuch war, weniger ein Stammeskönigreich als vielmehr einen christlichen Staat aufzubauen (um genau zu sein: Rom). Dann waren da die endlosen Feldzüge gegen die Nachbarn, um das Reich zu erweitern und Sachsen, Bayern, die Lombardei und die Pyrenäen einzugliedern. Dies verbreitete nicht nur das Licht der Kirche unter neuen Völkern – wie es sich für einen guten christlichen König gehörte –, sondern hatte auch einen praktischen Nebeneffekt: Es schuf ein Gefühl einer nationalen Mission und sorgte für Beute für das Militär, das dazu neigte, unruhig zu werden, wenn es keinen fremden Schatz zu plündern gab. »Solange der Schneeball weiterrollt, wird er größer«, sagt die Historikerin Mary Garrison. »Wenn er aufhört zu rollen, beginnt er zu schmelzen.« Die Parallelen zu Rom, ein halbes Jahrtausend früher, schreien einen förmlich an.

Und dann, drei Jahrzehnte nach Beginn seiner Herrschaft, nachdem er sich die Zeit genommen hatte, den Papst vor einem randalierenden Mob verdrossener Römer zu schützen, setzte Karl der Große das ultimative Zeichen für seine Legitimität. Fast 1600 Kilometer entfernt, in Konstantinopel, regierte immer noch eine Kaiserin: Irene, die jüngste in einer ununterbrochenen Linie, die bis zu Augustus zurückreicht, also noch bis in die Zeit vor der Geburt Christi. Im Westen hingegen hatte es keinen Kaiser mehr gegeben, seit Romulus Augustulus im Jahr 476 aus dem Amt gejagt worden war. Doch unter Karl dem Großen, dessen Herrschaftsgebiet sich von den Pyrenäen bis zur Elbe und von der Nordsee bis zur Adria erstreckte, war ein großer Teil des Westens wieder unter einem einzigen Herrscher vereint. Es brauchte nur einige leise Zweifel, ob eine Frau wirklich eine Kaiserin sein konnte, und ein wenig Krönungsarbeit von Papst Leo III., und – voilà – plötzlich gab es wieder einen römischen Kaiser. Das Imperium war zurück.[11]

Die alte und die neue Version des Reiches waren jedoch nicht ganz vergleichbar. Auch das ursprüngliche Römische Reich verdankte seine Entstehung militärischen Eroberungen und komplizierten Ritualen, zu denen auch lateinisch sprechende Priester gehörten, ja, aber es war auch das Werk

11 Der Biograf Karls des Großen behauptet, der König sei von dieser Entwicklung überrascht gewesen. Ich bin mir sicher, es war eine genauso große Überraschung wie der unerwartete Tod seines Bruders.

einer Stadt, eines Gemeinwesens und einer Kultur, die allesamt über Jahrhunderte gewachsen waren. Das Reich unter Karl dem Großen hingegen war wirklich nur *sein* Werk, und er selbst scheint nicht damit gerechnet zu haben, dass es ihn in einem Stück überleben würde. Bei den Franken gab es nämlich nicht die Primogenitur, das heißt das Erbschaftssystem, bei dem der älteste Sohn alles bekommt, vielmehr teilten sie das Territorium unter allen männlichen Erben auf, weshalb Karl der Große kurzzeitig nur über die Hälfte seines Reiches herrschte.

So erließ er im Jahr 806 ein Dekret, die *Divisio Regnorum*, in dem er die Aufteilung seiner Reiche nach seinem Tod festlegte, und zwar mit der Begründung, so vermutet man, dass dies die Wahrscheinlichkeit eines unmittelbaren Bürgerkriegs zwischen seinen Söhnen geringfügig verringern würde. Tatsächlich wurde der Erlass nie in die Praxis umgesetzt, weil zwei der drei Söhne, die davon profitieren sollten, den Anfängerfehler begingen, vor ihrem Vater zu sterben, sodass das gesamte Reich an den jüngsten Sohn fiel, an Ludwig den Frommen. Aber auch er begann fast unverzüglich, sich über die Nachfolge Gedanken zu machen – bereits 817, nur drei Jahre nach dem Tod seines Vaters, erließ er sein eigenes Dekret, die *Ordinatio imperii*, in der er einen komplizierten Plan entwarf, der vorsah, seinen ältesten Sohn zum Mitkaiser zu ernennen und seine jüngeren Söhne zu Königen zu machen, dabei aber unmissverständlich klarstellte, dass das Reich auf keinen Fall, unter keinen Umständen, *jemals* geteilt werden sollte. Theoretisch schien das eine clevere Lösung zu sein, um den fränkischen Brauch mit der notwendigen Einheit des Reiches zu vereinen. Praktisch führte es jedoch fast sofort zu einem Bürgerkrieg.[12] Aber zurück zum Anfang.

Das war so ziemlich das Muster. Schließlich verwarf Ludwig die *Ordinatio* und erließ stattdessen seine eigene *Divisio Regnorum*, aber das reichte nicht aus, um die jahrelangen, immer wieder aufflammenden Kriege zwischen Vater und Söhnen zu beenden. Uns fehlt hier der Platz, um alles im Einzelnen durchzugehen – obwohl der Höhepunkt zweifellos das »Lügen-

---

12 Das Problem schien darin zu bestehen, dass Ludwigs Neffe Bernhard, König von Italien, nicht berücksichtigt wurde, der daraufhin plante, sein Königreich aus dem Reich herauszulösen. Ludwig marschierte mit seinen Truppen ein, ließ Bernhard (absichtlich) blenden und (versehentlich) töten und wurde dann der erste König, der öffentlich für seine Taten büßte.

feld« im Jahr 833 ist. Bei diesem Ereignis glaubte Ludwig, er würde sich lediglich mit seinem ältesten Sohn Lothar treffen, um ihre Differenzen beizulegen. Stattdessen stand er plötzlich allen drei Söhnen, ihren Unterstützern, dem Papst und – am schmerzhaftesten von allen – seinem besten Freund aus Kindertagen gegenüber, die alle einstimmig seine Abdankung forderten. Was er dann auch tat – wenn auch nur vorübergehend. Doch der entscheidende Punkt ist: Wenn schon zu Lebzeiten niemand ein Konzept zur Wahrung der Reichseinheit akzeptierte, war es nach Ludwigs Tod geradezu unmöglich, das Zerfallen des Reiches in einzelne Teile zu verhindern.

Und so geschah es. Im Jahr 840 starb Ludwig, Lothars Brüder lehnten sein Erbe ab, und die Folge war ein Bürgerkrieg. Wieder einmal.

Schließlich, nach drei Jahren, einigten sich die drei Brüder darauf, das Reich aufzuteilen. Im Vertrag von Verdun von 843 ging die *Francia Orientalis* – das Ostfrankenreich, also die Länder östlich des Rheins und nördlich von Italien – an den mittleren Sohn Ludwig, den Herrscher von Bayern. *Francia Occidentalis* – Westfranken, das heißt die Länder westlich der Rhône – wurden dem wesentlich jüngeren Sohn Karl, der bereits über Aquitanien herrschte, zugesprochen. Das Herzstück des Reiches, die *Francia Media* – Italien, Burgund und das Rheinland – wurde fortan vom ältesten Sohn, Lothar, regiert.

Mittelfranken sieht für heutige Augen recht seltsam aus. Während Ostfranken und Westfranken heute nachvollziehbar und vertraut erscheinen, ist Mittelfranken eine etwas merkwürdige Ansammlung von Territorien, die sich von einigen feuchten Küstendörfern in den Niederlanden bis nach Rom erstrecken. Es galt jedoch als der beste, reichste und prestigeträchtigste Teil, da es sowohl die alte kaiserliche Hauptstadt in Rom als auch die neue in Aachen umfasste. Es hätte das Kernstück der fränkischen Länder sein sollen, weshalb es zusammen mit dem Kaisertitel an den ältesten Sohn ging.

Leider machte die weit verstreute Struktur des Mittelreichs es gleichzeitig anfällig für Angriffe von zwei der aggressivsten Plünderergruppen, die in jener Zeit ihr Unwesen trieben: den Wikingern im Norden und den »Sarazenen« – den verschiedenen muslimischen Kalifaten – im Süden. Das machte die Verteidigung äußerst schwierig, und Lothar, der sich bereits seinem 50. Lebensjahr näherte, stand zudem vor seiner eigenen Nachfolgekrise. Kaum ein Jahr nach dem Vertrag von Verdun ernannte er seinen ältesten Sohn Ludwig zum König von Italien und Mitkaiser; elf Jahre später, als er sich zunehmend unwohl fühlte, teilte er sein Gebiet im Vertrag von Prüm erneut in drei Teile auf, übergab Ludwig den Kaisertitel, zog sich in ein Kloster zurück und starb dort sofort.

Die Teilung des Reiches Karls des Großen unter seinen Enkeln im Vertrag von Verdun (843). Mittelfranken sollte über Jahrhunderte umkämpft bleiben. In der Karte v. l. n. r.: *Westfranken, Mittelfranken, Ostfranken*

Damit war das wiedererstandene Römische Reich Karls des Großen in, wenn man mitzählt, fünf Teile untergliedert. Das war mehr, als das ursprüngliche Reich selbst in seinen aufregendsten Bürgerkriegen je geschafft hatte.

Die beiden größten Teile zeichneten sich durch eine so lange Geschichte aus, dass sie noch heute als Nachfolgestaaten zu erkennen sind. Das eine war Westfranken mit Paris als Zentrum, auf dessen Bedeutung nicht näher eingegangen werden muss. Das andere war das Ostfrankenreich, ein eher zersplittertes Gebiet mit einem reisenden Königshof und ohne eindeutige Hauptstadt. Etwas mehr als ein Jahrhundert später, im Jahr 962, spielte der ostfränkische König Otto der Große, Spross einer anderen aufstrebenden Dynastie, die Rolle Karls des Großen in etwa so, wie Karl der Große die Rolle des Augustus gespielt hatte: Er besuchte Rom, ließ sich zum Kaiser krönen und leitete den Prozess ein, durch den sich Ostfranken zum Heiligen Römischen Reich entwickeln sollte. Ihre Könige – geschweige denn ihre Bürger – hätten sie natürlich nicht als solche anerkannt, aber hier waren Frankreich und Deutschland im Entstehen begriffen.

Die Geschichte des Mittelreiches sah ganz anders aus. Nach der zweiten Dreiteilung im Jahr 855 wurde ein Teil des Landes zum Königreich Italien. Ein anderer Teil, ein vage definiertes Gebiet, das mehrere Landesidentitäten durchlief – Burgund, Provence, Arles –, war einige Jahrhunderte lang unabhängig, wurde aber schließlich von Frankreich einverleibt.

Der interessanteste Abschnitt ist jedoch der nördliche Teil, der sich von Genf bis zur Nordsee erstreckt. Dieser Teil ging an den zweiten Sohn Lothars, genannt Lothar II., der keinen eigenen legitimen Erben hervorgebracht hat. Er hatte einen *unehelichen* Erben, und so ersann er einen vertrackten Plan, um seine arme, unfruchtbare Frau der Untreue zu bezichtigen, sich von ihr scheiden zu lassen und stattdessen seine Geliebte zu heiraten. Das führte dazu, dass ein armer Kerl, der sich als Vertreter der Königin ausgab, sich einer Prüfung unterziehen musste, indem er seine Hand in einen Kessel mit siedendem Wasser tauchte, um einen heißen Stein zu greifen. Als sich auf seiner Haut wie durch ein Wunder keine Blasen bildeten, wurde die Königin allgemein für unschuldig erklärt, während man Lothar nicht ein Fünkchen Mitleid entgegenbrachte.

Ich komme vom Thema ab. Als Lothar II. starb, wurde sein Reich durch einen weiteren Vertrag erneut geteilt, diesmal zwischen dem Urenkel Karls des Großen in Ostfranken und seinem Ururenkel in Westfranken, die beide den schönen Namen Ludwig III. trugen. Diese Gebiete – Lotharingien, wie sie manchmal genannt werden – sollten zu einer Art Niemandsland werden, das mal zu Frankreich, mal zum Heiligen Römischen Reich und mal zu keinem von beiden gehörte. Im 9. Jahrhundert, lange bevor die meisten

Staaten, wie wir sie heute kennen, entstanden, und als es überall noch umkämpfte Länder gab, war dies nicht ungewöhnlich: Wenn Lotharingien, wie Simon Winder in *Germania* schreibt, »letztlich zu einer entscheidenden europäischen Bruchlinie werden sollte, dann kann man mit Fug und Recht behaupten, dass es bis zum 14. Jahrhundert nur eine unter vielen war«.

Doch in diesem letzten Jahrhundert übergab König Johann II. von Frankreich einige dieser Ländereien – die zu diesem Zeitpunkt als Burgund bekannt waren, nicht zu verwechseln mit der Region Burgund, die etwas weiter südlich liegt[13] – an einen jüngeren Sohn, gewissermaßen als Hommage an Karl den Großen. Einige Generationen und eine günstige Heirat später gelangten sie in die Hände der Habsburger, die zufälligerweise auch Kaiser des Heiligen Römischen Reiches waren. Das war allerdings nicht Johanns Plan gewesen.

Als sich das europäische Staatensystem jedoch allmählich konsolidierte, begann die Existenz eines Gebiets, das entweder französisch oder deutsch sein konnte, Folgen zu haben. Einige dieser Konsequenzen – die letztendliche Entstehung der Niederlande, Belgiens und der Schweiz als Pufferstaaten, die stolz darauf waren, weder französisch *noch* deutsch zu sein – könnte man insgesamt als positiv betrachten. Andere wiederum – zum Beispiel Elsass-Lothringen, ein Gebiet, in dem sowohl die Menschen als auch die Ortsnamen entweder französisch oder deutsch sein durften, was zu einer Menge Konflikte führte – waren es nicht. Es wäre wohl nicht ganz fair, zum Beispiel den Deutsch-Französischen Krieg von 1870/71 darauf zurückzuführen, dass Karl der Große seine Nachfolge nicht ordentlich geregelt hatte. Aber ganz *unfair* wäre es auch nicht.

Das ist der letzte Punkt, den ich hier ansprechen möchte. Man kann sich darüber wundern, wie Karl der Große einen Staat aufbaute, sodass es durchaus gerechtfertigt wäre, ihn »Kaiser von Rom« zu nennen, dann aber völlig versagte und dafür sorgte, dass dieser Staat seinen Tod nicht überlebte. Es ging ihm jedoch nicht um einen abstrakten Begriff wie »Staat«, der die Jahrhunderte überdauern könnte. Er wäre zweifellos verblüfft, würde

---

13 Nicht weniger als ein Dutzend Staaten haben sich mit diesem Namen geschmückt, von der Ostsee bis zum Mittelmeer. Da diese Anmerkung die ersten Anzeichen von Migräne ausgelöst hat, kann ich nur dankbar sein, dass ich nicht über diese Staaten schreibe.

man Ländernamen wie »Frankreich« oder »Deutschland« auf ihn als den Wortschöpfer zurückführen. Er wollte einfach nur für seine Kinder sorgen.

Nach einigen Generationen brudermörderischer Konflikte wurde jedoch offensichtlich, dass dies kein Weg war, ein Familienunternehmen zu führen. Daher gaben die meisten westeuropäischen Länder sukzessive die von den Franken übernommene Realteilung auf, bei der die Güter unter den Erben aufgeteilt wurden, und wandten sich stattdessen neuen aufregenden Ideen wie der »Primogenitur« zu, bei der alles an den Ältesten ging. Auf diese Weise konnten sie ihre Ländereien zusammenhalten und mussten nicht mehr bei jedem Todesfall einen Bürgerkrieg anzetteln. Das letzte Vermächtnis Karls des Großen besteht darin, dass die Menschen nicht länger so handelten, wie Karl der Große es getan hatte – auch wenn es manchmal nützlich war, so zu tun, als wäre es anders.

DIE GRENZEN GROSSBRITANNIENS

England, Schottland, Wales und die Unwägbarkeiten nationaler Selbstständigkeit

Auf der größten Insel Europas gibt es drei Nationen, auf die man sich geeinigt hat. Den größten Teil Großbritanniens, etwa drei Fünftel der Fläche und fünf Sechstel der Bevölkerung, nennen wir England. Das nördliche Drittel der Insel, also jener Teil, der – wollte man Großbritannien als Mensch darstellen – als Kopf durchgehen könnte, ist das einstige und womöglich zukünftige unabhängige Königreich Schottland. Sodann, westlich von Zentralengland gelegen, als würde unsere Insel in Menschengestalt etwas an ihre Brust drücken, gibt es ein hügeliges Land namens Wales.[14] Alle drei Länder zeichnen sich dadurch aus, dass sie ihre jeweils eigene politische oder kulturelle Identität haben, die 1000 Jahre oder mehr zu-

14 Ich höre schon, wie ein paar Erbsenzähler irgendwo in »meinem« englischen Südwesten wütend meine E-Mail-Adresse googeln, um mich daran zu erinnern, dass es vier sind. Cornwall hat eine eigene Flagge, eine zunehmend aussterbende Sprache und eine Unabhängigkeitsbewegung und wird zuweilen zu den keltischen Nationen gezählt. Aber vielleicht liegt es an der Größe, an der Unübersichtlichkeit oder daran, dass es so früh von seinem viel größeren Nachbarn einverleibt wurde, dass seine Eigenstaatlichkeit weit weniger anerkannt wird als die von Wales. Meist gilt Cornwall daher einfach als die westlichste Grafschaft Englands. Das passt eigentlich perfekt zu meinem Argument über die Unwägbarkeiten der Geschichte, aber der Platz ist hier leider begrenzt.

rückreicht. Diese Länder und auch die Grenzen, die sie trennen, scheinen natürlich, unantastbar, ja sogar unvermeidlich zu sein.

Da bin ich mir aber nicht so sicher. Alle drei britischen Nationen waren in ihrer frühen Geschichte in viele kleinere Königreiche aufgeteilt. Wenn man die Zeit zurückspult in die Jahrhunderte des Frühmittelalters, als sich diese Reiche allmählich zu den Ländern herausbildeten, die wir heute kennen, erscheinen auch andere Nationen mit anderen Grenzen als eine mögliche Entwicklung.

Als die Römer im Jahr 43 n. Chr. mit der Eroberung Britanniens begannen, fanden sie eine Insel vor, die von unterschiedlichen Stämmen bevölkert war, deren Namen heute größtenteils bedeutungslos erscheinen. (Es gibt allerdings zwei Ausnahmen: die Dumnoni im Südwesten und die Cantiaci im Südosten, nach denen die englischen Grafschaften Devon bzw. Kent benannt sind.) Es gab auf der Insel nichts, das einem *Staat* ähnelte, und das war aus römischer Sicht durchaus hilfreich, denn wie Tacitus gegen Ende des 1. Jahrhunderts schrieb: »Wir haben keine bessere Waffe gegen die stärkeren Stämme als dieses Fehlen einer gemeinsamen Zielsetzung.« Das bedeutet allerdings auch, dass der Versuch, diese Stämme auf spätere Nationen zu projizieren, reine Zeitverschwendung ist.

Dennoch trug diese Zeit zu den zukünftigen Grenzen bei. Zunächst einmal eroberten die Römer nicht die gesamte Insel: Nachdem sie sich 80 Jahre darum bemüht hatten, schienen sie zu dem Schluss gekommen zu sein, dass der wilde, kalte nördliche Teil, den sie *Caledonia* nannten, den Aufwand nicht wert war; also bauten sie den Hadrianswall, um ihn vom Reich zu trennen. Dann überlegten sie es sich noch einmal: Eine weitere Wallanlage, der Antoninuswall, eine Grenzlinie aus Stein, Holz und Torf, verlagerte die nördliche Grenze der Zivilisation kurzzeitig knapp 130 Kilometer weiter nördlich in das Gebiet, das heute als Zentralgürtel Schottlands bekannt ist, aber auch dieses Unterfangen wurde recht schnell verworfen. Die Grenze zwischen dem römischen Imperium und den Barbaren verlief also während eines Großteils der Besatzung im äußersten Norden Englands. Man hat den Eindruck, dass die schrecklichste Militärmaschinerie der Welt, nachdem sie so weit gekommen war, keine Lust mehr auf das letzte Stück hatte. Die Menschen in dem Gebiet, das eines Tages Schottland werden sollte, leisteten den Römer gegenüber einfach zu viel Widerstand, mit dem sie nicht klarkamen.

Wales hingegen *gehörte* zum Reich – hier gab es Straßen und Festungen und was man sonst so brauchte –, gleichwohl unterschied es sich von weiten Teilen Englands. Die relativ wohlhabenden Gebiete, die dem europäischen Festland am nächsten lagen, scheinen letztlich genauso romanisiert worden zu sein wie beispielsweise Gallien, sodass man ihnen eine zivile Herrschaft zutrauen konnte. Die wilderen, bergigeren Regionen im Norden und Westen hingegen – nicht nur Wales, sondern auch die äußersten Randgebiete Englands – erwiesen sich stets als problematischer und erforderten eine stärkere militärische Kontrolle. Schon in der Antike zeichnete sich eine Teilung zwischen den südöstlichen Tiefländern und den anderen Teilen der Insel ab. Ein Punkt für diejenigen, die behaupten, Geografie sei Schicksal.

Als die Römer sich im frühen 5. Jahrhundert zurückzogen, schien alles auseinandergebrochen zu sein. Es ist schwierig, sich dessen ganz sicher zu sein – für die nächsten 200 Jahre gibt es auffallend wenige Quellen. Im Grunde genommen haben wir nur eine Menge archäologischer Beweise und eine Schimpftirade eines Mönchs namens Gildas. Er vermittelt den Eindruck, dass alles den Bach runterging, allerdings mit der gleichen Dramatik wie ein durchschnittlicher *Daily-Mail*-Kolumnist – wer weiß, wie vertrauenswürdig das ist. Das, was wir wissen, deutet auf eine Zersplitterung in kriegerische Stämme und/oder kleine Königreiche hin.

Sodann kamen Völker namens Angeln, Sachsen und Jüten aus den Landen Germaniens an. Allerdings wissen wir nicht genau – oder ehrlich gesagt, gar nicht –, wie viele es waren, ob es sich nur um Männer, Familien oder ganze Stämme handelte, ob sie eingeladen wurden oder einfielen, oder ob sie möglicherweise eingeladen wurden *und dann* einfielen. Der Überlieferung nach eroberten sie den Südosten der Insel und drängten die verbliebenen romanisch-britischen Völker in den äußersten Westen, wobei einer der britischen Könige, die sich zur Wehr setzten, möglicherweise jemand namens Arthur war, aber wahrscheinlich nicht so genannt wurde. Es ist jedoch gut möglich, dass vieles davon nie passiert ist und dass die Germanen stattdessen eine Art Kulturkampf gewannen. Dabei könnten die Menschen im Osten Britanniens es einfach als vorteilhaft und/oder cool empfunden haben, ihre angelsächsischen Gewohnheiten und Connections stärker hervorzuheben und ihr römisches Erbe herunterzuspielen. Gleichzeitig begannen diejenigen im Westen, die zuvor noch römische Loyalisten gewesen waren, auf verbissene Weise zu verkünden, dass die Römer eigentlich großartig gewesen seien – und dass sie selbst die letzten wahren Vertreter Roms in Britannien seien.

Der nächste Teil der tradierten Überlieferung handelt von den angelsächsischen Invasoren, die die Briten oder – historisch ausgedrückt – Britannier aus England vertrieben und sich allmählich zu sieben Königreichen zusammenschlossen: vier große (Wessex, Mercia, East Anglia und Northumbria) und drei kleinere (Sussex, Essex und Kent). Diese Phase der englischen Geschichte ist unter dem Begriff »Heptarchie« bekannt. Doch Sie werden schockiert sein, zu hören, dass man es sich damit wahrscheinlich zu einfach macht. Das nördlichste Königreich Northumbria war womöglich lange Zeit in Bernicia, Lindsey und Deira unterteilt. Ein altenglisches Landverzeichnis aus dieser Epoche, bekannt als *Tribal Hidage*, listet zwar die aus dem Schulunterricht bekannten Königreiche auf, enthält aber auch einige verwirrende Ergänzungen wie die Hwicca, Noxgaga, Hendrica und Unecungaga. Der Versuch, diese Orte kartografisch zu erfassen, so schreibt Max Adams in *The First Kingdom*, führt zu nichts. Zum einen fehlen uns schlicht die Beweise, zum anderen bestand das Wesentliche eines jeden Königreichs nicht in seinen festen Grenzen, sondern in den Machtzentren, »eine Kerngruppe von ... wandernden Machtzentren, die viel Flexibilität und Unsicherheit an den Rändern zuließen«. Statt sich eine Karte mit kleinen Königreichen vorzustellen, ist es wohl treffender, sich das Ganze als ein ständig wechselndes Kaleidoskop zu denken.

Diese Orte verschwanden nach und nach, bis in den frühen 800er-Jahren selbst das kleinste der sieben berühmten Königreiche von seinen größeren Nachbarn beherrscht oder einverleibt worden zu sein schien, sodass nur noch vier übrig blieben. Obwohl die Heptarchie in der gängigen Erzählung der englischen Geschichte vielleicht ganze 300 Jahre anhielt, ist nicht klar, wie lange sie wirklich dauerte oder ob es jemals genau sieben Königreiche gab.

Oh, und dann, im 9. Jahrhundert, fielen die Wikinger ein, und *wieder einmal* änderte sich alles. Die Nordmänner eroberten East Anglia und

Northumbria; sie bekämpften das einst vorherrschende Mercien, bis es schließlich zusammenbrach. Unter der Führung von Alfred, dem einzigen einheimischen englischen König, der mit dem Zusatz »der Große« gesegnet war, besiegte Wessex die Wikinger in der Schlacht von Edington (878), vermochte sie aber nicht aus dem Land zu vertreiben. Da keine der beiden Seiten stark genug war, der anderen den Garaus zu machen, einigte man sich darauf, das Land entlang einer diagonalen Linie, die von der Themse im Südosten bis zum Mersey im Nordwesten verlief, in zwei Teile zu teilen. Im Süden befand sich nun ein größeres, stärkeres Wessex; im Norden eine Reihe von Wikingerreichen, die heute als Danelag bekannt sind.

Diese neue Teilung hinterließ ein beträchtliches Erbe in Form von Ortsnamen und Dialektwörtern. Jeder Name, der auf -by, -holme, -thwaite oder -thorpe endet, deutet darauf hin, dass die Wikinger irgendwann in diesen Gegenden herumzogen; doch das ist in gewisser Weise recht seltsam, denn das Danelag hatte nicht sehr lange Bestand. Nach nur wenigen Jahrzehnten begannen die Könige von Wessex, die Wikinger zu vertreiben. Dabei bezeichneten sie sich zunächst als Könige der Angelsachsen (vielleicht eine Art nachträgliche Rechtfertigung für die Übernahme der Nachbarvölker durch Wessex) und dann als Könige der Engländer. Nach Jahrhunderten der Teilung hatten sie den Teil der Insel, der am stärksten romanisiert und dann am stärksten von den Angelsachsen besiedelt worden war, zu einer neuen Nation vereint: England.

Die naheliegende Frage ist – warum hier aufhören? Alfreds Enkel Athelstan, der König, der 927 das letzte Wikingerreich, Jorvik (York)[15], eroberte, war der Erste, der sich König der Engländer nannte, und hat somit einen ebenso guten Anspruch wie jeder andere, der erste König von England zu sein. Er wurde zeitweise auch von den Herrschern der übrigen Insel als

---

15 Fun Fact! Wenn Sie sich jemals eine Karte der altherkömmlichen Grafschaften Englands angesehen haben – und wenn Sie die Fußnoten in einem Buch wie diesem lesen, haben Sie das wahrscheinlich getan –, haben Sie sich vielleicht gefragt, warum Yorkshire so viel größer ist als die übrigen Grafschaften – groß genug, um vier oder fünf kleinere Grafschaften zu umfassen. Der Grund dafür ist, dass dies Jorvik ist, das als Ganzes einverleibt wurde: Das gesamte Wikingerkönigreich Jorvik war auf die regionale Hauptstadt York ausgerichtet und wurde daher nicht in kleinere Einheiten, die die Größe von Grafschaften hatten, zersplittert.

eine Art Oberherr anerkannt. Die Erweiterung seines Territoriums war ganz Athelstans Sache. Warum hat er den Job nicht zu Ende gebracht?

Die kurze Antwort ist vermutlich: Er hat es versucht – eine Zeit lang forderte er Tribut von den kleineren, schwächeren Königreichen. Aber die Eroberung von Völkern, die nicht erobert werden wollen, ist eine ermüdende und schwierige Angelegenheit. Und selbst während sich England vereinte – so lange das auch her ist –, entwickelten sich in Großbritannien bereits alternative Identitäten.

Die Länder im Norden schienen aus mehreren Königreichen zu bestehen, genau wie in England, aber diese lassen sich nicht so einfach auf Schottland projizieren, wie man vielleicht denken könnte. Der Nordwesten wurde von einem gälischen Königreich namens Dál Riata regiert, das sich auf die Inseln und Teile Nordirlands konzentrierte. Im Nordosten hingegen gab es eine Vielzahl von Teilkönigreichen, die von Angehörigen der Pikten bewohnt wurden. Der Südosten dieser Länder, bis hinauf zur heutigen Hauptstadt Edinburgh, war jedoch lange Zeit Teil dessen, was wir heute als englisches Königreich Northumbria betrachten (das bei der Festlegung seiner Grenzen darauf bestand, den Hadrianswall völlig zu ignorieren). Am verwirrendsten aus heutiger Sicht ist jedoch, dass es Strathclyde gab, das sich von Glasgow bis weit in den Nordwesten Englands erstreckte. Es war der letzte Überrest einer Region, die als *Hen Ogledd* – der alte Norden – bekannt war und deren Bewohner eine britannische Sprache sprachen und daher als ein weiterer Zweig des Volkes galten, das die Insel vor der Ankunft der Angelsachsen bewohnt hatte. Anders ausgedrückt: Die Menschen im antiken Glasgow sprachen im Wesentlichen Walisisch.

Auf jeden Fall entstanden Identität und Nation in Schottland durch Eroberung, Vereinigung und gemeinsame politische Interessen, genau wie in England. Dazu trugen zweifellos sowohl die historische Tatsache bei, dass Schottland außerhalb der römischen Kontrolle lag, als auch der gegebene Umstand, dass Schottland nicht von England aus regiert werden wollte – so wie auch heute nicht. Allerdings war nicht klar, wo genau die Grenze in dem Dutzende von Meilen langen und relativ dünn besiedelten Land zwischen dem Hadrianswall und dem Antoninuswall verlaufen sollte. Die Lage war so unklar, dass diese Region jahrhundertelang als »umkämpftes Land«

galt. Die Grenze verlief übrigens zu keinem Zeitpunkt dort, wo die Römer sie gezogen hatten.[16]

Was die andere Grenze auf der Insel betrifft, so gibt es eine offensichtlichere geografische Linie zwischen den relativ flachen Gebieten Englands und den hügeligen Gebieten von Wales. Auch hier gibt es eine von Menschenhand geschaffene Grenze – den Erdwall, der als Offa's Dyke bekannt ist, benannt nach dem König der Mercier aus dem 8. Jahrhundert, der ihn vermutlich als Verteidigungsmaßnahme errichtet hat. Auch dies ist nicht die offizielle Grenze.

Doch während es eine eindeutige walisische Identität gab – möglicherweise sogar eine ältere als die englische –, die sich teilweise *in Abgrenzung* zur englischen Identität entwickelte, erinnert uns die Existenz des Hen Ogledd – einer gemeinsamen Vorstellung von Nation mit den Menschen in Nordengland und Westschottland – daran, dass auch dies keine historische Unvermeidlichkeit war.[17] Darüber hinaus war Wales nie wirklich ein einheitlicher Staat wie England und Schottland: Es bestand fast immer aus mehreren kleinen Königreichen (Powys, Gwynedd, Deheubarth, Gwent), die kulturell vereint, aber politisch unterschiedlich waren, was für die englischen Streitkräfte sehr hilfreich war, als sie im 13. Jahrhundert endlich zur Invasion übergingen. Zwei Jahrhunderte später errang ein Mitglied einer walisischen Dynastie, der Tudors, die englische Krone – ganz im Stil des Augustus –, indem er als letzter Überlebender eines Bürgerkriegs übrig blieb, und regierte fortan als Heinrich VII. Vielleicht in Erinnerung an seine walisischen Wurzeln, vielleicht aber auch aus Angst vor inneren Feinden, begann sein Sohn Heinrich VIII., die walisischen Grafschaften vollständig als lediglich einen weiteren Teil Englands einzustufen.

---

16 Die Grenze hat sich zudem verschoben. Die größte Stadt an der Grenze, Berwick-upon-Tweed, wechselte so oft den »Besitzer«, dass man sie in Gesetzen und königlichen Erlassen häufig gesondert erwähnte, um sicherzustellen, dass sie nicht versehentlich vergessen wurde. Dies führte zur – leider apokryphen – Geschichte, dass die Stadt im Friedensvertrag nach dem Krimkrieg übersehen wurde und somit technisch gesehen bis weit ins 20. Jahrhundert hinein noch im Krieg mit Russland war. Übrigens gehört Berwick heute zu England, aber Berwickshire liegt in Schottland. Warum auch nicht?

17 Ein weiterer Fun Fact! Das Wort »Cumbria«, der Name einer modernen Grafschaft, der von einem alten Wort stammt, das die Bewohner des äußersten Nordwestens Englands beschreibt, hat dieselbe Wurzel wie »Cymru«, der walisische Name für Wales. Beide Namen bedeuten im Grunde »Landsleute«.

*

Eines der wiederkehrenden Themen auf den folgenden Seiten wird die Frage sein, wie Nationen entstehen. Diese Stippvisite durch meine Geschichtsstunden in der Grundschule und warum sie uns etwas Falsches gelehrt haben, soll zeigen, welch große Rolle der Zufall spielt. Die Geografie ist ein wesentlicher Faktor, wenn es um die Herausbildung von Nationen geht, aber das allein reicht nicht aus. Gemeinsame Institutionen sind wichtig, das Gleiche gilt für gemeinsame Geschichten und gemeinsame Feinde. (Gemeinsame Feinde können natürlich sowohl gemeinsame Institutionen als auch gemeinsame Geschichten bedeuten.)

Selbst wenn es möglich ist, zu erklären, warum die Grenzen auf den Karten dort verlaufen, wo sie es tun, ist es oft viel schwieriger, zu erklären, warum sie nicht einen anderen Verlauf nehmen. Es hat gewissermaßen etwas Unvermeidliches, wenn man Geschichte nur als eine Abfolge von Ereignissen liest, die uns zwangsläufig in die Gegenwart geführt haben. Aber wenn wir das Band zurückspulen und es noch einmal abspielen könnten, wobei nur ein paar kleine Details einen anderen Verlauf nehmen, könnte das Ergebnis ganz anders ausfallen. Cumbria hätte vielleicht zu Schottland gehört oder die Lothians zu England, und Wales hätte vollständig einverleibt werden können.

In gewisser Weise war dieser ganze Absatz natürlich eine Mogelpackung. Auch wenn Großbritannien drei Nationen umfasst, besteht es nur aus einem *Staat*: dem Vereinigten Königreich von Großbritannien und Nordirland, besser bekannt als »Britain« (zumindest bei Engländern) oder United Kingdom – Vereinigtes Königreich. (Eine Nation und ein Staat – also die politische Einheit, die sie umfasst – decken sich nicht immer exakt, selbst wenn die Existenz eines Staates zur Entstehung einer nationalen Identität beitragen kann.) Je nach Definition des Begriffs könnte es sein, dass England, Schottland und Wales gar nicht mehr als eigenständige Länder zählen.

Warum also wurde die nationale Identität der Waliser als etwas, das sogar andere Briten noch als Nation *anerkennen*, aufrechterhalten, während alles Bretonische oder Bayerische beispielsweise umstrittener ist? Eine eigene Sprache ist zweifellos hilfreich, aber ebenso eindeutig ist auch, dass sie allein nicht ausreicht: Nur etwa ein Fünftel der Waliser spricht tatsächlich Walisisch; jahrhundertelang haben britische Institutionen sich bemüht, die Sprache zu verhindern, wenn nicht gar zu unterdrücken. Ebenso gibt es weltweit viele Communitys, die Minderheitensprachen am Leben erhalten, die keine eigenen dezentralisierten nationalen Institutionen haben.

Ich würde das Fortbestehen von Wales auf drei Dinge zurückführen. Erstens erbte 1603, bevor Wales lediglich zu einem weiteren Teil Englands werden *konnte*, eine schottische Dynastie, nämlich die Stewarts, die Krone von ihren Tudor-Cousins. Die vollständige politische Einheit folgte ein Jahrhundert später, als der Act of Union von 1707 ausdrücklich Raum für mehrere Identitäten unter der britischen schuf. Vielleicht bewahrte die Existenz eines britischen Schottlands den Raum für ein nichtenglisches Wales.

Zweitens war die neue vereinte Nation schon bald eifrig bemüht, das größte Imperium aufzubauen, das die Welt je gesehen hatte. Das schuf neben anderen, weniger schmeichelhaften Errungenschaften auch viel Raum für mehrere sich überschneidende Identitäten.

Drittens, und das ist vielleicht am wichtigsten, haben die Nationen des Vereinigten Königreichs immer noch ihre eigenen Fußballnationalmannschaften.

Auch das ist natürlich eine Folge des Empires: Diese Insel hat nicht nur ihre Lieblingssportarten in der ganzen Welt verbreitet, sondern auch die Regeln dafür festgelegt. Achtung, Spoiler: Das Erbe des britischen und anderer europäischer Imperien wird in den nächsten Kapiteln noch ziemlich oft zur Sprache kommen.

ÜBER FEUDALISMUS, MARKGRAFEN, MARQUISEN UND GRENZFÜRSTEN

Leben im Schatten der Grenze

Einer der Aspekte der Adelshierarchien, die Europa so lange beherrschten und aus heutiger Sicht befremdlich anmuten, ist die Einführung eines zusätzlichen Ranges für Menschen, die in Grenzgebieten lebten. Es ist eine Sache, zu verstehen, dass Könige und Königinnen an der Spitze stehen, dass Herzöge einen höheren Rang haben als Grafen oder Earls[18], dass Grafen oder Earls eigentlich nur verschiedene Wörter für ein und dieselbe Sache sind oder dass, wenn man das Wort »Erz« an den Anfang eines Titels stellt, dieser wahrscheinlich eine höhere Bedeutung bekommt und angsteinflößender zu sein scheint. Aber was zum Teufel ist ein Markgraf? Oder ein Marquis? Warum braucht man eine eigene Klassifizierung nur für Leute, die weit draußen in der Pampa leben?

Bevor wir näher darauf eingehen, sollte ich Ihnen vielleicht noch etwas anderes sagen – zum Teil, weil es hilft, das Folgende zu verstehen, aber

---

18 »Earl« stammt wie »Shire« aus den germanischen Sprachen, die uns das Altenglische bescherten. »Count« und »County« stammen aus dem Französischen: Dass England schließlich Grafschaften mit dem Namen »Shire« erhielt, ist ein Artefakt der normannischen Invasion von 1066 und der darauf folgenden jahrhundertelangen Herrschaft einer frankophonen Oberschicht.

auch, weil es, ehrlich gesagt, an sich wissenswert ist. Es geht um Folgendes: Sehr wahrscheinlich ist das gesamte Bild, das Sie von einem mittelalterlichen Europa haben, falsch.

Dank Büchern und dem Geschichtsunterricht in der Schule und dergleichen wissen Sie vermutlich, dass der Kontinent mehrere Jahrhunderte lang von etwas dominiert wurde, das sich »Feudalismus« nennt. Wie Sie sich zweifellos erinnern, handelte es sich dabei um ein hierarchisches Gesellschaftssystem, in dem Könige weniger bedeutenden Lords (»Vasallen«) im Austausch für Loyalität und Dienste Titel und Land (»Lehen«) zubilligten. Diese Lords gewährten auf ähnliche Weise weitere Zuwendungen an diejenigen, die ihnen unterstellt waren. Durch dieses System war jeder in der mittelalterlichen Gesellschaft, vom süffisantesten Monarchen bis zum einfachsten Leibeigenen, miteinander verbunden. So, erklärte man uns damals, funktionierte eine Gesellschaft, in der es keine allgemeingültigen Rechte und keine starke Zentralregierung gab.

Das Problem mit dem Feudalismus ist jedoch – gemeint ist das, was Mittelalterforscher seit mindestens einem halben Jahrhundert über den Feudalismus *behaupten*, das aber noch nicht bis zu uns durchgedrungen ist –, dass er in mehreren, nicht unwichtigen Bedeutungen so wohl nie existiert hat. Ein Teil des Problems besteht darin, dass das Wort für mehrere unterschiedliche Dinge verwendet wird – für eine Rechtsordnung, ein Wirtschaftssystem, eine Reihe gesellschaftlicher Beziehungen –, und zwar untereinander austauschbar, als ob es sich um ein und dasselbe handele, was allerdings oft nicht der Fall ist. Außerdem gibt es ein sprachliches Problem. Natürlich gab es wechselseitige Beziehungen zwischen König und Lehnsherr (»Lord«), Lehnsherr und Bauern und so weiter, wobei die Mächtigeren nominell Land und Schutz im Austausch für Militärdienst und Arbeit gewährten. »Feudal« ist jedoch eine frühneuzeitliche Wortschöpfung, die, wie viele andere damit zusammenhängende Begriffe, im Mittelalter nie verwendet wurde. Wenn Sie einen Lord aus dem 11. Jahrhundert nach dem System feudaler Beziehungen fragten, das er genoss, hätte er keine Ahnung, wovon Sie sprechen, und ließe Sie wahrscheinlich hinrichten.

Das wohl größte Problem, wenn man sich eine Vorstellung von einem Feudalsystem macht, ist der Gedanke, dass es sich tatsächlich um ein *System* handelte – nicht nur um eine grobe Beschreibung einer Gesellschaft, die auf Hierarchien und wechselseitigen Beziehungen basierte, sondern ein tatsächlich existierendes, universelles Rahmenwerk, das die Rolle übernehmen konnte, die später ein Staat spielte. Doch das ist Unsinn. Wie bei der im vorherigen Kapitel beschriebenen Heptarchie ist es der Versuch, eine chaotische Welt, in der sich Dinge sowohl zeitlich als auch räumlich stark unterschieden, in ein einziges, leicht verständliches Muster zu pressen. Irgendwann haben wir alle das Modell mit der Realität verwechselt.[19] Aber da es sich um ein Modell handelt, das weiterhin nützlich ist, um wirtschaftliche und gesellschaftliche Beziehungen in der Zeit zu erklären, bevor mächtige Staaten das Spielfeld betraten, und da es einfacher ist, als ständig darauf hinzuweisen, dass sich die Verhältnisse je nach Zeit und Region stark unterschieden, und da bisher niemand etwas Besseres vorgeschlagen hat, wird den Schulkindern der westlichen Welt der Feudalismus immer noch so beigebracht, als wäre er eine tatsächliche Gegebenheit gewesen – und nicht nur eine grobe und ungenaue Beschreibung dessen, was passiert ist. Und so müssen wir wohl damit leben.

Wie dem auch sei. Fakt ist, dass Kaiser oder Könige ihren Gefolgsleuten oft Ländereien oder Titel gewährten, um ihnen für ihre Unterstützung bei dem einen oder anderen Feldzug zu danken, und dass viele dieser Titel schließlich erblich wurden. Es ist auch wahr, dass theoretisch niederrangige Lords oft höheren Herren gegenüber treu ergeben waren, auch wenn es Zeiten gab, in denen dies in der Praxis nicht so gut funktionierte.

Das Ergebnis all dessen – um auf unser Thema zurückzukommen – ist, dass sich mit dem Schwinden und der Stärkung der Macht der Monarchien im Mittelalter auch ihre Grenzen verschoben, da die Gebiete, die ihnen die Treue schuldeten, mehr oder weniger unabhängig wurden. Aus diesem Grund zeigen frühe Karten nicht unbedingt nationale Grenzen: Die Iden-

---

19 Die Vorstellung, dass der Feudalismus eine Art nachrömisches, europaweites Rechtssystem war, scheint auf die *Libri Feudorum* zurückzugehen, einen Rechtstext über »Lehen« in der Lombardei des 12. Jahrhunderts. Mehrere Historiker gingen davon aus, dass es sich dabei nicht nur um eine Beschreibung der tatsächlichen Verhältnisse in der Lombardei im 12. Jahrhundert handelte, sondern um eine verlässliche Anleitung, wie die Dinge in einem viel größeren Teil Europas über einen Zeitraum von mehreren Jahrhunderten funktionierten. In einem Buch voller dummer Fußnoten ist dies sicherlich die dümmste.

tität des örtlichen Lehnsherrn war mitunter bedeutender als der Monarch, dem er namentlich unterstand. So kam es auch, dass im 12. und 13. Jahrhundert Gebiete wie die Normandie und Aquitanien Teil des »Angevinischen Reiches« waren, das von den Königen von England regiert wurde, obwohl sie offiziell immer noch zu Frankreich gehörten: Technisch gesehen schuldeten sie Paris zwar den Lehnseid, doch angesichts der relativen Schwäche der französischen Krone war es für eine gewisse Zeit wichtiger, dass ihr Herzog zugleich König von England war.

Grenzgebiete scheinen aufgrund ihrer Entfernung zu den Machtzentren besonders anfällig für diese Kollision zwischen geordneten feudalen Hierarchien und chaotischer Realpolitik gewesen zu sein. So wie die römischen Kaiser zwischen sicheren Senatorenprovinzen und schwankenden Reichsprovinzen unterschieden hatten, begannen die Monarchen des mittelalterlichen Europas von den frühesten Tagen an, zwischen Kernland und Peripherie zu unterscheiden. Denn wer im Zentrum seines Staates Sicherheit wollte, brauchte auch territoriale Integrität. Das bedeutete, die Grenzen zu sichern, wenn nicht gar zu erweitern, was von denjenigen, die sie verteidigten, sowohl ein gewisses Maß an Unabhängigkeit als auch eine erhebliche militärische Stärke verlangte.

Zu diesem Zweck stellte Karl der Große spezielle Formen von Landvergaben aus, die eine größere Unabhängigkeit vom Reich gewährten, um brave christliche Siedler dazu zu ermutigen, sich in dem Gebiet niederzulassen, das als Spanische Mark bekannt wurde. Auf diese Weise hoffte er, eine militärische Pufferzone zwischen seinem Reich und dem islamischen Spanien zu schaffen. Einige Jahrhunderte später schuf die Ottonische Dynastie, die die östliche Hälfte seines Reiches erbte, ein neues System von Marken an der Ostgrenze. Diese sollten nicht nur das Reich verteidigen, sondern auch nach Norden und Osten vordringen, um Gebiete zu erobern, die noch von den heidnischen Slawen gehalten wurden.

Diese Gebiete wurden oft als Grafschaften und nicht als mächtigere Herzogtümer eingestuft. Da ihre Eigner jedoch mehr Macht hatten als die meisten Grafen, begann sich ein neuer Titel herauszubilden. Im Deutschen wurden sie zu Markgrafen, ein Wort, das ins Französische mit *Marquis* übersetzt wurde. In England, wo solche Adligen die umkämpften Gebiete im hohen Norden und an der Grenze zu Wales verwalteten, wurden sie oft als *Marcher Lords* bezeichnet, »Grenzfürsten« sozusagen.[20]

Der Vorteil dieses Grenzschutzmodells bestand darin, dass es den Grenzfürsten die für ihre Arbeit erforderliche Unabhängigkeit verlieh. Wenn das Reich bedroht wurde, mussten sie nicht erst auf Truppen oder eine Erlaubnis vom Hof warten, um es zu verteidigen: Sie konnten einfach ein Heer aufstellen oder ein paar Burgen bauen und direkt loslegen. Der Nachteil dieses Modells der Grenzverwaltung war jedoch, dass es etwas optimistisch ist, zu glauben, dass Menschen, denen man die Macht gibt, eigene Armeen aufzustellen und eigene Burgen zu errichten, diese immer nur zur Verteidigung des Reiches gegen äußere Feinde nutzen – und ansonsten einfach tun, was man ihnen sagt.

Einige dieser starken Grenzgebiete verwandelten sich allmählich in eigenständige Mächte. Die Grafschaft Barcelona war ursprünglich ein Amt, in das die karolingischen Könige jemanden einsetzten, um die Südflanke ihres Reiches zu verteidigen. Doch mit der Zeit verleibte sie benachbarte Grafschaften ein, wurde zunächst zu einem erblichen Titel, dann unabhängig und ging schließlich eine Union mit dem benachbarten Aragon ein. Deshalb gehört die Region heute nicht zu Frankreich, sondern zu Spanien.[21]

Zwei der deutschen Marken folgten einem ähnlichen Weg, indem sie erblich wurden und dann ihre Macht ausdehnten. Die sächsische Nordmark (»nördliche Mark«) wurde schließlich zur mächtigen Markgrafschaft Brandenburg, deren Herrscher so einflussreich waren, dass sie Mitte des 14. Jahrhunderts eine Stimme bei der Wahl des Kaisers des Heiligen Römischen Reiches erhielten. Unterdessen wurde die bayerische Ostmark (»östliche Mark«) zu dem, was später als Österreich bekannt wurde – über das wir noch einiges hören werden.

---

20 Im späten Mittelalter begannen einige der englischen Könige, die zu einer gewissen Überheblichkeit neigten, Adelstitel zu vergeben, die das französische Wort *Marquis* verwendeten – ein Wort, das sie gelegentlich als *Marquess* schrieben (ohne ersichtlichen Grund). Da Letzteres für Engländer etwas mädchenhaft wirkt, lautet die weibliche Form von *Marquis/Marquess* natürlich »Marchioness«. Natürlich.

21 Dies ist zumindest teilweise auch der Grund, warum einige Einheimische nicht glücklich darüber sind.

Natürlich folgten nicht alle Marken diesem Muster. Allmählich war die Grenze des mittelalterlichen Europas nicht mehr die Trennlinie zwischen Christentum und Heidentum, Zivilisation und Barbarei, sondern lediglich die Grenze zwischen oder sogar innerhalb von Staaten. In England und Wales wurden die *Marcher Lordships* schließlich zu Grafschaften wie jede andere: Deshalb hat Shropshire beispielsweise keinen Sitz in der UNO.

Am Ende des Mittelalters benötigten Adlige, deren Ländereien an den Grenzen lagen, keine außergewöhnlichen Befugnisse mehr, und der »Markgraf« und seine verschiedenen Entsprechungen hatten keine besondere Bedeutung mehr – es war nur ein weiterer Titel, prestigeträchtiger als »Earl« oder »Graf«, aber weniger reputabel als »Herzog«. Als erblicher Titel in Frankreich verschwand der *Marquis* fast vollständig, da die Ländereien seiner Träger in größere Besitzungen integriert wurden. Stattdessen wurde er zu einem Titel, den kleinere Adlige mit mehreren Titeln annahmen, um sich von einfachen Grafen abzuheben, die nur einen einzigen Titel führten.

Doch die selbstverliehene Natur dieses Titels hatte den unbeabsichtigten Nebeneffekt, Zweifel an der Herkunft seiner Träger aufkommen zu lassen – jeder wusste, wer die Vorfahren eines Grafen gewesen waren, aber ein *Marquis*? Das führte dazu, dass der Titel bereits im 17. und 18. Jahrhundert – noch bevor der Marquis de Sade seine lange Karriere des sexuellen Abenteurertums begann – mit einem zweifelhaften Ruf behaftet war. War er einst ein Zeichen besonderer Macht und besonderen Einflusses, lebt er heute nur noch im französischen Verb *se marquiser* weiter: sich selbst adeln.

DIE POLITIK DER OFFENEN GRENZEN DES DSCHINGIS KHAN

Der Mann, der die moderne Welt erschuf

Das Mongolische Reich war das größte zusammenhängende Reich, das die Welt je gesehen hat. Es brachte Völker von der Ukraine bis nach Korea, von den Weiten Sibiriens bis zu den Wüsten des Nahen Ostens unter die Herrschaft eines einzigen Gemeinwesens und – so kam es – einer einzigen Familie.

Die Jahrzehnte der mongolischen Herrschaft, die auf die Eroberungen des 13. Jahrhunderts folgten, sind ein wichtiges Zwischenspiel in der Geschichte Russlands und Chinas. Allein der Gedanke an die berittenen Krieger und die Unmenge an Schädeln, die sie angeblich in pyramidenförmigen Stapeln hinterlassen hatten, reichte aus, um ganz Eurasien in Angst und Schrecken zu versetzen, auch an Orten, an denen noch nie ein Krummsäbel zu sehen gewesen war.

Aber all das wussten Sie vermutlich schon.

Wahrscheinlich wissen Sie auch das Wichtigste über Dschingis Khan, den Gründer dieses Reiches. So zum Beispiel, dass bei den von ihm angeführten Invasionen bis zu 40 Millionen Menschen getötet wurden – das entspricht etwa einem von zehn Menschen, die zu dieser Zeit lebten –, was ihn mit Abstand zur Person mit der höchsten Opferzahl in der Geschichte macht.[22] Und dass er trotz oder vielleicht gerade wegen dieser Bilanz in der Mongolei und, was noch mehr Anlass zum Stirnrunzeln gibt, auch in China als Nationalheld gilt. Eine Veröffentlichung im *American Journal of Human Genetics* sorgte 2003 für Aufsehen, da behauptet wurde, dass man ein Gen identifiziert hat, das darauf hindeutete, Dschingis Khan habe etwa 16 Millionen lebende Nachkommen – wobei nicht klar war, ob dies nach ein paar Dutzend Generationen tatsächlich viel war. (Mehrere Genetiker taten die ganze Sache später als »rein spekulativ« ab. Spielverderber.)

Was Sie vielleicht nicht wissen – weil es deutlich schwieriger zu begreifen ist –, ist, dass Dschingis Khan und sein Reich die Voraussetzungen für die Welt, in der wir heute leben, geschaffen haben. Er setzte Prozesse in Gang, deren Auswirkungen noch immer in den Machtverhältnissen und Haltungen zwischen Russland, China, Europa und dem Nahen Osten zu erkennen sind. Und hinter all dem stand, im Anschluss an Khans Plünderungen, sein Engagement für offene Grenzen und den freien Handel.

Zu der Zeit, als der Junge, der damals als Temüdschin bekannt war, in einen mongolischen Stamm hineingeboren wurde (es mag im Jahr 1162 gewesen sein, vielleicht irgendwo in der Nähe des Baikalsees; die Mongolen waren, wie sich herausstellte, keine großen Geschichtsschreiber), war Eurasien gespalten. Die klassischen Reiche, also das Römische Reich sowie das Parther- und das Han-Reich, waren bereits vor Jahrhunderten zerfallen. Aber selbst ihre Nachfolger, wie das große muslimische Kalifat, das sich im 7. Jahrhundert herausgebildet hatte, waren nur noch ein Schatten ihrer selbst. Das Byzantinische Reich, das sich immer noch als römisch betrachtete, war weitgehend auf den Balkan und Anatolien beschränkt, während das Heilige Römische Reich, das sich als Nachfolger im Westen betrachtete, nicht viel mehr Territorium beherrschte als bloße Königreiche wie England oder Frankreich. Was einst China gewesen war und es wieder werden sollte, war inzwischen zwischen dem Jin-Staat im Norden und dem Song-Staat im Süden aufgeteilt.

---

22 Man könnte hier, so nehme ich an, Christoph Kolumbus ins Feld führen, denn seine Reisen führten zur Eroberung Amerikas, den daraus resultierenden Genoziden und dem Sklavenhandel über den Atlantik. Doch erstens waren das indirekte Folgen, keine direkten Handlungen. Zweitens hätten seine Entdeckungen ohnehin kurz darauf stattgefunden – sein Name ist lediglich eine bequeme Etikette für einen größeren historischen Prozess. Also lassen wir es bleiben.

Die Region, in der Temüdschin lebte, wies eine noch viel größere Zersplitterung auf. Es war eine Welt aus verfeindeten Konföderationen, die sich aus ebenso verfeindeten Stämmen zusammensetzten, die wiederum aus oft verfeindeten Clans bestanden. Es war ein Ort, gegenüber dem das Europa des Mittelalters wie ein Urlaubsziel erschien. Einen Eindruck davon, was für eine grausame Welt das war, vermittelt *Die Geheime Geschichte der Mongolen*, ein anonymer und wahrscheinlich eher abwegiger Bericht über das Leben und Wirken Temüdschins, der mehrere Jahrzehnte nach seinem Tod veröffentlicht wurde. Nach der üblichen genealogischen Einleitung – Wolf trifft auf Reh, die Natur nimmt ihren Lauf; Sie kennen das – wird erzählt, wie eine Witwe namens Alan eine leidenschaftliche Affäre mit einem übernatürlichen Wesen hat, das durch das Rauchloch in ihrem Zeltdach eindringt und dann als Hund verkleidet wieder verschwindet. Die daraus hervorgehenden Söhne erkennen, dass sie bekommen können, was sie wollen, indem sie Menschen ausrauben und Frauen entführen. Einige Zeit später entführt einer ihrer Nachkommen, Yesügei, der Vater unseres Helden, seine zukünftige Mutter Hoelun, nur um von einigen Tataren ermordet zu werden, als sein Sohn gerade einmal neun Jahre alt ist.

All dies geschieht übrigens im ersten Kapitel.

Temüdschin überwand schließlich den Tod seines Vaters und – nachdem er sich an den Tataren gerächt hatte, indem er alle tötete, die größer als eine Wagenachse waren – herrschte über seinen Stamm, anschließend über seine Konföderation und letzten Endes auch über alle anderen Bündnisse. Im Jahr 1206 bekam er bei einem großen Treffen der Steppenvölker den Namen, unter dem ihn die Welt kennen und fürchten sollte: Dschingis (engl. *Genghis*). Wahrscheinlich bedeutete dies – wieder einmal aufgrund der schlechten Aufzeichnungen – »großer Herrscher«.[23] Danach war er

23 Heutzutage scheint man sich einig zu sein, dass »Dschingis« oder »Tschingis« genauere Transkriptionen des ursprünglichen mongolischen Namens sind, aber ich bleibe bei dem Namen, unter dem der Eroberer im englischsprachigen Raum am bekanntesten ist, weil das die Sprache ist, in der ich schreibe. Aber da Sie schon mal hier sind: Es gibt ärgerlicherweise zwei verschiedene Wörter, die ins Englische als »Khan« übersetzt werden. Das eine mit dem kürzeren »a«-Laut bedeutet »König«, das andere mit dem längeren »a«-Laut meint »Kaiser« oder »König der Könige«. Dschingis Khan war zu Lebzeiten wahrscheinlich nie Khaaaan (meine eigene Transliteration), sondern erhielt den Titel posthum von einem Nachfolger, um zu verdeutlichen, wer der Boss in einer Familie war, in der sich alle Khan nannten.

nicht mehr aufzuhalten. Bis 1209 hatten die Mongolen die Uiguren und die Tanguten unterworfen, sechs Jahre später, 1215, stürzten sie die Jin. Bis 1220 unterstand ihnen ein Großteil Zentralasiens, und drei Jahre später waren sie in Russland, mit den vorhersehbaren Folgen.

Der Grund, warum die Mongolen so erfolgreiche Eroberer waren, war (man kann es tatsächlich nicht anders sagen), dass sie es verstanden, sich Gewalt zunutze zu machen – und zwar so gut, dass sie sie oft gar nicht anwenden mussten. Diejenigen, die vernünftig genug waren, sich zu ergeben, wurden verschont und in ein Reich aufgenommen, das, wie einige Wissenschaftler heute vermuten, überraschend tolerant, ja vielleicht sogar meritokratisch war. Diejenigen jedoch, die Widerstand leisteten, und das waren nicht wenige, wurden versklavt oder in erstaunlich hoher Zahl abgeschlachtet. Sie haben womöglich noch nie von den Tanguten gehört, dem buddhistischen Volk, das in der Mitte des heutigen China ansässig war und das ich im vorherigen Absatz erwähnt habe. Dafür gibt es einen Grund: Die Mongolen haben sie und ihre Kultur systematisch ausgelöscht, ein Ereignis, das der Historiker John Man als das »erste jemals dokumentierte Beispiel eines versuchten Völkermords« bezeichnet. Am anderen Ende Eurasiens beschrieb ein englischer Mönch die Mongolen als »abscheuliche Nation Satans, die wie Teufel aus dem Tartarus strömten«. Das Interessante daran ist, dass die Mongolen nie näher als 2400 Kilometer an sein Kloster herankamen. Immerhin, das ist schon eine beachtliche Reputation.

Dschingis starb 1227 im Feldzug gegen die Tanguten – was wahrscheinlich ein großer Trost für all diejenigen war, die mit ansehen mussten, wie ihre Verwandten ermordet und ihre Städte zerstört wurden. Das von ihm gegründete Reich wuchs jedoch weiter und verschlang Persien, Tibet, Korea und die Krim. Was China betrifft, von dem die Mongolen große Teile ihrer Kultur übernahmen, so herrschte dort seit Langem der eigentümliche Glaube, dass es idealerweise einen einzigen Herrscher für die gesamte Welt geben sollte. Trotz all seiner Größe und Pracht war China jedoch viel zu sehr der Sesshaftigkeit verbunden, um seinen Willen über Ostasien hinaus durchzusetzen. Ein Außenstehender musste her, einer, der tatsächlich den Ehrgeiz hatte, dieses großartige Ideal in die Praxis umzusetzen.

Es ist vielleicht nicht überraschend, dass China eine ganze Weile brauchte, um die Mongolen zu »verdauen«. Erst 1271 gelang es Dschingis' Enkel, der in der Geschichte und bei Studenten der romantischen Dichtung gleichermaßen als Kublai Khan bekannt ist, die Yuan-Dynastie zu gründen, die China für ein weiteres Jahrhundert regieren sollte. Zu diesem Zeitpunkt war sein Ansehen als Großkhan jedoch bereits weitgehend symbolischer Natur. Als Kublais Bruder Möngke 1259 starb, ohne einen Nachfolger zu benennen, kam es zu einem Bürgerkrieg (unterbrechen Sie mich, wenn Sie das schon einmal gehört haben), woraufhin das Reich in vier große Teile zerfiel: ein osteuropäischer Teil (die Goldene Horde), ein unbestimmter nahöstlicher Teil (das Ilkhanat), ein zentralasiatischer Teil (das Tschagatai-Khanat) und die Yuan-Dynastie, die über China und Ostasien herrschte. Theoretisch schuldeten alle anderen dem Yuan-Kaiser ihren Lehenseid; in der Praxis war das eher weniger der Fall.

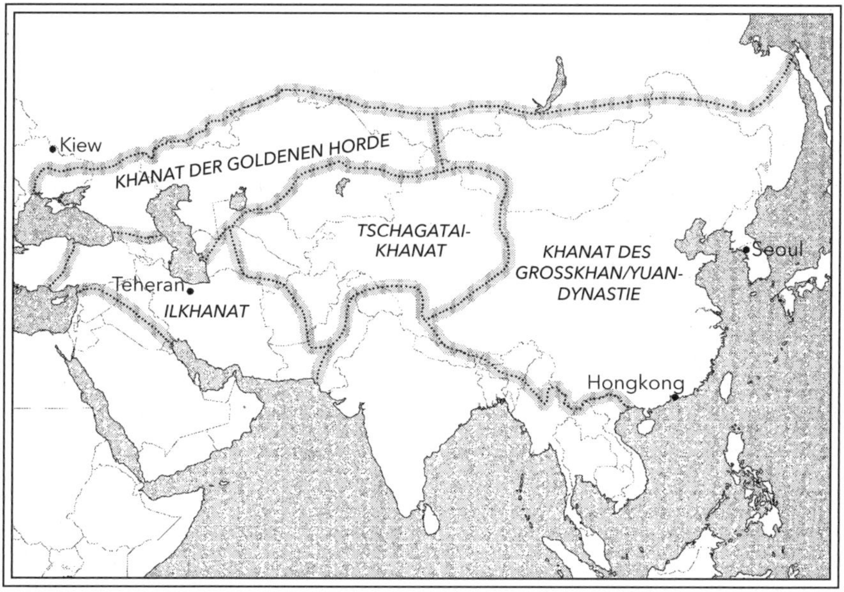

Die Teilung des größten zusammenhängenden Reiches, das die Welt je gesehen hat, im späten 13. Jahrhundert. Viele an das Reich angrenzende Regionen, wie die Kiewer Rus, waren immer noch gezwungen, Tribut zu zahlen

Obwohl das mongolische Reich als einheitliches Gemeinwesen nur von kurzer Dauer war, blieb es noch jahrzehntelang ein kultureller Raum. Vor allem aber entwickelte es sich zu einer Art Freihandelszone. Das Netzwerk von Handelsrouten, das wir als »Seidenstraße« kennen, existierte bereits seit dem 2. Jahrhundert v. Chr.: 6400 Kilometer an Karawanenrouten, über die chinesische Luxusgüter wie Seide und Gewürze in den Westen bis zum Mittelmeer gelangten und im Gegenzug Gold, Silber und andere wertvolle Waren als Bezahlung nach China transportiert wurden. Doch mit der Zersplitterung, die auf den Untergang der klassischen Reiche folgte, wurden diese Routen gefährlicher: Es gab mehr kleinere lokale Herrscher, die Tribut forderten, mehr sich bekriegende Königreiche, die das Reisen unsicher machten, und weniger Machthaber, die in der Lage waren, mit Banditen fertig zu werden.

Die Mongolen aber zeigten reges Interesse an einem Freihandelsabkommen. Ihr nomadischer, ländlicher Lebensstil war von jeher einem Wirtschaftssystem verpflichtet, das mehr auf Viehzucht als auf Manufaktur basierte, sodass viele der benötigten Dinge von sesshafteren Völkern erworben werden mussten, die über entsprechende Werkstätten verfügten, in denen Töpfe, Kleidung oder Waffen hergestellt wurden. In China wurden Kaufleute als eine Klasse mit niedrigem Stand angesehen, die keinerlei Güter hervorbrachten; die Mongolen hingegen schätzten sie als eine Gesellschaftsschicht, die sie mit *Dingen* belieferte.

Wenngleich es vermutlich nicht ihre oberste Priorität war, so war einer der Vorteile ihres Reiches schlichtweg die Förderung von Verkehr und Handel. Nachdem die Eroberungen und Plünderungen der Mongolen ein Ende gefunden hatten, wurde das Reisen so viel einfacher, dass man diese Zeit, mit einer gewissen Ironie, mitunter als *Pax Mongolica* bezeichnet. Mehr noch, die Mongolen führten gezielt Maßnahmen ein, um den Handelsfluss zu fördern: ein Netzwerk von Relaisstationen, die für Verpflegung und Unterkunft sorgten, und *Ortoghs*, Handelsgemeinschaften mit offizieller Unterstützung, durch die Händler ihre Ressourcen und Risiken bündeln konnten – eine Art Versicherungssystem. Diese Handelsgemeinschaften konnten Kaufleuten sogar Geld zu niedrigen Zinsen leihen, um den Handel weiter anzukurbeln.

Wir stellen uns die Epoche der Mongolen manchmal als eine Zeit vor, in der es gut war, ein Mann mit mehreren Pferden und einem Schwert zu sein, sodass es für fast alle anderen folglich eher schlechte Zeiten waren. Wir verschwenden aber keinen Gedanken daran, diesen Zeitabschnitt als goldene Ära des Freihandels zu betrachten. Doch tatsächlich war es so. Der Grund, warum diese Ära *Die wunderbaren Reisen des Marco Polo* hervorgebracht hat, ist, dass es das erste Mal war, dass ein italienischer Kaufmann auf sicheren Routen und gut ausgebauten Straßen zwischen Venedig und China hin- und herreisen konnte.[24] Die fortgeschrittene islamische Mathematik, Wissenschaft und Astronomie verbreitete sich über den gesamten Kontinent; Gleiches galt für andere nützliche Innovationen wie das Bank- und Versicherungswesen.

Die Region, die am meisten davon profitierte, war Europa. Der Teil der mongolischen Streitkräfte, aus dem später die Goldene Horde werden sollte, war in Regionen wie Polen und Ungarn eingefallen. Im Jahr 1242 jedoch, nachdem Dschingis Khans Sohn und Nachfolger Ögedei Khan unerwartet gestorben war, beschlossen die Eroberer, umzukehren. Für die verschiedenen Mitglieder der kaiserlichen Familie war es nun am wichtigsten, ihre Ansprüche im internen Machtkampf des Reiches zu erheben; die Eroberung Europas konnte warten.

Doch dazu kam es nicht. Der Angriff blieb aus, und während Teile Osteuropas der Goldenen Horde über Generationen hinweg Tribut zollten, blieb ein Großteil des Kontinents von den Schrecken der mongolischen Eroberung verschont. Das hinderte Europa jedoch nicht daran, von dem massiven Handelsboom zu profitieren, der durch die *Pax Mongolica* ausgelöst wurde, und infolgedessen Zugang zu weltbewegenden Erfindungen aus China zu haben, etwa der Papierherstellung und dem Schießpulver. Doch es gab nicht nur gute Nachrichten. Mit Beginn der 1340er-Jahre verbreitete sich der Schwarze Tod genauso schnell wie all die praktischen neuen Techniken. Allerdings hatten die 40 bis 60 Prozent der Europäer, die er nicht

---

24 Nebenbei bemerkt finden in Polos Memoiren einige ziemlich wichtige Merkmale der chinesischen Kultur keine Erwähnung, wie Tee und Essstäbchen und das Fußbinden, die, so sollte man meinen, für einen mittelalterlichen Italiener von Interesse sein müssten. Das hat einige Wissenschaftler zu der Annahme veranlasst, dass er China möglicherweise nie selbst besucht, sondern lediglich Geschichten von seinem Vater und seinem Onkel gehört oder vielleicht sogar nur in Büchern darüber gelesen hat, die er in relativ nahe gelegenen Ländern wie Persien fand. Wenn dies zutrifft, würde es zu der Tatsache passen, dass selbst, als die Seidenstraße ihren Höhepunkt als Handelsroute erlebt hatte, nur wenige Kaufleute die gesamte Seidenstraße bereisten, sondern stattdessen Waren entlang ihrer eigenen, relativ kurzen Strecken hin und her transportierten.

tötete, nach der Seuche wahrscheinlich ein besseres Leben, und zwar dank ihrer wesentlich stärkeren Verhandlungsmacht als Arbeitskräfte und der steigenden Löhne. Dennoch ist es nicht übertrieben zu sagen, dass die *Pax Mongolica* dazu beitrug, die Renaissance einzuleiten.

Selbst in seiner geteilten Form existierte das Mongolische Reich nicht lange. Das auf Persien konzentrierte Ilkhanat zerfiel nach 1335 und das zentralasiatische Tschagatai-Khanat nach 1347, was vor allem den Eroberungen Timurs zu verdanken war, der den Studierenden der englischen Literatur ebenfalls bekannt ist, nämlich als Christopher Marlowes Tamerlan der Große. (Tatsächlich könnte es Tamerlan gewesen sein, der all die Schädelpyramiden hinterließ: Dschingis sollte ihn verklagen!) In China blieb die Yuan-Dynastie bis 1368 an der Macht. Denn sie wurde, geschwächt durch eine Hungersnot und den wachsenden Unmut darüber, dass sie den Großteil der Han-Chinesen diskriminierte, von der einheimischen Ming-Dynastie gestürzt. Im Westen hielten sich einige Überbleibsel der mongolischen Macht länger – die Krim entkam dem »Tatarenjoch« erst 1502 –, aber selbst dort war sie schon lange zersplittert und geschwächt (Tamerlan war tatsächlich teilweise dafür verantwortlich). Dschingis' Gräueltaten und Erfolge waren unglaublich; aber sie waren auch nur von kurzer Dauer.

Seine Auswirkungen auf die Welt erwiesen sich jedoch als weitaus nachhaltiger. Die islamische Welt sollte weder die politische Führung wiedererlangen noch in intellektueller Hinsicht weiterhin an vorderster Front stehen, wie es seit der Spätantike der Fall war. Das Ming-Reich in China verstärkte seine Große Mauer und baute einige ihrer bekanntesten Abschnitte. Es versteckte sich hinter ihr, in der Hoffnung, die Nomaden fernzuhalten – eine große, reiche und technisch fortgeschrittene Macht, die sich von der Welt abgekoppelt hatte. Andernorts hatten die Mongolen die Kiewer Rus, ein osteuropäisches Fürstentum, von dem Russland, die Ukraine und Belarus behaupten abzustammen, zerstört. Die Führung der russischen Länder ging nun an ein aufstrebendes Herzogtum namens Moskau über, das weniger an vorsichtigen Experimenten in Sachen Demokratie interessiert war als sein Vorgänger, sondern vielmehr daran, sicherzustellen, dass seine Grenzen sehr weit von der Hauptstadt entfernt waren.

Den größten Einfluss hatte das Mongolische Reich jedoch sicherlich auf eine Region, die es nie erobert hatte. Im Jahr 1200 war Westeuropa ein in politischer, wirtschaftlicher und technologischer Hinsicht rückständiges Gebiet, das Mühe hatte, sich selbst über Wasser zu halten. Doch bis 1400 hatte es sich eine Reihe nützlicher Technologien zu eigen gemacht, die ihm halfen, den Rückstand aufzuholen – und es entwickelte eine Vorliebe für östlichen Luxus, der nach dem Zusammenbruch der *Pax Mongolica* plötzlich nicht mehr verfügbar war. In einer Entwicklung, die die nächsten sechs Jahrhunderte prägen sollte, kamen einige Europäer zu dem Schluss, dass es an der Zeit sei, sich selbst auf die Suche nach diesen Waren zu machen – und sie begannen, Boote zu bauen.

SPANIEN UND PORTUGAL TEILEN DIE WELT UNTER SICH AUF

Der Vertrag von Tordesillas, 1494

Stell dir vor, Liebste, dass du, ich und unser bedürftiger Freund Jules eines Abends zusammen am Strand sitzen. Am Horizont, hinter einem glitzernden Meer, können wir verstreut liegende grüne Inseln in ihrer ganzen Üppigkeit sehen.

Und so schließen wir, in launischer Stimmung und nach mehreren Cocktails, die wir im Lauf des Abends aus Kokosnussschalen getrunken haben, einen Pakt. Wir einigen uns darauf, dass alles, was links von diesem zerklüfteten Felsen liegt, fortan und bis in alle Ewigkeit dein Reich sein soll, über das du herrschen kannst, welcher Titel dir auch immer am liebsten ist. Alles rechts vom Felsen hingegen gehört mir. Jules bekommt nichts, aber er ist so scharf auf unsere Zustimmung, dass er nach einigem Überlegen zustimmt, unser Abkommen zu bezeugen und zu billigen, und wir drei uns die Hand schütteln. Und so ist es beschlossene Sache.

Ich vermute, dass wir am nächsten Morgen ziemlich mitgenommen von den Kokosnussschalen aufwachen und uns ein wenig verlegen fühlen würden, weil wir nichts über diese Inseln wissen, wer dort lebt oder was die Bewohner zu all dem zu sagen haben könnten. Die Herrscher Iberiens der frühen Neuzeit hatten jedoch keine derartigen Bedenken: Am 7. Juni 1494 einigten sich die spanische und die portugiesische Krone, die zu diesem Zeitpunkt zusammen weniger als 1 Prozent der Landfläche der Erde besetzten, auf die Bedingungen, zu denen sie den Planeten unter sich aufteilen würden. Wenn man einen einzigen Moment bestimmen könnte, in dem jemand den Startschuss für fast ein halbes Jahrtausend europäischen Imperialismus gab, dann wäre es der Vertrag von Tordesillas.

Die 1490er-Jahre waren eine aufregende Zeit für die Spanier.[25] 1492 fand die sogenannte Reconquista mit der Zerstörung des Emirats von Granada schließlich ihr Ende. Bei diesem langwierigen, 700 Jahre dauernde Unterfangen, eroberten verschiedene christliche Königreiche die Teile der Halbinsel »zurück«, die seit dem 8. Jahrhundert unter muslimischer Herrschaft standen. Darüber hinaus waren die meisten der verschiedenen Königreiche jetzt, wenn nicht ein einziger Staat, dann zumindest eine Union der Kronen unter der Herrschaft einer einzigen Familie: Ferdinand von Aragon und seine Frau Isabella von Kastilien, die zusammen als die »Katholischen Könige« bekannt sind. Nach Jahrhunderten der Teilung gab es etwas, das man als »Spanien« bezeichnen könnte.

Noch aufregender war das andere große Ereignis, das sich 1492 zutrug. Christoph Kolumbus' Entdeckungsreise mag zwar in ihrer eigentlichen Mission, nämlich einen neuen Seeweg in Richtung Westen nach Indien zu finden, gescheitert sein (er hatte sich verrechnet und war der Meinung, der Globus sei etwa ein Viertel kleiner, als er tatsächlich ist), aber er konnte sich, und zwar nicht unbescheiden, damit trösten, Amerika »entdeckt« zu haben. Da seine Reise von der kastilischen Krone finanziert worden war, beanspruchte er die neu entdeckten Länder für Kastilien. Spanien stand in den Startlöchern, ein Weltreich zu werden.

Es gab nur einen kleinen Wermutstropfen. Von den beiden Königreichen auf der Iberischen Halbinsel, die außerhalb des Einflussbereichs von Ferdinand und Isabella blieben, war eines das kleine und felsige Navarra,

25 Eigentlich sollte ich sagen, dass es eine aufregende Zeit war, Christ und zugleich Spanier zu sein – denn 1492 war auch das Jahr, in dem die jüdische Bevölkerung der Region vor die wenig verlockende Wahl zwischen Konversion, Exil oder Tod gestellt wurde. Den Muslimen wurde in den folgenden Jahrzehnten eine ähnliche Entscheidung aufgezwungen. Kurz gesagt: Spanien in den 1490ern – großartig für die Katholiken, weniger prickelnd für alle anderen.

das ohnehin bald erobert werden würde.[26] Das andere stellte jedoch eine größere Herausforderung dar. Das Königreich Portugal hatte den größten Teil des 15. Jahrhunderts damit verbracht, sein eigenes Reich aufzubauen: Bis 1492 verfügte es über eine stattliche Flotte, mit der es verschiedene Inseln im Atlantik entdeckte und beanspruchte. Darüber hinaus errichtete es diverse Handelsposten entlang der Küste Westafrikas und ließ seine Flotten bis zum Kap der Guten Hoffnung segeln. In den 1470er-Jahren hatte es unter König Alfons V. einen Krieg gegen die spanischen Königreiche geführt, um Johanna, die ärgerlicherweise sowohl die Gemahlin *als auch* die Nichte von Alfons war, auf den Thron von Kastilien zu bringen. Es hatte zwar verloren, aber im darauffolgenden Vertrag von Alcáçovas von 1479 wurden seine ausschließlichen Rechte zur Navigation, Eroberung und zum Handel in jedem neuen Land, das im Atlantik südlich der Kanarischen Inseln entdeckt wurde, anerkannt.

Als Christoph Kolumbus Anfang 1493 in Lissabon auftauchte und behauptete, neues Land für die Krone von Kastilien entdeckt zu haben, war der neue portugiesische König, Johann II., zugleich sowohl Johannas Cousin als auch ihr Stiefsohn – ich sagte ja bereits, dass es ärgerlich war –, darüber nicht allzu glücklich. Er schrieb, aufgebracht und wütend, einen Brief an seine Nachbarn, in dem er sie an ihre vertraglichen Verpflichtungen erinnerte und auch, in eher wenigen Worten, daran, wer von ihnen die größte Flotte besaß.

Zum Glück für die Spanier hatte Sixtus IV., der Papst, der den Vertrag von Alcáçovas in der päpstlichen Bulle[27] *Aeterni regis* (»des ewigen Königs«) ratifiziert hatte, unterdessen festgestellt, dass er selbst doch nicht für die Ewigkeit gemacht war, und war gestorben. Der neue Papst, Alexander VI., war bei Kolumbus' Rückkehr erst seit wenigen Monaten im Amt. Er war Spanier, geboren im Königreich Aragon, und befand sich – seinerzeit in seiner anderen Rolle als Herrscher des Kirchenstaats – in der Anfangsphase

---

26 Zumindest ein Teil davon. Das Gebiet, das einst Navarra war, kennen wir heute allgemein als Baskenland. Ein Teil davon fiel an Spanien, der andere jenseits der Pyrenäen an Frankreich.

27 Eigentlich war es nur ein öffentliches Dekret. Davon wird es noch einige geben, also würde ich mich, wenn ich Sie wäre, mit dem Begriff und dem Lateinischen vertraut machen.

eines Krieges mit nahezu jeder anderen bedeutenden italienischen Macht. Sein Name war Roderic Llançol i de Borja.

Die Tatsache, dass die italianisierte Version seines Namens – *Borgia* – als Synonym für Korruption, Vetternwirtschaft, uneheliche Kinder und allgemein für Herumhuren in die Geschichte eingegangen ist, könnte darauf hindeuten, dass er nicht über den irdischen Dingen stand: Man denke nur daran, dass er ältere päpstliche Bullen widerrief, um sich bei den Herrschern Spaniens einzuschmeicheln. Er hegte damit die Hoffnung, dass sie sich aus den italienischen Kriegen heraushalten würden.

Im Mai 1493 erließ Alexander daher eine neue päpstliche Bulle. (Tatsächlich erließ er drei innerhalb von zwei Tagen – eine Reihe widersprüchlicher Entwürfe, die auf heftig geführte Verhandlungen schließen lässt.) *Inter caetera* – »Unter anderem« – bestätigte Portugals bestehende Kolonien. Allerdings erkannte er auch Spaniens exklusiven Anspruch auf alle neuen nicht christlichen Länder an, auf die es westlich eines Längengrads, »hundert Wegstunden westlich und südlich von einer der Inseln, die allgemein als Azoren und Kap Verde bekannt sind«, stoßen sollte.

Einige Monate später erweiterte eine weitere Bulle, *Dudum siquidem* (»Vor Kurzem«; diese päpstlichen Bullen haben skurrile Namen), das spanische Recht auf Gebiete, die vom Westen aus erreichbar waren, auch wenn sie sich – der Globus ist nun einmal so, wie er ist – östlich von Indien befanden. Der Papst – der, daran sei erinnert, Spanier und zudem äußerst korrupt war – sagte seinen Landsleuten im Grunde: »In diesen Meeren liegt Gold. Geht und holt es euch.«

Johann II. war von all dem nicht begeistert. Er hätte vielleicht die spanischen Rechte an weit entfernten Inseln im Atlantik akzeptiert, aber der Hinweis auf Indien, ein Ort, den die Portugiesen durch die Umsegelung des Kaps zu erreichen hofften, war einfach zu viel. Er konnte sich jedoch nicht mehr für einen kostspieligen und anstrengenden Krieg begeistern als die Spanier. Und so beschloss er, den Papst zu umgehen, etwa so, wie seine Schiffe Afrika umrundeten, und nahm unmittelbar Verhandlungen auf.

Nach einigem Hin und Her einigten sich die beiden Seiten in der kastilischen Stadt Tordesillas auf einen neuen Meridian, der die spanischen und portugiesischen Einflussbereiche trennte, 270 Wegstunden (1300 Kilometer) westlich des vom Papst festgelegten Meridians. Damit war der Zugang

Portugals zu seinen Schifffahrtsrouten entlang der afrikanischen Küste und als Bonus zum östlichsten Zipfel Südamerikas gewährleistet. Den Spaniern wurde damit garantiert, dass sie keinen Krieg mit einem Land führen mussten, das über eine viel größere Marine verfügte. Beide Seiten waren zufrieden, und selbst wenn Alexander sich darüber ärgerte, dass sein Dekret ignoriert wurde, hatte er größere Probleme, denn ganz Italien versank im Krieg.

Ein Dutzend Jahre und zwei Päpste später ratifizierte ein weiterer Papst, Julius II. – Neffe von Sixtus IV. –, den Vertrag, auf den sich die Iberer geeinigt hatten, angeblich in der Hoffnung, sich die Gunst der Mächte zu erhalten, die eifrig dabei waren, sich die Welt untertan zu machen. Ein paar Jahrzehnte später, als die beiden Seiten im heutigen Indonesien aufeinandertrafen, einigten sie sich auf einen *weiteren* Vertrag, der einen *Anti*meridian schuf und den Pazifik zwischen den beiden aufteilte. Weniger als 40 Jahre, nachdem Kolumbus in die »Neue Welt« aufgebrochen war, hatten die beiden rivalisierenden Mächte auf der Iberischen Halbinsel die gesamte Erde unter sich aufgeteilt.

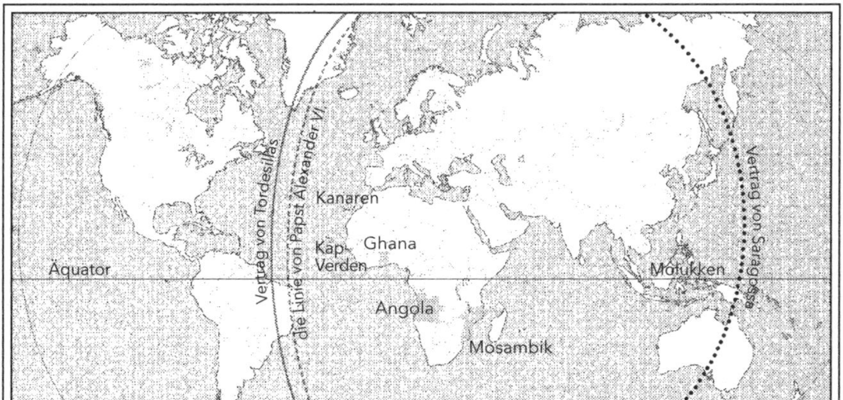

Die verschiedenen Linien, die Spanien, Portugal und der Papst in den 1490er- und 1500er-Jahren vereinbarten, um den Planeten unter den katholischen Mächten aufzuteilen

Das Merkwürdige an all dem ist, dass nur sehr wenige der Gebiete, die die europäischen Mächte für sich beanspruchten, jemals ein Europäer zu Gesicht bekommen hatte. (Eine Eigenheit, an der diese Mächte im Lauf der folgenden Jahrhunderte, wie wir noch sehen werden, Gefallen finden sollten.) Mehr noch – sie wussten nicht einmal, wo sich das Land *befand*. Unter heutigen Wissenschaftlern gab es einige Diskussionen darüber, ob die Forderung der Portugiesen, die Grenze nach Westen zu verschieben, ein kluger Versuch war, um zu gewährleisten, dass die Küste Brasiliens auf ihrer Seite der Grenze lag, und um ihnen so einen nützlichen Brückenkopf in Südamerika zu verschaffen. Oder ob all dies ein glücklicher Zufall war, wobei Letzteres wahrscheinlicher zu sein scheint – um es mit den Worten des Seefahrthistorikers J. H. Parry zu sagen: »Beide Seiten müssen gewusst haben, dass eine so unbestimmte Grenze nicht genau festgelegt werden konnte, und jeder dachte, dass der andere betrogen wurde.« Die Europäer wussten nicht wirklich, was sie da aufteilten.

Ein weiteres Problem bestand darin, dass nicht genau klar war, wo diese neuen Grenzen, die die Welt unterteilen, verliefen. Der Vertrag von Tordesillas legte eine Linie einige Wegstunden westlich der Kapverdischen Inseln fest, aber da weder die Insel noch die Länge der Meilen angegeben waren, folgten jahrzehntelange Debatten darüber, wo die Grenze verlaufen sollte.

Nicht, dass es besonders von Bedeutung gewesen wäre, denn schon bald gab es andere Seemächte – die Engländer, die Niederländer und sogar die Franzosen, die im Gegensatz zu den ersten beiden im 17. Jahrhundert noch katholisch waren –, die in der Neuen Welt umherschwirrten und die Vereinbarungen ignorierten. Der Vertrag regelte zumindest vorübergehend die Beziehungen zwischen Portugal und Spanien; für den Rest der Welt jedoch war er nicht durchsetzbar.

Oh – und vergessen wir nicht, dass niemand, der am Vertrag von Tordesillas beteiligt war, jemals daran dachte, die Menschen, die tatsächlich in Amerika, Afrika oder Asien lebten, zu fragen, was sie davon hielten. Das war aus mancherlei Sicht auch ein Problem.

Die zahlreichen Absurditäten hielten den Vertrag jedoch nicht davon ab, Auswirkungen zu haben, die über Jahrhunderte andauern sollten. Er erklärt, warum in Brasilien Portugiesisch gesprochen wird, während der gesamte restliche Teil Lateinamerikas Spanisch spricht – denn nachdem sie einmal Fuß gefasst hatten, dehnten die Portugiesen ihr Gebiet freudig ins Landesinnere aus, um Holz zu schlagen, Zuckerplantagen anzulegen und Minen zu betreiben. Chile nutzte den Vertrag, um seine Rechte auf die Antarktis zu legitimieren, während Argentinien ihn verwendete, um seine Position bezüglich der Falklandinseln zu untermauern. Beide Länder beriefen sich darauf, dass diese Gebiete gemäß den im Vertrag von Tordesillas festgelegten Regelungen zum spanischen Imperium gehörten. Das ist jedoch seltsam, denn bereits 1750, als die Kolonialzeit noch in vollem Gange war, hatten Johann V. von Portugal und Ferdinand VI. von Spanien den Vertrag von Madrid unterzeichnet, der die Grenzen zwischen Spanisch-Amerika und Brasilien festlegte und damit den Vertrag von Tordesillas ersetzte – wodurch er im Wesentlichen ungültig wurde.

Eine Sache, die der Vertrag von Tordesillas nicht dauerhaft festlegen konnte, war der Präzedenzfall, dass nicht christliche Länder vom Papst wie Süßigkeiten verteilt werden konnten: Innerhalb weniger Jahre setzte die Reformation ein, und große Teile Europas entschieden, dass sie dem Papsttum in keiner Angelegenheit mehr Gehör schenken mussten. Die Idee jedoch, dass die Mächte Europas die Welt unter sich aufteilen konnten – basierend auf wenig mehr als ihrer eigenen militärischen Stärke –, erwies sich als weitaus langlebiger.

HEILIG, RÖMISCH UND EIN REICH

Die Sandalen Jesu und die vielen Heinrichs von Reuß

Im Sommer 1789 reisten der Gelehrte Wilhelm von Humboldt und seine Freunde aus Braunschweig, der Hauptstadt des kleinen und zersplitterten, aber bedeutenden Herzogtums Braunschweig-Wolfenbüttel, nach Paris, um sich vor Ort ein Bild von der Französischen Revolution zu machen. In den zwölf Tagen, die die Gruppe benötigte, um die Grenze zwischen dem Heiligen Römischen Reich und Frankreich zu erreichen, durchquerte sie vier Bistümer, die direkt von der Kirche regiert wurden, des Weiteren sechs Herzogtümer, die sich in den Händen weltlicher Fürsten befanden, und sieben Rittergüter, winzige Gebiete, die von Adligen relativ niedrigen Ranges kontrolliert wurden, deren Recht auf Unabhängigkeit direkt vom Kaiser stammte, sowie die freie Reichsstadt Aachen. Das ergibt insgesamt 18 verschiedene Staaten und 17 Grenzübergänge auf einer Strecke von vielleicht 560 Kilometern.

Sie hatten gerade einmal an der Oberfläche gekratzt. Zu dieser Zeit bestand das zunehmend unverbindliche Heilige Römische Reich Deutscher Nation aus unzähligen souveränen Gebilden. Genauer werde ich nicht werden, denn dank ständiger Teilungen, Zusammenschlüsse, halbunabhängiger Exklaven und dergleichen scheint niemand eine genauere Zahl zu haben: Die Schätzungen reichen von 250 (was, nebenbei bemerkt, keineswegs wenig ist) bis zu 1800. Es ist nicht nur so, dass es nicht ein einziges

Deutschland gab – eine Tatsache, die jedem, der auch nur entfernt mit der europäischen Geschichte vertraut ist, bekannt sein dürfte. Vielmehr wusste niemand, wie viele »Deutschlands« es tatsächlich gab.

Einige dieser Staaten waren groß genug, um zumindest annähernd glaubwürdig zu wirken: Preußen, Hannover, Sachsen, Bayern. Die mehreren Dutzend freien Reichsstädte waren natürlich kleiner, aber nicht grundsätzlich abwegiger als beispielsweise Singapur. Die überwiegende Mehrheit war jedoch nicht nur winzig, sondern geradezu absurd. Da gab es zum Beispiel das Haus Reuß, das über eine Reihe von ständig verschmelzenden oder sich teilenden Staaten in Thüringen herrschte und darauf bestand, jeden männlichen Spross der Familie »Heinrich« zu nennen, um an die Gunst von Kaiser Heinrich VI. im späten 12. Jahrhundert zu erinnern. Die Dutzenden der daraus resultierenden Heinrichs wurden dann wie Könige nummeriert, ganz gleich, ob sie regierende Fürsten wurden oder nicht. Sobald die Regnalzahlen (die römischen Zahlen nach dem Namen) zu abstrus wurden – nur für den Fall, dass Sie sich Sorgen machen, dass hier irgendwann wieder Vernunft einkehren könnte –, wurde die Zählung einfach zurückgesetzt – entweder einmal pro Jahrhundert oder nach jeweils hundert Heinrichs, je nachdem, welchem Zweig der Familie man angehörte. (Zum Zeitpunkt von Humboldts Reise befanden sich die verschiedenen Grafschaften des Hauses in den Händen von Heinrich XXX., LI., XXXVIII., XXXV., XLIII., XLII. und XLVII.)

Dann gab es die Reichsabteien, die als unabhängige Staaten fungierten und trotz ihrer Beschaffenheit – große Steingebäude, in denen entweder Mönche oder Nonnen lebten – einen Sitz im Reichstag (dem Parlament des Heiligen Römischen Reiches) hatten. Der Benediktinerabt von Prüm beispielsweise herrschte über mehrere Dutzend Städte, Dörfer und Weiler im Raum Trier und verdiente seinen Lebensunterhalt damit, den Menschen die Gelegenheit zu verkaufen, die prestigeträchtigste Reliquie der Abtei, die Sandalen Jesu Christi, besichtigen zu dürfen. 320 Kilometer nordöstlich lag das »Kaiserlich freie weltliche Reichsstift Gandersheim«, ein niedersächsischer Kleinstaat, dessen Bevölkerung ausschließlich aus unverheirateten Töchtern des Adels bestand und dessen Äbtissin gelegentlich ein echtes Kind war.

Sie werden keine angemessene Karte dieses Flickenteppichs finden – oder womöglich, wie bei der Bezifferung, viele widersprüchliche Karten.

Denn die Grenzen waren unklar, wenn nicht gar völlig undefiniert, und sowohl diese als auch die von ihnen abgegrenzten Staaten änderten sich ständig. Und diese Unterteilung war, wie Sie sich erinnern werden, kein rein theoretisches Problem: Das Reich hatte auch zahlreiche Währungen (in einigen Staaten kursierten mehrere), und jeder Staat hatte das Recht, seinen Reisenden eigene Steuern und Zölle aufzuerlegen. Wenn es so etwas wie das Gegenteil des europäischen Binnenmarktes der Europäischen Union gibt, dann war es das Heilige Römische Reich im 18. Jahrhundert.

Im frühneuzeitlichen Europa waren Binnenzölle natürlich mehr oder weniger die Norm. Das Besondere am Reich war, dass sich all diese Probleme *verschlimmerten*. In weiten Teilen des Kontinents etablierten die Herrscher stärkere Regierungen mit entsprechend mächtigen Armeen, und im Westen der deutschen Länder lag eine zunehmend unberechenbare Supermacht namens Frankreich. Das Heilige Römische Reich entwickelte sich jedoch in die entgegengesetzte Richtung – der Kaiser wurde schwächer, die Macht verlagerte sich vom Zentrum an die Peripherie, anstatt umgekehrt. All das erscheint nicht nur im Rückblick merkwürdig: Schon damals sorgten sich deutsche Intellektuelle darüber, wie chaotisch und rückständig ihr Teil Europas war. Sie hatten sogar einen abwertenden Begriff dafür: »Kleinstaaterei«.

Der berühmteste Kommentar zum Heiligen Römischen Reich ist Voltaires geistreiche Bemerkung, dass es »weder heilig noch römisch noch ein Reich« sei. Im 18. Jahrhundert hatte er in allen Punkten recht. Gleichwohl ist es furchtbar unfair, dass dies das Einzige ist, woran sich viele Menschen mit Blick auf dieses »Imperium« erinnern sollten, denn er schrieb in den Jahren, als das Reich sich im Niedergang befand. Es gab aber einmal eine Zeit, in der die Dinge ganz anders waren.

Als wir diesen Teil der Welt zuletzt verließen, war es Mitte des 10. Jahrhunderts, und Otto der Große, wie er genannt werden würde, hatte sich ein Beispiel an Karl dem Großen genommen und sich vom Papst zum Kaiser krönen lassen. Er und seine Nachfolger herrschten über ein riesiges mitteleuropäisches Gebiet, darunter Ostfranken (Westdeutschland), große Teile des Gebiets, das im 9. Jahrhundert als Mittelfranken bezeichnet wurde (von den Niederlanden bis nach Norditalien) und die neu zivilisierten Gebiete an der Ostgrenze. Obwohl dieser Begriff erst mehrere Jahrhunderte später in Mode kommen sollte, war Ottos Staat tatsächlich »heilig« – er hatte das päpstliche Imprimatur, er umfasste Rom, und er war nach jedem vernünftigen zeitgenössischen Maßstab ein Imperium.

Sie werden bemerken, dass ich »Nachfolger« statt »Nachkommen« sage. Der Grund dafür ist, dass sich das Reich von den meisten anderen mittelalterlichen europäischen Staaten vor allem durch die Art und Weise unterschied, wie bestimmt wurde, wer die Herrschaft übernahm. Erstens war der König von Deutschland[28] zwar in der Regel (aber nicht immer) auch Kaiser des Heiligen Römischen Reiches, aber diese Erhebung erfolgte nicht automatisch: Der Papst musste noch sein Einverständnis geben und die Reichsinsignien hervorholen. Zweitens wurde niemand automatisch König von Deutschland: Als die karolingische Linie mit dem Tod Ludwigs des Kindes im Jahr 911 ausgestorben war, kehrten die deutschen Adligen zur alten fränkischen Tradition zurück, ihren nächsten König zu wählen. Wer genau das Wahlrecht besaß, änderte sich zunächst ein wenig, aber bis zum späten 12. Jahrhundert waren die Regeln formalisiert: Es gab sieben Kurfürsten – drei geistliche (die Erzbischöfe von Mainz, Trier und Köln) sowie vier weltliche Fürsten (den König von Böhmen, den Herzog von Sachsen, den Markgrafen von Brandenburg und den Pfalzgrafen bei Rhein).

Der Schauplatz war bereitet für einen Dreikampf um die Macht, der über Jahrhunderte hinweg an- und abschwellen sollte. Könige wollten die Krone in der Regel an ihren Sohn weitergeben – und wenn sonst nichts dagegen sprach, gelang ihnen das auch. Wurde die Krone jedoch zu mächtig, begannen die Adligen unheilvoll zu murmeln, dass der Thron ja eigentlich wahlfähig sei und der König besser aufpassen sollte – sonst würden sie nach seinem Ableben einfach jemand anderen wählen. Wurde die Krone hingegen zu schwach und das Reich war bedroht, konnten die Adligen eine Dynastie kurzerhand stürzen und sich stattdessen einen stärkeren Herrscher suchen. Mitunter gab es – ähnlich wie es einen Papst und einen Gegenpapst geben konnte – auch einen König und einen Gegenkönig.

---

28 Dieser Titel änderte sich mit der Zeit mehrfach. Er lautete (hier aus dem Lateinischen übersetzt) zunächst »König der Franken«, dann für einige Jahrhunderte »König der Ostfranken«. Später wurde er zu »König der Römer«, um sich gegen die herablassende Art mancher Päpste zu wehren, die sie nur als bloße »Könige von Deutschland« abtaten. Später fügte man dann »König in Deutschland« hinzu, weil das buchstäblich ihrer tatsächlichen Position entsprach. Ich verwende »König von Deutschland«, das ist zwar nicht historisch korrekt, aber auch nicht verwirrend.

Der König wollte jedoch weiterhin das Prestige und die Titel, die nur eine Krönung durch den Papst verleihen konnte, was den Päpsten ebenfalls ein Druckmittel in die Hand gab. Aber das funktionierte nur so lange, wie der Kaiser nicht mit einer Armee auftauchte, um Rom zu bedrohen, oder es nicht schaffte, die Stadt zu beschützen, oder einen anderen Weg fand, das Papsttum zu untergraben. In einer besonders chaotischen Phase Mitte des 11. Jahrhunderts überzeugte Kaiser Heinrich IV. eine Gruppe von Bischöfen, die Wahl von Papst Gregor VII. für ungültig zu erklären. Gregor schlug daraufhin mit Exkommunikation zurück. Der sogenannte Investiturstreit brachte sowohl Gegenpäpste als auch Gegenkönige hervor und endete mit Heinrichs berühmtem Bußgang nach Canossa: Drei Tage lang kniete er betend im Schnee vor der Burg, um Vergebung zu erflehen. Niemand konnte sich jemals sicher sein, dass er am Ende als Sieger hervorgehen würde.

Die Geschichte der meisten mittelalterlichen europäischen Staaten ist geprägt von einem gewissen Gerangel um die Macht des Monarchen, die Macht der Barone und natürlich darum, ob der Papst ein Vetorecht erhält. Und eine Zeit lang sah es aus, als würde die deutsche Krone, genau wie in England und Frankreich, die Oberhand gewinnen. Mitte des 15. Jahrhunderts, als im Osten Kriege tobten, gerieten die Kurfürsten in eine ihrer gelegentlichen »Oh Mist, wir brauchen ein stärkeres Reich«-Phasen und begannen, die Krone gewohnheitsmäßig an denjenigen weiterzugeben, der als nächster in der Reihe des Hauses Habsburg stand. In den folgenden Jahrzehnten gelang es der in Wien ansässigen Familie dank einer Kombination aus kluger Heiratspolitik und Glück, sich in die Poleposition zu bringen, um das neueste einer Reihe unterschiedlicher Gebiete zu erben, die sich Burgund nannten – das bedeutete die Kontrolle über die Niederlande, das reichste Gebiet Nordeuropas. Später gelangte auch das neu vereinte Spanien in ihren Besitz, das praktischerweise auch ein Stück Süditalien und ein vielversprechendes Überseeimperium mit sich brachte.

Der Kopf hinter einem Großteil dieses Glücks war Maximilian I. Ab 1495 machte er sich daran, das Heilige Römische Reich – wie es sich seit einigen Jahrhunderten nannte – durch allerlei neumodische Ideen wie stärkere Gerichte und zentralisierte Steuern zu modernisieren. Dann ernannte er sich selbst zum Kaiser, ohne den ganzen Aufwand, nach Rom zu reisen und sich krönen zu lassen. Das Papsttum, das darauf bedacht war, auf der richtigen Seite einer Macht zu stehen, die immer mehr wie eine Supermacht aussah, fügte sich dem. Aus der Sicht von 1519, als Maximilians Enkel als Karl V. sein erschreckend großes territoriales Erbe antrat, hätte man wahrscheinlich erwartet, dass das Reich zum stärksten Staat Europas aufsteigt.

Aber nein. Zwei Jahre bevor Karl seine Titel erbte, hatte ein Mann namens Martin Luther ein Stück Papier an eine Tür genagelt, um sich über die Korruption der katholischen Kirche zu beschweren, und damit die Reformation ins Rollen gebracht. Die Bekehrung zu diesem neuen »Protestantismus« war, wie verschiedene deutsche Fürsten bald erkannten, eine großartige Möglichkeit, sich von einer zunehmend lästigen kaiserlichen Autorität zu befreien und gleichzeitig den gesamten Reichtum der örtlichen Kirche in die Hände zu bekommen. Das Ergebnis waren zeitweilige, aber kräftezehrende Bürgerkriege, die erst endeten, als die Adeligen auf beiden Seiten klarmachten, dass sie lieber Unterstützung aus Frankreich anfordern würden, als Karl seine Fantasien von einer absoluten Herrschaft ausleben zu lassen. Im Augsburger Religionsfrieden von 1555 machte der Kaiser das Zugeständnis, dass die einzelnen Fürsten des Reiches für ihr Volk die Religion wählen konnten, die sie wollten – und er konnte nichts dagegen tun.

In der Zwischenzeit wurde klar, dass das Reich einfach viel zu groß war, um es zu verwalten. Die italienischen Gebiete, die jahrzehntelang von den Habsburgern und Franzosen als Schlachtfeld missbraucht worden waren, hatten sich schon seit einiger Zeit zurückgezogen; fast alle ärgerten sich darüber, dass ihre nominellen Herrscher anscheinend immer woanders waren. Im Jahr nach dem Augsburger Religionsfrieden dankte Karl erschöpft ab, und sein Reich wurde in zwei Teile geteilt: Die spanischen und niederländischen Teile gingen an seinen Sohn Philipp und die deutschen und österreichischen Teile an seinen Bruder Ferdinand. Das reichte jedoch nicht aus, um die Niederlande davon abzuhalten, 1568 einen Aufstand zu beginnen, der weitere 80 Jahre andauern sollte.

Wenn das Tauziehen zwischen den verschiedenen Fraktionen das Reich während der Jahrhunderte des Mittelalters geschwächt hatte, taten dies jetzt andere Kräfte. Die Habsburger waren mehr daran interessiert, ihre Dynastie zu erhalten und zu erweitern, als eine Nation aufzubauen. Andere Staaten – die Niederlande, Preußen und schließlich das habsburgische Österreich selbst – standen mit einem Fuß im Reich und mit dem anderen außerhalb dessen und hatten daher kein besonderes Interesse an der Konsolidierung von etwas, das man als »Deutschland« bezeichnen könnte. In der Zwischenzeit schlossen sich Städte oder andere Gemeinschaften – der Schwäbische Bund, die Hanse, die Schweizerische Eidgenossenschaft – zusammen, um ihre Macht, ihre Privilegien und ihre Fähigkeit, Geld zu verdienen, genauso eifersüchtig zu schützen, wie es einst die Adligen getan hatten. Es gab viele Menschen, die ein Interesse daran hatten, das Reich schwach zu halten, und anscheinend niemanden, der ein Interesse daran hatte, es stark zu machen.

Außer vielleicht den Menschen, die darin lebten. Im Jahr 1618, als der kaiserliche Erbe, der bald als Ferdinand II. bekannt werden sollte, sich vor Freude über die Aussicht auf die Gegenreformation die Hände rieb und Augsburg zum Teufel wünschte, wurden einige Katholiken aus einem Fenster geworfen, was auf amüsante, aber ungenaue Weise als Prager Fenstersturz bekannt wurde.[29] Sie überlebten, aber der Vorfall erwies sich dennoch als Auslöser für das lange, kräftezehrende Blutbad, das als Dreißigjähriger Krieg Eingang in die Geschichte fand. Während dieses Krieges marschierten praktisch alle europäischen Mächte – Frankreich, Spanien, Schweden, Dänemark – abwechselnd mit ihren Armeen durch die deutschen Länder und töteten dabei ein Drittel der Bevölkerung. In einigen Städten, wie Magdeburg, lag die Todesrate bei über 90 Prozent.

Der Westfälische Frieden, der den Krieg 1648 endgültig beendete, ist als Schlüsselereignis in die Geschichte der internationalen Beziehungen eingegangen: der Moment, in dem Europa das moderne Staatensystem erfand und sich alle einig waren, dass sich von nun an kein Staat mehr in die inneren Angelegenheiten eines anderen einmischen sollte. Dies ist etwas

---

29 Um der Klarheit wegen: Es ist nicht falsch, zu sagen, dass sie aus dem Fenster geworfen wurden oder dass sich das betreffende Fenster in Prag befindet (es befindet sich im Schloss; man kann es heute noch besichtigen). Es ist nur deshalb falsch, weil es eigentlich als der *Zweite* Prager Fenstersturz bezeichnet werden sollte. Der erste, im Jahr 1419, führte zu den Hussitenkriegen. Dass Menschen aus den Fenstern der Prager Burg geworfen werden und dadurch große Kriege ausgelöst werden, kommt in der europäischen Geschichte erstaunlicherweise recht häufig vor. Man sollte dort nur keine EU-Gipfel abhalten, mehr sage ich nicht dazu.

verwirrend, da die Verträge[30] tatsächlich nur sehr wenig über solche Dinge aussagen.

Sie erkannten *tatsächlich* die Unabhängigkeit sowohl der Republik der Niederlande als auch der Schweizerischen Eidgenossenschaft an. Sie führten auch ein gewisses Maß an Gleichheit für alle feudalen Vasallen innerhalb des Reiches ein, unabhängig von ihrer Größe oder Kleinheit. Diese Staaten waren nun auch berechtigt, Verträge abzuschließen, sowohl untereinander als auch mit anderen außerhalb des Reiches. Aber andere Schlüsselaspekte dessen, was als »Westfälisches System« bekannt werden sollte – gegenseitige Anerkennung, territoriale Integrität, Nichteinmischung und so weiter –, fallen dadurch auf, dass sie im eigentlichen Westfälischen Frieden keine Erwähnung finden. Der Name scheint lediglich als passende Bezeichnung für den Übergang von dem, was wir Feudalismus nennen, zur Moderne übernommen worden zu sein, ein Prozess, der lange vor 1648 begonnen hatte und noch ein paar Jahrhunderte dauern sollte – Jahrhunderte, in denen viele Europäer um die Welt ziehen und anderen Völkern ihre territoriale Integrität entziehen und sich generell einmischen würden.

Innerhalb des Reiches markierte das Jahr 1648 jedoch eine große Veränderung: Plötzlich verfügten seine Staaten über ein Maß an Souveränität und Autonomie, von dem ihre Vorfahren etwas mehr als ein Jahrhundert zuvor nur hätten träumen können. Und die Kaiser des Heiligen Römischen Reiches, die nur wenige Generationen zuvor die mächtigsten Monarchen Europas gewesen waren, fanden sich nun stark geschwächt wieder – und mussten sich von jedem französischen Philosophen, der zufällig vorbeikam, verspotten lassen.

Die neuen halbautonomen Staaten waren jedoch keine »Nationen« in unserem heutigen Verständnis: Es handelte sich um Orte wie die Abtei Prüm oder die sich immer weiter aufspaltenden Grafschaften, die von Dutzenden von Männern namens Heinrich von Reuß regiert wurden. Was etwas mehr als ein Jahrhundert zuvor die wichtigste Macht in Europa gewesen war, war nun ein absurder Flickenteppich aus albernen kleinen

30 Zwei davon: Osnabrück und Münster.

Staaten, von denen jeder wusste, dass sie kaum mehr als ein Büfett für räuberische ausländische Armeen waren. Die Ära der Kleinstaaterei war angebrochen.

Spätere deutsche Denker sollten auf diese Ära zurückblicken und ein Land sehen, das zu schwach war, um sich selbst zu verteidigen, und zu gespalten, um sein wahres Gewicht in die Waagschale zu werfen. Es war eine Situation, die sowohl die preußischen Militaristen, die Deutschland im 19. Jahrhundert vereinigen sollten, als auch die Menschen, die ihr Erbe ins 20. Jahrhundert mitnahmen, unbedingt angehen wollten. Was konnte da schon schiefgehen?

BRITANNIEN, IRLAND UND DIE ERFINDUNG DES KARTOGRAFISCHEN KOLONIALISMUS

Die gefährlichste Karte der imperialen Geschichte

Die Mercator-Karte von Irland aus dem Jahr 1570 ist eindeutig ein Werk aus einer anderen Zeit. Das liegt nicht nur daran, dass sie falsch ausgerichtet ist, sodass Norden rechts liegt, oder dass der Titel oder die elegant geschwungene Beschriftung der Meere in lateinischer Sprache verfasst sind, sondern auch daran, dass das Land ganz eindeutig die falsche Form hat. Die Flüsse und Seen sind viel zu breit; die geschwungene Ostküste ist eine fast gerade Linie, und an der zerklüfteten Westküste fehlen die meisten Zacken. Und die nordwestliche Ecke der Insel sieht verdächtig nach einem rechten Winkel aus.

Gerhard Mercator war wahrlich kein Anfänger in der Kartografie – die Projektion, die er für seine Weltkarte von 1569 erfand, wird immer noch verwendet und führt die Menschen, was die relative Größe Grönlands und Afrikas betrifft, noch heute in die Irre. Gleichwohl war die Karte von Menschen gemacht, die im Grunde nicht wussten, welche Form das Ding hatte, das sie da kartierten. Auf diesen schön verschnörkelten Beschriftungen könnte genauso gut »Hier gibt's Drachen« stehen.

Die sogenannten Down-Survey-Karten, die nur 80 Jahre später erstellt wurden, sind eine ganz andere Sache. Hier haben die Küsten und Inseln nicht nur die richtige Form und die Binnengewässer sind nicht nur in einem vernünftigen Maßstab dargestellt, sondern sie gehen auch sehr ins Detail. Es gibt Karten der Grafschaften mit Städten und Straßen, Schlössern und Gasthöfen, aber auch Karten, die ortsbezogener sind und fürstliche Ländereien oder Pfarreien zeigen. Man hat nicht mehr das Gefühl, eine Karte eines fremden, unbekannten Landes zu betrachten, das ebenso gut aus den ersten Seiten eines Fantasy-Romans mit einer komplett erfundenen Welt stammen könnte, sondern die eines echten europäischen Landes, das man auch heute noch in einem Atlas findet. Die Down-Survey-Karten, basierend auf der ersten vollständigen Vermessung des Landes, sind richtige, moderne Karten. Aber mehr noch: Sie sind wunderschön.

Es war natürlich die letztgenannte Art von Karten, die all den Schaden anrichten würde – nicht nur für die Iren, sondern auch für andere kolonisierte Völker auf der ganzen Welt.

Der Beginn der Einmischung Englands in die irische Politik – deren 800. Jahrestag mit dem Ausbruch der sogenannten »Troubles« zusammenfiel, einem eher verharmlosenden Begriff für drei Jahrzehnte übergemeindliche Gewalt – wird allgemein auf das Jahr 1169 datiert, als der abgesetzte König von Leinster, Diarmait Mac Murchada (Dermot MacMurrough), die Engländer um Hilfe bei der Wiedererlangung seines Throns bat. Im Gegenzug bot er König Heinrich II. Land und Loyalität an und sorgte damit versehentlich dafür, dass die englische Krone festen Fuß in Irland fasste.[31]

In den nächsten Jahrhunderten wurden Teile Irlands von Grafschaften englischer Abstammung, deren Loyalität jedoch recht fragwürdig war, regiert. Und obwohl die englischen Könige behaupteten, Herren von Irland zu sein, beschränkte sich ihre tatsächliche Kontrolle auf »the Pale«, einen schmalen Streifen rund um Dublin. *Beyond the pale* (Redewendung im Englischen für »jenseits des Akzeptablen« Anm. d. Übers.) – das *Oxford*

31 Ob man den in Le Mans geborenen Heinrich II., dessen Reich halb Frankreich umfasste, oder die Normannen im Allgemeinen als »englisch« bezeichnen kann – im Gegensatz zu dem, was zumindest anfangs die Besatzungsmacht war –, ist eine interessante und umstrittene Frage, deren Beantwortung ich mit dieser Fußnote schamlos vermeide.

English Dictionary äußert sich skeptisch darüber, ob dieses konkrete historische Phänomen tatsächlich der Ursprung der Redewendung ist[32] – lag eine Welt, in der der königliche Befehl nicht galt und in den Augen der Engländer zivilisiertes Verhalten nicht gewährleistet war. Dies war eindeutig eine Form des Kolonialismus, aber sie unterschied sich auch nicht wesentlich von der chaotischen Feudalpolitik, die in ganz Europa betrieben wurde.

Das änderte sich mit der Reformation, als die Könige von England und Schottland sich vom Katholizismus lossagten, die Menschen in Irland jedoch nicht. Im 16. Jahrhundert war England nicht der gigantische Imperialist, zu dem es später werden sollte, sondern eher ein kleiner Fisch, der sich vor einer eventuellen Aggression oder Invasion durch größere, katholische Mächte wie Frankreich oder Spanien fürchtete. Irland, eine katholische Insel, die vor der eigenen Haustür lag, wurde – nicht ganz zu Unrecht – als Sicherheitsrisiko angesehen. Außerdem waren die Einwohner nicht nur potenzielle Agenten feindlicher ausländischer Mächte, sondern auch Ketzer. Und Ketzer waren legitime Ziele.

Für die englische Krone gab es daher nur eine Lösung: Eroberung. Im Jahr 1541 ernannte sich Heinrich VIII. eigenmächtig zum König von Irland und forderte von den irischen Baronen Loyalität. Im darauffolgenden Jahrzehnt begannen seine Nachfolger mit der Politik der »Plantation«, das heißt der ethnischen Säuberung, bei der die bisherigen Bewohner von ihren irischen Ländereien vertrieben wurden, um Platz für neue, loyalere englische Siedler zu schaffen. Nach 1603, als Jakob VI. von Schottland auch Jakob I. von England wurde, mischten zudem die Schotten bei dem Spiel mit, und die Kolonisierung von Ulster, die sogenannte »Pflanzungspolitik«, wurde zu einem britischen Gemeinschaftsunternehmen.

Aber die ursprünglichen Bewohner Irlands waren natürlich immer noch da. Das Ergebnis war ein vorhersehbarer und anscheinend endloser Kreislauf von Unterdrückung, gefolgt von Aufständen und noch mehr gewaltsamer Unterdrückung.

---

32 Weitere bedeutende »Pales« in der Geschichte: das Pale von Calais, jenes Gebiet in Nordfrankreich, das sich vom 14. bis zum 16. Jahrhundert in englischer Hand befand, und das Ansiedlungsrayon (Pale of Settlement), der westliche Teil des Russischen Reiches (heutiges Belarus, Litauen, die östliche Ukraine usw.), in dem Juden das Wohnen erlaubt war.

Es war eine der gewalttätigsten Phasen – sicherlich die berüchtigtste Periode – englischer Gewalt, die die Down Survey hervorbrachte. Im Jahr 1641 erhob sich ein großer Teil Irlands gegen die Fremdherrschaft und die damit verbundene antikatholische Diskriminierung, Kolonisierungspolitik und Landkonfiszierung. Der daraus resultierende Krieg war eine komplizierte Angelegenheit: Der Streit in London über die Finanzierung einer militärischen Antwort war ein Schlüsselfaktor auf dem Weg zum Englischen Bürgerkrieg, der schließlich zur vorübergehenden Abschaffung der Monarchie und zur Hinrichtung von Karl I. führte; die gesamte Auseinandersetzung wird heute manchmal als Krieg der drei Königreiche bezeichnet. Für unsere Zwecke sollten jedoch ein paar wichtige Fakten genügen.

Einer davon ist, dass die Rebellen während des Aufstands von 1641 etwa 4000 englische und schottische Siedler niedermetzelten, zum Beispiel beim Massaker von Portadown, als sie circa 100 Protestanten von einer Brücke in den Fluss Bann stießen und die Überlebenden erschossen. Eine weitere Tatsache ist, dass das Ausmaß und die Häufigkeit solcher Gräueltaten durch reißerische Pamphlete, die in London veröffentlicht wurden, übertrieben dargestellt wurde. In denen hieß es, dass bis zu 200 000 Protestanten von den brutalen Katholiken abgeschlachtet worden seien, was den Druck auf die Briten erhöhte, ebenso grausam zu reagieren. Im Jahr 1642 verabschiedete das englische Parlament den *Adventurers' Act*, mit dem Geld für die militärische Rückeroberung Irlands durch öffentliche Geldzeichnung aufgebracht wurde. Die Rückzahlung sollte durch umfangreiche Beschlagnahmungen von irischem Land finanziert werden.

Aufgrund des Bürgerkriegs wurde die Invasion noch einige Zeit hinausgezögert, aber 1649, als König Karl geköpft war und das Parlament nun das Sagen hatte, landete eine Schiffsflotte mit Oliver Cromwell und seiner New Model Army in Dublin. In den nächsten Jahren zerschlugen sie sowohl die aufständischen katholischen als auch die verbliebenen royalistischen Truppen in Irland und richteten ein Massengemetzel an – an sich ergebenden Truppen, Priestern und Zivilisten – in Städten, deren Namen zum Inbegriff von Gräueltaten wurden: Drogheda, Wexford, Clomnel. Wie hoch der Anteil der irischen Bevölkerung war, der während der Auseinandersetzung entweder direkt an den Folgen der Gewalt oder durch Hunger oder Krankheiten starb, ist schwer zu sagen, aber die niedrigsten Schätzungen scheinen unter 10 Prozent zu liegen; andere hingegen gehen von über 40 Prozent aus. Deshalb ist Cromwell, der bei Weitem nicht der einzige Brite war, der in Irland grausame Gewalttaten verübte, noch heute ein Synonym für englische Unterdrückung.

Als sich der Krieg seinem Ende näherte, begann die englische Regierung, darüber nachzudenken, wie sie ihre Kriegsschulden zurückzahlen konnte. Und zwar sowohl die Schulden, die durch den »Adventurers' Act« entstanden waren, als auch die gewaltigen unbezahlten Militärlöhne. Daher verabschiedete sie 1652 ein weiteres Gesetz, den »Act of Settlement«, der vorsah, die Rebellen ihres Landes zu enteignen: Auf diese Weise konnte das Land an die Soldaten verteilt werden, um die unbezahlten Lohnkosten zu decken, oder es konnte gegen Bargeld verhökert werden. Was die überlebende einheimische Bevölkerung betraf – nun, sie konnte entweder in die Karibik deportiert oder auf das ärmere Land westlich des Flusses Shannon umgesiedelt werden, schön weit entfernt von Großbritannien. In der irischen Volksüberlieferung ist dieser Plan in dem Spruch verankert, man werde sie »in die Hölle oder nach Connaught« schicken.

Dazu mussten die Engländer allerdings erst einmal herausfinden, was sie eigentlich zu verteilen hatten, und das bedeutete: Landvermessung. Der erste Mann, der mit dieser Aufgabe betraut wurde, war der Generalvermesser Benjamin Worsley, der Fachleute einstellte und eine gewissenhafte und anspruchsvolle Arbeit begann, von der er voller Zuversicht annahm, dass sie in weniger als 13 Jahren abgeschlossen sein würde. Doch ein jüngerer Mann, der sich als ungeduldiger erwies und von der Universität beurlaubt war, um als Generalarzt der Armee zu dienen, glaubte, die Aufgabe schneller erledigen zu können.

William Petty war der Sohn eines Tuchhändlers aus Hampshire, der im Alter von 13 Jahren weggelaufen war, um Kajütenjunge auf einem Schiff zu werden, sich ein Bein gebrochen hatte und kurzerhand an der Küste der Normandie ausgesetzt worden war. (Das war anscheinend etwas, das man zu dieser Zeit häufig auf Schiffen tat.) Dort wurde er von Jesuiten gefunden, die sein Potenzial erkannten, ihn aufnahmen und ihm eine Ausbildung ermöglichten. Nach seiner Zeit in der königlichen Marine und einer weiteren als Privatsekretär des Philosophen Thomas Hobbes landete er in Oxford, wo er am Brasenose College Anatomie lehrte, und schloss sich dann Cromwell an.

Petty hatte erkannt, dass es Zeitverschwendung war, für jede kleine Aufgabe ein kleines Team von ausgebildeten Spezialisten einzusetzen. Neue Techniken wie die Gunter-Kette – eine standardisierte Messkette mit 100 Gliedern, die eine Generation zuvor von dem Geistlichen und Mathematiker Edmund Gunter erfunden worden war – waren so simpel, dass auch einfache Soldaten, von denen es nicht wenig gab, sie nutzen konnten. Die schwierige Aufgabe, die Ergebnisse zusammenzutragen und in eine Karte zu verwandeln, konnte einer wesentlich kleineren Gruppe spezialisierter Kartografen im Warmen und Trockenen in Dublin anvertraut werden. Dadurch, dass Petty die Routinearbeit im Wesentlichen Laien überließ, gelang es seinem Team, die Hälfte Irlands in 13 Monaten statt in 13 Jahren zu vermessen.[33]

Sowohl die verbesserte Qualität als auch die schiere Menge der gesammelten Daten trugen entscheidend dazu bei, den Übergang von Mercators unklarer, etwas fantastischer Karte zu Pettys detaillierter, moderner Karte zu erleichtern. Die Down Survey war die erste umfassende Vermessung eines Landes weltweit. Es handelte sich jedoch nicht nur um eine akademische Übung: Sie sollte viele nachhaltige Folgen haben.

Die geringste davon war, dass Petty seine Arbeit gut machte. Er ging aus der Vermessung reich und mit mächtigen Freunden hervor und wurde bald darauf zum Ritter geschlagen und erhielt einen Sitz im Parlament. Er gehörte auch der Kommission an, die das Land an die Gläubiger verteilte, von denen viele lieber verkauften, als auf eine theoretische Zukunft zu warten, in der sie es sicher in Besitz nehmen konnten. Und so gelang es ihm, riesige Ländereien in der Grafschaft Kerry zu erwerben – was in den folgenden Jahren zu wütenden Korruptionsvorwürfen führen sollte. Auch seine Ehegattin war eine gute Wahl: Seine Nachkommen wurden Earls und Marquesses; einer wurde Premierminister (William Petty, der zweite Earl of Shelburne, ein Whig, der es von 1782 bis 1783 keine neun Monate in der Downing Street aushielt). Petty selbst ist heute vor allem als Wirtschaftswissenschaftler in Erinnerung, was durchaus Sinn ergibt, wenn man bedenkt,

33 Eine mögliche Erklärung dafür, warum es »Down Survey« genannt wird, ist übrigens, dass bei der Verwendung von Gunters Kette diese auf den Boden gelegt werden muss. Eine andere Erklärung ist, dass die Ergebnisse in einer Karte »festgehalten« wurden.

dass die wichtigsten Erkenntnisse der Vermessung im Wesentlichen auf die Theorie der Spezialisierung und Arbeitsteilung hinausliefen. Samuel Pepys beschrieb ihn später als »den vernünftigsten Mann Englands«; Karl Marx bevorzugte, ihn als »einen leichtsinnigen, habgierigen, prinzipienlosen Abenteurer« zu charakterisieren.

Doch die Down Survey hatte noch eine andere, eher philosophische Folge. Noch vor nicht allzu langer Zeit beruhten die Landtitel auf archaischen Systemen wie »metes and bounds« (»metes« waren Richtungen und Entfernungen gerader Abschnitte; »bounds« bezogen sich auf andere Merkmale wie Flüsse, Felsen und Bäume, die häufig zur Grenzbestimmung verwendet wurden). Diese Systeme setzten eine enge Beziehung zum Land voraus: Wer einen Ort besitzen wollte, musste ihn *kennen*. Mit dem Aufkommen der professionellen Vermessungsingenieure war es jedoch möglich, Landbesitz in einem bis dahin unvorstellbaren Ausmaß zu behaupten. Man brauchte nicht einmal einen Ort zu besuchen; alles, was man benötigte, war eine Karte. Und wenn es manchmal nötig war, Gewalt anzuwenden, um den Besitz durchzusetzen, so konnte dasjenige, das den Startschuss gab, kaum mehr als ein Stück Papier sein.[34]

Dies war ein Wandel, dessen Folgen sich über Jahrhunderte hinweg über den gesamten Globus erstrecken sollten. Um nur ein Beispiel zu nennen: In den Jahren nach der amerikanischen Revolution kam Thomas Jefferson – ein Mann, der für seine Urheberschaft der Unabhängigkeitserklärung gefeiert wurde, dessen persönliche Politik jedoch häufig nicht diesen Werten entsprach – auf die kluge Idee der öffentlichen Landvermessung (Public Land Survey): ein offizielles Programm der US-Regierung zur Aufteilung des nicht kolonisierten Landes jenseits der Ostküste in ein Raster von Ein-Meilen-Quadraten. Diese könnten dann an Veteranen des Unabhängigkeitskrieges anstelle ausstehender Löhne verteilt oder an den Meistbietenden verkauft werden, um Geld einzunehmen. (All dies könnte Ihnen bekannt vorkommen.) So erfolgreich war dieses Vorhaben – und so

---

34 Dies war nicht nur eine koloniale Angelegenheit. Hannah Rose Woods zitiert in ihrem brillanten Buch *Rule, Nostalgia* (2022) die Beschwerde eines frühneuzeitlichen Beobachters, dass professionelle Erhebungen auch dazu genutzt wurden, die heimischen Mieten in die Höhe zu treiben. »Die Welt war ein fröhlicherer Ort, bevor es Vermessungen gab«, beklagt er. »Heutzutage muss ein Mieter für jeden Fuß bezahlen, was eine unerhörte Sache ist.«

gewaltig die Landmassen, die es verschlang, während sich die USA immer weiter nach Westen ausdehnten –, dass die durch das »Jefferson-Raster« geschaffenen Strukturen noch heute aus Flugzeugfenstern über den USA zu sehen sind.

Doch wie in Irland bedeutete »nicht kolonisiert« nicht »unbesetzt«: Das Jefferson-Raster war unter anderem ein Instrument zur systematischen Enteignung der amerikanischen Ureinwohner. Und diese Aufteilung des Territoriums – das so groß war, dass die Rasterlinien gelegentlich einen Knick machen mussten, um der Erdkrümmung[35] Rechnung zu tragen – erfolgte nicht anhand der natürlichen Gegebenheiten oder der Landschaft, wie sie von den Bewohnern gesehen wurde. Vielmehr handelte es sich um Ein-Meilen-Quadrate, die mit einem Federstrich Hunderte von Meilen entfernt in Washington eingeteilt wurden.

Der Fortschritt in der politischen Nutzung der Kartografie, den die Down Survey darstellte, würde bald, mit anderen Worten, ganze Kontinente aufteilen. Auf dieses Thema werden wir noch zurückkommen.

---

35 Denn man kann die Oberfläche einer Kugel nicht in ein Gitter einteilen: Die Längengrade sind nicht ganz parallel, sondern laufen an den Polen zusammen. Die schiere Größe der USA ist auch ein Problem, das durch ihr nationales Koordinatensystem gelöst wird. Es spiegelt die Tatsache wider, dass sie groß genug sind, um etwas zu brauchen, das die Erdkrümmung berücksichtigt, aber nicht groß genug, damit Längen- oder Breitengrade die nützlichste Methode sind, dies zu tun.

DIE GRUNDLEGEND MISSVERSTANDENE MASON-DIXON-LINIE

Eine Metapher, die darauf wartet, Wirklichkeit zu werden

Die Mason-Dixon-Linie (Mason-Dixon Line) zählt zu den bekanntesten Grenzen der Welt, und das nicht nur wegen ihrer symbolischen Trennung zwischen den nördlichen Freistaaten und den südlichen Sklavenstaaten sowie ihrer Bedeutung im amerikanischen Bürgerkrieg des 19. Jahrhunderts, sondern auch aufgrund ihres Einflusses auf die USA seit dem 20. Jahrhundert.

Interessanterweise hatte die Grenze ursprünglich keinerlei Bezug zur Sklaverei. Sie sollte nicht die USA in Nord- und Südstaaten teilen, und sie hatte auch nichts mit einem Bürgerkrieg zu tun, der fast ein Jahrhundert später stattfinden sollte, in einer Nation, die zu diesem Zeitpunkt noch gar nicht existierte. Die Männer, die die Linie zogen – der Astronom Charles Mason und der Landvermesser Jeremiah Dixon – wären vermutlich überrascht gewesen, zu erfahren, dass ihre Namen für immer mit dieser spezifischen Thematik verknüpft sein würden. Beide stammten aus England, lebten dort, und keiner von ihnen erlebte die Verabschiedung der Verfassung der neu gegründeten Vereinigten Staaten, die eine entscheidende Rolle bei den späteren Konflikten spielen sollte.

Die ursprüngliche Mason-Dixon-Linie hatte ihre Ursprünge in den Wirren eines ganz anderen Bürgerkriegs. Im Jahr 1632 bescherte der britische König Karl I. dem zweiten Baron Baltimore – einem Mann, der den herrlichen Vornamen Cecilius Calvert trug – eine Gründungsurkunde für eine amerikanische Kolonie als Zufluchtsort für die Katholiken, die vor der Verfolgung durch die protestantische Mehrheit Englands flohen. Sie sollte nördlich der bestehenden Kolonie Virginia liegen (die sich inzwischen von dem eher unerfreulichen Fehlstart in Jamestown erholt hatte, einer Periode, die als »Starving Time« – Hungerperiode – bekannt wurde und in der die Bevölkerung um fast 90 Prozent zurückging und die Überlebenden zum Teil Kannibalismus betrieben). Die Grenze sollte sich nach Norden bis zu dem Punkt erstrecken, »der unter dem 40. Breitengrad liegt«, und nach Westen bis zur Quelle des Potomac River. Die Hauptsiedlung der Kolonie sollte »Baltimore« heißen, benannt nach ihrem abwesenden Gouverneur, der den Rest seines Lebens sicher in England verbrachte. Die Kolonie selbst jedoch würde nach der Königin oder möglicherweise nach der Mutter Christi benannt werden: Maryland.

Fast 50 Jahre, einen Bürgerkrieg, eine Republik und eine Restauration später war Karl I. enthauptet, und sein ältester Sohn, Karl II., saß auf dem Thron. Wie sein Vater galt er als katholisch gesinnt und regierte ein Land, das durch religiöse Spaltungen zerrissen war. Darüber hinaus hatte er ziemlich viele Schulden.

Als 1681 einer seiner Gläubiger, der Quäker William Penn, sein Geld einforderte, hatte Karl eine glänzende Idee: Warum sollte er ihm stattdessen nicht ein Stück Land in der Neuen Welt schenken? Mit geschätzten 116 550 Quadratkilometern war die vorgeschlagene Kolonie fast so groß wie England selbst – jedenfalls groß genug, um eine läppische Schuld von 16 000 Pfund zu tilgen. Wie schon Maryland zuvor, könnte auch diese Kolonie ein Zufluchtsort für religiöse Minderheiten aus England werden, weit entfernt von den Orten, an denen sie politisch gefährlich werden könnten. Charles nannte sie sogar »Pennsylvania«, um das Angebot noch attraktiver zu machen. Penn, der von der Idee einer Kolonie für Quäker sehr begeistert war und sich selbst als den größten nichtköniglichen Landbesitzer der Welt sah, stimmte zu.

Allerdings gab es ein Problem: Karten der Neuen Welt waren noch ziemlich ungenau. Pennsylvania sollte eindeutig das Gebiet nördlich von Maryland sein, das sich vom 43. Breitengrad bis zur bestehenden Grenze am 40. erstreckte. Die Bedingungen der Landverleihung beschrieben jedoch die südliche Grenze auch als eine Linie, die sich westwärts von einem »Kreis, gezogen [sic] in 12 Meilen Entfernung von New Castle ...« erstreckt. Der König hatte auf der Grundlage der Karte angenommen, dass dieser Kreis mit der zuvor festgelegten Grenze übereinstimmen würde, was jedoch nicht der Fall war – selbst der nördlichste Punkt des Kreises lag mehr als 16 Kilometer südlich des 40. Breitengrades. Dies führte dazu, dass die von Penn gewählte Hauptstadt Philadelphia, wenn die zuvor festgelegte Grenze offiziell würde, unglücklicherweise in Maryland liegen würde.

Die von der Familie Penn und ihren Befürwortern bevorzugte Lösung bestand darin, darauf hinzuweisen, dass die Charta von Maryland lediglich besagte, dass die Kolonie »unter dem 40. Grad nördlicher Breite liegt«: »Unter« musste aber nicht unbedingt »unmittelbar unter« bedeuten, oder? Wenig überraschend zogen jedoch die Familie Calvert und ihre Unterstützer die ursprüngliche Auslegung vor. Die beiden Beschreibungen – jede zugunsten einer der beiden Kolonien – ließen sich schlichtweg nicht miteinander in Einklang bringen.

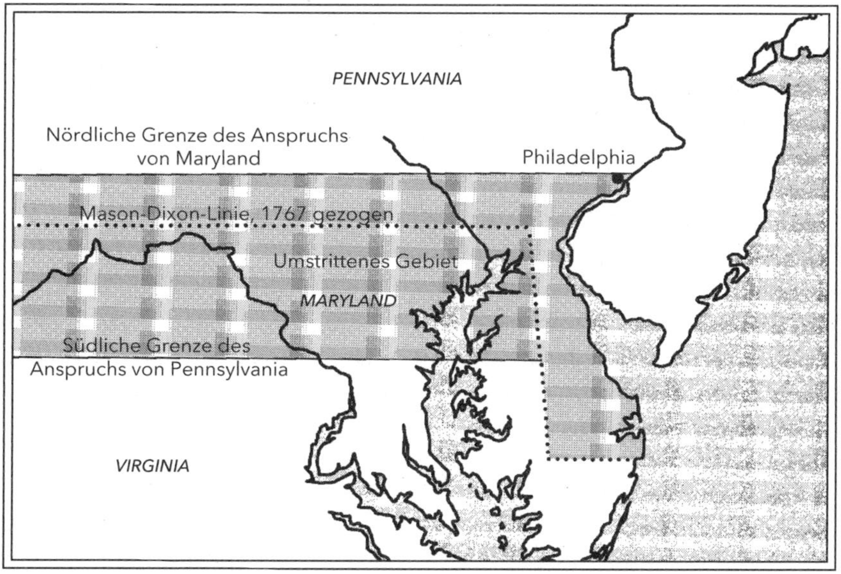

Die sich überschneidenden territorialen Ansprüche von Pennsylvania und Maryland, die schließlich 1767 durch die Mason-Dixon-Linie geregelt wurden

Als ob das nicht schon genug wäre, gab es auch noch das Problem mit dem späteren Delaware. Der Grund dafür, dass der Kreis um New Castle von Penns Bewilligung ausgenommen war, liegt darin, dass der König ihn seinem Bruder James, dem Herzog von York, zugesprochen hatte – die Siedlung war zusammen mit einem riesigen Stück Land zwischen den Flüssen Delaware und Connecticut eine Belohnung für seine Rolle gewesen, die er bei der Vertreibung der Holländer aus Nordamerika gespielt hatte. Penn wollte jedoch, dass seine Kolonie Zugang zum Meer hatte. Und so überredete er den Herzog – der später kurz als Jakob II. regieren sollte, bevor er, Ironie der Geschichte, von den Holländern aus England vertrieben wurde –, ihm diesen Kreis sowie die drei »unteren Grafschaften« auf der Halbinsel im Süden zu verpachten. Das kam für die Calverts, die sich sicher waren, dass sie zu Maryland gehörten, sehr überraschend.

Charles tat sein Bestes, um seine Hände reinzuwaschen, denn er hatte einen großen Teil des Schlamassels selbst angerichtet, indem er Penn und Calvert aufforderte, die Angelegenheit unter sich zu regeln. Ihr erster Versuch bestand darin, dass sie Briefe an die Kolonisten auf dem umstrittenen Land schickten. In den Schreiben teilten sie ihnen mit, dass sie auf keinen Fall Steuern an den jeweils anderen zahlen sollten, und das sagt alles darüber aus, wie gut das funktionieren würde. Es folgten jahrzehntelange Auseinandersetzungen, offizielle Kommissionen, die Nichtbeachtung der Ergebnisse dieser Kommissionen und teure Rechtsstreitigkeiten in London, die von gelegentlichen Gewaltausbrüchen begleitet wurden.

Nach etwa 80 Jahren dieses Streits – und mit einigem Nachdruck seitens der Gerichte – einigte man sich schließlich weitgehend darauf, dass die lokalen Grenzen wie folgt aussehen sollten: Die Linie zwischen Pennsylvania und Maryland sollte in Ost-West-Richtung entlang eines Breitengrads verlaufen, der 15 Meilen (24 Kilometer) südlich des damaligen südlichsten Punktes von Philadelphia lag. Das legte die Grenze bei etwa 39°43' fest; damit war gewährleistet, dass Pennsylvanias Hauptstadt tatsächlich in Pennsylvania lag. Das Ganze wirkte als Lösung einer Auseinandersetzung, die so lange gedauert hatte wie der niederländische Unabhängigkeitskrieg, beinahe enttäuschend unspektakulär.

Die Grenze zwischen Delaware und Maryland war komplexer. Zunächst musste der Mittelpunkt der Transpeninsular-Linie ermittelt werden, die

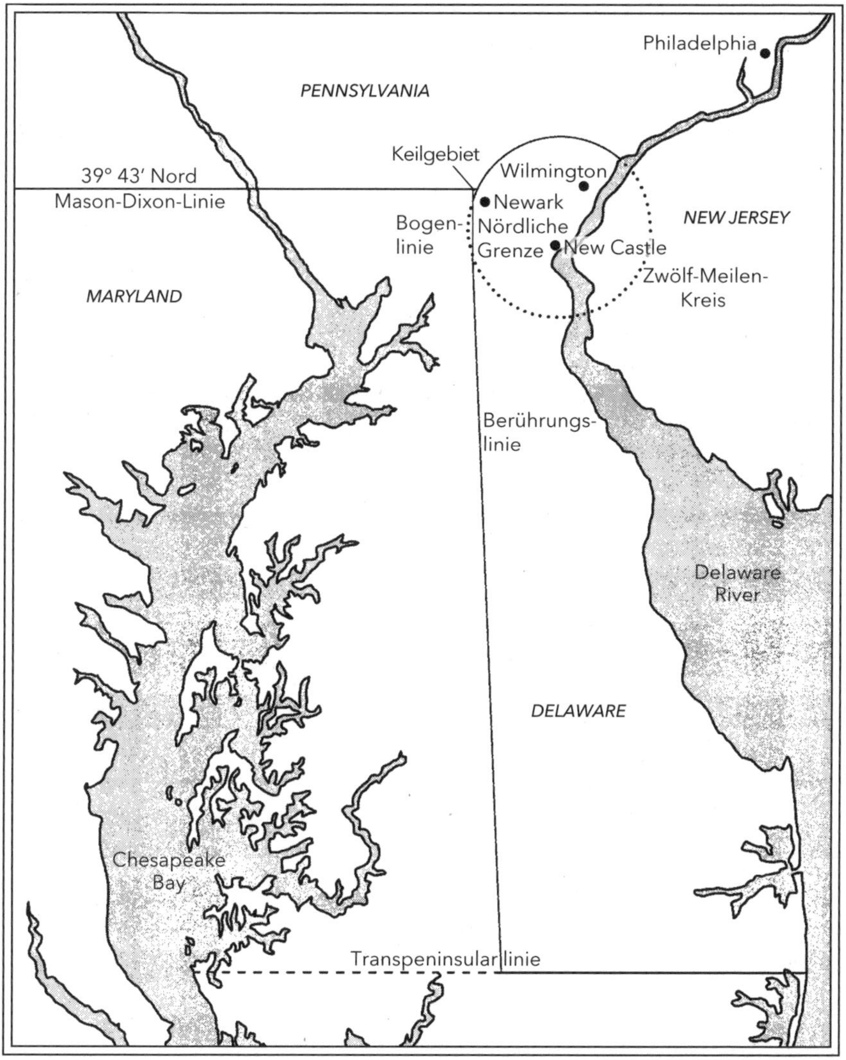

Die verschiedenen geografischen Merkmale, die bei der Festlegung der Staatsgrenzen auf und um die Delmarva-Halbinsel verwendet wurden

die erwähnte Halbinsel zwischen Virginia im Süden und Maryland/Delaware im Norden teilte. Von diesem Punkt aus zog man eine Linie zur westlichen Seite des Zwölf-Meilen-Kreises um New Castle, Delaware (die »Berührungslinie«), und folgte dann einer weiteren Linie nach Norden, bis man auf die Grenze zwischen Maryland und Pennsylvania stieß (die »Nordlinie«).

Alles verstanden? Gut, denn es gibt noch einen weiteren Punkt. Das Abkommen besagte auch, dass alles Land innerhalb des Zwölf-Meilen-Kreises, aber westlich der Nordlinie, ein Teil von Delaware bleiben würde – eine Tatsache, die jetzt in einem fast unmerklichen Knick in den Staatsgrenzen in den westlichen Vororten der Stadt Newark, Delaware, sichtbar ist.[36]

In der Theorie war das alles ganz einfach (kurze Pause für hohles Gelächter). Um das jedoch in tatsächliche Linien auf dem Boden umzusetzen, musste man sich einen Weg durch die Wälder bahnen, recht viele astronomische Beobachtungen durchführen und diese dann mithilfe eines Sternenkatalogs und mathematischer Verfahren in Standortdaten umwandeln. Nach einem gescheiterten Versuch, bei dem anscheinend vor allem ein Teleskop zerstört wurde, erkannte das von Thomas Penn angeheuerte Team vor Ort, dass dies nicht zu leisten war. Penn befürchtete, dass eine schlechte Vermessung zu noch mehr Streitigkeiten führen würde, und fragte den britischen Astronomen, seinerzeit im Dienst der Royal Society, ob er jemanden kenne, der eine bessere Arbeit leisten könnte. Er kannte genau die richtigen Männer.

Charles Mason war ein Astronom aus Gloucestershire, der unlängst noch Assistent am Observatorium von Greenwich gewesen war. Im Jahr 1761 hatte er sich mit einem Landvermesser aus Durham namens Jeremiah Dixon zusammengetan, als sie im Rahmen eines internationalen Projekts zur Sammlung von Daten, die zur Berechnung der Entfernung zwischen Erde und Sonne dienen sollten, nach Sumatra reisen wollten, um den Venustransit zu beobachten. Aufgrund eines französischen Marinean-

36 Tatsächlich gibt es da noch ein weiteres Detail. Etwas, das in der Vereinbarung nicht erwähnt wurde – weil bis zum Abschluss der Vermessung niemand es überhaupt für möglich gehalten hatte –, war die Frage, was geschehen sollte, wenn sich herausstellte, dass es ein Gebiet gab, das östlich der Nordlinie lag (also eindeutig nicht zu Maryland gehörte), aber außerhalb des New-Castle-Kreises (also nicht zu Delaware), und südlich des Maryland–Pennsylvania-Breitengrades (also auch nicht eindeutig Teil von Pennsylvania). Anfangs spielte das keine Rolle, da sowohl Pennsylvania als auch Delaware im Besitz der Familie Penn waren. Doch sobald die beiden zu eigenständigen Staaten wurden, sorgten Streitigkeiten über die Souveränität über dieses sogenannte »Keilgebiet« (engl. *the wedge*) für weitere anderthalb Jahrhunderte an Diskussionen unter den Anwohnern. Erst im Jahr 1921 wurde der Konflikt schließlich zugunsten von Delaware beigelegt.

griffs schafften sie es jedoch nicht dorthin und waren stattdessen gezwungen, ihre Beobachtungen vom Kap der Guten Hoffnung in Südafrika aus durchzuführen. Aber sie hatten eine Partnerschaft, eine Freundschaft und sich einen Ruf als die besten Vermesser des britischen Empire aufgebaut. Nachdem man sich auf ein Honorar geeinigt hatte und die Penns und Calverts sich die Kosten teilten, setzten sie die Segel in Richtung Amerika.

Als sie im November 1763 in den Kolonien ankamen, bestand die erste Aufgabe der Landvermesser darin, den südlichsten Punkt Philadelphias zu finden: die »Nordwand« eines Hauses in der Cedar Street 30.[37] Die folgenden vier Sommer verbrachten sie damit, die verschiedenen Linien der Grenzvermessung zu kartieren; die Winter hingegen, in denen das Wetter sowohl astronomische Beobachtungen als auch Reisen unmöglich machte, nutzten sie für Besichtigungstouren. Während die Vermessung voranschritt, hinterließen sie Grenzsteine, die auf jeweils einer Seite mit »M« und »P« beschriftet waren, um die Grenze zu markieren; alle 5 Meilen setzten sie einen sogenannten »Crownstone«, der die Wappen beider Familien trug.

Im Oktober 1767, etwa 233 Meilen (375 Kilometer) weiter westlich, erklärten die Irokesen, die bei der Erkundung des Gebiets geholfen und als Führer fungiert hatten, dass ihre Aufgabe beendet sei. Weiterzugehen, so sagten sie, würde die Gruppe in Gefahr bringen, auf feindliche Shawnee-Stämme zu stoßen; sie würden nicht weiterziehen. Nachdem sie nach Osten zurückgekehrt und eine Karte von dem angefertigt hatten, was sie entdeckt hatten, hatten auch Mason und Dixon ihre Arbeit abgeschlossen. Ihre vierjährige Arbeit hatte länger gedauert als erwartet und die Calverts und die Penns mehr als 3500 Pfund gekostet – fast 500 000 Pfund in heutigem Geld. Aber schließlich war die Sache geklärt: Endlich waren sich alle einig, wo Pennsylvania endete und Maryland begann.

---

37 Wie die Nordwand eines Hauses in einer Stadt der südlichste Punkt dieser Stadt sein kann, ist nicht ganz klar – laut Thomas Pynchons Roman *Mason & Dixon* aus dem Jahr 1997 liegt es daran, dass die südliche Wand Privateigentum war, aber da es sich a) um einen Roman handelt und b) ein Haufen Zeug über Entführungen durch fremde Wesen darin vorkommt, bin ich mir nicht sicher, ob wir ihm als Quelle vertrauen können. Wie auch immer, es ist zu spät, um das zu überprüfen: Das Haus wurde 1960 abgerissen, um den Highway I-95 zu bauen. Die Straße, in der es stand, heißt heute South Street.

Das ist also die Mason-Dixon-Linie: eine 83 Meilen (134 Kilometer) lange Nord-Süd-Linie, die Maryland von Delaware trennt, sowie eine weitere 233 Meilen (375 Kilometer) lange Ost-West-Linie, die Maryland von Pennsylvania abgrenzt – eine Grenze, die nur etwa ein Drittel des Weges zum Mississippi ausmacht. So gesehen scheint sie nicht allzu sehr von Bedeutung zu sein – und es ist gut möglich, dass die Männer, nach denen sie benannt ist und die sich offenbar weit mehr für ihre Forschungen zur Größe der Erde begeisterten, überrascht wären, dass ihre Namen noch immer damit verbunden sind. Beide kehrten nach England zurück, wo Dixon 1779 starb. Mason erforschte und veröffentlichte einen Katalog mit 387 Sternen und gründete eine Familie, hatte aber anscheinend Mühe, über die Runden zu kommen. 1786 zog er nach Pennsylvania, offenbar in der Hoffnung, dass sein Freund Benjamin Franklin ihm bei der Arbeitssuche helfen würde, starb dort aber bald nach seiner Ankunft. Keiner der beiden konnte ahnen, wofür ihre Linie einmal stehen würde.

Der Grund, warum wir alle von der Mason-Dixon-Linie gehört haben, hat natürlich wenig mit Mason und Dixon oder den Penns oder den Calverts oder gar Pennsylvania oder Maryland zu tun. Im Jahr 1787, dem Jahr nach Masons Tod, trafen sich die Großen und die Guten der nunmehr unabhängigen Vereinigten Staaten in seiner Wahlheimat, um herauszufinden, wie man 13 Kolonien, die sich über ein Jahrhundert lang über Fragen wie diese gestritten hatten, in eine einzige, zusammenhängende Nation verwandeln könnte. Eine der Schwierigkeiten, mit denen sie zu kämpfen hatten, war die Tatsache, dass das neue Land aus zwei zunehmend unterschiedlichen Hälften bestand: einem Süden mit einer auf der Sklaverei basierenden Agrarwirtschaft und einem Norden, der mehr an Industrie und Reformen interessiert war. Der Umgang mit den gegensätzlichen Werten und Interessen dieser beiden Regionen sollte die Politik der USA jahrzehntelang prägen. Und die Unfähigkeit, sie miteinander in Einklang zu bringen, führte schließlich zum Bürgerkrieg.

Im Jahr 1820, während einer der regelmäßigen Krisen, die all dies auslöste, tauchen die ersten Hinweise auf die »Mason-Dixon-Linie« auf. Es ging um die Frage, was mit Missouri geschehen sollte, einem Gebiet, in dem die Sklaverei erlaubt war und das ein neuer Staat werden sollte. Die Teilnehmer an den Kongressdebatten zu diesem Thema verwiesen auf die

Grenze zwischen Maryland, einem der nördlichsten Sklavenstaaten, und Pennsylvania, einem Staat, in dem die Sklaverei verboten war. Es ist nicht ganz zutreffend, dass die ursprüngliche Linie die Grenze zwischen den Staaten darstellte, in denen Sklaverei legal beziehungsweise illegal war: In Delaware und sogar in New Jersey existierte Sklaverei noch für mehrere Jahrzehnte in verschiedenen Formen. Trotzdem wurde der Name mit der gesamten Idee einer Grenze zwischen dem freien Norden und dem sklavenhaltenden Süden verknüpft.

Aus diesen Debatten ging schließlich der »Missouri-Kompromiss« hervor, der das fragile Gleichgewicht aufrechterhielt, indem er gleichzeitig Maine als freien Staat (Sklavenverbot) und Missouri als Sklavenstaat zuließ. Außerdem wurde festgelegt, dass eine neue Linie entlang des Breitengrads 36 Grad 30 Minuten nördlicher Breite die nördliche Grenze der Sklaverei im Westen markieren sollte. Obwohl dies etwas westlicher und viel weiter südlich von den Gebieten lag, in denen Mason und Dixon jemals tätig gewesen waren, wurden die Linien vielleicht einfach verwechselt. Es könnte aber auch eine andere Erklärung für die Verwirrung geben: Der Name »Dixie« für den Süden, der durch ein Lied von 1859 populär wurde, könnte sich auf die Bezeichnung beziehen, die die französischsprachigen Bewohner von New Orleans den 10-Dollar-Noten gaben (»Dix«). Da es sich jedoch auch ähnlich wie »Dixon« anhört, könnte es sein, dass irgendwann jemand annahm, der Name stamme von der Linie und dass diese somit die Grenze zum Norden markiere.

So oder so – und diesem Muster werden wir noch öfter begegnen – wurde die Mason-Dixon-Linie zu einer Art Synekdoche: eine Bezeichnung, die auf eine Grenze oder ein Konzept angewendet wurde, das weit von der Linie entfernt lag, auf die sich der Name ursprünglich bezogen hatte. Die Notwendigkeit der Vermessung durch Mason und Dixon ergab sich auf Umwegen aus den Folgen eines Bürgerkriegs. Vielleicht ist unser Missverständnis ihrer Arbeit und ihrer Linie das Ergebnis eines anderen.

DIE REFORMEN DER LOKALEN VERWALTUNGS-STRUKTUR DURCH KAISER NAPOLEON I.

Ein junger Mann aus Korsika zeichnet die Karte Europas neu

Es gibt viele großartige Geschichten, die man über die Französische Revolution und die darauf folgenden Napoleonischen Kriege erzählen könnte. Da wäre zum Beispiel die Geschichte, wie ein Volksaufstand im Namen von *Liberté, Égalité, Fraternité* in das Gemetzel der Schreckensherrschaft überging; wie Maximilien Robespierre seinen Freunden in den Rücken fiel und sie ausschalten ließ und er wegen seines Handelns und seiner Politik selbst im Stich gelassen wurde, sodass er schließlich auf dem Schafott landete. Ich könnte darüber schreiben, wie all dies Jahrzehnte des Krieges und der Instabilität auslöste, nicht nur in Frankreich, sondern in ganz Europa und schließlich auf der ganzen Welt. Oder ich könnte darüber berichten, wie ein Soldat von einer abgelegenen Insel aus dieses Chaos nutzte, um seine Karriere voranzutreiben und zum Herrscher des größten Imperiums aufzusteigen, das Europa seit Jahrhunderten gesehen hatte. Ich könnte auch untersuchen, welche tiefgreifenden Auswirkungen die Revolution auf das politische Denken hatte, sodass der chinesische Ministerpräsident Zhou Enlai, fast zwei Jahrhunderte später auf die Frage, welche Folgen sie gehabt habe, antwortete: »Es ist zu früh, um das zu sagen.«[38]

Was mich aber wirklich interessiert, ist die Auswirkung der Revolution auf die Landkarte Europas und – genauer gesagt – auf die lokalen Verwaltungsstrukturen in Frankreich. Lassen Sie uns also lieber darüber sprechen.

Der Gedanke, das *Ancien Régime* zu stürzen – der Sammelbegriff für die politische und soziale Ordnung, die in Frankreich jahrhundertelang gegolten hatte, und für die Monarchie, die das Land noch viel länger regiert hatte –, war so radikal, dass die Revolution die Möglichkeit eröffnete, alles neu zu überdenken. Einige der neuen Ideen, die in dieser Zeit entstanden, setzten sich durch (z. B. das metrische System, ein neues, sinnvolleres System von Maßen und Gewichten, das Sie höchstwahrscheinlich tagtäglich verwenden, wurde erstmals 1790 in der französischen Nationalversammlung vorgeschlagen). Andere Ideen blieben leider nur theoretischer Natur. So wurden beispielsweise Vorschläge für einen neuen, rationaleren Kalender, in dem die Monate nach Naturphänomenen wie dem Wetter benannt und das Jahr 1792/93 in »Jahr I« umbenannt wurde, am 1. Januar 1806 wieder aufgegeben.

Eine Reform, die gewissermaßen in der Mitte lag, betraf die Grenzen Frankreichs, sowohl die inneren als auch die äußeren. Vor der Revolution bestand das Königreich Frankreich aus rund 34 historisch gewachsenen Provinzen. Da ihre Aneignung jedoch zu unterschiedlichen Zeiten und auf unterschiedliche Weise geschah, waren nicht alle Provinzen gleich. Einige von ihnen, zum Beispiel Aunis, ein kleiner Fleck an der Atlantikküste um La Rochelle, waren so klein, dass sie neben einer englischen Grafschaft durchschnittlicher Größe etwas unscheinbar wirken würden. Andere (Guyenne und Gascogne, Languedoc, Bretagne) hingegen waren so groß, dass ihre Größe mit einem Vielfachen von Wales angegeben werden kann.

38 Wahrscheinlich aber nicht. Ein Dolmetscher, der 1972 bei dieser Veranstaltung anwesend war, stellte später klar, dass Zhou die Frage so verstanden hatte, dass sie sich auf die damalige Studentenprotestbewegung von 1968 bezog und nicht auf die Jahre, die auf 1789 folgten; dies war weniger eine Bemerkung über Chinas langfristigen Blick auf die Geschichte als über Frankreichs Neigung zu Revolutionen. Aber das wäre kein so brauchbares Zitat, um den Absatz zu beenden, nicht wahr?

Dort herrschten oftmals auch unterschiedliche Rechts- und Steuersysteme. All dies stand einer sinnvollen Verwaltung im Weg.

Im September 1789, die Revolution war gerade vier Monate alt, schlug Emmanuel-Joseph Sieyès – ein junger Geistlicher und politischer Autor, der das Wort »Soziologie« prägte und in die Geschichte als Abbé Sieyès eingegangen ist – der Nationalversammlung vor, dass dies eventuell ein guter Zeitpunkt wäre, um das Chaos zu beseitigen. Der erste und dümmste Vorschlag bestand darin, einen Vorschlag des Kartografen Mathias Robert de Hesseln aus dem Jahr 1786 aufzugreifen, der das Land in eine Art Schachbrett mit 81 Quadraten von 18 Wegstunden (ca. 70 km) auf jeder Seite einteilte. So hätte ein jeder von jedem Ort des Landes aus in nur einem Tagesritt in die jeweilige Provinzhauptstadt gelangen können, vorausgesetzt, Flüsse oder Berge versperrten einem nicht den Weg. Das Problem war allerdings, das das recht häufig der Fall war. Während Sieyès' Vorschlag für neue, geradlinige Grenzen auf der Karte absolut sinnvoll erschien, erwiesen sich die Grenzen, die natürliche Landschaften und sogar Häuser durchschnitten, vor Ort als völlig *irrational*. Es ist daher nicht weiter verwunderlich, dass der Plan nie umgesetzt wurde.

Nach mehrmonatigen Beratungen schlug der mit der Neuordnung der französischen Landkarte beauftragte Ausschuss eine Alternative vor. Die ungefähre Größe und Anzahl der neuen Bereiche bleibt bestehen: Es gibt nun 83 statt 81, aber das Ziel ist immer noch, dass alle innerhalb eines Tagesritts von ihrem lokalen Zentrum entfernt sind. Auch Sieyès' Pläne, die durch Klassenzugehörigkeit geprägten Namen der Provinzen abzuschaffen und sie durch Namen von Flüssen, Bergen oder anderen natürlichen Gegebenheiten zu ersetzen, setzten sich durch. Die einzige Änderung bestand darin, dass die Grenzen der Landschaft folgen sollten – oder, auch wenn niemand darauf aufmerksam machen wollte, den alten Grenzen der Provinzen.

Die Funktionsweise dieser neuen Départements sollte sich im Lauf der Jahre stark verändern: Sie wurden in Kommunen unterteilt und zu Regionen zusammengelegt; ihre ursprünglich demokratisch gewählten Räte wurden unter Napoleon durch Präfekten ersetzt, die von der Zentralregierung ernannt wurden. Aber im Großen und Ganzen sind die in den Monaten nach der Revolution geschaffenen Gliederungen Frankreichs erhalten geblieben: Etwa 79 der heute bestehenden 96 Départements gibt es bereits seit 1790.

Ein Grund für die Zunahme der Zahl der Départements ist, dass einige von ihnen aufgeteilt wurden: So wurden das Département de la Seine, das eine Art Groß-Paris darstellte, sowie das Département Seine-et-Oise, das das noch größere Groß-Paris umfasste, 1968 in acht Départements unterteilt. Ein weiterer Grund für den Anstieg ist, dass Frankreich gewachsen ist.

Und hier kommt der andere Teil unserer Geschichte ins Spiel.

Es gab viele Gründe, warum die Französische Revolution zum Krieg führte: Einige Mächte wollten dem *Ancien Régime* Unterstützung bieten, andere wollten verhindern, dass sich bösartige Ideen wie »Freiheit« und »Gleichheit« ausbreiten, und wieder andere wollten die vermeintliche Schwäche Frankreichs ausnutzen. Wie dem auch sei, Frankreich führte ab 1792 eine Reihe von Kriegen mit praktisch allen Mächten – nicht umsonst werden die Konflikte dieser Zeit als 1., 2., 3., 4., 5., 6. *und* 7. Koalitionskrieg bezeichnet, nach den wechselnden Bündnissen europäischer Mächte, die sich gegen Frankreich stellten. Obwohl »im Grunde genommen jeder« auf den ersten Blick wie ein äußerst starker Gegner wirkte, entwickelte sich die Situation für Frankreich überraschend günstig. Das Land, das bereits das größte in Europa war, begann in den folgenden Jahren, Teile seiner Nachbarstaaten zu annektieren – hier die österreichischen Niederlande, dort das linke Rheinufer.

Dann, im Jahr 1799, zettelte unser alter Freund Abbé Sieyès einen Staatsstreich an und setzte einen erfolgreichen korsischen General als ersten Konsul der Französischen Republik ein. Damit, so glaubte er, werde er seine radikaleren Gegner ausmanövrieren und das Heft in der Hand haben. Napoleon Bonaparte war jedoch nicht begeistert von diesem Vorschlag und beschloss, lieber der mächtigste Mann Europas zu sein. Und das war der Zeitpunkt, an dem sich die Landkarte wirklich zu verändern begann.

Nachdem Napoleon sich 1804 selbst zum Kaiser gekrönt hatte, machte er sich umgehend daran, durch Europa zu marschieren, Grenzen neu zu ziehen, amtierende Herrscher zu vertreiben und Regime einzusetzen, die ihm wohlgesinnt waren. Er verwandelte das Chaos in den westlichen deutschen Ländern in den Rheinbund, ernannte seinen Bruder zum König von Spanien und so weiter. Vieles davon geschah in der ausdrücklichen

Napoleons Reich in seiner größten Ausdehnung, um 1812, unterlegt mit den heutigen Grenzen. Die dunkler Linie zeigt die Grenzen des erweiterten Frankreichs, die hellere die der Vasallenstaaten. Auch das Kaisertum Österreich war zeitweise ein Verbündeter

Absicht, die Briten, die hartnäckig auf der Beibehaltung ihrer Seeherrschaft beharrten, politisch und wirtschaftlich zu isolieren. Nebenbei annektierte Frankreich auch noch eine ganze Reihe von Gebieten.

Bis 1811 gab es nicht mehr nur 83 Départements. Es waren etwa 130.[39]

---

39 Ich bleibe bei der Zahl etwas vage, weil das Erste Französische Kaiserreich gewissermaßen so dynamisch war – eine nette Umschreibung dafür, dass immer wieder Teile herausfielen, während andere Teile hinzukamen –, dass sich die Gewissheit darüber, welche Provinzen gleichzeitig zum Kaiserreich gehörten und wie viele Départements sie bildeten, als erstaunlich schwierig erweist.

Einige der neu hinzugekommenen Gebiete, vor allem im Südosten – Savoyen und Nizza – waren Orte, die Teil des heutigen Frankreichs sind und bei denen es fast seltsam anmutet, dass sie jemals etwas anderes waren. Das sind jedoch die Ausnahmen, und die meisten dieser zusätzlichen Départements erstreckten sich über Teile Europas, die zum Zeitpunkt der Niederschrift dieses Buches gewiss nicht französisch sind. Napoleons Reich umfasste die gesamten Beneluxländer, von den Forêts (ein Département mit Luxemburg als Mittelpunkt) im Süden bis zum Département der Elbmündung (Hamburg) im Norden.

Eine weitere Reihe von Départements erstreckte sich entlang der Westküste Italiens bis nach Rom (im sehr einfallsreich benannten Département Rom). Dann gab es vier Départements, die kurzzeitig Katalonien umfassten (Barcelona gehörte zum Département Montserrat), und weitere sieben in den 1809 von Österreich eroberten und bis 1814 gehaltenen »Illyrischen Provinzen«, die große Teile des heutigen Sloweniens und Kroatiens umfassten. Es handelte sich dabei nicht um bloße Satellitenstaaten wie das Königreich Italien, das den Rest des nördlichen Teils dieses Landes ausmachte, oder das Herzogtum Warschau, sondern sie sollten ebenso zu Frankreich gehören wie die Bretagne oder das Languedoc.

Aus heutiger Sicht, zwei Jahrhunderte später, wirkt das sowohl beunruhigend als auch etwas absurd: *Natürlich* gehören die Niederlande und Norditalien nicht zu Frankreich, und es erscheint lächerlich, sich vorzustellen, sie hätten es dauerhaft bleiben können.

Ich bin mir da nicht so sicher. Dies war eine Zeit, bevor es Nationalstaaten gab, eine Ära, in der sowohl die Landkarte Europas als auch die darin enthaltenen nationalen Identitäten im Wandel begriffen waren. Eric Hobsbawm fand heraus, dass am Vorabend der Revolution im Jahr 1789 nur etwa die Hälfte der französischen Bevölkerung Französisch sprach und davon vielleicht ein Viertel gut. Als Korsika 1769 Teil Frankreichs wurde, gehörte es zuvor fast fünf Jahrhunderte lang zur Republik Genua; Napoleon Bonaparte, der im selben Jahr dort geboren wurde, sprach wahrscheinlich sowohl Korsisch als auch Italienisch, bevor er Französisch sprechen konnte. Er lernte die Sprache von Paris aus demselben Grund wie viele andere auch: weil man so im Leben vorankam.

Außerdem hatten die Grenzen Frankreichs noch Jahrzehnte der Veränderung vor sich. Elsass-Lothringen sollte zweimal an Deutschland verloren gehen und wieder zurückgewonnen werden; der führende italienische Staat Piemont-Sardinien sollte Savoyen und Nizza im Gegenzug für die französische Unterstützung bei der Wiedervereinigung bereitwillig abtreten. Es gibt keinen offensichtlichen Grund, warum zum Beispiel die belgische Region Wallonien, die einst ihre eigene Sprache hatte, aber zunehmend französisch sprach, nicht auch ein Teil Frankreichs hätte werden können: Sie war es schon vorher gewesen. Das Gleiche gilt für einen Teil der niederländischsprachigen Gebiete im Norden des Landes. Und fast das gesamte zusätzliche Territorium, das von Napoleons Imperium verschlungen wurde, mit ein paar entfernten Ausnahmen, war einst Teil des lotharingischen Drittels von Francia, was ein Grund dafür ist, dass die Franzosen es für richtig und angemessen hielten, diese Gebiete ursprünglich zu echten Teilen Frankreichs zu machen. Wären sie politisch französisch geblieben, hätte vielleicht der Nationalismus gesiegt und sie wären wieder abgespalten worden. Oder vielleicht hätten ihre Bewohner die Sprache gelernt und französische Bräuche angenommen, um ihre Karriere voranzutreiben, so wie einst jener korsische Schuljunge.

Oder vielleicht auch nicht. Unter Umständen waren andere nationale Identitäten in einigen der eroberten Gebiete bereits zu fest etabliert; vielleicht wäre ein größeres Frankreich nicht in der Lage gewesen, sich dem Aufbau einer Nation hinzugeben, der für die Schaffung des Landes, wie wir es heute kennen, erforderlich war. Vielleicht hätte die britische Industrie, selbst wenn diese sieben Koalitionen alle gescheitert wären, irgendwie das Geld aufgebracht, um eine 8., 9. oder 10. Koalition zu finanzieren, die erfolgreich gewesen wäre.

Jedenfalls war dies alles nicht notwendig. Napoleon wurde von der 6. Koalition 1814 besiegt und nach Elba verbannt. Als er flüchten konnte und zurückkehrte, stellten die Alliierten eine 7. Koalition zusammen und besiegten ihn erneut, diesmal in der Schlacht von Waterloo, und zwar endgültig. Die Europakarte, die aus der Friedenskonferenz des Wiener Kongresses hervorging, drängte Frankreich in seine Grenzen zurück, wie sie vor der Revolution bestanden. Um es dort zu halten, schufen die Großmächte – Russland, Preußen, Österreich und Großbritannien – eine größere Niederlande, die gerade einmal 15 Jahre Bestand hatte, bevor die Belgier ihre eigene Revolution durchführten und sich abspalteten. Außerdem überließen sie Preußen eine Menge kohlereicher Gebiete am Rhein und setzten damit eine Kette von Ereignissen in Gang, die dazu führten, dass die Militärmacht, die ein Jahrhundert später die Landkarte neu ordnen würde, nicht Frankreich, sondern Deutschland sein würde.

Gleichwohl – und bitte verzeihen Sie mir meinen fehlenden britischen Patriotismus – kann ich nicht umhin, mich über dieses andere Universum Gedanken zu machen, in dem Napoleon schließlich doch nicht besiegt wurde; in dem seine Versuche, die europäische Landkarte zu rationalisieren und ein Puzzle aus Kleinststaaten und Herzogtümern durch moderne Staaten mit sinnvollen Größen zu ersetzen, überlebten. Wie groß ist das heutige Frankreich in dieser Welt, frage ich mich? Und hat es immer noch ein Département namens Rom?

DIE AMERIKANISCHE INVASION IN MEXIKO

Die imperialen Ambitionen von Präsident James K. Polk

Zunächst einmal ist Trumps Mauer keine Mauer. Sie ist eher als »Zaun« zu bezeichnen.

Ein Großteil der Diskussion über die Pläne für eine physische Barriere entlang der Grenze zwischen den USA und Mexiko, die Donald Trump Anfang 2015 bei Wahlkampfveranstaltungen unter begeisterten Rufen (»Build the wall!«) ins Gespräch brachte, konzentrierte sich auf seine völlig frei erfundene Behauptung, Mexiko werde dafür bezahlen. Ferner ging es darum, ob es reine Geldverschwendung sei, sowie um die Frage, ob es für die größte Supermacht der Welt grundsätzlich unverschämt sei, eine haptische Grenze zwischen sich und ihrem ärmeren südlichen Nachbarn zu errichten und diese dann auch noch mit bedrohlichen Stacheln, die in Richtung Süden weisen, zu versehen. Relativ wenig von dieser Diskussion hat sich auf die Tatsache konzentriert, dass diese Mauer größtenteils nie gebaut wurde – oder dass es erstaunlicherweise sehr einfach ist, sie an den Stellen zu durchbrechen, an denen sie gebaut wurde.

Aber genau das ist der Fall. Die Grenze zwischen den USA und Mexiko ist etwa 3200 Kilometer lang, von denen etwa die Hälfte aus der natürlichen Grenze des Rio Grande besteht. Von den restlichen Kilometern sind circa 720 Kilometer von angsteinflößenden, 10 Meter hohen Metallzäunen gesäumt; weniger als 50 dieser Kilometer befinden sich in Gebieten, die zuvor nicht eingezäunt waren. Dadurch bleiben überraschend viele Kilometer ohne Zaun, auch wenn viele davon ohnehin nicht besonders gut passierbar sind.

Hinzu kommt, dass Trump die Grenze zwar als »praktisch undurchdringlich« bezeichnete, aber stillschweigend hinzufügte: »Vorausgesetzt man hat nicht die Art von Elektrowerkzeugen, die man in jedem Baumarkt kaufen kann.« Genau solche Werkzeuge, so stellt sich heraus, haben Menschen, die anderen beim Übertreten von Grenzen helfen, ziemlich häufig zur Hand. Es geht aber noch ironischer: Diejenigen, die die Mauer bauten, schmuggelten mitunter selbst bewaffnete mexikanische Sicherheitskräfte über die Grenze, um ihre Arbeit zu schützen – und legten dafür sogar illegale Schotterstraßen an, was wiederum anderen Schmugglern das Leben erleichterte. Alles lief wahnsinnig gut.

Es gibt jedoch noch einen weiteren Aspekt, der in der Debatte um die Mauer meist unter den Tisch fällt: Diejenigen, denen es gelang, die Grenze zu überqueren, befanden sich auf einem Gebiet, das einst mexikanisch war. Es hörte erst auf, dies zu sein, nachdem die USA es in einem Krieg gewonnen hatten, der – es ist nicht leicht, das zu sagen – verdächtig nach imperialer Expansion klingt.

Ein Großteil des Westens der Vereinigten Staaten war einst Teil von »Neuspanien«, einem riesigen Gebiet, das in seiner Blütezeit ganz Mexiko, Mittelamerika, große Teile Nordamerikas, einige Gebiete im Norden Südamerikas und, was besonders ärgerlich ist, die Philippinen umfasste, die 13 000 Kilometer über den Pazifik hinweg entfernt liegen.[40] Doch im frühen 19. Jahrhundert dehnten sich die gerade unabhängig gewordenen USA nach Westen in das Gebiet aus, das zuvor französisches Territorium gewesen war. Dies geschah im Rahmen eines Geschäfts, das hauptsächlich deshalb zustande kam, weil Napoleon Geld benötigte (der sogenannte »Louisiana Purchase«, der »Kauf von Louisiana«). Plötzlich sahen sich die Spanier mit einem neuen expansiven Nachbarn im Osten und einer Grenze konfrontiert, die noch niemand genau festlegen konnte.

---

40 Wenn man weit genug zurückgeht, war der Westen der Vereinigten Staaten natürlich das Gebiet der amerikanischen Ureinwohner, aber Sie werden erstaunt sein, wie selten diese Leute in unserer Geschichte insgesamt vorkommen.

Diese Grenze wurde schließlich im Adams-Onís-Vertrag von 1819 definiert: Die Amerikaner erhielten Florida und verzichteten im Gegenzug auf ihre Ansprüche auf Texas – auch wenn das bedeutete, dass die Spanier bedenklich nah am wichtigen Mississippi-Hafen von New Orleans verblieben. Der Vertrag trat zwei Jahre später in Kraft, aber zu Adams' und Onis' vermutlich leichtem Verdruss hielt er nur ganze 183 Tage. Bis 1821 hatten die Mexikaner elf Jahre lang versucht, in die Fußstapfen ihrer nördlichen Nachbarn zu treten, indem sie einen Krieg führten, um ihre europäischen, sich imperial aufführenden Kolonialherren loszuwerden. Am 24. August erkannten spanische Militärbeamte vor Ort schließlich, dass die mexikanische Unabhängigkeit nicht zu den Dingen gehörte, die sie rückgängig machen konnten. Das war es dann auch schon mit der spanischen Macht in Nordamerika. Und so wusste in den nächsten Jahren niemand mehr, wo die Grenze verlief.

Im Jahr 1828 unterzeichnete die frisch gegründete mexikanische Republik den umständlich betitelten Vertrag über die Grenzziehung (»Treaty of Limits«) mit den Vereinigten Staaten. Darin wurde festgehalten, dass die Grenze – nun ja – genau dort verlief, wo sie im vorherigen Vertrag bereits festgelegt worden war. Das gesamte Gebiet des heutigen Kalifornien, Nevada, Utah, Arizona, New Mexico und Texas sowie Teile von Wyoming, Colorado und Oklahoma wurde darin als mexikanisches Territorium auf Dauer bestätigt.

Sie können sich denken, worauf ich hinaus will, oder?

Das Problem war, dass die USA im 19. Jahrhundert diese kuriose Idee des »Manifest Destiny« hatten – als hätten sie ein gottgegebenes Recht, sich über den gesamten Kontinent auszudehnen. Die nördliche Hälfte Mexikos stand ihnen dabei im Weg.

Das drängendste Problem war Texas. Als der »Treaty of Limits« 1832 in Kraft trat, waren bereits seit etwa einem Jahrzehnt Amerikaner nordeuropäischer Herkunft in großer Zahl in das Gebiet eingewandert. Das war der Depression geschuldet, die auf eine Finanzkrise folgte, bekannt als die Panik von 1819. Viele von ihnen wurden durch Mexikos Landpolitik angezogen; viele brachten auch eine sehr enthusiastische Haltung gegenüber der Institution der Sklaverei mit.

Dies war ein Problem für die jüngere der beiden Republiken, die die eigenwillige Vorstellung hatte, dass Sklaverei in Knechtschaft eine üble Sache war. 1829 schaffte sie diese ab und versuchte anschließend, weitere amerikanische Siedlungen zu verbieten, nur um auf der sicheren Seite zu sein.

Die neu angekommenen Bewohner von Texas waren darüber alles andere als erfreut und entwickelten daher ein System langfristiger Dienstverträge, deren Inhalte der tatsächlichen Sklaverei verdächtig ähnlich waren. Während die zunehmend in Panik geratenden mexikanischen Behörden in den nächsten Jahren die militärische Präsenz in der Region verstärkten, hielten die Texaner einige Versammlungen ab, zettelten sodann eine Revolution an, erklärten sich anschließend zur unabhängigen Republik und etablierten ein eigenes Parlament. Auch das mag alles verdächtig vertraut klingen.

Die Mexikaner waren von all dem nicht begeistert. Noch verstimmter wurden sie, als die USA die Unabhängigkeit der neuen Republik anerkannten, die ihrer Meinung nach immer noch ein integraler Bestandteil Mexikos war. Und sie waren total wütend, als nach den US-Präsidentschaftswahlen von 1844, bei denen die Schlüsselfrage lautete: »Also, sollen wir uns Texas nun einverleiben, oder was?«, der neue Präsident James Polk, der für die Aneignung war, Texas annektierte. Beide Seiten entsandten Truppen an die umkämpfte Grenze, die USA größtenteils, weil ihr Präsident durchaus Gefallen an einem Krieg fand, aber die Erlaubnis des Kongresses benötigte, um einen zu führen. Im folgenden Jahr, nach einem Angriff mexikanischer Truppen, ging sein Wunsch in Erfüllung.

Im 21. Jahrhundert würden wir erwarten, dass jeder Konflikt zwischen den USA und Mexiko eine recht einseitige Angelegenheit ist, aber in den 1840er-Jahren war noch nicht klar, welches der beiden Länder auf dem Weg zur Supermacht war. Beide waren ehemalige europäische Kolonien, die sich von ihren Kolonialherren losgesagt hatten. Die USA waren größer und reicher, aber nicht unverschämt reich, und dies war der erste Krieg, den sie führten, in dem der Gegner weder die Briten noch die Stämme der amerikanischen Ureinwohner noch Piraten waren. Im Gegensatz zu Mexiko war das Land auch in der Texas-Frage tief gespalten: Nicht jeder wollte einen weiteren Sklavenstaat in die Nation aufnehmen – ein Thema, das sich innerhalb von 15 Jahren als ziemlich brisant erweisen sollte –, und Präsidenten wie Andrew Jackson, der nicht gerade für seine sanfte Art bekannt war, was die ganze »Trail of Tears«-Sache[41] anging, hatten sich den Forderungen nach einer Annexion widersetzt, aus Angst, die USA könnten den Krieg verlieren, der sich daraus unweigerlich ergeben würde.

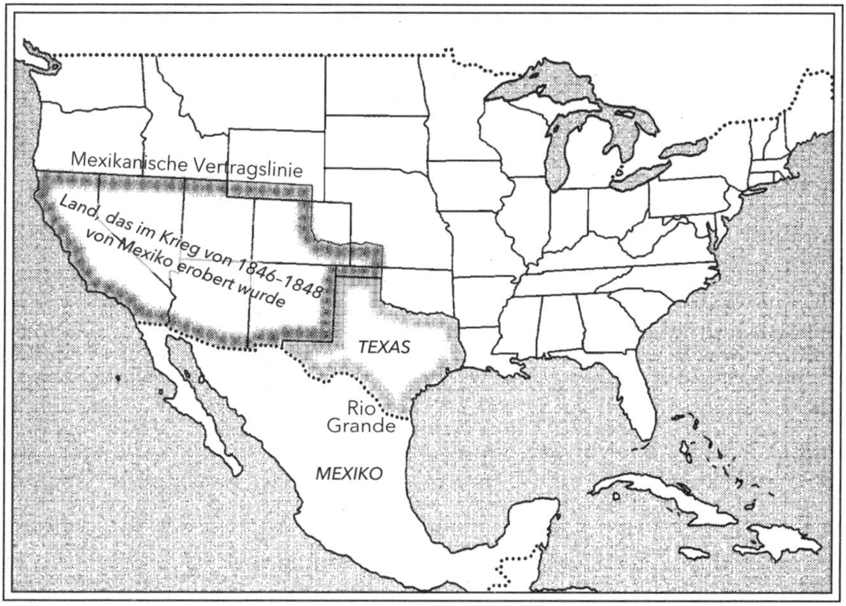

Territoriale Veränderungen im US-mexikanischen Krieg von 1846–1848, projiziert auf einer Karte der heutigen Vereinigten Staaten. Im Verlauf des Krieges eroberten die USA Gebiete, aus denen fast sechs weitere Bundesstaaten entstehen sollten

Sobald die Kämpfe jedoch begonnen hatten, zeigte sich die US-Führung größtenteils geschlossen, während die Mexikaner – so sehr sie sich auch einig waren, die Amerikaner besiegen zu wollen – in fast allen anderen Fragen zutiefst zerstritten waren. Während der 21 Kriegsmonate durchlief Mexiko – je nach Zählweise – zwischen vier und elf Präsidentschaften – was bekanntlich immer ein Zeichen für ein stabiles, funktionierendes Land ist.

---

41 Ein Akt der offiziellen ethnischen Säuberung, bei dem 60 000 amerikanische Ureinwohner aus dem Südosten der Vereinigten Staaten gezwungen wurden, in Reservate westlich des Mississippi umzusiedeln. Etwa ein Viertel von ihnen starb auf dem Weg dorthin.

Als der Krieg im Februar 1848 endete, lagen die Verluste auf mexikanischer Seite fünfmal höher als auf der US-amerikanischen Seite, und das Land war bereit, weite Gebiete abzutreten, was später unter dem etwas mildernden Begriff »Mexikanische Abtretung« in die Geschichte einging.

Und so leben heute etwa 60 Millionen Amerikaner auf Land, das Mexiko mit militärischer Gewalt abgenommen wurde.[42] Und während früher Amerikaner die Grenze überquerten, um wirtschaftliche Chancen zu suchen, baut die USA heute eine Mauer, um Mexikaner daran zu hindern, dasselbe zu tun. Funktioniert hat es nicht. Aber trotzdem.

---

42 Ein schöner Fun Fact! In den frühen 1930er-Jahren versuchte die Regierung von Präsident Herbert Hoover, die Mexikaner für die Große Depression verantwortlich zu machen, und deportierte zwischen 335 000 und 2 Millionen von ihnen nach Mexiko. Mindestens die Hälfte von ihnen waren US-Bürger. Dies entspricht höchstwahrscheinlich auch der Definition einer ethnischen Säuberung!

DAS SCHLESWIG-HOLSTEIN-GESCHÄFT

Angst und Schrecken an der dänisch-deutschen Grenze

»Nur drei Menschen haben das Schleswig-Holstein-Geschäft jemals wirklich verstanden«, soll der britische Premierminister Lord Palmerston angeblich gesagt haben. »Der Prinzgemahl, der tot ist; ein deutscher Professor, der verrückt geworden ist; und ich, der alles darüber vergessen hat.«

Manchmal frage ich mich, ob der alte Palmy hier nicht etwas Selbstverherrlichung an den Tag gelegt hat. Die Schleswig-Holstein-Frage ist kompliziert und vertrackt – es geht dabei um Feudalismus, Nationalismus, Liberalismus, eine gespaltene Bevölkerung und das Salische Gesetz –, aber unverständlich ist sie deshalb noch lange nicht. Indem er sie zum Inbegriff der Unverständlichkeit machte, ließ der Mann, der die britische Außenpolitik auf dem Höhepunkt des Empire prägte, sein Spezialgebiet »besonders kompliziert« erscheinen – und sich selbst entsprechend »brillant«.

Schleswig und Holstein sind zwei Gebiete, die zusammen den südlichen Teil der Halbinsel Jütland bilden: Stellt man sich die Halbinsel als Daumen vor, dann bilden Schleswig und Holstein das untere Gelenk. Die gleichnamige Frage, die jahrzehntelang die nordeuropäische Politik prägte, war, ob sie dänisch oder deutsch sein sollten.

Zu verschiedenen Zeiten waren sie beides. Schleswig war während der Wikingerzeit ein Teil Dänemarks gewesen, aber das waren damals viele Orte. Im späteren Mittelalter war es ein Herzogtum geworden, das dem

Staat zwar angegliedert, aber ärgerlicherweise unabhängig von ihm war. Die Grafschaft Holstein hingegen war ein Lehen des Heiligen Römischen Reiches und gehörte überhaupt nicht zu Dänemark.

Erschwerend kam hinzu, dass beide Gebiete nach einigen feudalen Machtkämpfen irgendwann in die Hände derselben Dynastie gelangten, die jedoch ein paar Generationen später ausstarb. So kamen beide Gebiete 1460 in den Besitz von König Christian I. von Dänemark. Dies war jedoch nur eine Personalunion, keine Vereinigung – eine Situation, die man mit »verschiedene Gebiete, derselbe König« beschreiben könnte –, und es gab eine Reihe von Problemen, die Dänemark daran hinderten, seine südlichen Nachbarn kurzerhand einzuverleiben.

Zum einen war Holstein noch ein Lehen des Heiligen Römischen Reiches. Und auch wenn dieses ehrwürdige Gebilde in den folgenden Jahrhunderten seine Herrschaft zunehmend mit einer Art matschiger Pappfaust ausübte, war es im Jahr 1460 dennoch keine Macht, mit der man sich unbedingt anlegen wollte. Ein weiterer Grund war, dass alle in Holstein und einige in Schleswig eher Deutsch als Dänisch sprachen, obwohl dies im 15. Jahrhundert viel weniger ein Problem darstellte, als es später den Anschein haben sollte. Der größte Faktor, der die Situation langfristig verkomplizierte, war jedoch der Vertrag von Ripen, den Christian bei seinem Amtsantritt unterzeichnete. Der Vertrag besagte, dass er sowohl als Herzog von Schleswig als auch als Graf von Holstein regieren würde. Um die politischen und finanziellen Interessen des verflochtenen Adels der Regionen zu schützen, wurde jedoch versprochen, dass die beiden Gebiete *Up Ewig Ungedeelt* – »Für immer ungeteilt« – bleiben würden. Bezeichnenderweise wurde dieses Versprechen auf Deutsch gemacht.

Diese Situation – Holstein war im Grunde deutsch, Schleswig halbherzig dänisch und beide trotz dieser Divergenz ein unteilbarer Besitz des dänischen Königs[43] – währte erstaunlich lange. Im Europa der frühen Neu-

43 Die ganze Sache erinnerte mich übrigens an die mathematische Unmöglichkeit der britischen Binnenmarktpolitik um 2018, in der es keine Grenzen zwischen Großbritannien und Nordirland und keine Grenze zwischen Nordirland und der Republik Irland geben konnte. Es *musste* jedoch unbedingt eine Grenze zwischen dem Vereinigten Königreich und der EU geben, was eine Grenze zwischen dem Vereinigten Königreich und der Republik Irland bedeutete. Bei dieser Gelegenheit war Lord Palmerston leider nicht zugegen.

Schleswig-Holstein, auf der Halbinsel Jütland

zeit erwartete niemand, dass Herrscher, nationale Identität und Grenzen so zusammenpassten, dass das Ganze Sinn ergeben würde. Doch dann, im 19. Jahrhundert, geschahen zwei Dinge. Das erste war, dass Napoleon ein paar Jahrzehnte harter Arbeit damit verbrachte, den Ort zu stürmen und die Landkarte neu zu zeichnen, sodass das Heilige Römische Reich schließlich durch ein eher sinnvolles Gebilde namens Deutscher Bund ersetzt wurde. Das andere war, dass einige Jahrzehnte später plötzlich der Nationalismus in aller Munde war: Die Menschen wollten in Gemeinwesen mit Menschen derselben Sprache oder Ethnizität leben.

Und so geriet das Gleichgewicht ins Wanken. Die deutsche Mehrheit in Schleswig-Holstein wünscht sich, dass beide Landesteile gemeinsam Teil des Deutschen Bundes blieben; die Dänen hingegen – sowohl in Schleswig als auch im eigentlichen Dänemark – wollten die Trennung, auch wenn das bedeutete, eine beträchtliche Minderheit mürrischer Deutscher mit in Kauf nehmen zu müssen. In den 1840er-Jahren begann die Nationalliberale Partei Dänemarks mit einem neuen Slogan zu werben – eine Anspielung auf den Fluss, der traditionell die Grenze zwischen den beiden Gebieten markierte: »Dänemark bis zur Eider!«

Die Lage spitzte sich, wie so viele andere Angelegenheiten auch, im Jahr 1848 zu, als ein Aufstand der deutschen Mehrheit zu einer preußischen Invasion führte, die wiederum einen dreijährigen Krieg auslöste.[44] Dänemark ging als Sieger hervor, doch auf Druck der Großmächte legte der daraus resultierende Vertrag – das Londoner Protokoll von 1852 – fest, dass beide umstrittenen Gebiete zwar dänisch sein sollten, Dänemark jedoch niemals versuchen dürfe, Schleswig enger an sich zu binden als Holstein.

»Niemals« bedeutete in diesem Fall »nicht in den nächsten elf Jahren«.

Im Jahr 1863 starb Friedrich VII., der letzte männliche Nachfahre des Hauses Oldenburg – jener Dynastie, die seit Christian I. vier Jahrhunderte zuvor über Dänemark geherrscht hatte –, und eine lange absehbare Thronfolgekrise trat ein. Dänemark und Schleswig folgten jeweils einem komplizierten Regelwerk aus dem 17. Jahrhundert, das festlegte, dass im Falle des Aussterbens der männlichen Linie die Krone auf die nächstgelegene *weibliche* Erbin und anschließend auf deren männliche Nachkommen übergehen sollte. Das bedeutete, dass die Krone an den zweiten Cousin des verstorbenen Königs überging, der als Christian IX. der erste König aus dem Haus Glücksburg wurde.

Das einzige kleine Problem dabei war, dass Holstein eine wesentlich einfachere Auslegung des salischen Gesetzes verfolgte, die sich im Wesentlichen zusammenfassen lässt mit: »Mädchen sind nicht erlaubt.« Gemäß

44 Dieser Konflikt ist übrigens als »Erster Schleswigscher Krieg« in die Geschichte eingegangen. Ein gutes Zeichen!

diesen Regeln hatte Christian keinen Anspruch. Ein Thronanwärter, ein weiterer Friedrich, beanspruchte Holstein für sich und dann auch Schleswig mit der Begründung, dass Verträge bis hin zum Vertrag von Ripen besagten, dass die beiden Gebiete ein einziges seien. Und so änderte die Regierung in Kopenhagen, etwas in Panik, die Verfassung, um Schleswig zu einem integralen Bestandteil Dänemarks zu machen.

Dies war, wie Sie sich vielleicht erinnern, ein Verstoß gegen die erst elf Jahre zuvor vereinbarten Londoner Protokolle und lieferte Preußen einen willkommenen Vorwand für eine Invasion. Wieder einmal.

Der Zweite Schleswigsche Krieg nahm für die Dänen einen weniger guten Verlauf. Mit österreichischer Hilfe brauchten die Preußen – inzwischen unter der Führung des Eisernen Kanzlers Otto von Bismarck – nur neun Monate, um sie zu besiegen. Dänemark wurde gezwungen, die Herzogtümer, an denen es seit Jahrhunderten festhielt, an ein österreichisch-preußisches Kondominium[45] abzutreten, das nach einem weiteren Krieg zwei Jahre später direkt unter preußische Herrschaft geriet. Diejenigen, die Dänen bleiben wollten, hatten sechs Jahre Zeit, um nach Norden zu ziehen.

In gewisser Weise spiegelte dies alles die radikal unterschiedlichen Punkte wider, die diese beiden Länder in ihrer Geschichte erreicht hatten. Dänemark stand acht Jahrhunderte zuvor im Zenit seiner Macht, als sein König Knut ein Reich regierte, das sich bis nach England und Norwegen ausdehnte; im Mittelalter gehörten auch Gebiete im heutigen Südschweden (Skåneland) und Norddeutschland (das Fürstentum Rügen) zu Dänemark. Etwas ungewöhnlich für einen modernen europäischen Staat,[46] verbrachte Dänemark jedoch einen Großteil des Jahrtausends damit, allmählich kleiner zu werden, und verlor das Reich im 11., Rügen im 14. und Skåneland im 17. Jahrhundert. Der Verlust von Schleswig-Holstein, was etwa einem Viertel seines verbliebenen Landes entspricht, war der letzte Schritt in der Umwandlung dessen, was einst eine bedeutende Macht gewesen war, in das sympathische, aber im Grunde genommen unbedeutende Land, das heute existiert.

---

45 Im vorliegenden Zusammenhang keine amerikanische Bezeichnung für eine Eigentumswohnung, sondern genau das, wonach es sich anhört: eine gemeinsame Herrschaft.

46 Aber nicht einzigartig: Litauen und Ungarn waren auch einmal viel größer als heute.

Deutschland hingegen existierte buchstäblich noch nicht, als das Schleswig-Holstein-Durcheinander begann: Der Deutsche Bund war kein Staat, sondern ein lockerer Zusammenschluss von 39 souveränen Fürstentümern, Königreichen, Herzogtümern und Freien Städten. Doch nachdem es zunächst Dänemark und dann Österreich ausgeschaltet hatte, marschierte Bismarcks Preußen 1870 nach Westen und besiegte den eigentlichen Gegner – Frankreich. Am 18. Januar 1871 wurde im Schloss von Versailles das neue Deutsche Reich ausgerufen. Der Krieg mit Dänemark war der erste Schritt zur Schaffung dessen, was bald zum mächtigsten Land Europas werden sollte.

Damit war die Schleswig-Holstein-Frage noch nicht ganz geklärt. Der Prager Vertrag von 1866, der den Siebenwöchigen Krieg zwischen Österreich und Preußen beendete, legte fest, dass Nordschleswig das Recht hatte, sich Dänemark wieder anzuschließen, wenn eine Mehrheit seiner Einwohner dies wünschte. 1878 einigten sich beide Parteien darauf, diese Bestimmung fallen zu lassen. Erst nach der Niederlage im Ersten Weltkrieg und dem Zusammenbruch beider Reiche machte sich jemand die Mühe, die Einwohner nach ihren Wünschen zu fragen. Letztlich stimmte das nördlichste Drittel Schleswigs mit überwältigender Mehrheit für den Beitritt zu Dänemark und der mittlere Teil mit ebenso großer Mehrheit für den Verbleib bei Deutschland. (Das südlichste Drittel war so germanisch, dass keine Abstimmung für notwendig erachtet wurde.)

Und so wurde die dänisch-deutsche Grenze endgültig festgelegt. In den folgenden Jahrzehnten protestierten ethnisch dänische Bauern, die auf der falschen Seite der Grenze festsaßen, auf ungewöhnliche Weise dagegen, dass sie keine dänische Flagge hissen durften: Sie züchteten sogenannte »Protestschweine« – rote Schweine mit einem auffällig weißen Streifen über dem Rücken, der verdächtig an die dänische Flagge erinnerte. Im Großen und Ganzen jedoch kehrte nach 70 Jahren sporadischer Kämpfe Ruhe an der nördlichen Front ein.

Was Lord Palmerston betrifft, so ist es durchaus möglich, dass er ein anderes Motiv hatte, um die Komplexität der Schleswig-Holstein-Frage zu betonen. 1864 hatte er versprochen, dass die Preußen, sollten sie Gewalt anwenden, »nicht nur Dänemark gegenüberstehen würden«. Wie sich jedoch herausstellte, war es folgendermaßen: Das britische Angebot, Dänemark zu unterstützen, hatte das Land ermutigt, zu kämpfen, anstatt zu verhandeln, während seine Entscheidung, einen Rückzieher zu machen, die Position der pro-britischen Liberalen schwächte, die die wichtigste deutsche Opposition gegen Bismarcks preußischen Militarismus darstellten.

Vielleicht ging es Palmerston nicht nur darum, sich als kluger Mann darzustellen. Vielleicht wollte er auch jeden davon abhalten, sich eine Situation genauer anzusehen, in der er einen ziemlich schweren Fehler gemacht hatte.

»... WO NOCH NIE EIN WEISSER SEINEN FUSS HINGESETZT HAT«

Der Freistaat Kongo und der Wettlauf um Afrika, 1884/85

Leopold fühlte sich bei Familientreffen zunehmend unwohl. Der Cousin seiner Frau, Franz Joseph, war Kaiser von Österreich-Ungarn und herrschte über weite Teile Mittel- und Osteuropas. Seine eigene Cousine, Victoria, war Königin von Großbritannien – und das bedeutete im späten 19. Jahrhundert, dass sie an der Spitze des größten Imperiums stand, das die Welt je gesehen hatte, zudem war die Monarchin gerade zur Kaiserin von Indien gekrönt worden.

Und Leopold? Der hatte lediglich das kleine, feuchtnasse Königreich Belgien. Noch schlimmer: Seine eigene Regierung zeigte kaum Interesse daran, auch nur den *Versuch* zu unternehmen, ein Reich aufzubauen. War ihnen überhaupt klar, wie peinlich das im Kreis dieser mächtigen Verwandten war? Oder war es ihnen schlicht egal?

Dann machte Leopold eines Tages eine Entdeckung: Ein riesiges Stück Zentralafrikas schien einfach so dazuliegen – offenbar unbeansprucht, zumindest von keiner weißen Macht. Besonders das Kongobecken war reich an wunderbaren, wertvollen Rohstoffen wie Kautschuk und Elfenbein. Zugegeben, letzteres war immer noch Teil der Elefanten, aber dafür ließ sich gewiss eine Lösung finden.

Also machte sich Leopold ans Werk. Er gründete ein Beteiligungsunternehmen – die Internationale Afrikanische Gesellschaft –, das offiziell als wissenschaftlich-humanitäres Projekt getarnt war. Er holte sich den berühmten britischen Missionar und Entdecker Henry Morton Stanley ins Boot – der insbesondere dadurch bekannt wurde, dass er den christlichen Missionar David Livingstone im Auftrag des *New York Herald* aufgespürt und ihn am Ufer des Tanganjikasees mit den Worten »Dr. Livingstone, nehme ich an«[47] begrüßt hatte – und überredete ihn, das Kongobecken im Auftrag des Unternehmens zu erkunden. Wenn Belgien kein Imperium aufbauen wollte, dann würde Leopold II. die Sache eben selbst in die Hand nehmen.

Acht Jahre später, im November 1884, versammelten sich Vertreter aller großen europäischen Mächte – sowie der Vereinigten Staaten und des Osmanischen Reichs – in Berlin um eine riesige Afrikakarte. Ihr Ziel war es, sich darüber zu einigen, wie man einen Kontinent aufteilen könnte, der dreimal so groß war wie Europa. Afrikaner waren nicht eingeladen – der Sultan von Sansibar versuchte es, wurde aber ausgelacht –, und nur zwei der Delegierten waren überhaupt jemals in Afrika gewesen. Und doch sollten innerhalb weniger Jahre 80 Prozent des Kontinents unter europäischer Kontrolle stehen – und der Staat, den Leopold geschaffen hatte, sollte zum Schauplatz einiger der schlimmsten Verbrechen des europäischen Imperialismus werden, der ohnehin schon nicht für Milde bekannt war.

Weder Leopold noch die Konferenz, die er ins Leben rief, gaben den Startschuss für den »Wettlauf um Afrika« – ein merkwürdiger Euphemismus für die militärische Eroberung des zweitgrößten Kontinents der Erde. Teile Afrikas waren seit Jahrhunderten von Europäern besetzt: Die Portugiesen hielten seit dem 16. Jahrhundert Angola im Südwesten und Mosambik im Südosten; die Niederländische Ostindien-Kompanie be-

47 Tatsächlich hat er vielleicht nichts dergleichen getan. Livingstone hat diese Worte nie erwähnt; die entsprechenden Seiten in Stanleys Tagebuch wurden auf mysteriöse Weise herausgerissen. Aber es ließ das Treffen zwischen den einzigen beiden weißen Männern im Umkreis von Hunderten von Meilen eher nach einem Treffen zwischen Gentlemen als nach etwas Unheilvollem klingen, was uns dennoch etwas über den Zeitgeist verrät.

saß das Kap, verlor es aber an die Briten; und die Franzosen rückten in Algerien vor.

Doch über weite Strecken des imperialen Zeitalters scheiterten europäische Versuche, das Landesinnere Afrikas zu erkunden, an einem entscheidenden Problem: Weiße Entdecker starben reihenweise an Malaria. Das bedeutete, dass sich der europäische Einfluss meist auf Küstenstützpunkte beschränkte und eher dem Handel als der Eroberung diente. Eine umfassende koloniale Kontrolle war bisher schlicht nicht das Ziel gewesen – bis jetzt.

Im 19. Jahrhundert änderten sich drei Dinge grundlegend. Erstens wurde Chinin als Behandlungsmittel gegen Malaria entdeckt – das erleichterte es Europäern, in tropischen Gebieten Fuß zu fassen. Zweitens brachte die industrielle Revolution Dampfschiffe, Eisenbahnen und Schusswaffen hervor, womit Menschen leichter ins Landesinnere transportiert, Rohstoffe herausgeschafft und Einheimische im Zaum gehalten werden konnten, falls sie sich widersetzten.

Und drittens tauchte ein belgischer König auf, der so entschlossen war, sich ein eigenes Reich zu sichern, dass er es auf genau das verlockend leere Stück in der Mitte der Afrika-Karte abgesehen hatte.

Fast fünf Jahre lang durchstreifte Stanley das Kongobecken und schloss Verträge ab, bei denen mickrige Mengen europäischer Luxuswaren gegen riesige Landflächen eingetauscht wurden – meist mit Menschen, die diese Verträge gar nicht lesen konnten. In einem dieser Dokumente übertrugen die Häuptlinge der Ngombi- und Mafela-Stämme politische Kontrolle, militärische Unterstützung und alle Rechte an Fischfang, Forstwirtschaft, Bergbau und Jagd an die Internationale Afrikanische Gesellschaft. Im Gegenzug versprach man ihnen, dass die Europäer den Wohlstand ihres Territoriums »nach Kräften fördern« würden, sowie ein Stück Stoff pro Monat. Immerhin bekam jeder eines, trotzdem war dieses Verhalten selbst nach den Maßstäben des europäischen Kolonialismus ziemlich verwerflich.

Leopold störte das selbstverständlich nicht. Was ihn viel mehr beschäftigte, war die wachsende Zahl europäischer Mächte, die sich eifrig auf das Kongobecken stürzten – ganz nach dem Prinzip »Wenn ich es nicht haben kann, soll es keiner haben«. 1881 stiegen die Franzosen mit ein und schickten den italienischen Entdecker Pierre Savorgnan de Brazza, der die Einheimischen für sich gewann und tief ins Landesinnere vordrang, wo er am rechten Ufer des Kongo eine Stadt gründete, die er in aller Bescheidenheit Brazzaville nannte.[48]

Das verunsicherte die anderen Mächte, sodass die Portugiesen versuchten, ihr Recht auf das Königreich Kongo, das sich etwas weiter südlich befand, geltend zu machen. Sie stützten sich dabei auf eine Kombination aus dem längst nicht mehr gültigen Vertrag von Tordesillas und ihrer eher jüngeren Einmischung in die lokale Politik. Für den Fall, dass das niemanden beeindruckte, überzeugten sie die Briten von ihrem Anspruch, indem sie vorschlugen, dass entweder sie oder die Franzosen das Sagen haben sollten und dass sie mit britischer Hilfe jedem anderen den Zugang zum Atlantik erschweren könnten. In der Zwischenzeit überzeugte Leopold die Franzosen, seine eigenen, offensichtlich schwachen Ansprüche zu unterstützen, indem er sie wissen ließ, dass sie, wenn alles schiefginge, als Erste Anspruch auf sein Territorium erheben könnten. Da niemand wollte, dass die Franzosen das Gebiet erhielten, ermutigte dies andere Mächte, ebenfalls Leopold und seinem Anspruch zur Seite zu stehen. Alles in allem bestand die Gefahr, dass die Dinge sehr schnell aus dem Ruder laufen könnten, und dennoch hatte sich niemand die Mühe gemacht, die Einheimischen zu fragen, was sie davon hielten.

In dieser chaotischen Situation trat ein Mann auf, der, wie Sie sich erinnern werden, recht erfahren darin war, Landkarten neu zu gestalten. Der deutsche Kanzler Otto von Bismarck hatte wenig Interesse an Afrika (obwohl die verschiedenen Industriellen, die den noch jungen Staat in eine Supermacht verwandelten, das vielleicht anders sahen). Aber er kümmerte sich um das europäische Kräfteverhältnis und ließ keine Gelegenheit aus, vor den anderen Staats- und Regierungschefs den großen Macker zu markieren. Ein großer Teil des Verdienstes an den vergangenen 70 Jahren, in

---

48 Die Republik Kongo wird mitunter auch Kongo-Brazzaville genannt, um sie von der *Demokratischen* Republik Kongo zu unterscheiden, die manchmal als Kongo-Kinshasa bezeichnet wird (und einst, vor langer Zeit, Kongo-Léopoldville hieß) und auf der anderen Seite des Flusses liegt. Die daraus resultierende Verwirrung scheint mir ein gutes Argument dafür zu sein, dass der Staat wieder Zaire heißen sollte – so wie zwischen 1971 und 1997. Die Einheimischen sehen das allerdings anders, und da sich dieses ganze Kapitel ohnehin damit beschäftigt, wie Weiße in Afrika alles durcheinandergebracht haben, halte ich meine Meinung vielleicht besser zurück.

denen relativer Frieden in Europa geherrscht hatte, gebührte dem Wiener Kongress, der großen Friedenskonferenz im Winter 1814/15 im Anschluss an die Ära Napoleon. Warum nicht seine eigene und die diplomatische Position des Reiches festigen, indem er den Trick wiederholte?

Und so lud Bismarck die Portugiesen, als sie zu einem Gipfel aufriefen, sowie ein Dutzend anderer Länder ein, Abordnungen nach Berlin zu schicken, um diese vertrackte Lage zu klären. Im Großen und Ganzen waren alle[49] da – solange sie nur weiß waren.

Nach mehreren Monaten harter Arbeit unter einer riesigen Karte von Afrika einigten sich die meisten anwesenden Mächte auf die sogenannte Kongoakte (engl. »General Act«). Die Sklaverei sollte, zumindest offiziell, abgeschafft werden; es wurden Einflussbereiche festgelegt, um zu verhindern, dass sich die Truppen bewaffneter Europäer gegenseitig bekämpfen. (Dieser Teil war zumindest ein Erfolg: In Europa sollte es für die nächsten 30 Jahre keinen Krieg geben.) Um den wirtschaftlichen Nutzen des Kolonialismus für diejenigen zu maximieren, die sich die Mühe machten, die Kolonisierung in die Hand zu nehmen, sollte es im Kongobecken Freihandel geben, und sowohl der Kongo als auch der Niger sollten für den Schiffsverkehr geöffnet werden.

Am schädlichsten war jedoch die Einführung des Prinzips der »effektiven Besetzung«. Damit ein Gebietsanspruch gültig war, musste eine ausländische Macht das besagte Gebiet fortan tatsächlich besitzen, und zwar mithilfe militärischer oder polizeilicher Kontrolle. Dieser Besitz erforderte jedoch wenig von dem Staat, der ihn beanspruchte; Mächte wie Großbritannien und Frankreich, die bereits Ansprüche hatten, widersetzten sich der Idee, dass sie mehr für die Einheimischen tun müssten, um diese Gebiete zu behalten. All das bedeutete, dass die Berliner Konferenz ein international anerkanntes System kolonialer Macht ohne Verantwortung schuf. Afrika wurde nun zu einem Ort, an dem Dinge getan wurden, nicht von oder mit den Afrikanern – ein ganzer Kontinent, den die Europäer untereinander aufteilen konnten, oft entlang verdächtig gerader Linien. Von dort konnten

49 Die einzigen europäischen Länder, die nicht anwesend waren, waren Griechenland, Serbien, Rumänien und Luxemburg, wobei die Kleinststaaten nicht mitgezählt wurden.

sie Rohstoffe exportieren, während sie nur wenig für die Menschen taten, die diesen Kontinent ihre Heimat nannten.

Am 27. Februar 1885, dem Tag nach Abschluss der Konferenz, unterzeichnete Bismarck eine Charta mit der Gesellschaft für deutsche Kolonisation, die es ihr erlaubte, ein deutsches Protektorat in der afrikanischen Region der Großen Seen zu errichten; andere sollten folgen. Im Lauf des nächsten Jahrzehnts besetzten die Italiener Eritrea und Somaliland, die Franzosen große Teile Westafrikas und der Sahelzone, die Briten Nigeria und einen beträchtlichen Teil Ostafrikas. Und diese begannen auch, sich vom Kap aus nach oben vorzuarbeiten. 1890 fasste der britische Premierminister Lord Salisbury die Situation in der vielleicht berühmtesten Rede zusammen, die je über Kolonialismus und Grenzen gehalten wurde. Ich habe sie bereits in der Einleitung zitiert, aber sie ist es wert, noch einmal gelesen zu werden. »Wir haben Linien auf Landkarten gezogen«, sagte er, »an Orten, die noch kein weißer Mann je betreten hat; wir haben uns gegenseitig Berge, Flüsse und Seen zugesprochen, nur gehemmt durch das kleine Hindernis, dass wir nie genau wussten, wo sich die Berge, Flüsse und Seen tatsächlich befinden.« Dies ist nicht einer dieser Abschnitte der Geschichte, die erst im Nachhinein als Gräueltat erkannt werden: Die Beteiligten wussten damals ganz genau, was sie taten.

Die Berliner Konferenz hatte noch eine weitere, unmittelbarere Folge: Sie gab Leopold das, was er wollte. Belgien hatte immer noch kein Weltreich, aber Leopold wurde international als Herrscher über ein Gebiet anerkannt, das 79-mal so groß war wie sein kleines Königreich. Es sollte fortan als Freistaat Kongo bekannt sein, was allerdings eine falsche Übersetzung ist; denn wörtlich bedeutet État Indépendant du Congo »Unabhängiger Staat Kongo«, also ein Gebiet, das nicht zum imperialen Besitz eines anderen Staates gehörte. Der Name scheint sich eingebürgert zu haben, weil die Region zollfrei war und man mit ausländischem Kapital dort tun und lassen konnte, was man wollte. Aber die Bezeichnung wirkt furchtbar ironisch, denn was das Kapital mit den Kongolesen vorhatte, war – wie sich herausstellte –, sie als Zwangsarbeiter einzusetzen, um ihr Land für Kautschuk, Palmöl und Elfenbein auszubeuten. Leopolds Agenten schlugen die Einheimischen oder entführten ihre Familien, um sie zur Arbeit zu zwingen. Seine Privatarmee aus afrikanischen Soldaten, die von europäischen

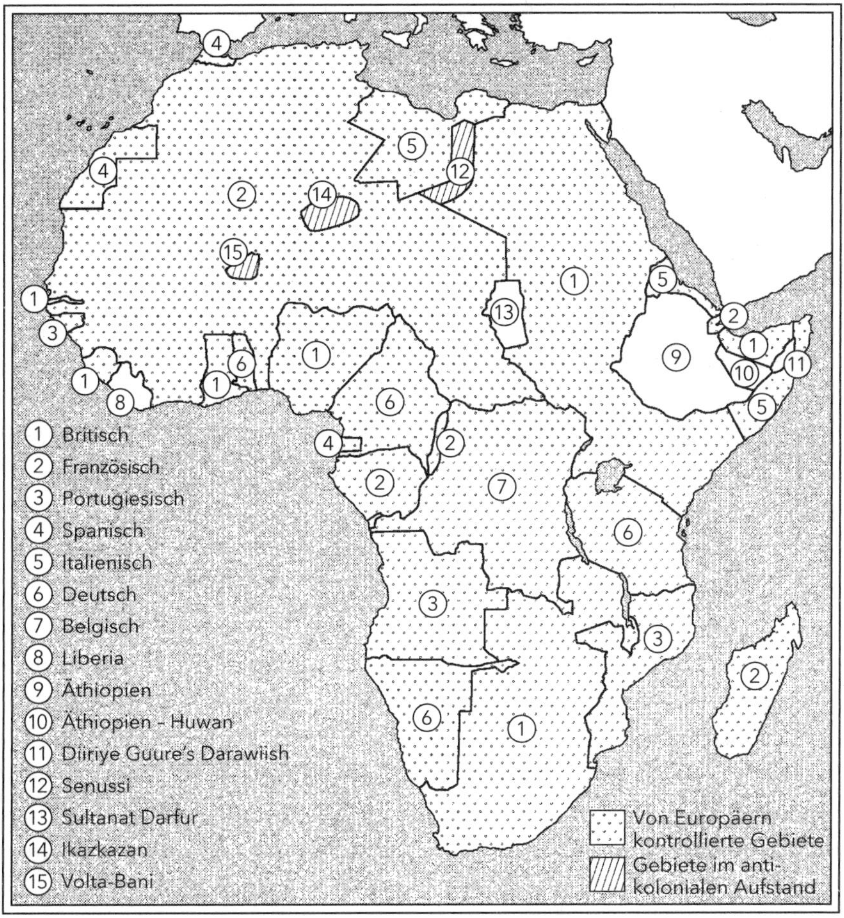

Die Ergebnisse des Wettlaufs um Afrika. 1913 wurde der Großteil des Kontinents von einer Handvoll europäischer Mächte beherrscht, obwohl es in einigen Gebieten zu Aufständen kam. (Für diejenigen, die sich fragen: Huwan – die heutige Somali-Region Äthiopiens – rebellierte gegen Äthiopien)

Offizieren angeführt wurde, die *Force Publique*, schlug Aufstände nieder, indem sie Familien zu Tode metzelte und ihre Dörfer niederbrannte; sie schreckte auch nicht davor zurück, Kindern die Hände abzuschneiden, um andere abzuschrecken. In etwas mehr als 20 Jahren sank die Bevölkerung der Region um 60 Prozent.

Sogar im Zeitalter des Imperialismus war dies zu viel. Joseph Conrad schrieb *Herz der Finsternis*, um die Brutalität des Staates publik zu machen; Intellektuelle in Großbritannien und darüber hinaus gründeten die Congo Reform Association mit dem Ziel, den Staat aus den schweißnassen Händen Leopolds zu lösen und unter die Kontrolle einer verantwortungsvolleren europäischen Kolonialregierung zu stellen. Dies geschah 1908, als der Kongo nicht mehr persönliches Eigentum des Königs war, sondern zu einer belgischen Kolonie wurde; 1960 folgte die Unabhängigkeit. Heute ist der ehemalige Freistaat Kongo unter einem anderen Namen bekannt, der einer gewissen Ironie nicht entbehrt: Demokratische Republik Kongo.

Die Kriege, die diesen Teil Afrikas heute häufig zu verschlingen scheinen, lassen sich vielleicht zum Teil auf das Verhalten der europäischen Staats- und Regierungschefs in den 1880er-Jahren zurückführen. 1959 versuchte der amerikanische Anthropologe George P. Murdock, die internen ethnischen Grenzen Afrikas so darzustellen, wie sie am Vorabend der Berliner Konferenz bestanden hatten. Er fertigte eine Karte an, die weitaus komplexer war als alles, was die Europäer je in Erwägung gezogen hatten, und auf der einige Gebiete (wie Nigeria, der Sudan, das Kongobecken) in Dutzende winziger Fragmente unterteilt wurden. Einige Völker wurden mit anderen zusammengelegt, die sie seit jeher als Feinde betrachteten, während andere ihre Heimat durch die in Berlin gezogenen Linien plötzlich geteilt sahen.

Ein halbes Jahrhundert später projizierten zwei Forscher des Londoner Centre for Economic Policy Research Murdocks Arbeit mit den heutigen nationalen Grenzen und versuchten, deren Auswirkungen zu quantifizieren. Sie stellten fest, dass »die Intensität von Bürgerkriegen, gemessen an Opfern und Dauer, in Gebieten, in denen getrennte Ethnien leben, etwa 25 Prozent höher ist (im Vergleich zu den Heimatländern von Ethnien, die nicht getrennt wurden)«. Darüber hinaus ist die Wahrscheinlichkeit, dass »eine ethnische Gruppe, die in der Nähe eines geteilten ethnischen Heimatlandes lebt, in einen Bürgerkrieg verwickelt wird, im Durchschnitt um 5 Prozent höher«. Es war nicht nur die Eroberung und Ausbeutung, die dem afrikanischen Kontinent Schaden zufügte, sondern auch die gedankenlose Art, in der er in willkürliche Stücke zerschnitten wurde, ohne Rücksicht auf natürliche oder kulturelle Zusammenhänge. So entstanden Situationen, in denen viele Bevölkerungsgruppen eine größere Verbundenheit mit ihren Nachbarn jenseits der Grenze empfanden als mit ihren angeblichen Landsleuten in der nationalen Hauptstadt. Mit anderen Worten: Nachlässig gezogene Grenzen kosten Leben.

DIE GRENZKOMMISSION SUDAN-UGANDA

Die Hauptmänner Tufnell und Kelly unterwegs in unbekanntem Terrain

Über die Grenzen, die im Zeitalter des Hochimperialismus gegen Ende des 19. Jahrhunderts entstanden, gibt es ein paar besonders perfide Dinge zu berichten. Da ist zunächst die Sache, die ich in mehreren Kapiteln angesprochen habe und um die wir noch einige Zeit herumtanzen werden: Dank einer verbesserten Kartierung und der Art und Weise, wie der Zugang zu solchen technischen Möglichkeiten den Blick auf die Welt verändert hatte, war es nun für entfernte Mächte – in der Regel weiße und europäische – möglich, Gebiete, die sie noch nie besucht hatten, mit nichts Greifbarerem als einem Stift aufzuteilen. Die andere Sache betrifft die Tatsache, dass selbst diejenigen, die gute Absichten hatten, aber versuchten, auf die harte Tour zu handeln, am Ende trotzdem viel Unheil in der Welt anrichteten.

Um nationalistische Unruhen zu bekämpfen, die den Verkehr durch den Suezkanal gefährden könnten, hatten die Briten 1882 Ägypten erobert. Sie taten jedoch so, als hätten sie dies nicht getan, um das Osmanische Reich, dem Ägypten offiziell noch angehörte, nicht zu verärgern. In den nächsten 30 Jahren unterlag Ägypten einer Regierungsform, die bisweilen als »verschleiertes Protektorat« bezeichnet wird: Ägypten war zwar offiziell kein Teil des britischen Empire, wurde aber in der Praxis von einer Gruppe britischer Verwalter regiert, die behaupteten, die ägyptische Regierung lediglich zu »beraten«.

All dies verlieh Großbritannien ein geopolitisches Interesse an Stabilität entlang des Nils. So führten die Briten und Ägypten, das sie definitiv nicht als Kolonie betrachteten, gemeinsam einen Krieg gegen den Sudan und regierten ihn gewissermaßen als Gemeinherrschaft, in dem eines der beiden verantwortlichen Länder auch eine Kolonie des anderen war. Später eroberte Großbritannien Uganda, die Region im Süden, in der sich vermutlich auch die Quelle des Nils befand.

Obwohl diese Gebiete alle britisch waren, wurden sie von verschiedenen Völkern mit unterschiedlichen Strukturen regiert, die wissen mussten, wo ihr Herrschaftsgebiet endete und das eines anderen begann. So setzte der Generalgouverneur des Sudan 1912 eine Grenzkommission ein, deren Aufgabe es war, eine Grenze zwischen seinem Gebiet und dem südlichen Nachbarn Uganda zu ziehen, die »keinen einzigen Stamm« zwischen ihnen teilen sollte. So kam es, dass sich am 15. Januar 1913 ein Konvoi, bestehend aus über 100 Männern, 50 Kamelen, 320 Eseln und 20 Maultieren, in der südsudanesischen Stadt Nimule versammelte, um das etwa 400 Meilen (643 Kilometer) lange Gebiet zwischen dort und dem Lake Rudolph (heute Lake Turkana) zu vermessen und zu kartieren.

Das Team bestand größtenteils aus Einheimischen, wurde jedoch von zwei britischen Hauptmännern angeführt. Auf sudanesischer Seite hatte Captain Harry Kelly das Sagen. Er war Berufssoldat und ein erfolgreicher Schwergewichtsboxer, der bei den Royal Engineers gedient hatte, bevor er 1903 zur ägyptischen Armee im Sudan abkommandiert wurde. Kelly war für diese Aufgabe bestens geeignet, da er zuvor bereits Grenzabschnitte des Sudan zu Abessinien und zum Kongo vermessen hatte. Und er war entschlossen, sich gegenüber den Einheimischen korrekt zu verhalten, egal, wie lange der Job dauern würde.

Die ugandische Seite der Kommission wurde unterdessen von einem gewissen Captain Tufnell geleitet. Die Geschichte berichtet vor allem, dass Captain Tufnell nicht nur müde, sondern extrem müde war. Der damalige Bezirkskommissar der Provinz Lake Rudolph hatte zwei Jahre lang ohne Unterbrechung gearbeitet und wollte einfach nur in den Urlaub fahren. Und dieser gemeine Auftrag mit seinen blöden Grenzen stand ihm dabei im Weg.

In vielen Fällen wissen wir wenig darüber, wie die heutigen internationalen Grenzen festgelegt wurden. In diesem Fall haben wir jedoch ziemlich gute Kenntnisse davon, denn Captain Kelly hat die Heldentaten des Vermessungsteams sorgfältig in seinem Tagebuch festgehalten. Und das Wichtigste seiner Aufzeichnungen – der entscheidende Faktor bei der Festlegung des genauen Verlaufs dieser Grenze – war, wie seine Beziehung zu Captain Tufnell allmählich in die Brüche ging.

Das Team benötigte etwas mehr als einen Monat, um die ersten 200 Kilometer der Grenze bis zu einem Ort namens Madial zu vermessen. Das entspricht etwa 6,5 Kilometer pro Tag, was wirklich nicht viel ist (obwohl es einem zweifellos länger vorkommt, wenn man mit einem Haufen Kamele, Maultiere und Esel fertigwerden muss). Die Männer bewegten sich jedoch durch potenzielles Feindesland – es gab zahlreiche Gerüchte über Streitigkeiten und Waffenschmuggel vor Ort –, und natürlich hatten sie das Land vermessen, sodass sie in Wirklichkeit mit ziemlicher Sicherheit viel mehr zurücklegten, als diese nüchternen Zahlen vermuten lassen. Ein von einem Teammitglied mitgeführter Messwagen zeigte Tagesentfernungen von 13 bis 20 Kilometern an; und Kelly war ständig auf der Suche nach höher gelegenem Gelände, sodass er möglicherweise sogar noch weitere Strecken zurückgelegt hatte.

Ein ebenso großes Problem wie die weiten Entfernungen, die Sicherheitsrisiken oder die Maultiere war die unterschiedliche Herangehensweise der beiden Anführer an ihren Job. Nicht nur hatte Tufnell überhaupt keine Lust, dort zu sein, was er auch mit Freuden kundtat; er hielt auch Kellys Entschluss, die Stammesgrenzen zu kartieren und sich mit den Einheimischen gut zu stellen, für albern. Tufnell hielt es für besser, ihnen zu zeigen, wer der Boss ist, indem er sie, ohne viele Worte zu verlieren, bei der geringsten Provokation zusammenschlug. Kellys Tagebuch enthält endlose Geschichten über Tufnell und seine Männer, die die einheimischen Stammesangehörigen gewaltsam entwaffneten oder ihre Hütten niederbrannten, nur um sich zu behaupten. Dies kam bei den Einheimischen, auf die sich die Expedition als Führer verließ, nicht gerade gut an, sodass es immer wieder zu Kündigungen unter ihnen kam.

Währenddessen versuchte Kelly, mit den kulturellen Unterschieden und dem angemessenen Grenzverlauf zwischen den Acholi, den Toposa und den Karoko (die möglicherweise auch die Dodinga waren) klarzukommen und die Tatsache hinzunehmen, dass die Einheimischen ihn höchstwahrscheinlich über andere Einheimische belogen. Außerdem musste er sich ständig Tufnells Gemecker anhören, dass er sich einen Dreck um die Stammesgrenzen vor Ort schere und dass er sehr genau wisse, wo die Grenze hingehört, ohne mit jemandem darüber zu reden, und dass er nun lange genug in diesem dämlichen, heißen Land gewesen sei und endlich nach Hause wolle.

Als sie schließlich Madial erreichten, setzte er seinen Wunsch in die Tat um und nahm das gesamte Uganda-Team mit. Für Kelly war das völlig in Ordnung. Tufnell »denkt an nichts anderes als an seinen Urlaub«, schrieb er am 16. Februar in sein Tagebuch. »Ich gebe zu, dass ich froh bin, ihn loszuwerden, da er keine große Hilfe war und mir die ganze Arbeit überlassen hat, Informationen zu beschaffen. Darüber hinaus befürworte ich mitnichten die Methoden, die er im Umgang mit den Eingeborenen an den Tag legt.« Das ist, so nehme ich an, eine Art und Weise auszudrücken, dass gewaltsame Übergriffe auf Menschen kein Rezept für friedliche Beziehungen und eine gute Regierung sind.

Kellys sudanesische Seite der Grenzkommission fuhr noch etwa 130 Kilometer weiter und legte insgesamt vielleicht die vierfache Strecke zurück. Zu diesem Zeitpunkt war das verbleibende Team jedoch fast genauso erschöpft und schlecht gelaunt, wie Tufnell es von Anfang an gewesen war: Die Haut seiner Männer war von den Dornensträuchern aufgerissen; die Kamele waren hungrig und starben an der Schlafkrankheit. Um dem ständigen Kommen und Gehen der einheimischen Führer entgegenzuwirken, hatte das Vermessungsteam versucht, ihnen Handschellen anzulegen, um sie daran zu hindern, im wahrsten Sinne des Wortes wegzulaufen. Das ging so lange gut, bis jemand den Schlüssel verlor und einer von den armen Einheimischen gezwungen wurde, sie die gesamte Reise zu begleiten, bis sie eine etwas größere Siedlung erreichten, in der es Werkzeuge gab, mit denen sich die Dinger durchsägen ließen.

Nachdem Kelly den Berg Mogila bestiegen hatte und sich besorgt zeigte, dass die Vorräte an Wasser und Lebensmitteln schnell dahinschwanden, und feststellen musste, dass er vom Gipfel aus keine Wasserquelle sehen konnte, beschloss er, dass es Zeit war, aufzugeben. Das letzte Drittel der Grenze zwischen dem sudanesischen Kondomium und dem Protektorat Uganda wurde von den Briten nie vermessen. Sie hatten es nicht einmal besucht. Nur drei Tage nachdem Kelly und sein Team aufgegeben hatten, ging die Trockenzeit zu Ende und der Himmel öffnete sich. Ein Wassermangel wäre also kein Problem gewesen.

Die Vermessungsteams berichteten ihren politischen Vorgesetzten in London über ihre Ergebnisse; einige davon fanden Beachtung. Für das letzte Drittel der Grenze gaben sie jedoch keinerlei Empfehlung ab – konnten sie auch nicht, da sie nie so weit gekommen waren. Trotz aller guten, wenn auch etwas paternalistischen Absichten Kellys wurde das Ergebnis seines Versagens auf der Karte schmerzlich deutlich. Das westliche Ende der Grenze, die das Team »vermessen« hat, ist komplex und detailliert; das östliche besteht aus einer Reihe gerader Linien, die bis zu 160 Kilometer lang sind.

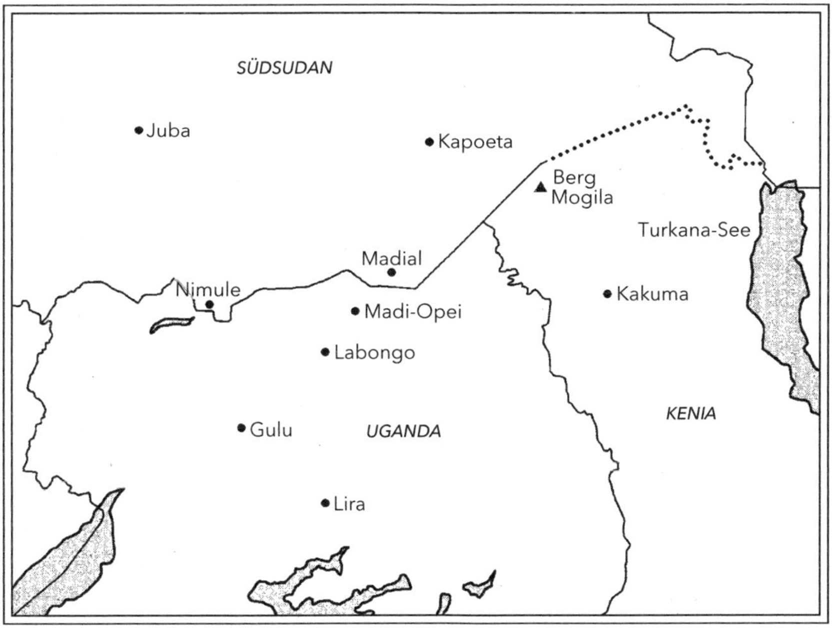

Das von der Sudan–Uganda-Grenzkommission kartierte Gebiet. Auffällig ist, wie deutlich die Komplexität der Grenze nach Osten hin abnimmt

Es ist kaum zu glauben, dass dies die beste Darstellung der Grenzen zwischen den Stammesgebieten in diesem Teil Afrikas war. Eine dieser geraden Linien – die Linie direkt hinter dem Berg Mogila, die den Sudan von Ugandas Provinz Rudolf trennt und 1926 auf Kenia übertragen wurde – markiert eine Seite des »Ilemi-Dreiecks«, das bis heute sowohl vom Südsudan als auch von Kenia beansprucht wird. Wenn man sich nicht die Mühe macht, eine Region zu vermessen, häuft man, wie sich herausstellt, Grenzstreitigkeiten für die Zukunft an.

Der Sudan erlangte 1955 seine Unabhängigkeit vom britischen Empire, Uganda sieben Jahre später und Kenia 1963. Im Jahr 2011 spaltete sich der Südsudan vom Sudan ab und wurde zur jüngsten Nation Afrikas. Dennoch zeigen die Karten dieses afrikanischen Teils seltsam gerade Linien – weil einige britische Armeeoffiziere in den Jahren vor dem Ersten Weltkrieg einfach zu müde waren, um sich etwas Besseres einfallen zu lassen.

EUROPÄISCHER NATIONALISMUS UND DIE VEREINIGTEN STAATEN VON GROSSÖSTERREICH

Die Geschichte nimmt eine falsche Wendung

Diese Geschichte beginnt an ihrem Ende: Am 28. Juni 1914 bog ein Auto auf den Straßen von Sarajevo falsch ab und zig Millionen Menschen starben.

Ein Mitglied der serbischen nationalistischen Gruppe »Schwarze Hand« hatte bereits am Morgen einen Anschlag auf das Leben von Erzherzog Franz Ferdinand, dem Thronfolger des österreichisch-ungarischen Throns, verübt. Die von ihm geworfene Bombe hatte jedoch das falsche Auto getroffen, mehrere Menschen verletzt und den Erzherzog selbst wütend auf fast alle gemacht, aber ansonsten unverletzt gelassen. Und das hätte es gewesen sein sollen.[50]

Später an diesem Tag beschloss der Erzherzog jedoch – ein Habsburger, der an der Reihe war, über einen großen Teil Mittel- und Osteuropas zu herrschen –, einen der Verletzten im Krankenhaus zu besuchen. Dafür

---

50 Der verantwortliche Mann, ein bosnischer Serbe namens Nedeljko Čabrinović, versuchte, sich das Leben zu nehmen, indem er sowohl Zyankali schluckte als auch in einen Fluss sprang. Beide Versuche scheiterten jedoch, und so wurde er verhaftet und starb im Gefängnis.

musste die Route geändert werden, und die Anweisungen dazu wurden auf Deutsch gegeben und von den tschechischsprachigen Fahrern nicht verstanden. Das führte dazu, dass man eine unnötige Abzweigung in die Franz-Joseph-Straße nahm, wo ein weiteres Mitglied der Schwarzen Hand, Gavrilo Princip, genau für diesen Moment an der veröffentlichten Route des Autokonvois wartete. Er gab zwei Schüsse ab. Der eine tötete die Frau des Erzherzogs, Sophie, der andere den Erzherzog selbst.

Der Rest ist bekannt. Der Krieg zwischen Österreich-Ungarn und Serbien brach aus; Russland, Deutschland, Frankreich und Großbritannien machten mobil, als ein kompliziertes System von Verträgen und Allianzen, das sich über fast ein Jahrhundert aufgebaut hatte, in Gang gesetzt wurde. Der Erste Weltkrieg sollte Millionen Menschen das Leben kosten, Imperien zu Fall bringen und Revolutionen auslösen und dabei die europäische Landkarte neu gestalten. Auch wenn ein Teil davon gewiss ohnehin passiert wäre – Europa war ein Pulverfass –, muss man nicht einmal die recht direkten Zusammenhänge zwischen diesem Ereignis und dem nächsten großen europäischen Krieg betrachten, um festzustellen, dass dieses Attentat, jene Schüsse und dieses falsche Abbiegen zu den einflussreichsten und verhängnisvollsten Ereignissen ihrer Art in der gesamten Menschheitsgeschichte zählen.

Angesichts all dessen ist es vielleicht nicht überraschend, dass relativ wenig Aufmerksamkeit darauf verwendet wurde, was der alternde Erzherzog eigentlich *vorhatte*, als er schließlich den Thron erbte. Zufälligerweise beabsichtigte er jedoch, die Landkarte selbst ein gutes Stück umzugestalten. Auf diese Weise hoffte er, genau die Kraft zu zähmen, die ihn das Leben gekostet hatte: den Nationalismus.

Seit wir diesen Teil Europas zuletzt verlassen haben, hat sich der Charakter der habsburgischen Reiche recht stark verändert. Das erste Mitglied der Familie wurde 1272 als Rudolf I. auf den Thron des Heiligen Römischen Reiches gewählt; nach 1438 war keine andere Dynastie mehr im Spiel. Im Jahr 1914 gab es dieses alte Reich bereits seit einem Jahrhundert nicht mehr, es war aufgelöst im Rahmen der Neuordnung Europas durch Napoleon. Doch nach 400 Jahren als mächtigste Familie der Welt hatten die Habsburger nicht die Absicht, ihre Macht gänzlich aufzugeben.

Eines der Dinge, die Rudolf bereits 1282 für seine Nachkommen gesichert hatte, war das Herzogtum Österreich, dessen Hauptstadt Wien seither die Heimat der Dynastie geblieben war. Dies hatte sich ein Jahrhundert später als nützlich erwiesen, als sie von den Schweizern aus ihrer Heimat in den Alpen vertrieben wurden. Durch jahrhundertelange Eroberungen und geschickte Eheschließungen waren verschiedene andere Königreiche, Herzogtümer, Grafschaften und Markgrafschaften zu ihren Territorien hinzugekommen. Einige davon gingen natürlich wieder verloren: Der spanische Zweig der Habsburger war um die Wende zum 18. Jahrhundert durch Inzucht ausgestorben, was recht peinlich war, und so fielen die riesigen amerikanischen und pazifischen Gebiete des spanischen Reiches in die Hände einer anderen Familie. Zu der Zeit, als Napoleon sein Unwesen trieb, besaß der überlebende Zweig jedoch immer noch eine Reihe von Territorien, die praktischerweise in einem zusammenhängenden Block im Süden und Osten Deutschlands lagen: Österreich, Böhmen, Kroatien, Siebenbürgen und Ungarn. Obwohl diese verschiedenen Territorien an das Heilige Römische Reich grenzten, gehörten viele von ihnen nicht dazu.

Im Jahr 1804, als das Reich am Ende war, nahm sich Kaiser Franz II. ein Beispiel an seinem entfernten Vorfahren und baute der Familie ein Rettungsboot. Auch wenn diese Gebiete nur eine Personalunion und kein richtiger Staat waren – warum konnten sie nicht zu einem solchen werden? Schließlich hatte Napoleon das Königreich Frankreich in ein Kaiserreich verwandelt und sich selbst zum Kaiser ernannt. Warum sollte Franz, der im Gegensatz zu diesem Emporkömmling tatsächlich ein *echter* Kaiser war, nicht das Gleiche tun? Und in diesem Imperium, anders als im knarzenden Reich, würden die Menschen vielleicht tatsächlich das tun, was ihr Kaiser ihnen verdammt noch mal befahl.

Als das Heilige Römische Reich – ein fester Bestandteil der europäischen Landkarte seit fast 1000 Jahren – 1806 schließlich sein Ende fand, ging die Herrschaft der Habsburger ungebrochen weiter: Der Kaiser des Heiligen Römischen Reiches, Franz II., wurde einfach zu Kaiser Franz I. von Österreich. Er verheiratete sogar seine Tochter mit Napoleon, um die Sache abzurunden. Man kann sich vorstellen, dass dies alles wie ein gewaltiger Scherz gewirkt haben muss. Andere europäische Dynastien mussten auf der Suche nach neuen, gefügigeren Territorien sich nach Übersee begeben; die österreichischen Habsburger hatten sie bereits – und sie lagen direkt nebenan!

Im Lauf des Jahrhunderts wurde jedoch klar, dass die Schaffung eines neuen, multiethnischen Reiches innerhalb Europas nicht ganz so einfach sein würde, wie es zunächst schien. Während großer Teile der europäischen Geschichte hatten weite Teile des Kontinents es hingenommen, von abwesenden Landesherren regiert zu werden – oft von solchen, die eine völlig andere Sprache sprachen als die Bevölkerung selbst. Doch mit der amerikanischen und der Französischen Revolution, die lästige Ideen wie »Freiheit« und »Demokratie« in den Diskurs einbrachten, waren neue Konzepte wie der Nationalismus in aller Munde. Das Habsburgerreich, ein Territorium, das alle oder einen Teil von 13 modernen europäischen Ländern umfasste und von einer Familie regiert wurde, die eine Sprache, nämlich Deutsch, sprach, die drei Viertel ihrer Untertanen nicht beherrschten, entsprach einfach nicht dem Zeitgeist. Während der revolutionären Begeisterung, die Europa von 1848 bis 1849 erschütterte, versuchten Deutsche[51], Rumänen, Ukrainer, Polen und ein halbes Dutzend anderer Nationalitäten, ihre Autonomie oder Unabhängigkeit zu erklären oder zumindest eine andere nationale Gruppe, die ihnen nicht zusagte, zu unterdrücken. Sogar die Ungarn – die einzige Gruppe, der man einen gewissen Anschein eigener Institutionen gelassen hatte, ein halbautonomes Königreich im Herzen des Reiches – rebellierten. So viel *Undankbarkeit.*

All dies legte sich schließlich, aber nicht bevor es zwei große Auswirkungen auf den Wiener Hof hatte. Die erste bestand darin, den Ausschluss des Kaisers zu erzwingen. Ferdinand I. wurde in der Geschichte oft als Idiot dargestellt, im Allgemeinen deshalb, weil er auf die Revolutionen mit der Frage »Dürfen die das?« reagiert haben soll, und das ist, um ehrlich zu sein, tatsächlich eine selten dämliche Aussage. Gleichwohl lassen seine Tagebücher eine gewisse Gerissenheit erkennen. Das große Problem war, dass er aufgrund seiner Epilepsie seine Ehe nicht vollziehen konnte, und so war es ihm unmöglich, einen Erben zu zeugen. Und die österreichischen Habsburger waren fest entschlossen, nicht das gleiche Schicksal zu erlei-

51 Verwirrenderweise bedeutet »Deutsche« hier nicht Deutsch im Sinne des Wortes, das wir gewohnt sind – also jemand aus dem Land, das wir Deutschland nennen (kaum einer von ihnen war es). Gemeint sind *ethnische* Deutsche – Deutsch*sprachige*. Die meisten von ihnen lebten in dem Gebiet, das wir als Österreich kennen; andere nicht.

den wie ihre spanischen Verwandten. Also verschwand Ferdinand, mitten im Chaos, von der Bühne, um den Rest seiner Tage fernab imperialer Angelegenheiten als beliebter König von Böhmen zu verbringen. An seine Stelle trat ein ehrgeiziger 18-jähriger junger Mann namens Franz Joseph. Er sollte den kaiserlichen Thron ganze 68 Jahre lang besetzen – allerdings auf eine Weise, die man nur als quälend langweilig bezeichnen kann.

Eine weitere Folge des Jahres 1848 war, dass Ungarn seine Unabhängigkeit verlor: Es sollte nicht länger in einer bloßen Personalunion mit dem Rest des Reiches verbunden sein, sondern nun von diesem einverleibt werden. Das konnte jedoch nicht von Dauer sein. Die Ungarn waren nach den Deutschen die größte der vielen Nationalitäten des Reiches, und innerhalb von 20 Jahren rebellierten sie erneut, diesmal erfolgreich. So kam es 1867 zum großen Kompromiss und zur Gründung eines Staates, der seither Schulkinder verwirrt: das Österreichisch-Ungarische Reich oder die Doppelmonarchie. Die beiden größten Ethnien dieses neuen Staates, Deutsche und Ungarn, sollten fortan theoretisch gleichgestellt sein. Im Geiste der Brüderlichkeit sollten sie sich Hand in Hand zusammenschließen, um die nationalistischen Ambitionen der anderen 56 Prozent der Bevölkerung zu zerschlagen.

Ein Mann, der all dies missbilligen würde, war Franz Ferdinand. Er kam zu der Überzeugung, dass viele der Probleme des Reiches darin begründet lagen, dass seine Eliten – genauer gesagt, seine *ungarischen* Eliten – in eine Position erhoben wurden, von der sie auf andere Gruppen herabsehen konnten. 1867 vermochte er seine Ansichten jedoch noch nicht zu äußern, da er erst zwei Jahre alt war. Er war auch noch nicht der Thronfolger; diese Ehre gebührte seinem Cousin, dem Sohn Franz Josephs, dem Kronprinzen Rudolf.

Aber Rudolf, der – je nach Quelle – entweder sensibel oder verrückt war, hatte sich mit solch überbordendem Eifer durch Wien geschlafen, dass er sich Syphilis eingefangen, sie an seine Frau weitergegeben und sie dadurch unfruchtbar gemacht hatte. Dann, im Jahr 1889, im Alter von 30 Jahren, fuhr er mit seiner 17-jährigen Geliebten Mary Vetsera zu seinem Jagdschloss – und erschoss erst sie, dann sich selbst. Damit wurde Franz Ferdinands Vater, der rüstige 55-jährige Karl Ludwig, zum Erben – bis er 1896 ebenfalls starb. Und so begann Franz Ferdinand darüber zu sinnieren, was er mit seinem großen Erbe anfangen könnte. Schließlich war Franz Joseph inzwischen fast 66 Jahre alt – wie lange würde der Kaiser wohl noch leben?

Franz Ferdinand war unter anderem ein großer Sammler historischer Artefakte – von Statuen, Waffen, Rosen. Er war ein Mann, der nichts lieber tat, als sich hinzusetzen und Dinge in Kategorien einzuordnen; über seinem Schreibtisch hing eine Tafel, auf der die »nationalen Eigenschaften« der verschiedenen Bevölkerungsgruppen aufgeführt waren, über die er dereinst wohlwollend herrschen wollte – was auf eine sehr bedenkliche typische Denkweise der 1890er-Jahre hinweist. Seiner Auffassung nach brauchte sein künftiges Reich vor allem eines, um die ständigen nationalistischen Aufstände in den Griff zu bekommen: eine gute altmodische Reorganisation.

So fühlte sich Franz Ferdinand 1906 zu einem Plan hingezogen, der auf dem Vorschlag eines rumänischen Anwalts namens Aurel Popovici basierte. Das Chaos der Doppelmonarchie, in der zwei Völker hoffnungslos versuchten, die anderen zu beherrschen, sollte ein Ende haben. Stattdessen sollten die Vereinigten Staaten von Großösterreich entstehen, ein rationaler, föderaler, *moderner* Staat, der für das 20. Jahrhundert gerüstet war. Tschechen, Italiener, Kroaten, Slowenen: Jeder würde endlich sein eigenes Gebiet haben, 15 an der Zahl, alle unter den liebevollen und wachsamen Augen ihres fürsorglichen Kaisers.

Es ist verlockend, die gute alte USGA (United States of Greater Austria) als einen der großen, nicht eingeschlagenen Wege der Geschichte zu sehen: als einen Blick auf eine alternative Zeitachse, in der das Europa des 20. Jahrhunderts ein Modell für einen multikulturellen, multiethnischen Staat gehabt hätte, auf dem es hätte aufbauen können – und nicht in jahrzehntelange, grausame ethnische Kriege abgeglitten wäre. Selbst wenn die Schwarze Hand, Gavrilo Princip und der Krieg nicht dazwischengekommen wären, ist nicht klar, ob der Plan jemals in die Tat umgesetzt worden wäre. In *Danubia*, seinem faszinierenden Buch über die Habsburger, vertritt Simon Winder die Ansicht, dass Franz Ferdinand möglicherweise nicht nur durch Modernisierung und Gerechtigkeit motiviert war, sondern auch durch einen niederen Impuls: eine Abneigung gegen die aufstrebenden Ungarn, deren Sprache er ärgerlicherweise als unmöglich zu erlernen betrachtete.

Die Vereinigten Staaten von Großösterreich waren nicht der einzige Plan, für den sich Franz Ferdinand während seiner langen und enttäuschenden Wartezeit auf den Kaiserthron interessierte. Ein anderer hätte eine *Dreifach*monarchie ins Leben gerufen, den Einfluss Budapests geschwächt und die Kroaten durch die Hinzufügung einer dritten Hauptstadt in Zagreb aufgewertet. Ein anderer hätte die Demokratie in Ungarn eingeführt – aber, wie amüsant, nicht in Österreich. Alle diese Probleme hätten letztlich an derselben praktischen Schwierigkeit scheitern können: Die Ungarn waren die Vollstrecker der Habsburger. Sie zu schwächen, hätte das ganze Spektakel zum Scheitern bringen können.

Es gab noch weitere Probleme mit dem 15-Staaten-Plan. So ordentlich er auf der Karte auch aussah, er ignorierte die unübersichtlichen Realitäten der sprachlichen Enklaven, der deutschen Inseln in den Meeren anderer Ethnien, und es ist nicht klar, ob handschriftliche Verweise auf autonome Regionen oder Städte ausgereicht hätten. Außerdem stellt sich die Frage, was mit der jüdischen Bevölkerung des Reiches geschehen wäre, die sich in

Aurel Popovicis Vorschlag für die Vereinigten Staaten von Großösterreich, ca. 1906

den neuen monokulturellen Regionen als Außenseiter ohne eigenen Staat wiedergefunden hätte. Vielleicht wäre das in Ordnung gewesen. Die Geschichte lässt jedoch viele Gründe für das Gegenteil vermuten.

Und vielleicht hätte es einfach nicht funktioniert, um den Nationalismus zu unterdrücken. Der Plan, schreibt Winder, »ging davon aus, dass jede Nationalität innerhalb der Grenzen des habsburgischen Föderalismus glücklich und lediglich *folkloristisch* geblieben wäre. [Aber] warum sollten die böhmischen Deutschen bereit sein, weiterhin in ihrer kleinen waldreichen Provinz zu leben, anstatt sich mit dem Zweiten Reich zu vereinen?« Dreißig Jahre später sollten die Bemühungen, die böhmischen Deutschen mit dem *Dritten* Reich zu vereinen, schließlich einer der vielen Meilensteine auf dem Weg zum Zweiten Weltkrieg werden.

Das Heilige Römische Reich, über das die Habsburger einst herrschten, hatte eine Art Feudalismus am Leben erhalten, lange nachdem der Rest Europas sich davon verabschiedet hatte. Umso bemerkenswerter ist es, dass auch ihr Nachfolgereich letztlich ein Anachronismus war: ein Staat, der nicht auf gemeinsamen Institutionen oder Identität beruhte, sondern schlicht darauf, dass überall der gleiche Kerl mit einer Krone auf dem Kopf an der Spitze stand. Das war sein einziger Daseinszweck, und die starke Bindung der Habsburger an ihre dynastischen Besitzungen war der Grund, warum Österreich vom Prozess der deutschen Einigung ausgeschlossen blieb. Gegen Ende des 19. Jahrhunderts wurde die Vorstellung, dass dynastische Belange Vorrang vor nationalen Gefühlen haben könnten, jedoch immer seltsamer. Vielleicht war die Zeit der Habsburger nach all den Jahrhunderten auch ohne den Krieg und alles, was darauf folgte, einfach abgelaufen.

Wir werden es nie genau wissen. Franz Ferdinand hatte fast 20 Jahre darauf gewartet, Kaiser zu werden, als sein Auto falsch abbog und er im Alter von nur 50 Jahren erschossen wurde. Sein Erbe, das im darauffolgenden Krieg auf der Verliererseite stand, überdauerte ihn nicht lange. Das Europa des 20. Jahrhunderts sollte schließlich doch nicht multikulturell oder föderalistisch werden.

GROSSBRITANNIEN UND FRANKREICH TEILEN DEN NAHEN OSTEN UNTER SICH AUF

Das Sykes-Picot-Abkommen: »Die Grenze im Sand«

Im Oktober 1916, als der Erste Weltkrieg tobte und die Welt im Chaos versank, erklärte sich ein Mann namens Hussein zum König der Araber. Hussein bin Ali, der Sharif und Emir von Mekka, ein Mitglied der Haschemiten-Dynastie, die vom Propheten Mohammed abstammt, hatte einen ebenso guten Anspruch auf diese Rolle wie jeder andere. Und wenn es je ein Jahr gab, in dem es lohnenswert schien, sich einfach zum König von irgendetwas zu erklären – in der Hoffnung, damit durchzukommen –, dann war es wohl 1916.

Hussein jedoch handelte nicht einfach auf gut Glück; aus seiner Sicht hatte er grünes Licht von der damaligen Großmacht erhalten. Er hatte schließlich seinen Teil der Abmachung erfüllt, wie sie im Schriftwechsel mit dem britischen Hochkommissar in Ägypten, Sir Henry McMahon persönlich, festgelegt worden war: Hussein hatte einen arabischen Aufstand gegen die osmanische Herrschaft angeführt. Nun war es an der Zeit, die Früchte zu ernten und einen neuen, unabhängigen Staat zu gründen, bestehend aus allen arabischen Gebieten östlich von Ägypten.

Doch dieses Vorhaben scheiterte. Der in der McMahon-Hussein-Korrespondenz dargelegte Plan war nämlich nicht die einzige Gebietsvereinbarung, die die Briten 1916 abschlossen. Es gab eine weitere, geheime Vereinbarung mit Frankreich, einem Verbündeten, dem sie mit etwas mehr Respekt begegnen wollten, und die die Region noch ein Jahrhundert später heimsuchen sollte: das Sykes-Picot-Abkommen.

Wir betrachten den Ersten Weltkrieg, wie ihn die Teilnehmer damals glücklicherweise noch nicht nannten, oft als den Beginn des 20. Jahrhunderts, der den Weg für Faschismus, Kommunismus und alles, was folgte, ebnete. Dabei übersehen wir manchmal, dass er auch das späte Ende des 19. Jahrhunderts war – der plötzliche, heftige Abschluss eines Jahrhunderts relativen Friedens – und dass die von den Großmächten verfolgten Ziele oft schon seit Jahrzehnten gehegt wurden.

Ganz oben auf der Liste stand die sogenannte »Orientalische Frage«: die weitverbreitete Überzeugung, dass das Osmanische Reich, das von seiner Hauptstadt Konstantinopel/Istanbul aus einen großen Teil des östlichen Mittelmeers kontrollierte, schwach, dekadent, bürokratisch und auf dem Weg zum unvermeidlichen Zusammenbruch sei. Als die Feindseligkeiten ausbrachen, war die Frage, ob der »kranke Mann« Europas unvermeidlich untergehen würde, weniger wichtig als die Tatsache, dass die sogenannten Entente-Mächte nun in der Lage waren, ihm den Rest zu geben. Und so hatten Großbritannien, Frankreich und Russland nach jahrzehntelangen Gesprächen die Möglichkeit, der Landkarte eine neue Gestaltung zu geben. Das Einzige, was ihnen im Weg stand, war die winzige Angelegenheit, den Krieg zu gewinnen.

Die Personen, deren Namen auf dem geheimen anglo-französischen Plan von 1916 standen, waren im Vergleich zu denjenigen, die drei Jahrzehnte zuvor in Berlin die Landkarte Afrikas aufgeteilt hatten (siehe Seite 150), relativ rangniedrige Bürokraten. François Georges-Picot war Diplomat und Anwalt und diente zu dieser Zeit als Konsul in Beirut. Mark Sykes – oder, um ihn mit seinem ganzen Titel zu nennen, Colonel Sir Tatton Benvenuto Mark Sykes, sechster Baronet – war ein Veteran des Burenkriegs und konservativer Abgeordneter, der für Lord Kitchener im Kriegsministerium arbeitete. Ein gewisses Gefühl dafür, wie willkürlich die Vereinbarung war, die sie untereinander aushecken würden, lässt sich vielleicht aus der Tatsache ableiten, dass Sykes dem Premierminister Herbert Asquith bei einem Vorgespräch im Jahr 1915 gesagt haben soll: »Ich möchte eine Linie vom ›E‹ in Acre bis zum letzten ›K‹ in Kirkuk ziehen.«

Alles in allem tat er genau das. Russland, der alliierten Macht, wurden Istanbul, die Dardanellen und ein großer Teil Anatoliens versprochen. Der Kern der Vereinbarung bestand jedoch darin, dass Frankreich die Küste der nördlichen Levante (der heutige Libanon und Syrien) verwalten sollte, ein Gebiet, in dem bereits viel französisches Geld investiert worden war, während Großbritannien das ölreiche südliche Mesopotamien um Basra und Bagdad herum übernehmen sollte. Dazwischen sollte eine Zone liegen, die nicht direkt kolonisiert, sondern durch eine lange, gerade Grenze durch die Wüste in französische und britische Einflussbereiche aufgeteilt werden sollte. Die sprichwörtliche »Linie im Sand« würde jeden geplanten arabi-

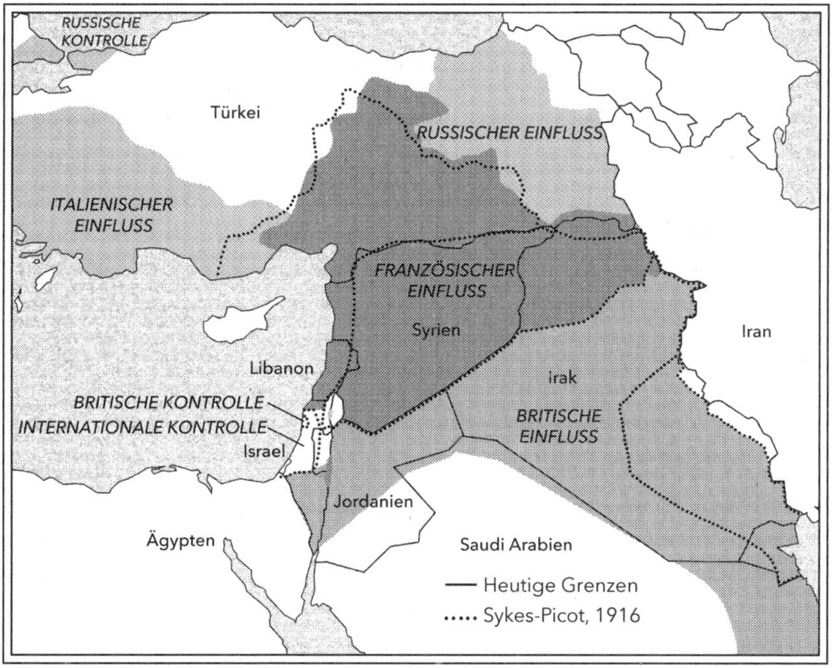

Die im Sykes-Picot-Abkommen und in den damit verbundenen Vereinbarungen von 1916 festgelegten Einflussbereiche, unterlegt mit den heutigen Grenzen schen Staat unweigerlich in zwei Hälften teilen und auch Völker wie die Kurden und die Drusen trennen.

Das Sykes-Picot-Abkommen war nicht der erste Plan der »Triple Entente«, das Osmanische Reich im Verlauf des Krieges aufzuteilen, und auch nicht der letzte. Ein Großteil der Vereinbarung wurde bereits im Abkommen über Konstantinopel vom April 1915 vorweggenommen, das Russland die Kontrolle über Konstantinopel und die Dardanellen zusichern sollte – und damit den Zugang vom Schwarzen Meer zum Mittelmeer für die russische Marine ermöglicht hätte. Später wurde dem inzwischen revolutionären Russland im Vertrag von Saint-Jean-de-Maurienne – der von britischen, französischen und italienischen Staats- und Regierungschefs in einem Zug im Südosten Frankreichs ausgehandelt wurde – sein Anteil an der Beute verweigert und stattdessen Italien ein großer Teil Anatoliens zugesprochen.

Auch die Mittelmächte (Deutschland, Österreich-Ungarn und das Osmanische Reich selbst) waren einer kreativen Kartierung nicht abgeneigt, obwohl ihre Pläne notwendigerweise bescheidener ausfielen, da ihre Vorschläge auf der Idee basierten, dass das Osmanische Reich *nicht* untergehen würde: Konstantinopel sollte ein paar Provinzen im Kaukasus oder am Schwarzen Meer zurückerhalten, die im Russisch-Osmanischen Krieg von 1877/78 an Russland verloren gegangen waren, und etwas vom Balkan zurückgewinnen, der kürzlich vom Virus des Nationalismus befallen worden war – so in etwa.

Die neue Karte der Region, die letztlich aus dem Krieg hervorging, hatte nur noch eine entfernte Ähnlichkeit mit der im Jahr 1916 vereinbarten Karte. Die Vorstellung, dass es eine lange, gerade Linie durch die Wüste geben sollte, die ein französisches Mandatsgebiet (das zu Syrien wurde) von einem britischen (Irak) trennt, hielt sich hartnäckig. Ebenso die Idee, dass es an der Mittelmeerküste andere politische Regelungen geben sollte als im Landesinneren.

Die genauen Grenzen, die geschaffen wurden, waren jedoch nicht die, die im Sykes-Picot-Abkommen festgelegt wurden. Obwohl das Osmanische Reich fiel, gelang es nationalistischen Truppen, die unter dem Mann kämpften, der später als Kemal Atatürk bekannt werden sollte, Anatolien für eine neue Nation, die Türkei, zu erhalten. Während das Abkommen einen internationalen Status für die Region um Jerusalem vorsah, eine

Stadt im Herzen mehrerer Religionen, unterstützte die britische Regierung in der Balfour-Deklaration von 1917 die Idee eines jüdischen Staates. Drei Jahrzehnte später sollte dies in Form von Israel Wirklichkeit werden (mehr dazu auf Seite 237). Und wo das Abkommen von 1916 das Land um Mosul in den französischen Einflussbereich gebracht hatte, wurde es schließlich zum nördlichen Teil des Irak, der unter britischem Einfluss stand. Die heutige Grenzlinie, so umstritten sie auch sein mag, ist keine Linie, die Sykes, Picot und ihre Teams jemals gezogen haben.

Und doch ist das Sykes-Picot-Abkommen noch immer das Etikett, das an einem ganzen Korb historischer Missstände haftet, von denen nicht alle etwas mit dem Abkommen zu tun haben, das eigentlich diesen Namen trägt. Als die militante Gruppe, die sich Islamischer Staat nennt, 2014 durch die Region fegte, twitterte sie Bilder von ihren Bulldozern, die die Grenze planierten, zusammen mit einer Erklärung ihres »Kalifen« Abu Bakr al-Baghdadi, dass »dieser gesegnete Vormarsch nicht aufhören wird, bis wir den letzten Nagel in den Sarg der Sykes-Picot-Verschwörung eingeschlagen haben«. Die betreffende Grenze lag wahrscheinlich mehrere hundert Meilen von der von Picot und Sykes vorgeschlagenen Linie entfernt. Und es sind nicht nur aggressive Krieger, die so reden. 2016 sagte Masoud Barzani, Präsident der autonomen irakischen Region Kurdistan, gegenüber der BBC: »Das sage nicht nur ich, Tatsache ist, dass das Sykes-Picot-Abkommen gescheitert ist, es ist vorbei.«

Es ist wenig überraschend, dass ein Volk, dessen Land durch Verträge, die von westlichen Mächten geschlossen wurden, zerteilt wurde, eben diese Verträge oder Mächte ablehnt. Für viele ist es ein tatsächliches Unrecht; für andere bietet es willkommene Propaganda – eine Möglichkeit, bestehende Staaten als unrechtmäßig darzustellen und den Westen als Verschwörer, der die Region bewusst gespalten halten will. Für dieselben Westler ist es eine Erbsünde, etwas, das für die Instabilität der Region verantwortlich ist und in einer weit zurückliegenden Vergangenheit wurzelt, und nicht etwa in außenpolitischen Entscheidungen, die sie in jüngerer Zeit getroffen haben. Aber warum Sykes-Picot? Warum nicht eines der anderen Abkommen, die davor oder danach geschlossen wurden?

Ein Grund dafür liegt vielleicht in der Art und Weise, wie das Abkommen der Weltöffentlichkeit bekannt wurde. Zwar hatte das Russische Reich das Abkommen unterzeichnet und hätte erheblich davon profitiert – Konstantinopel war kein geringes Zugeständnis –, doch war kein Name eines russischen Unterhändlers damit verbunden. Mehr noch: Ende 1917 wusch sich die neu gegründete kommunistische Regierung von dem zuvor geheim gehaltenen Abkommen rein, indem sie dessen vollständige Details in ihrer Zeitung *Prawda* veröffentlichte. Das war offensichtlich ein Schock für die arabischen Verbündeten der Entente, die sich zu diesem Zeitpunkt bereits mitten in ihrem Aufstand gegen das Osmanische Reich befanden. Dies war der Moment, in dem der Verrat Großbritanniens an seinem Versprechen eines panarabischen Heimatlandes offensichtlich wurde. Welcher Vertrag auch immer schließlich in Kraft trat, Sykes-Picot war der Moment, in dem sie es *erfuhren*. (Sir Henry McMahon und seine Kollegen glaubten vielleicht nicht, ein solches Versprechen gegeben zu haben, aber sie mussten doch gewusst haben, dass die Araber es so *verstanden* hatten. Das war schließlich ein wichtiger Grund dafür, dass sie überhaupt gegen die osmanische Herrschaft rebellierten.)

Ich denke, es gibt noch zwei weitere Gründe, warum die Region ausgerechnet Sykes-Picot besonders hassen sollte. Zum einen, weil dieses Abkommen – anders als viele andere Geschichten, in denen europäische Imperien aus purem Eigeninteresse andere über den Tisch gezogen haben – vergleichsweise jüngeren Datums ist und bis heute immer wieder in den Nachrichten auftaucht. »Alle Grenzen, nicht nur die im Nahen Osten, sind natürlich künstlicher Natur«, bemerkte der Historiker James L. Gelvin von der University of California in einem Artikel aus dem Jahr 2016 anlässlich des hundertjährigen Jubiläums des Abkommens. »Wenn man sich Sorgen um die Beständigkeit von Staaten machen will, deren Grenzen von weit entfernten Diplomaten gezogen wurden, sollte man sich nicht nur um Syrien und den Irak sorgen, sondern ebenso um Belgien.« Vielleicht würden wir das auch tun – wenn Flamen und Wallonen Krieg führten.[52]

52 Im selben Artikel wies Gelvin auf einen weiteren Grund hin, warum die Fixierung auf das Sykes-Picot-Abkommen aus mancher Perspektive etwas merkwürdig erscheinen mag. »Bei all dem Gerede über künstliche Grenzen in diesem besonderen Winkel der arabischen Welt vergisst man leicht eine wesentliche Tatsache: Das Staatensystem in der arabischen Welt ist seit fast einem Dreivierteljahrhundert bemerkenswert stabil«, schrieb er. »Es ist sogar stabiler als das europäische Staatensystem.«

Der andere Grund ist, dass es einen Namen hat. Wie wir in dieser Geschichte immer wieder gesehen haben – vom Westfälischen Frieden über die Berliner Konferenz bis hin zur Mason-Dixon-Linie – kann eine Synekdoche, also ein Begriff, unter dem sich mehrere Jahrzehnte komplizierter diplomatischer Entwicklungen zusammenfassen lassen, helfen, eben diese Prozesse einfacher zu benennen und darüber zu sprechen. Die Briten hatten ihre arabischen Verbündeten verraten. Sykes-Picot machte aus dieser Tatsache eine Geschichte.

Was geschah mit den Akteuren, die in diese Geschichte verwickelt waren? Sir Mark Sykes starb 1919 im Alter von nur 39 Jahren an der Grippepandemie und erlebte nicht mehr, was er angerichtet hatte. François Georges-Picot war von 1917 bis 1919 Hochkommissar in Palästina und Syrien, wechselte danach aber in andere Posten in anderen Regionen; er lebte bis 1951, doch seine Karriere hinterließ in der Geschichte keine weiteren Spuren.[53]

Die Familie von Hussein bin Ali hatte größeren Einfluss. Obwohl sein Anspruch, König der Araber zu sein, so gut wie überall ignoriert wurde, wurde er von 1916 bis 1924 als König von Hedschas, einer Region im Westen Arabiens, anerkannt, bis er durch die Invasion der Wahhabiten zur Abdankung gezwungen wurde, was zur Gründung Saudi-Arabiens führte. Er starb 1931 am Hof seines zweiten Sohnes Abdullah, der zu diesem Zeitpunkt König von Transjordanien war (das »Trans« wurde bei der Unabhängigkeit 1946 gestrichen). Sein dritter Sohn, Faisal, regierte nebenan im Irak.[54]

Es war Faisal, der in Damaskus ein kurzlebiges arabisches Königreich errichtete, nachdem die Stadt im Oktober 1918 an westliche Truppen gefallen war, und der seine Familie und sein Volk im folgenden Jahr bei der Friedenskonferenz in Versailles vertrat. Aber die Franzosen wollten kein neues arabisches Königreich in ihrem Einflussbereich, und die Briten hörten auf die Franzosen. Die Araber weigerten sich, den daraus resultierenden Vertrag zu ratifizieren, um gegen die Regime zu protestieren, die er dem Nahen Osten auferlegte. Das machte am Ende keinen Unterschied.

---

53 Sein Großneffe tat es jedoch: Valéry Giscard d'Estaing war von 1974 bis 1981 Präsident Frankreichs.

54 Sein ältester Sohn Ali folgte ihm für ein Jahr in Hedschas nach, bevor auch er vertrieben wurde.

DIE TEILUNG VON ULSTER

Oder: Warum gibt es eigentlich Nordirland?

Vielleicht fragen Sie sich, wie die Versuche der Anglo-Schotten, den gesamten Osten Irlands neu zu besiedeln, letztlich zu einer Grenze zwischen der modernen Republik Irland und dem Vereinigten Königreich von Großbritannien und *Nord*irland geführt haben.

Die Pläne, die gesamte katholische Bevölkerung Irlands nach Westen in die Grafschaft Connacht zu drängen und sie durch gefügige protestantische Briten zu ersetzen, erwiesen sich als undurchführbar – nicht etwa aufgrund dessen, dass die Moral plötzlich die Oberhand gewann, sondern weil es einfach nicht genug bereitwillige Siedler gab. Von den rund 100 000 britischen Siedlern, die in den anderthalb Jahrhunderten zwischen dem Beginn der Besiedlung und dem Ende des 17. Jahrhunderts nach Irland kamen, ließen sich vielleicht 10 000 auf dem beschlagnahmten Land nieder. Doch obwohl im Zuge der Cromwell'schen Kriege der katholische Landbesitz in Irland von etwa 60 Prozent auf möglicherweise nur noch 10 Prozent schrumpfte (die Schätzungen variieren), blieb die Bevölkerung in vielen Regionen mehrheitlich irisch.

Das Ergebnis war eine Kultur, die sich dadurch auszeichnete, dass die Großgrundbesitzer abwesend blieben, und in der das hartnäckig katholische Irland von einer relativ kleinen Anzahl protestantischer Familien regiert wurde, eine Zeit, die als »protestantische Vormachtstellung« bekannt ist. Das Sicherheitsproblem, das durch die Kolonialisierung Irlands, die sogenannte »Pflanzungspolitik« gelöst werden sollte, bestand nicht nur weiterhin, sondern wurde durch den Groll über die unterdrückende Minderheitsherrschaft aktiv angeheizt. Als also am Ende des 18. Jahrhunderts irische Rebellen sich erneut mit den Feinden Großbritanniens zusammentaten, diesmal mit dem revolutionären Frankreich, geriet Großbritannien – nun *war* es definitiv Großbritannien – in Panik und versuchte es mit einer neuen Strategie. Durch den Act of Union von 1801 wurde das Parlament in Dublin vom Parlament in Westminster einverleibt; Irland hörte auf, eine Kolonie zu sein, und wurde stattdessen Teil des imperialen Kernlandes, das fortan den neuen Namen Vereinigtes Königreich von Großbritannien und Irland tragen sollte.

Diese Variante von »Wenn du sie nicht besiegen kannst, schließe dich ihnen an« schien eine Zeit lang aufzugehen: Die Iren spielten eine unverhältnismäßige Rolle beim Aufbau und der Verwaltung des britischen Empire, während irische Nationalisten sich allmählich Sorgen über das Phänomen des »West Briton« machten, einer Art Ire, der sich entnervt damit abfand, Brite zu sein. Es gab jedoch Anzeichen dafür, dass die Briten die Iren nicht vollständig als ihre Verwandten akzeptierten. In beliebten Karikaturen wurden sie als wilde Moorwesen dargestellt. Obwohl die meisten Gesetze, die Katholiken diskriminierten, um die Jahrhundertwende aufgehoben wurden, blieben einige bis in die Neuzeit in Kraft. (Eines davon, das es Personen verbot, die einen »Papisten« heirateten, den Thron zu erben, wurde erst 2013 abgeschafft.) Noch schlimmer war, dass die Regierung in London zwischen 1845 und 1849 völlig versagte, als es darum ging, die durch die Kartoffelfäule verursachte Hungersnot in Irland zu lindern, und Tausende einfach am Straßenrand sterben ließ.[55]

---

55 Ich überspringe die Große Hungersnot in Irland, weil sie nicht direkt mit Karten oder Grenzen zusammenhängt, obwohl die Konzentration des Landbesitzes in den Händen von etwa 5000 meist abwesenden Großgrundbesitzern sicherlich nicht hilfreich war. Aber die Gräueltaten sind aus der irischen Geschichte nicht wegzudenken und ein schwerer Makel für das britische Gewissen. Dies trug nicht nur zur Entstehung einer Diaspora bei, die die perfiden Briten, die es versäumt hatten, diejenigen zu retten, von denen sie behaupteten, sie seien ihre Landsleute, nicht ganz zu Unrecht hasste. Nein, es führte auch dazu, dass die Bevölkerungszahl Irlands, das am Vorabend der Hungersnot fast halb so viele Einwohner hatte wie England, in einer Zeit zurückging, in der die Population in praktisch jedem anderen Land Westeuropas boomte. Dies war größtenteils auf die Auswanderung zurückzuführen, aber es bleibt eine schockierende Tatsache, dass die Bevölkerung Irlands immer noch niedriger ist als 1841.

Gegen Ende des 19. Jahrhunderts führte die Größe des irischen Wahlblocks in Westminster dazu, dass die britische Innenpolitik zunehmend von Streitigkeiten darüber beherrscht wurde, ob Irland »Home Rule«, also autonome Selbstverwaltung, gewährt werden sollte oder nicht – keine vollständige Unabhängigkeit, sondern etwas, das der österreichisch-ungarischen Doppelmonarchie näher kam, oder die Übertragung von innerstaatlichen Befugnissen, die Schottland und Wales seit 1999 gewährt wurden. Selbst diese begrenzte Änderung erwies sich, gelinde gesagt, als umstritten. Auf der britischen Seite der Irischen See blockierte das von Großgrundbesitzern dominierte House of Lords wiederholt den Gesetzentwurf; auf der irischen Seite hatten die Nachkommen der englischen und schottischen protestantischen Siedler Anfang der 1910er-Jahre damit begonnen, Treueschwüre zu unterzeichnen, paramilitärische Gruppen zu bilden und Waffen aus dem Deutschen Reich einzuschmuggeln. Hätte der Erste Weltkrieg nicht dazwischengefunkt, so der Historiker Paul Rouse vom University College Dublin, hätten die Britischen Inseln in einem Bürgerkrieg versinken können.

Schließlich wurde das Home-Rule-Gesetz jedoch trotz solcher Widerstände verabschiedet: Der Government of Ireland Act erhielt am 18. September 1914 schließlich die königliche Zustimmung. Zu diesem Zeitpunkt hatte die britische Regierung jedoch andere Sorgen, sodass das Gesetz nie umgesetzt wurde.[56] Und da London durch einen Weltkrieg abgelenkt war, sah eine Gruppe irischer Nationalisten die perfekte Gelegenheit, sich für etwas Radikaleres einzusetzen. Am Ostermontag 1916 übernahm die Irish Republican Brotherhood die Kontrolle über mehrere strategisch wichtige Gebäude in Dublin und rief eine unabhängige Irische Republik aus. Theoretisch erhielten sie eine gewisse Unterstützung vom Deutschen Kaiserreich, das – eine Idee aufgreifend, die zuvor schon das revolutionäre Frankreich und das spanische Imperium verfolgt hatten – eine Gelegenheit sah, die Briten auf ihrem eigenen Boden zu destabilisieren, und den Rebellen Waffen versprach. (Die Lieferung wurde von den britischen Behörden ab-

---

56 Rein technisch wurde es am selben Tag wie die Suspensory Bill verabschiedet, das seine Wirkung jedoch aufschob. Sechs ziemlich ereignisreiche Jahre später wurde es schließlich wieder aufgehoben.

gefangen und traf nie ein.) Was ihnen fehlte, war die starke Unterstützung der irischen Bevölkerung.

Bis die britische Regierung die Revolutionäre besiegt, zusammengetrieben und erschossen hatte.

Die daraus resultierende Empörung führte zu einem wachsenden Widerstand gegen die Wehrpflicht in Kriegszeiten, zu einer Mehrheit für die irisch-nationalistische Partei Sinn Féin bei den irischen Sitzen in der britischen Parlamentswahl im Dezember 1918 und zu einem Boykott des britischen Parlaments zugunsten eines neuen irischen Parlaments, das umgehend die Unabhängigkeit erklärte. Es musste noch ein Krieg geführt werden, um dies zu verwirklichen, aber dennoch sollte Irland endlich unabhängig sein.

Allerdings nicht ganz Irland. Die protestantische Bevölkerung der Unionisten, die sich vor allem im Nordosten konzentrierte, hatte sich drei Jahrhunderte lang als Briten in Irland verstanden. Sie wollten keine Minderheit in einem neuen Land sein.

Als der Erste Weltkrieg sich dem Ende zuneigte, ernannte die britische Regierung daher einen Ausschuss, der die »Home Rule« überdenken sollte. Der Plan bestand darin, die Insel zu teilen, wobei die inneren Angelegenheiten von *zwei* Parlamenten verwaltet werden sollten: eines für die neun, größtenteils unionistischen Grafschaften der nördlichsten Provinz Ulster und ein weiteres für die anderen drei Provinzen. Den Unionisten reichte dies jedoch nicht. Aus Sorge um die nationalistische Sympathie im Westen von Ulster überzeugten sie die Regierung, die drei am stärksten katholisch geprägten Grafschaften – Cavan, Donegal und Monaghan – aus dem Plan herauszunehmen.[57] Dies bedeutete, dass das neue Nordirland sechs statt neun Grafschaften umfassen würde; und seine Bevölkerung bestand zu zwei Dritteln aus Protestanten und nur zu einem Drittel aus Ka-

57 Ein Aspekt der englischen/britischen Besatzung, der sich übrigens als bemerkenswert hartnäckig erwiesen hat, ist das »shiring« von Irland: die Aufteilung des Landes in 32 Grafschaften, beginnend mit Dublin im 12. Jahrhundert und endend mit Wicklow im Jahr 1606. Dies war ein Instrument der Kolonialverwaltung, ganz zu schweigen von der Auferlegung einer Art Landteilung, die im frühmittelalterlichen Wessex erfunden wurde. Aber es ist ein Instrument, das in der irischen lokalen Identität bis heute stark ausgeprägt ist, in allen Bereichen, vom Sport bis zur Politik.

tholiken. Man ging davon aus, dass dies effektiv eine dauerhafte protestantische Mehrheit und eine dem Vereinigten Königreich loyale Region schaffen würde. Als Irland 1922 unabhängig wurde, hatte es also eine Nordgrenze, die nicht nur Irland, sondern auch Ulster teilte.

Egal, wie weit Sie sich von Belfast entfernt befinden, während Sie dies lesen, Sie haben bestimmt eine Vorstellung davon, wie das abgelaufen ist. Die unionistische Mehrheit regierte Nordirland nicht nur, sondern beherrschte es. Ihre Anführer stammten aus dem ultraprotestantischen Oranierorden; die katholische Minderheit wurde diskriminiert und von Regierung, Polizei, Justiz und Arbeitsplätzen ausgeschlossen. Im Jahr 1969, dem 800. Jahrestag der ersten Ankunft Heinrichs II. in Irland, führten Bürgerrechtsmärsche zu Unruhen, die zu Gewalt zwischen den Bevölkerungsgruppen führten, was wiederum den Aufstieg sowohl nationalistischer als auch unionistischer paramilitärischer Gruppen zur Folge hatte. Das führte zu einer beträchtlichen britischen Militärpräsenz, die selten unparteiisch war, und zu mehr Unterdrückung, mehr Angriffszielen und mehr Gewalt – teilweise offiziell sanktioniert. Als die »Troubles« mit dem Karfreitagsabkommen von 1998 endeten, gab es bereits mehr als 3000 Tote und 50 000 Verletzte.

Dieser Konflikt ist glücklicherweise Geschichte. Aber eine Sache, die dazu beitrug, das Gift zu beseitigen, war die schwindende Bedeutung der Grenze. Die Tatsache, dass sowohl das Vereinigte Königreich als auch Irland der Europäischen Union beigetreten waren, ließ die Frage, ob Nordirland britisch oder irisch war, nicht nur weniger wichtig erscheinen: Es machte auch Grenzposten überflüssig, die zu Zielen werden könnten. In der Praxis, wenn nicht sogar in der Theorie, verlor die Grenze langsam an Bedeutung.

Und dann, im Jahr 2016, stimmte die britische Bevölkerung für den Austritt aus der Europäischen Union, wodurch die Notwendigkeit einer kontrollierten Grenze zwischen den beiden Ländern erneut in den Fokus rückte. Was dies für die Menschen in Irland bedeuten könnte, wurde nach acht Jahrhunderten, in denen man sich in die Angelegenheiten der Insel eingemischt hatte, kaum diskutiert.

Übrigens wirkt diese sorgfältig zurechtgeschnittene, dauerhafte Mehrheit heutzutage nicht mehr ganz so beständig. Die Volkszählung im Vereinigten Königreich von 2021 ergab, dass erstmals in der Provinz mehr Menschen sich als Katholiken identifizierten denn als Protestanten. Zwei Jahre später erreichte Sinn Féin – die nationalistische Partei, die während der »Troubles« die IRA unterstützt hatte – erstmals den höchsten Stimmenanteil bei Kommunalwahlen. Die Wiedervereinigung Irlands steht wahrscheinlich nicht unmittelbar bevor – dafür wäre ein Referendum erforderlich und es würde viele Umwälzungen mit sich bringen, ganz zu schweigen von den erheblichen Problemen, die in der Republik Irland selbst zu bewältigen wären –, aber sie erscheint deutlich plausibler als vor 2016. Diese Geschichte ist möglicherweise noch nicht zu Ende.

DIE TEILUNG INDIENS

Die größte und tödlichste Völkerwanderung der Geschichte

Bei jedem Sonnenuntergang vollziehen zwei rivalisierende Grenztruppen entlang der Grenze, die Punjab durchschneidet, ein Ritual, das auf unheimliche Weise an etwas aus Monty Pythons *Ministerium für alberne Gangarten* erinnert.

Es gibt mehrere Orte, an denen Mitglieder der indischen Grenzsicherungskräfte und der pakistanischen Grenztruppen solche Zeremonien durchführen, bekleidet mit Uniformen, die mit Orden übersät sind und mit etwas, das aussieht, als hätten sie Fächer auf ihren Köpfen. Die berühmte Zeremonie, für die die Behörden auf beiden Seiten Zuschauertribünen gebaut haben, um die Touristen aus ganz Südasien und weit darüber hinaus zu empfangen, findet zwischen den Dörfern Attari in Indien und Wagah in Pakistan statt. Dort führen die beiden Militärs, die zwar nicht ganz gleich, aber dennoch ähnlich gekleidet sind, eine aufwendige Parade auf – mit vielen hohen Beinschwüngen und synchronisiertem wütendem Anstarren. Nachdem jede Seite ihre Flagge eingeholt und zusammengefaltet hat, wenden sie sich voneinander ab und schließen das Tor über der Grand Trunk Road.[58]

Diese Zurschaustellung synchroner Einschüchterung schafft es auf irgendeine Weise, sowohl Zusammenarbeit als auch Rivalität in einem Zug

58 Falls Sie nicht vorhaben, die Grenzregion Lahore/Amritsar in nächster Zeit zu besuchen, können Sie sich das alles auf YouTube ansehen.

zu vereinen. Das sollte nicht überraschen: Es handelt sich um ein Volk, das Sprache, Kultur und Küche teilt, aber vor weniger als einem Menschenalter in zwei Länder geteilt wurde, die seitdem mehr als einmal gegeneinander Krieg geführt haben. In einer Dokumentation für den BBC World Service aus dem Jahr 1997, die anlässlich des 50. Jahrestags der Teilung produziert wurde, fasste der Journalist Andrew Whitehead die Parade zusammen: »Im Gleichklang, aber nicht in Harmonie.«

Der indische Subkontinent war lange Zeit ein Flickenteppich aus Sprachen, Kulturen und Religionen. Als die Europäer nach 1500 begannen, in großer Zahl dort herumzuschnüffeln, gab es den Hinduismus und den Buddhismus bereits seit Jahrtausenden, und eine aufstrebende neue Glaubensrichtung namens Sikhismus gewann im Punjab Anhänger. Die vorherrschende Macht in der Region war jedoch das Mogulreich, das in Kabul seinen Anfang nahm und sich allmählich nach Süden ausdehnte, wobei es den Islam verbreitete.[59]

Die Region war so reich an Gewürzen, Textilien und anderen Luxusgütern, dass alle möglichen Kolonialreiche dort Handelsposten errichteten. Die ersten, die in Erscheinung traten, waren die Portugiesen, deren Interesse an Indien dazu führte, dass sie die westliche Halbkugel ohne Weiteres den Spaniern überließen. Ihnen folgten die Franzosen, die Niederländer und sogar, unverhofft, die Dänen. Doch es war die Britische Ostindien-Kompanie, die nach und nach die Kontrolle über den Subkontinent übernahm – ein Gebiet, das fast so groß war wie das nichtrussische Europa und deutlich mehr Einwohner aufwies. Und all das war nun in den Händen eines äußerst fragwürdigen Unternehmens. Dies änderte sich erst nach 1857, als der Krieg, der euphemistisch als »Meuterei«, »Rebellion« oder »Aufstand« bezeichnet wurde, den britischen Staat dazu veranlasste, die volle koloniale Kontrolle zu übernehmen, in einer Zeit, die in die Geschichte als »British Raj« einging.

Im frühen 20. Jahrhundert kämpften Aktivisten für die Unabhängigkeit, und Mitte der 1940er-Jahre waren die Briten – körperlich, emotional

---

59 Der Gründer dieses Reiches, Babur, behauptete, von Dschingis Khan auf der einen Seite und Timur/Tamerlan auf der anderen Seite abzustammen. Ein wahrlich beeindruckender Stammbaum für einen Möchtegern-Eroberer.

und finanziell erschöpft vom Krieg – bereit, ja sogar versessen darauf, dem nachzukommen. Das einzige Problem bestand darin, dass die Führer der Region sich nicht darüber einig waren, aus wie vielen Ländern sie bestehen sollte. Der Indische Nationalkongress, die führende Unabhängigkeitsbewegung, war entschlossen, ein einziges Indien zu schaffen. Dies, so war ihr Anführer Jawaharlal Nehru überzeugt, sei der beste Weg, um den Sozialismus in sein Land zu bringen und so die Armut zu bekämpfen.

Aber einer der Tricks, die sich für die Briten als hilfreich erwiesen hatten, als sie ein Gebiet von der Größe Europas mit nur ein paar tausend Mitarbeitern regierten, war das Motto »Teile und herrsche«: die Einbindung von Kaste und Glaubensbekenntnis in die Strukturen des Imperiums; die verschiedenen Gemeinschaften gegeneinander ausspielen, um sicherzustellen, dass sie sich nicht gegen die Kolonialherren verbünden. Sogar als ein gewisses Maß an Demokratie eingeführt wurde, wurden getrennte kommunale Wählerschaften geschaffen, in denen beispielsweise die muslimische Minderheit für ihren eigenen Kandidatenblock stimmen würde, um die Vertretung der Muslime sicherzustellen. Die jüngsten Ereignisse in Europa hatten darüber hinaus deutlich gemacht, wie gefährlich es sein kann, einer ethnischen oder religiösen Minderheit anzugehören.

Als die Briten schließlich ernsthaft über einen Rückzug diskutierten, war der Anführer der All-India Muslim League, Muhammad Ali Jinnah – ein Mann, der einst fest an die Einheit Indiens geglaubt hatte – überzeugt, dass der einzige Weg, die Interessen der Muslime, die ein Fünftel der Bevölkerung ausmachten, zu schützen, in einem eigenen Staat bestand. In den muslimisch dominierten Gebieten errang die Liga 1945/1946 bei den nationalen Wahlen und bei den regionalen Wahlen auf Provinzebene einen überwältigenden Sieg. Damit mussten nun auch ihre Ziele berücksichtigt werden.

Aus diesem Grund entsandte die britische Regierung 1946 eine Delegation nach Indien, um einen für beide Seiten akzeptablen Leitplan zu finden. Der »Cabinet Mission Plan« war ein kompliziertes dreistufiges System mit einer schwachen Bundesregierung an der Spitze und mächtigen Provinzregierungen an der Basis. Dazwischen sollten drei Gruppen von Provinzen liegen: eine in den überwiegend muslimischen Gebieten im Nordwesten, einschließlich Punjab, eine weitere in den überwiegend muslimischen

Gebieten im Osten, inklusive Bengalen, und eine dritte in dem riesigen, hauptsächlich hinduistischen Gebiet dazwischen. (Die 40 Prozent des Subkontinents, die aus »Fürstentümern« bestanden, die von lokalen Herrschern regiert wurden und direkt der Krone unterstanden, wurden ausgeschlossen.) Man hoffte, damit die Quadratur des Kreises zu erreichen: ein Indien mit Schutz für muslimische Gebiete.

Doch es funktionierte nicht. Trotz Bedenken schienen beide Parteien den Plan zunächst zu akzeptieren. Aber Nehru befürchtete, dass dies eine schwache Zentralregierung bedeuten würde, die nicht in der Lage wäre, Indien zu modernisieren – und am 10. Juli hielt er eine Rede, in der er deutlich machte, dass seine Partei sich nicht verpflichtet fühlte, dem Plan zu folgen. Besessen von der Panik, dass die Opposition des Kongresses die Gründung Pakistans auf verfassungsrechtlichem Wege unmöglich machen würde, zog Jinnah seine Unterstützung zurück und erklärte den 16. August zum »Direct Action Day« (Tag der direkten Aktion, hierzulande besser bekannt als die »Kalkutta-Unruhen vom 16. August 1946«, Anm. d. Übers.). Was es bedeutete, erklärte er nicht.

Kalkutta, einst die Hauptstadt Britisch-Indiens, war eine Stadt mit hinduistischer Mehrheit im mehrheitlich muslimischen Bengalen. Welche dieser Gemeinschaften an diesem Tag die Unruhen auslöste, ist unklar – die Berichte gehen auseinander, und es gab wahrscheinlich ohnehin nicht nur einen einzigen auslösenden Vorfall. Wie auch immer die Wahrheit aussehen mag, friedlicher Protest und Gegenprotest führten bald zu Gewalt, Brandstiftung und schließlich zu Morden auf den Straßen. Viele Menschen auf beiden Seiten scheinen geglaubt zu haben, dass sie in Notwehr handelten.

All dies war natürlich fürchterlich. Ebenso schrecklich ist die Tatsache, dass die britischen Behörden es kommen sahen, aber abgesehen von der Ausrufung eines Nationalfeiertags in der Hoffnung, die Stadt geschlossen zu halten, wenig unternahmen, um den Terror zu verhindern. Als der »Direct Action Day« vorbei war, gab es geschätzt 4000 Tote, 100 000 Obdachlose und viele Radikalisierte, deren Zahl nicht bekannt ist. In den folgenden Monaten versuchten sowohl der Kongress als auch die Liga, mit dem Gedenken an Kalkutta Unterstützung zu gewinnen. Es kam zu weiteren Unruhen und mehr Toten, als Hindus und Muslime gleichermaßen Rache üben wollten.

Im März 1947 kam ein neuer Vizekönig aus Großbritannien nach Indien – mit dem ausdrücklichen Auftrag, die Voraussetzungen für das Ende seiner eigenen Amtsgewalt zu schaffen. Louis Mountbatten war ein Kriegsheld und in gewisser Weise ein Mitglied der königlichen Familie. Er hoffte, Indien möglichst in einem Stück zusammenzuhalten, aber seine Aufgabe bestand darin, Großbritannien bis spätestens Ende Juni 1948 abzuziehen und dabei den Ruf des Landes so wenig wie möglich zu schädigen. Das, so entschied er fast sofort, war eine zu lange Frist: Da seine Ankunft von noch mehr Unruhen begleitet wurde, entschied Mountbatten, dass die Situation zu instabil war, um das britische Engagement zu verlängern. Um einen Bürgerkrieg zu verhindern – oder zumindest die Beteiligung Großbritanniens an einem Bürgerkrieg –, sollte Indien so schnell wie möglich die Unabhängigkeit erhalten.

Es gibt eine Reihe von Gründen, warum Mountbatten für die Aufgabe, die ihm die Geschichte zugedacht hatte, vielleicht nicht die beste Wahl war. Einer davon ist, dass er davon besessen zu sein schien, die Würde des Empires zu wahren – er trug Galauniformen, die mit Medaillen übersät waren, und saß unbefangen auf einem Thron, und zwar genau in dem Moment, in dem es politisch angebracht gewesen wäre, diese Dinge eher kleinzuhalten. Ein weiterer Grund war, dass er bei Verhandlungen einen kumpelhaften Ansatz verfolgte, in dem Glauben, dass die Lösung schwieriger Probleme darin bestehe, dass die Beteiligten zusammenkommen und sie bei einem Whisky durcharbeiten. Bei Nehru funktionierte das hervorragend: Die beiden wurden schnell enge Freunde. Jinnah hingegen war kühler und entschlossen, die Beziehungen streng professionell zu halten. »Ich betrachte Jinnah«, schrieb Mountbatten eines Tages in seinen Notizen, »als einen Fall von pathologischer Persönlichkeitsstörung.«

Es gab noch einen weiteren Faktor, der Mountbatten daran hinderte, als ehrlicher Vermittler zwischen den beiden Staatsmännern zu fungieren. Seit einigen Jahren führten er und seine Frau Edwina eine offene Ehe, und während seines Aufenthalts in Indien begannen sie und Nehru eine Affäre. Überraschenderweise scheint dies den Vizekönig nicht gegen ihn aufgebracht zu haben: Vielmehr verschaffte diese Nähe zur Familie dem Kongressführer einen frühen Einblick in die Pläne der Briten. Angesichts des Tempos, mit der sich die Ereignisse entwickelten, war dies kein geringer Vorteil.

Was Mountbattens erster Vorschlag, der innerhalb von vier Wochen und ohne Mitwirkung der indischen Führungsfiguren ausgearbeitet wurde, vorsah, lässt sich bereits aus seinem Namen ablesen: Plan Balkan hätte den Subkontinent in bis zu ein Dutzend Staaten aufgeteilt. Das war natürlich das genaue Gegenteil von dem, was Nehru wollte – und als ihm der Plan in der Lodge des Vizekönigs im Himalaya vorgelegt wurde, wo er sich, kurioserweise, gerade bei den Mountbattens aufhielt, rastete er völlig aus. Ein politischer Berater namens V. P. Menon schlug eine Alternative vor: Warum nicht statt eines Dutzends nur zwei Teile? Die Gründung einer neuen Nation Pakistan in den muslimisch dominierten Regionen im Osten und Nordwesten würde Jinnah zufriedenstellen, doch es würde dem Kongress auch ermöglichen, das riesige Gebiet dazwischen zusammenzuhalten. Nehru, der von der alternativen Perspektive des Projekts Balkan erschreckt war, stimmte zu.

Einige Wochen später, am 2. Juni, versammelten sich die Staats- und Regierungschefs im Viceroys House in Delhi, um einen weiteren Plan für die Unabhängigkeit Indiens durchzugehen. Nehru hatte ihn bereits vor Wochen gesehen; Jinnah, der nicht wusste, wie wenig er eingeweiht worden war, sah ihn zum ersten Mal. Trotz dieses Ungleichgewichts setzte Mountbatten eine Frist bis Mitternacht, sodass ihnen nur wenige Stunden blieben, um darüber nachzudenken.

Der Plan war nicht ideal. Pakistan sollte aus zwei Teilen bestehen, die durch 1500 Meilen (2400 Kilometer) getrennt waren und bei denen es sich um indische Gebiete handeln sollte. Zwei Provinzen sollten in der Mitte geteilt werden, wobei die genauen Grenzen noch nicht einmal festgelegt waren. Es war jedoch das muslimische Heimatland, für das Jinnah gekämpft hatte. Und so stimmte er zu.

Zwei Tage später verkündete Mountbatten in einer Radioansprache der Weltöffentlichkeit seinen Plan. Die Entscheidung, das Land zu teilen, sei »sehr zu seinem Bedauern«, sagte er – aber: »Es kann keine Rede davon sein, große Gebiete, in denen eine Gemeinschaft die Mehrheit stellt, dazu zu zwingen, gegen ihren Willen unter einer Regierung zu leben, in der eine andere Gemeinschaft die Mehrheit hat. Und die einzige Alternative zu Zwang ist die Teilung.« Die Unabhängigkeit sollte am 15. August in Kraft treten. Es blieben weniger als zehn Wochen, um zwei neue Nationen aufzubauen.

An dieser Stelle lohnt es sich, einen Moment innezuhalten und darüber nachzudenken, wie wenige Menschen in dieser Geschichte gut wegkommen. Nehru, der sich später selbst als »der letzte Engländer, der über Indien geherrscht hat«, bezeichnete, wirkt zynisch und scheinheilig, Jinnah unflexibel und stur. Sowohl der Kongress als auch die Liga waren mehr als bereit, Konflikte zu schüren, um ihre Ziele voranzutreiben, und es gibt anscheinend endlose Geschichten, sowohl vor als auch nach der Unabhängigkeit, über Angriffe von Hindus auf Muslime und von Muslimen auf Hindus oder Sikhs.[60] V. P. Menon, der Beamte, der den Plan zur Teilung Indiens vorschlug, lehnte später eine Auszeichnung ab und fragte: »Wie könnte ich einen Ritterschlag annehmen, wenn ich der Mann bin, der die Teilung meines Landes geplant hat?«

Aber Mountbatten kommt sicherlich am schlechtesten davon. Es mögen seine Chefs in London gewesen sein, die die Entscheidung getroffen haben, sich zurückzuziehen und die Flucht zu ergreifen, und viele in der Hierarchie des Empires hatten eine herablassende, wenn nicht gar offen rassistische Einstellung gegenüber den Menschen, die sie seit über 200 Jahren kolonisierten. (Hier als Beispiel ein Zitat aus einem Radiobericht der BBC über die Gewalt in Kalkutta: »Ob es sich um Hindus oder Muslime handelt, kann ich Ihnen nicht sagen ... Nichts, außer einer kräftigen Ohrfeige, wird sie aufhalten.«) Aber es war Mountbatten, der in der Lage war, die Ereignisse vor Ort zu beeinflussen, der es versäumte, als ehrlicher Vermittler aufzutreten, und der beschloss, die Unabhängigkeit zu beschleunigen. Mountbatten war es, der sich dafür entschied, die Details der neuen Grenzen erst dann bekannt zu geben, als die Länder, die sie teilten, bereits existierten, und Millionen von Menschen – Hindus, Muslime, Sikhs – im Unklaren darüber ließ, ob sie ihre Heimat verlassen müssten. Und es war Mountbatten, der beschloss, die britischen Soldaten – Zehntausende – in ihren Kasernen zu belassen, obwohl Milizen entstanden und erneut Gewalt zwischen den Gemeinschaften ausbrach. Während Lahore von Unruhen erschüttert wurde, baten Jinnah und Nehru die Briten inständig, das Kriegsrecht zu

---

60 Ich habe die Sikhs in dieser Geschichte größtenteils außen vor gelassen, aus Gründen der Länge und Klarheit, aber fürs Protokoll: Sie waren größtenteils mit dem Kongress als Teil des pluralistischeren Indiens verbunden.

verhängen. Mountbatten, dem es in erster Linie darum ging, das Leben der Briten zu schützen und deren Hände sauber zu halten, lehnte ab. Angesichts des sich ausbreitenden Chaos schien er sich stattdessen mehr um protokollarische Fragen zu kümmern, zum Beispiel wann genau die Union Flag über den neu unabhängigen Herrschaftsgebieten (»Dominions«) wehen sollte.[61]

Mitte Juli, nur sechs Wochen vor der Unabhängigkeit, beschlossen die Briten, dass es nun an der Zeit sei, die neue Grenze festzulegen. Die meisten Provinzen ließen sich aufgrund ihrer Demografie leicht einem der beiden Länder zuordnen, doch zwei nicht: Bengalen im Osten und Pandschab im Westen. Der Gouverneur des Letzteren war der festen Überzeugung, dass die ideale Person zur Teilung der beiden Provinzen ein Richter am Obersten Gerichtshof[62] wäre, aber es stand keiner zur Verfügung, sodass stattdessen die nächstbeste Person den Job übernahm: Sir Cyril Radcliffe, ein Rechtsanwalt und Beamter, der noch nie einen Fuß nach Indien oder überhaupt irgendwo östlich von Paris gesetzt hatte. Theoretisch war Radcliffe lediglich der Leiter einer Kommission, die von zwei Beratern des Kongresses und zwei weiteren der Liga unterstützt wurde. In der Praxis führte dies jedoch nicht zu einem Gleichgewicht, sondern zu einer Pattsituation, was bedeutete, dass alle wirklich schwierigen Entscheidungen Radcliffe selbst überlassen wurden. Ohne vorherige Erfahrung hatte er etwas mehr als einen Monat Zeit, um ein Gebiet von der Größe Schwedens, in dem mehr Menschen lebten als im heutigen Großbritannien, aufzuteilen und so ein lebensfähiges neues Land in zwei Hälften zu schaffen, die tausend Meilen voneinander entfernt sind. Danach, so bestand er darauf, würde er wieder im Flugzeug sitzen und das Land verlassen, bevor seine Vorschläge bekannt gegeben werden könnten. »Es wird etwa 80 Millionen Menschen

---

61 Ein »Dominion« war eine selbstverwaltete Nation innerhalb des Britischen Empires – was implizierte, dass ein Land nicht wirklich aus dem Empire ausgeschieden war, da es die Monarchie beibehielt (und somit gewissermaßen eine Art Nachfolger der »Personalunion« darstellte). Indien war bis 1950 ein Dominion, Pakistan bis 1956.

62 Aufgrund der Ernsthaftigkeit dieser Geschichte enthält dieses Kapitel weniger humorvolle Randbemerkungen als fast jedes andere in diesem Buch – aber dürfen wir kurz innehalten, um die Absurdität jener Vorstellung zu würdigen, dass Fachwissen im britischen Rechtssystem und eine alberne Perücke einen ideal dafür qualifizieren sollten, irgendwo am anderen Ende der Welt Länder in Stücke zu schneiden? Und diese Leute haben die Welt regiert!

geben, die sich benachteiligt fühlen«, schrieb er an seinen Stiefsohn. »Ich möchte nicht, dass sie mich finden.«

So kam es dann auch. Am 14. August – Jinnah hatte darum gebeten, dass er zuerst gehen dürfe – war Mountbatten in Karatschi, um den Führer der Liga als ersten Generalgouverneur des neuen Staates Pakistan zu vereidigen. Nach Mitternacht, am 15. August, war er in Neu-Delhi, um dem neuen indischen Führer Nehru denselben Eid abzuverlangen. Zwei Tage später wurden schließlich die Details der Grenzen zwischen den beiden neuen Ländern veröffentlicht. Und Millionen von Menschen fanden sich auf der falschen Seite der Grenze wieder.

Und so begannen sie, sich auf den Weg zu machen, mindestens 12 und vielleicht sogar 18 Millionen von ihnen – Muslime in Richtung Pakistan, Hindus und Sikhs in Richtung Indien, wobei sie alle Besitztümer außer denen, die sie tragen konnten, zurückließen. Für einige mag es eine Frage des persönlichen Wunsches gewesen sein, bei denen zu bleiben, die ihren Glauben teilten, aber viele andere hatten keine Wahl: Es war ein Weg, den Milizen zu entkommen, die sich aus Menschen zusammensetzten, die ihre Nachbarn gewesen waren, die dieses Land aber nun für sich selbst wollten. Diejenigen, die sich nicht auf den Weg machten, wurden vergewaltigt oder getötet; einige begingen Selbstmord oder wurden von ihrer eigenen Familie abgeschlachtet, um der Schande der Zwangskonversion zu entgehen. Augenzeugenberichte erzählen von Massengräbern, von Todesschwadronen, die Züge bestiegen, um Menschen der jeweils anderen Seite aufzuspüren, von kilometerlangen Flüchtlingskolonnen, die die Grenze überquerten – und dabei an einer anderen Kolonne vorbeikamen, in der Menschen, die ebenfalls alles verloren hatten, in die entgegengesetzte Richtung zogen – und dabei ein seltsames Gefühl von Verbundenheit empfanden.

Nur wenige Tage zuvor hatte es diese Grenze noch nicht einmal gegeben. Vor nicht allzu langer Zeit waren die Menschen auf beiden Seiten Nachbarn und Freunde gewesen.

Mountbatten behauptete später, dass weniger als 250 000 Menschen gestorben seien. Das allein wäre schon entsetzlich genug – mehr als 80-mal so viele wie am 11. September in New York bei einem einzigen Anschlag –, doch selbst vorsichtige Schätzungen gehen von einer tatsächlichen Zahl von etwa 1 Million aus, manche sogar vom Dreifachen. Obwohl Jinnah einen Heimatstaat für Muslime gefordert hatte, scheint er mit einer Massenmigration nicht gerechnet zu haben. Doch die Gewalt und die Entscheidung der Briten, nicht einzugreifen, um sie zu verhindern, machten sie unvermeidlich. Nur 13 Monate später starb Jinnah übrigens an Tuberkulose. Wenn er gewusst hätte, dass der muslimische Führer im Sterben lag, hätte er die Teilung nie zugelassen, behauptete Mountbatten später.

All dies, wie auch die anderen Horrortaten dieses blutgetränkten Jahrzehnts, ist noch erschreckend aktuell. Vielleicht hat man deshalb immer noch den Eindruck, als sei die Geschichte nicht zu Ende. In den Jahrzehnten seither haben die beiden neuen Staaten vier Kriege um die Grenzverläufe in der Region geführt: drei davon um Kaschmir, das als ehemaliger Fürstenstaat nicht Teil der ursprünglichen Regelung war; der vierte Krieg fand 1971 statt und betraf Ostpakistans Streben nach Unabhängigkeit – was zur Entstehung eines weiteren neuen Staates führte: Bangladesch.[63] (Das bedeutet, dass Millionen von Menschen auf groteske Weise Bürger von Britisch-Indien, danach Pakistan und dann Bangladesch waren, ohne sich jemals einen Zentimeter bewegt zu haben.) Da sowohl Indien als auch Pakistan heute Atommächte sind, können wir nur hoffen, dass sie keinen Anlass finden, erneut gegeneinander Krieg zu führen.

Auch in anderer Hinsicht ist die Teilung noch nicht abgeschlossen. Der zuvor gemischte Pandschab mag durch die Radcliffe-Linie fast perfekt getrennt worden sein. Aber die Teilung war ein weitgehend nordindisches Phänomen, und noch um die Jahrhundertwende gab es in Indien mehr Muslime als in Pakistan. Seit 2014 ist das Land jedoch in den Händen von Premierminister Narendra Modi und der hindu-nationalistischen BJP. Wenn man sich ein Land ansieht, das religiösen Minderheiten gegenüber immer feindlicher eingestellt ist, kann man sich nur schwer des Eindrucks erwehren, dass die Ereignisse von 1946/47 den indischen Subkontinent noch immer heimsuchen.

---

63 Ein weiteres Land, das in dieser Geschichte oft vergessen wird, ging tatsächlich aus dem Raj hervor: Das untere Birma war bereits 1858 Teil Britisch-Indiens, das obere Birma kam 1886 hinzu, und die beiden wurden später zu einer einzigen Provinz zusammengelegt, die 1937 zu einer separaten Kolonie und 1948 unabhängig wurde. 1989 änderte Birma seinen Namen in Myanmar.

DER EISERNE VORHANG UND DIE TEILUNG BERLINS

Der Zug via Station Friedrichstraße

West-Berlin, irgendwann in den 1970er-Jahren. Ihr Flugzeug landet auf dem Flughafen Tempelhof südlich des Stadtzentrums, aber Ihr endgültiges Ziel ist Wedding, etwas nördlich davon. Sie steigen also in die Tiefen der Erde hinab, um in eine U-Bahn einzusteigen: Linie 6, lila eingezeichnet auf der Karte.

Zunächst scheint sich die Bahn kaum von denen zu unterscheiden, die man von zu Hause gewohnt ist. Die Werbeanzeigen an den Wänden der Waggons und die Zeitungen, hinter denen sich die Menschen verstecken, sind natürlich alle auf Deutsch. Aber das angespannte und langweilige Schweigen, das zwischen den Fahrgästen herrscht, das konsequente Vermeiden von Blickkontakt – man könnte in jeder U-Bahn der Welt sein.

Nach der Kochstraße ändert sich jedoch etwas. Die Bahn hält nicht an der nächsten oder übernächsten Station, sondern wird nur langsamer. Durch Fenster, die mit etwas mehr als Schrittgeschwindigkeit an den Haltestellen vorbeigleiten, sieht man abgedunkelte Bahnsteige, die von schattenhaften uniformierten Gestalten patrouilliert werden und die ihre Hände um Dinge schlingen, an die man lieber nicht denken möchte. Dahinter an den Wänden befinden sich abblätternde Plakatwände, die für Produkte aus einer halb vergessenen Vergangenheit werben. An der Friedrichstraße hält der Zug zwar an, aber Durchsagen erinnern daran, dass man hier nur umsteigen kann. Wer keine Papiere hat, sollte nicht versuchen, den Bahnhof zu verlassen.

Und dann, ein paar Haltestellen später, ist alles normal. Der Zug hält an; die Fahrgäste steigen aus, andere steigen ein. Sie sind sicher zurück im Westen. Für einige Augenblicke haben Sie jedoch eine Grenze passiert, die nicht nur zwischen Nationen, sondern zwischen zwei Welten verlief. Sie sind unter dem sowjetischen Ost-Berlin hindurchgefahren und haben die Berliner Mauer passiert.

Die Teilung Berlins, Deutschlands, Europas und der Welt in zwei rivalisierende Blöcke, die sich ein halbes Jahrhundert lang in bedenklicher Nähe befanden und sich gegenseitig mit Atomwaffen bedrohten, ist wohl die bedeutsamste Grenze des 20. Jahrhunderts. 1945, als der Zweite Weltkrieg zu Ende ging, teilten die Alliierten sowohl Deutschland als auch seine Hauptstadt Berlin in vier Besatzungszonen auf: eine amerikanische, eine britische, eine französische und eine sowjetische. Als der Sieg dem Misstrauen und dem Kalten Krieg wich, schlossen sich die drei westlichen Zonen bis 1949 allmählich zur Bundesrepublik Deutschland zusammen. Die vierte wurde unterdessen zur Deutschen Demokratischen Republik (es ist nie ein *gutes* Zeichen, wenn das D-Wort im Namen eines Landes auftaucht, oder?). Die beiden Staaten wurden bald unter anderen Namen bekannt: West- und Ostdeutschland.

Im März 1946 – noch bevor einer der neuen Staaten gegründet war, ein deutliches Zeichen dafür, wie klar sich das Unvermeidliche bereits abzeichnete – hielt Winston Churchill, der einstige und zukünftige britische Premierminister, jene Rede, die in der weltweiten Vorstellung die Grenze zwischen den beiden Lagern definieren sollte. »Von Stettin an der Ostsee bis Triest an der Adria«, sagte er vor den Zuhörern im Westminster College, Missouri, »hat sich ein Eiserner Vorhang über den Kontinent gesenkt. Hinter dieser Linie liegen alle Hauptstädte der alten Staaten Mittel- und Osteuropas. Warschau, Berlin, Prag, Wien, Budapest, Belgrad, Bukarest und Sofia; all diese berühmten Städte und die sie umgebenden Bevölkerungen liegen in dem, was ich die sowjetische Sphäre nennen möchte.«

Churchills »Eiserner Vorhang« setzte sich als Bezeichnung für die Tausenden von Kilometern an Zäunen, Mauern, Minenfeldern und Wachtürmen durch, für die schwer bewachte neue Trennung zwischen Ost und

West, die für den größten Teil des restlichen Jahrhunderts Bestand haben sollte. Das berühmte Zitat enthielt jedoch einen kleinen Fehler:[64] Berlin mag zwar physisch hinter dem Vorhang gelegen haben, aber drei Viertel der Stadt befanden sich immer noch im Besitz des Westens.

Und die Westmächte machten deutlich, dass sie, obwohl sie umzingelt waren, da bleiben würden, wo sie sich befanden. Als die Alliierten Anfang 1948 ankündigten, die Wirtschaft ihrer drei Zonen zusammenzulegen, antworteten die Sowjets mit einer Blockade Berlins. Wenn den Bewohnern Lebensmittel und Treibstoff verweigert würden, so die Theorie, gerieten die Alliierten unter Druck und würden sich zurückziehen. Doch stattdessen antworteten sie mit der Berliner Luftbrücke, die ganze elf Monate währte und bei der in 270 000 Flügen 2,3 Millionen Tonnen Güter in die Stadt geflogen wurden. Einige Flugzeuge warfen sogar Süßigkeiten für Kinder ab. Den Sowjets gelang es nicht nur nicht, die Alliierten zu verdrängen, sondern sie machten Berlin unbeabsichtigt zu einer Stadt mit Symbolcharakter. Im Mai 1949 wurde die Blockade aufgehoben; vier Monate später wurden die Lufttransporte eingestellt.

In den nächsten Jahren blieb Berlin geteilt, und die Präsenz des Westens machte den Sowjets weiterhin zu schaffen. Es war auch nicht nur ein optisches Problem: Millionen von Ostdeutschen nutzten die westdeutsche Enklave in ihrer Mitte, um überzulaufen. West-Berlin war gewissermaßen ein großes Ausgangsschild im Herzen der DDR.

Als die Regierung von Nikita Chruschtschow 1961 die Nase voll hatte von dieser Abwanderung, stellte sie ein Ultimatum: Alle westlichen Truppen sollten Berlin verlassen – oder es würde Konsequenzen geben. Als diese sich weigerten, zu gehen, mauerten die Sowjets sie ein. In der Nacht vom 12. auf den 13. August verabschiedete das Parlament des sowjetischen Satelliten, Ostdeutschland, einen Erlass, der den Bau einer physischen Bar-

---

64 Eigentlich waren es zwei. Österreich war genau wie Deutschland aufgeteilt worden, und Wien wie Berlin: Die Analogie schließt sogar die österreichische Hauptstadt ein, die tief in der östlichen, sowjetischen Zone lag. Aber weder die Stadt noch das Land wurden jemals zu einem Brennpunkt wie Berlin und Deutschland; sie blieben bis 1955 gemeinsam besetzt, als sich die Teilnehmer des Kalten Krieges in einer Phase des Tauwetters darauf einigten, Österreich die Wiedervereinigung und Unabhängigkeit zu gewähren, solange es neutral blieb. Es gab also nie eine Wiener Mauer, und das Nachtleben in der österreichischen Hauptstadt ist bis heute enttäuschend langweilig.

riere um den inneren Feind anordnete. Zunächst handelte es sich um ein behelfsmäßiges Gebilde aus Stacheldraht und Betonschalstein, das sich 45 Kilometer durch die Stadt und weitere 120 Kilometer um den Stadtrand herum erstreckte. Später wurde es komplexer und abschreckender: zwei bis zu fünf Meter hohe Mauern aus Betonplatten; die eine verlief an der Grenze selbst, die andere mehrere Meter dahinter auf ostdeutschem Gebiet. Dazwischen lag der »Todesstreifen«, ein sandiges Niemandsland aus Wachtürmen und Signalzäunen. Sollte es jemandem gelingen, einen der Zäune zu überwinden, würde er Fußspuren im Sand hinterlassen oder versehentlich zwei Drähte des Zauns berühren und Alarm auslösen. In jedem Fall wären bewaffnete Wachen auf seine Anwesenheit aufmerksam geworden.

Die Szenen, die sich daraus ergaben, sind aus etlichen Spionagefilmen bekannt. In den vorangegangenen zwölf Jahren waren mindestens 2,5 Millionen Ostdeutsche via West-Berlin übergelaufen; in den folgenden 28 Jahren gelang es nur 5000 Menschen, die Berliner Mauer zu überwinden. Tausende weitere wurden bei dem Versuch entdeckt und verhaftet; fast 200 überlebten nicht.

Denken wir einen Moment darüber nach, wie eigenartig das ist. Viele Zivilisationen haben Mauern um sich herum gebaut, damit der Feind nicht eindringen kann; oder es wurden Mauern um andere Kontrahenten herum errichtet, damit sie innerhalb dieser Begrenzung bleiben. Das Besondere an der Berliner Mauer – fast drei Jahrzehnte lang die berühmteste Grenze der Welt – war, dass sie weder das eine noch das andere tat. Die Welt, die die Ostdeutschen gemeinsam mit ihren sowjetischen Geldgebern abriegelten, bestand aus ihren eigenen Menschen. Es waren gerade die Menschen *im Inneren*, die eigentlich frei sein wollten zu gehen.

Einer der weniger bekannten Aspekte dieser Geschichte betrifft das, was die Mauer mit dem Berliner Eisenbahnnetz gemacht hat. Es war keine historische Stadt, die in zwei Hälften geteilt wurde, sondern eine moderne Stadt, mit der dazugehörigen Verkehrsinfrastruktur. Überirdische Bahnlinien stellten für die Mauerbauer kein Hindernis dar: Gleise konnten durchtrennt, Schienen herausgerissen und die Mauer einfach weitergebaut werden. Auch einige Teile des achtgleisigen U-Bahn-Netzes konnten leicht abgetrennt werden: Die Linie U2 zum Beispiel, die die Stadt auf einer Länge von 20 Kilometern von Ost nach West durchquerte, wurde in zwei

Abschnitte aufgeteilt, die unabhängig voneinander betrieben wurden. Drei Strecken – zwei U-Bahn-Linien und der von der S-Bahn genutzte Nord-Süd-Tunnel – erwiesen sich jedoch als schwieriger. Jede von ihnen führte zweimal unter der Mauer hindurch und verband so die nördlichen und südlichen Gebiete West-Berlins, während sie im Stadtzentrum kurz durch den Osten führte.

Also fand man einen Kompromiss. West-Berlin durfte Züge unter dem Gebiet der anderen Seite hindurchführen, natürlich nur gegen eine Gebühr. Damit dies jedoch nicht die Autorität der Grenztruppen untergrub, schloss Ost-Berlin die Bahnhöfe, die diese Züge auf seiner Seite der Mauer passierten. Sie wurden zu Geisterbahnhöfen, deren Zugänge versiegelt und deren Bahnsteige, wie die Mauer, von bewaffneten Grenzsoldaten bewacht wurden. Die Wachen arbeiteten stets zu zweit, um die Wahrscheinlichkeit zu verringern, dass einer von ihnen doch den Drang verspüren sollte, einen Zug zu nehmen.

Die einzige Ausnahme – der einzige Berührungspunkt zwischen dem Ost- und dem West-Berliner U-Bahn-Netz – war die Station Friedrichstraße. Diese lag unter dem Ostteil der Stadt, blieb aber als Umsteigebahnhof für westliche Fahrgäste geöffnet und diente gleichzeitig als Einreisetor für Westler mit den richtigen Papieren. Den Ostberlinern blieb diese Möglichkeit verwehrt; der Bahnhof wurde sogar umgebaut, indem die Gänge strategisch abgesperrt wurden, um Ost und West jederzeit voneinander zu trennen.

Der unausweichliche Charakter sowohl der Teilung Berlins als auch der dahinterstehenden Politik lässt sich vielleicht am besten an der Haltung beider Seiten zur Kartografie ablesen. Zeitgenössische U-Bahn-Karten West-Berlins zeigen die Stationen im Osten zwar, markieren sie jedoch als geschlossen. Die S-Bahn erscheint darauf hingegen nicht – selbst dort, wo Züge fuhren und nützlich gewesen wären –, da sie weiterhin von den ostdeutschen Behörden betrieben wurde und die westlichen Betreiber es vorzogen, dass die Fahrgäste ihr Geld bei ihnen ausgaben. Das ist jedoch nichts im Vergleich zu dem, was die ostdeutschen Karten zeigten. Auf den früheren Karten waren die beiden Hälften der Stadt gekennzeichnet als »Demokratisches Berlin« und »West-Berlin: Das Gebiet des Besatzungsregimes der Vereinigten Staaten, Großbritanniens und Frankreichs«. Bis

1988 waren die für die Gestaltung der Karten verantwortlichen »Grafiker« noch weiter gegangen und reduzierten West-Berlin auf eine Lücke im Stadtgefüge. Es war, als ob es einfach nicht existierte.

Auch wenn es den Machern dieser Karte nicht bewusst war, so gehörten sie doch zu den letzten, für die der Begriff »Ost-Berlin« noch eine Bedeutung hatte. 1989 wurde Osteuropa von einer Welle von Revolutionen erfasst, als eine Regierung nach der anderen begann, sich zu liberalisieren und sich von der Sowjetunion zu lösen. Nach wochenlangen Unruhen kündigte die ostdeutsche Regierung am 9. November die Öffnung der Grenze an, und die Bewohner der Stadt begannen, die Mauer niederzureißen. Zwei Tage später wurde die Haltestelle Jannowitzbrücke als Erster der Geisterbahnhöfe wiedereröffnet. Im August 1990 trat die ehemalige DDR der Bundesrepublik bei, und im Juni 1991 stimmte der Bundestag für die Rückkehr der Hauptstadt an ihren historischen Standort. Heute kann man sich in Berlin über- oder unterirdisch frei bewegen, ohne überhaupt zu merken, dass es einmal zwei Städte waren – und nicht eine.

Ich besuchte Berlin erst mehr als 15 Jahre nach dem Fall der Mauer, aber diese Geschichte fühlt sich für mich dennoch persönlich an – anders als die meisten in diesem Buch. Ich war neun Jahre alt, als die Mauer fiel, und selbst in diesem Alter kam es mir wie das Ende einer Ära vor. Die Mauer hatte mein ganzes Leben lang existiert: Die Teilung Deutschlands in Ost und West erschien mir als ebenso selbstverständlicher Bestandteil der Welt wie die Trennung zwischen Italien und Frankreich. Doch das war sie keineswegs. Die Mauer hatte noch nicht einmal besonders lange gestanden – weniger als 30 Jahre, also kürzer als die Zeit, die inzwischen seit ihrem Fall vergangen ist. Wenn man mit einer Grenze aufwächst, kann man leicht annehmen, dass sie so natürlich und ewig ist wie die Berge oder das Meer. Dass sie bewusst und absichtlich gebaut wurde – vielleicht nur wenige Jahre, bevor Sie das Licht der Welt erblickten –, kommt einem nicht so leicht in den Sinn.

Doch weder die Berliner Mauer noch die DDR waren natürlicher als die anderen Grenzen oder Staaten, die in den folgenden Jahren verschwanden – und mitnichten ewiger als die Tschechoslowakei oder die Sowjetunion oder, wenn man so will, die Nachfolgestaaten, die an ihre Stelle traten. Grenzen können verschwinden, Staaten können vergehen – auch das könnte eines Tages der Fall sein.

Das heißt aber nicht, dass ihre Auswirkungen mit ihnen verschwinden. Noch 2012 konnte der niederländische Astronaut André Kuipers von der Internationalen Raumstation aus ein Foto von seinem Blick auf Berlin aus dem All machen. Mehr als zwei Jahrzehnte nach dem Mauerfall waren die beiden Stadthälften noch immer deutlich an der leicht unterschiedlichen Farbe der Straßenbeleuchtung zu erkennen. Der Verlauf des Eisernen Vorhangs ist derweil am Boden noch immer sichtbar – als »Grünes Band Europas«: ein mehrere tausend Kilometer langer Streifen Land, auf dem durch das jahrzehntelange Fehlen menschlicher Eingriffe seltene Pflanzen und Tiere gedeihen konnten. Selbst aus etwas Bösem kann manchmal etwas Gutes entstehen.

Teil 2

VERMÄCHTNISSE

Verbliebene außenpolitische Probleme

Seltsame Grenzverläufe

Probleme bei der Definition von Städten

Herausforderungen moderner Karten

KÖNIGSBERG/KALININGRAD: OSTDEUTSCHLAND/ WESTRUSSLAND

Die Stadt am Rande der Welt

Im Sommer 2022 verhängte eines der kleinsten Länder Europas Sanktionen und brachte damit das größte Land desselben Kontinents ernsthaft in Rage. Im Juni jenes Jahres gab Litauen, ein Land mit 3 Millionen Einwohnern auf einer Fläche, die nicht viel größer ist als West Virginia, bekannt, dass es Russland nicht länger erlauben werde, Metalle durch sein Staatsgebiet zu transportieren. Im darauffolgenden Monat wurden die Maßnahmen, die Teil des Sanktionsprogramms der Europäischen Union gegen den Krieg in der Ukraine waren, auf Beton, Holz, Chemikalien und Alkohol ausgeweitet.

Obwohl die Sanktionen nicht alle Waren oder gar Menschen betrafen, war Moskau wütend. In einer Erklärung wurde vor »harten Maßnahmen« gewarnt, sollte das Verbot nicht aufgehoben werden. Unterdessen drohte Nikolai Patruschew, Chef des russischen Sicherheitsrats, mit »massiven negativen Folgen für die Bevölkerung Litauens«.

Der Grund, warum ein kleiner Fisch wie Litauen den russischen Bären so verärgern konnte – wenn wir uns für einen Moment eine Situation vorstellen, in der kleine Fische und Bären tatsächlich gegeneinander kämpfen –, ist, dass Litauen nicht irgendein Stück Land ist, das nur geringfügig größer ist als West Virginia. Es ist ein eher kleines Land, das zwischen dem riesigen eurasischen Teil Russlands und seiner unverzichtbaren baltischen

Exklave Kaliningrad liegt: ein souveränes russisches Territorium, das von EU-Staaten umgeben ist, in denen die Einwohner im Normalfall Urlaub machen oder einkaufen gehen können. Als Moskau sagte, die Sanktionen seien praktisch eine Blockade des souveränen russischen Territoriums, war das nicht ganz falsch.

Benannt nach der Stadt, in der etwa die Hälfte seiner Bevölkerung lebt, ist die Oblast Kaliningrad ein Gebietsblock, der – um bei unserem Vergleichsbeispiel zu bleiben – nicht viel größer ist als Connecticut.

Die heutigen Länder rund um die Ostsee

Es liegt an der südöstlichen Ecke der Ostsee, mit Polen im Süden und Westen, Litauen im Norden und Osten und der Südspitze Schwedens rund 300 Kilometer entfernt auf der anderen Seite des Meeres. Der entscheidende Punkt ist jedoch, dass es sich um eine Exklave Russlands handelt, ein Gebiet, das gänzlich von seinem Mutterland getrennt ist und an der nächstgelegenen Stelle immer noch über 350 km entfernt ist.[65] Nicht das gesamte Land, das dazwischen liegt, ist russlandfeindlich – ein Großteil davon wird von seinem letzten verbliebenen europäischen Verbündeten, Belarus, gehalten –, aber es ist unmöglich, es über den Landweg zu erreichen, ohne durch Polen, Litauen oder beide Länder zu reisen.

Um zu verstehen, wie Russland zu einem Stück der Ostseeküste kam, das anders als andere Teile des russischen Territoriums niemand ernsthaft als *nicht* russisch ansieht, müssen wir – das wird Sie überraschen – mit den Deutschen beginnen. Bis zum Mittelalter war das Gebiet die Heimat eines Volkes, das unter verschiedenen Namen bekannt war: als Prußen, Altpreußen oder baltische Prußen. Es handelte sich um einen nichtchristlichen Stamm, der nur wenig mit den bekannteren Preußen zu tun hatte, die später in verschiedenen Kriegen eine zentrale Rolle spielen sollten.

Irgendwann im 13. Jahrhundert tauchte jedoch eine Gruppe deutschsprachiger Ritter auf – soeben zurück von den Kreuzzügen und auf der Suche nach einer neuen Möglichkeit, im Namen der Kirche außerordentlich gewalttätig zu sein. Im Jahr 1226 schlug ihnen ein polnischer Herzog vor, dass die Eroberung der gottlosen Gebiete im baltischen Nordosten ein geeignetes Projekt für so tapfere Burschen sein könnte. Und so begann der Deutsche Orden seinen jahrzehntelangen Nordkreuzzug, bei dem die Prußen ausgelöscht und ihr Land erobert wurde. Auf dem Weg dorthin zerstörten die Ritter die bestehende prußische Stadt und errichteten an ihrer Stelle eine neue, »deutschere« Siedlung. Sie tauften sie Königsberg – »Berg des Königs«. Und um dem Ganzen die Krone aufzusetzen, nahmen sie den Prußen auch noch ihren Namen weg.

Diese Ländereien durchliefen mehrere Wandlungen. Zunächst firmierten sie als »Deutschordensstaat« – also buchstäblich der Staat des Deutschen Ordens. Dann, als der 37. Hochmeister Albrecht keine Lust mehr auf das Leben als Krieger-Mönch hatte und sich lieber dem Luthertum zuwandte, wurde daraus das deutlich weltlichere »Herzogtum Preußen«. Später wurde daraus das Königreich Preußen, das sich mit dem benachbarten Kurfürstentum Brandenburg zusammenschloss. Zu manchen Zeiten

65 *Technisch gesehen ist es eine Halb-Enklave, da seine Grenze teilweise das Meer ist.*

waren diese Gebiete enge Verbündete der Polen, zu anderen ihr Erzfeind. Doch obwohl sie Hunderte Kilometer östlich des Gebiets liegen, das heute zu Deutschland gehört, waren die einstigen Länder der Altpreußen absolut und unbestreitbar deutsch.

Es war auch kein verschlafenes Nest. Unter Otto von Bismarck (siehe Seite 145) wurde Preußen zur treibenden Kraft bei der Vereinigung des neuen Deutschen Reiches. Königsberg war unterdessen Teil der Hanse geworden, des Städtebundes von Handelszentren, und hatte sich zu einem bedeutenden Ostseehafen entwickelt – nicht zuletzt dank der Universität, die der lutherische Albrecht 1544 gegründet hatte. Darüber hinaus war die Stadt ein wichtiges intellektuelles Zentrum, dessen berühmtester Vertreter der dort geborene Philosoph Immanuel Kant war.

Sogar die sieben Brücken der Stadt galten als genial und inspirierten ein weltberühmtes mathematisches Rätsel. Königsberg mag 500 Kilometer

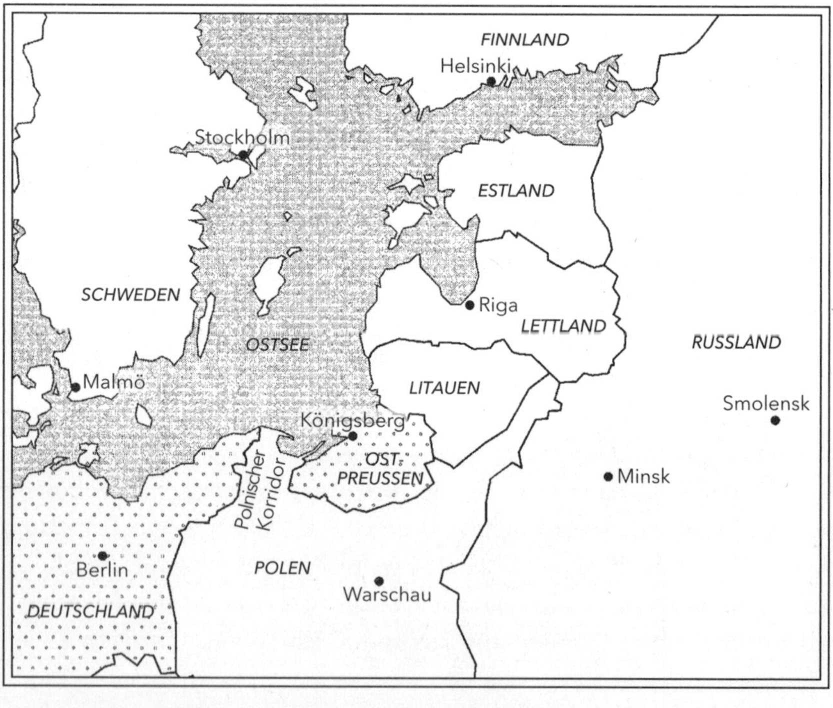

Die Länder rund um die Ostsee zwischen den Weltkriegen. Königsberg/Kaliningrad ist seitdem vom östlichsten Vorposten Deutschlands zur westlichsten Oblast Russlands geworden.

nordöstlich von Berlin und fast 1000 Kilometer vom Rhein entfernt gewesen sein – aber es war bedeutend, es war geistreich, und es war deutsch.

Und dann kam das 20. Jahrhundert.

Die erste große Gebietsveränderung fand nach dem Ersten Weltkrieg statt. Eine der Friedensbedingungen der Alliierten war, dass die Polen wieder einen Staat haben sollten, zum ersten Mal, seit ihr letztes Staatsgebilde rund anderthalb Jahrhunderte zuvor zwischen Preußen, Russen und Österreichern aufgeteilt worden war. Darüber hinaus sollte das Land einen sicheren Zugang zum Meer haben, was die Schaffung eines »polnischen Korridors« durch das Territorium bedeutete, das zuvor Westpreußen gewesen war. Das war nicht abwegig – das Gebiet war historisch gesehen polnisch gewesen, und viele seiner Bewohner waren es noch immer –, doch die Tatsache, dass Ostpreußen dadurch zu einer Exklave wurde, einer vom übrigen Deutschland abgetrennten deutschen Insel, war eine große Quelle des Unmuts – ein Umstand, den die Nationalsozialisten als möglichen Motor für ihre Unterstützung gezielt zu nutzen wussten.

All das trug (ich vereinfache das hier ein wenig) zum Ausbruch des Zweiten Weltkriegs bei, und 1945 war recht absehbar, dass die Deutschen ihn verlieren würden. Mit dem Vorrücken der Roten Armee – begleitet von Gerüchten über antideutsche Gräueltaten als Vergeltung für die Verbrechen der Nationalsozialisten – begann der deutsche Staat mit der Evakuierung Ostpreußens.[66] Nach sieben Jahrhunderten war Königsberg nicht mehr deutsch.

---

66 Nicht zum ersten Mal ertappe ich mich dabei, wie ich einen Abschnitt über ein Ereignis ausstoße, das eigentlich ein ganzes Buch verdient hätte. Die Operation Hannibal war eine 115 Tage andauernde Operation zur Evakuierung einer ganzen deutschen Provinz per Schiff. Sie wurde von Großadmiral Karl Dönitz geleitet, der nach dem Selbstmord Adolf Hitlers kurzzeitig als Führer fungierte, und sie umfasste vier Schiffsversenkungen, bei denen mehr Menschen ums Leben kamen als beim Untergang der *Titanic*. Dazu gehörte auch das schrecklich überladene Kreuzfahrtschiff *Wilhelm Gustloff*, bei dem vermutlich mehr als 9000 Menschen ihr Leben ließen. Diese Torpedierungen wurden nicht als Kriegsverbrechen eingestuft, weil der NS-Staat absichtlich Militärpersonal und Zivilisten vermischte, in der Hoffnung, dass sie als menschliche Schutzschilde fungieren würden. Darüber hinaus scheint es bei der Evakuierung weniger darum gegangen zu sein, Zivilisten zu retten, als vielmehr darum, Truppen für militärische Operationen nach Westen zu bringen. Dennoch gelang es bei der Operation Hannibal, sechsmal so viele Menschen aus der Gefahrenzone zu bringen wie bei der viel bekannteren Evakuierung von Dünkirchen auf dem Seeweg, und sie wäre wahrscheinlich viel bekannter, wenn sie nicht eine der letzten Handlungen des entsetzlichen NS-Staates gewesen wäre.

Auf der Potsdamer Friedenskonferenz im Sommer desselben Jahres wurde die sowjetische Kontrolle über Ostpreußen bestätigt. Es war bei Weitem nicht der einzige Teil Osteuropas, der während des Krieges in dieses Reich gezwungen wurde, auch die baltischen Staaten und Teile Polens wurden einverleibt. Was jedoch die Gebiete um Königsberg einzigartig machte, war, dass ihre vorherige Bevölkerung bereits geflohen war. (Die wenigen, die noch dort lebten, konnten vertrieben werden.) Das bedeutete, dass das Gebiet mit bereits existierenden Sowjetbürgern neu besiedelt werden konnte. 1946 benannte die UdSSR sowohl die Stadt als auch die Region – eine Oblast, wie es jetzt hieß – zu Ehren des kürzlich verstorbenen Vorsitzenden des Präsidiums des Obersten Sowjets um. Sein Name war Michail Kalinin.

Zum zweiten Mal in ihrer Geschichte wurde die Stadt also von einer Invasionsmacht dem Erdboden gleichgemacht, die nun daran ging, die bisherige Bevölkerung zu ersetzen. Königsberg war einst der östlichste Vorposten Deutschlands gewesen; nun wurde Kaliningrad zum westlichsten Rand Russlands. Aus Sicherheitsgründen blieb die Stadt, in der die Baltische Flotte stationiert war, für Besucher geschlossen. Doch sowohl ihre geografische Lage als auch die Tatsache, dass ein großer Teil der Bevölkerung aus Seeleuten bestand, machten sie gegenüber äußeren kulturellen Einflüssen – westlicher Musik, westlicher Mode – offener als den Rest des Landes. Die Bevölkerung, so erklärte der in Kaliningrad geborene Journalist Oleg Kashin 2018 dem *Guardian*, »hat sich selbst stets mit den Amerikanern verglichen – unsere Familien kamen aus ganz unterschiedlichen Teilen der Sowjetunion hierher und schufen einen Schmelztiegel mit einem praktisch neuen Lebensgefühl«.

Als die UdSSR 1991 zu zerfallen begann, stellte Kaliningrad ein Problem dar. Die Sowjetrepubliken im Osten konnten unabhängig werden, entweder als wiederbelebte Nationalstaaten wie Lettland oder Litauen oder als brandneue Staaten wie Belarus. Kaliningrad war jedoch keine eigenständige Republik und hatte keine eigene Bevölkerung. Mehr noch: Als einziger russischer Hafen an der Ostsee, der im Jahr nie zufror, war er von großer militärischer Bedeutung. Und so blieb er Teil der neuen Russischen Föderation – allerdings getrennt vom Mutterland durch mehrere Hundert Kilometer fremdes Staatsgebiet.

Dies hat die Suwalki-Lücke, das dünn besiedelte Gebiet auf der polnischen Seite der Grenze zu Litauen, zu einem überraschend wichtigen Gebiet gemacht. Wenn Russland den Zugang dorthin sperren würde, könnte es die Landverbindung zwischen den baltischen Staaten und ihren Verbündeten unterbrechen. Umgekehrt könnte jedoch auch der *Westen* durch eine Blockade den Kontakt zwischen Russland und Kaliningrad abschneiden. Um Letzteres zu verhindern, forderte die russische Regierung in den vergleichsweise entspannten 1990er-Jahren eine exterritoriale Verbindung – eine Straße oder Eisenbahnstrecke durch polnisches Gebiet, allerdings unter eigener Verwaltung. Die Polen, die daran erinnert wurden, dass die Nazis fast unmittelbar vor ihrem Einmarsch durch den polnischen Korridor dasselbe gefordert hatten, waren nicht begeistert. Seitdem sind Polen und die baltischen Staaten sowohl der Europäischen Union als auch der NATO beigetreten, was ihnen zusätzliche Sicherheit vor russischen Angriffen bietet, Kaliningrad jedoch mehr denn je abschneidet.

Und so ist Russland mit einer Halb-Exklave im äußersten Westen zurückgeblieben, die für seine nationale Sicherheit zwar von entscheidender Bedeutung, aber vollständig von NATO-Ländern umgeben ist. Die relative Leichtigkeit, mit der die Bewohner die Grenze zu Polen oder Litauen überqueren konnten, hat außerdem dazu geführt, dass sie der antiwestlichen Propaganda des Kremls skeptischer gegenüberstehen. Es wird sogar von »Germanisierung« gesprochen: die Wiedereinführung preußischer Straßennamen oder der Wiederaufbau der Königsberger Burg (nur wenig davon hat den Krieg überstanden; was übrig war, wurde 1968 auf Befehl von Leonid Breschnew zerstört). Im heutigen Kaliningrad gibt es kaum noch Hinweise auf die einst stolze deutsche Geschichte der Stadt, außer dem einen oder anderen Kanaldeckel, auf dem noch »Königsberg« steht. An Souvenirständen werden jedoch Kühlschrankmagnete mit der Aufschrift »Kant touch it« und »Yes, I Kant« verkauft, in Anspielung auf Immanuel Kant.

Was Russland dagegen tun kann, ist unklar. Es hat gelegentlich damit gedroht, Atomraketen in Kaliningrad zu stationieren und damit verheerende Waffen hinter den feindlichen Linien zu platzieren – aber da die westlichen Sicherheitsdienste schon lange davon ausgehen, dass sie bereits dort sind, wirkt dies wie eine leere Drohung.

Es gibt noch eine andere Möglichkeit: Seit 2003 hatte Litauen den Personen- und Güterverkehr zwischen den beiden russischen Gebieten über sein Territorium erlaubt. Was diese Regelung gefährdete, war nicht eine Änderung der litauischen Politik, sondern der Krieg in der Ukraine und die daraufhin verhängten Sanktionen. Wenn Russland also wirklich die Verbindungen zwischen Kaliningrad und dem Mutterland aufrechterhalten will, wäre es vielleicht am besten, die Feindseligkeiten gegenüber seinem osteuropäischen Nachbarn zu beenden. Das wäre sicherlich einen Versuch wert.

DER SELTSAME FALL VON BIR TAWIL

Niemandsland

Bir Tawil, ein kleines Stück Wüste an der Grenze zwischen Ägypten und Sudan, wird oft als das letzte nicht beanspruchte Land der Erde bezeichnet. Das ist falsch, und zwar mindestens in zweierlei Hinsicht. Zum einen wird Marie Byrd Land – ein ganzes Neuntel der Antarktis, ein Gebiet dreimal so groß wie Frankreich – ebenfalls nicht beansprucht, ein Thema, auf das wir später noch zurückkommen werden (siehe Seite 363).

Zweitens ist Bir Tawil mitnichten herrenlos. Zu denjenigen, die diesen Teil Nordostafrikas in der Sicherheitszone hinter ihrer Tastatur beansprucht haben, gehören das Königreich des Staates Bir Tawil (auf dessen Website der Bürgerkrieg zwischen den ehemaligen Mitregenten Adam I. und Kieran I. diskutiert wird, wobei Letzterer »nun als Diktator über West-Bir Tawil herrscht und sich selbst als ›General Binns‹ bezeichnet«) und das Königreich Bir Tawil (das 2010 von einer Gruppe verantwortungsbewusster Bürger, die es zu einem leuchtenden Beispiel für Frieden und Gerechtigkeit in der Welt machen wollen, beansprucht wurde; die Zahl der registrierten Bürger beläuft sich auf 14 und steigt, wenn auch angesichts der Tatsache, dass 2010 schon eine ganze Weile her ist, nicht allzu schnell). Hinzu kommt das Emirat Bir Tawil (laut einer Pressemitteilung aus dem Jahr 2011 von einem Scheich Andrew S. Edwards aus Louisville gegründet, unter »Anwendung des Völkerrechts, des Religionsrechts und historischer Aufzeichnungen«. Zu den fraglichen Gesetzen gehören das Montevideo-Übereinkommen von

1933 und der US-amerikanische Guano Islands Act von 1856). Dann gibt es noch das »Großherzogtum Bir Tawil, das Kaiserreich Bir Tawil, die Vereinigte Arabische Republik Bir Tawil und das Vereinigte Mondemirat Bir Tawil«.

Die meisten dieser Anspruchsteller haben natürlich noch nie einen Fuß in das Land gesetzt. Einer, der dort war, ist der ehemalige Ägypten-Korrespondent des *Guardian*, Jack Shenker, der 2011 mit der Absicht hierherkam, es selbst zu beanspruchen. Doch bei seiner Ankunft an einem real existierenden Ort mit eigener Geschichte, der nicht nur eine amüsante Fußnote in den Annalen menschlicher Torheit war, hatte er es sich anders überlegt. (Zumindest hat er einen langen Artikel im *Guardian* daraus gemacht; das ist das, was ich am Ende des vorherigen Absatzes zitiert habe.)

Zu guter Letzt gibt es da noch Jeremiah Heaton, einen Farmer aus Virginia, dessen Tochter Emily ihm anvertraut hatte, dass sie eine Prinzessin sein wolle. »So sei verkündet«, schrieb Heaton auf Facebook, nachdem er Bir Tawil besucht und eine Flagge in den Boden gerammt hatte, »dass Bir Tawil auf ewig als Königreich Nordsudan bekannt sein wird. Das Königreich wird als souveräne Monarchie mit mir als Staatsoberhaupt gegründet; und Emily wird eine echte Prinzessin sein.« Von einem Standpunkt aus betrachtet, ist das eine knuffige Geschichte. Aus einer anderen Perspektive gesehen – wenn Sie vielleicht schon einmal eine etwas direktere Erfahrung mit Weißen gemacht haben, die mit Flaggen auftauchen –, war es etwas zu hart an der Grenze des Erträglichen.

Auf jeden Fall ist Bir Tawil nicht herrenlos. Es wird in der Tat sehr beansprucht, aber nicht *von einem Staat*. Tatsächlich haben zwei Staaten ausdrücklich auf ihren Anspruch darauf verzichtet, wodurch es überhaupt erst so berüchtigt wurde.

Bir Tawil liegt in der nubischen Wüste an der Grenze zwischen Ägypten im Norden und dem Sudan im Süden. Mit 2060 Quadratkilometern ist es deutlich kleiner als Marie Byrd Land – statt »dreimal so groß wie Frankreich« sprechen wir hier eher von der englischen Grafschaft Surrey –, und ehrlich gesagt gibt es dort nicht viel: keine Städte oder andere permanente Siedlungen und tatsächlich auch keine dauerhaft dort lebenden Bewohner, wenngleich lokale Stämme gelegentlich das Gebiet durchziehen, um ihre Felder in den fruchtbareren Ecken abzuweiden. Wenn Sie es auf Google

Maps nachschlagen, sehen Sie nichts weiter als ein konturloses, beigefarbenes Trapez. Bir Tawil ist so leer, wie man es sich nur vorstellen kann.

Das hat natürlich noch nie jemanden davon abgehalten, Anspruch auf andere, größtenteils unbewohnte Wüstenstücke zu erheben, und so unzugänglich Bir Tawil auch ist, so war es über Jahrhunderte hinweg ein entfernter Außenposten verschiedener Reiche: ägyptisch, nubisch, osmanisch, britisch. Es war die Vorliebe des letztgenannten Imperiums, Linien über die Landkarte Afrikas zu ziehen, die zu dem ungewollten Status des Gebiets führte. Denn die Briten gaben sich nicht mit nur einer Linie zufrieden – sie bestanden darauf, zwei zu ziehen.

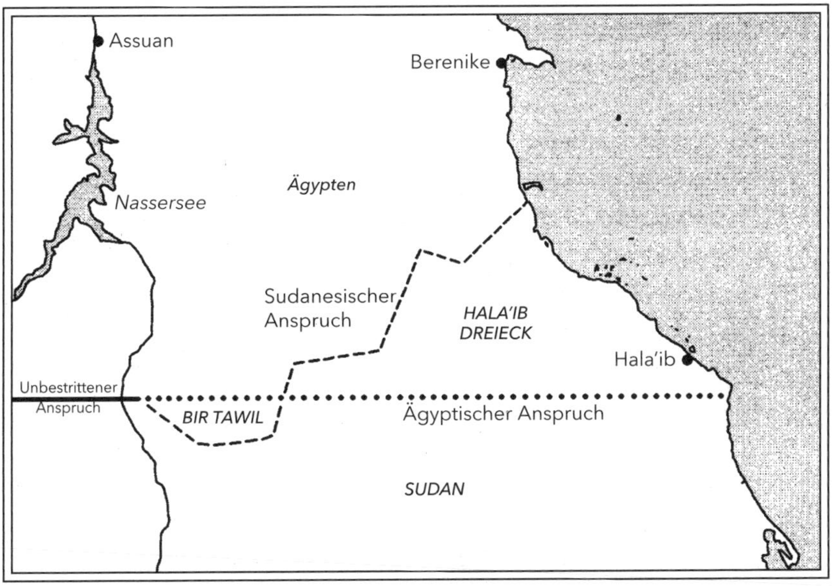

Die aneinandergeratenen Grenzdefinitionen Ägyptens und Sudans: Beide beanspruchen das Hala'ib-Dreieck – aber keiner will Bir Tawil

Der erste Grund war das Ergebnis des 18-jährigen Krieges zwischen Großbritannien und seiner definitiv nicht geheimen Kolonie Ägypten auf der einen Seite und dem Sudan auf der anderen Seite. Dieser endete 1899 mit der Niederlage des Sudan und dem Agreement, dass die älteste Zivilisation der Erde und das größte Imperium, das die Welt je gesehen hatte, sich fortan zusammenschließen und das eroberte Gebiet gemeinsam verwalten würden. (Das war, wie Sie sich vielleicht erinnern, der Hintergrund für die Wanderungen der Kapitäne Kelly und Tufnell im Jahr 1913, die auf Seite 159 besprochen wird.) Die Vereinbarung verortete die »politische Grenze« zwischen dem wirklich-nicht-von-uns-kolonisierten-Ägypten und der Gemeinherrschaft des anglo-ägyptischen Sudan auf dem 22. Breitengrad.

Im Allgemeinen ist sie immer noch da: Schauen Sie sich eine Karte von Nordostafrika an, und Sie werden sehen, dass die Grenze zwischen den beiden Ländern eine 1200 Kilometer lange gerade Linie ist, die nach Osten zum Roten Meer verläuft. Allerdings sind nur die westlichsten 850 Kilometer davon unumstritten: Die letzten 450 km werden als gepunktete Linie dargestellt, um auf einen Konflikt zu verweisen. Daneben verläuft eine alternative Grenze, die zunächst einen Umweg nach Süden in die sudanesische Wüste macht, bevor sie den 22. Breitengrad erneut überquert und sich schlängelnd bis zur ägyptischen Küstenstadt Shalateen verläuft.

Dies ist die zweite von den Briten gezogene Linie, die im Jahr 1902 festgelegte »Verwaltungsgrenze«. Die Kolonialbehörden hatten festgestellt, dass Bir Tawil, das trapezförmige Gebiet südlich des Breitengrads, hauptsächlich als Weideland vom Stamm der Ababda genutzt wurde, der im Norden in der Nähe von Assuan ansässig war. Weiter östlich jedoch hatte das viel größere Areal *nördlich* des Breitengrads – das 20 580 Quadratkilometer große Hala'ib-Dreieck, knapp so groß wie anderthalb Yorkshires – mehr Verbindungen zu denen, die im *Süden*, im Sudan, lebten. Es war daher sinnvoll, Bir Tawil von Kairo aus und das Hala'ib-Dreieck von Khartum aus zu verwalten. Niemand, so schien es, dachte daran, etwas so Nützliches zu tun, wie die vorherige Grenze aufzuheben.

Eine Zeit lang spielte das keine große Rolle, denn – egal in welcher Sprache man halbherzig zu verschleiern versuchte, was Sache war – beide Gebiete waren faktisch Außenposten des Britischen Empires. In den 1950er-Jahren jedoch waren beide Staaten unabhängig, und beide entschieden sich – wenig überraschend – für die Auslegung, die ihnen das größere Gebiet zusprach. Mit anderen Worten: Der Sudan betrachtete das Abkommen von 1902 als Korrektur eines früheren Fehlers, während Ägypten es als bloßes Verwaltungsdokument abtat und darauf beharrte, dass die Souveränität weiterhin gemäß der Regelung von 1899 definiert sei. Beide beanspruchten das Hala'ib-Dreieck – aber niemand wollte Bir Tawil.

Dies wäre eine rein akademische Debatte geblieben, wenn die sudanesische Regierung nicht 1992 einigen kanadischen Ölsuchern Explorationsrechte gewährt hätte. Und als die Ägypter erkannten, dass das Hala'ib-Dreieck tatsächlich etwas wert war, schickten sie die Armee. Nach einigen Jahren relativ geringer Konflikte zogen sich die Sudanesen zurück. Das Dreieck war de facto ägyptisch.

Doch der Sudan hat seinen Anspruch nicht aufgegeben. Und da sich die Ansprüche beider Länder auf das größere, wertvollere Gebiet auf einen Vertrag stützen, der das kleinere, leerere dem jeweils anderen zuschreibt, kann keiner Bir Tawil beanspruchen, ohne damit faktisch sein Anrecht auf das Hala'ib-Dreieck aufzugeben. Und das wollen beide Länder nicht. Daher haben beide auf ihren Anspruch auf dieses Stück nubischer Wüste, das etwa so groß ist wie die englische Grafschaft Surrey, verzichtet.

Bir Tawil wird häufig auch als *terra nullius*, als Niemandsland, bezeichnet. Dieser alte Begriff wurde in den letzten Phasen des europäischen Imperialismus häufig verwendet, als der Gedanke, dass der Besitz eines Territoriums nicht nur eine Besiedlung, sondern auch einen Rechtstitel erforderte, eine recht nützliche Fiktion war.[67] Aber was bedeutet es, Bir Tawil als Niemandsland zu bezeichnen? Die ägyptische und die sudanesische Regierung mögen es nicht nutzen, aber das könnte man auch von vielen anderen Wüstengebieten sagen, die sie für sich beanspruchen. Und selbst wenn dort niemand lebt, besuchen die Angehörigen des Ababda-Stammes das Gebiet dennoch, um dort ihr Vieh zu weiden. Vielleicht sollte es unter diesen Umständen – anstatt es Kairo oder Khartum oder einem von einem Dutzend Unruhestiftern, die sich im Internet herumtreiben, zuzuweisen – als ihr Land betrachtet werden.

---

67 Die Doktrin der *terra nullius* galt in Australien bis in das Jahr 1992, das noch unheimlich nahe zu sein scheint. Damals reichte Eddie Mabo, ein indigener Australier, eine Klage gegen den Bundesstaat Queensland ein und argumentierte mit Erfolg, dass britische Siedler die indigene Bevölkerung der Murray-Inseln ihrer Eigentumsrechte beraubt hatten. Der High Court stimmte zu, dass *terra nullius* nicht länger als Teil des australischen Gewohnheitsrechts angesehen werden sollte. Im Jahr darauf ersetzte die Labour-Regierung unter Paul Keating diese Doktrin durch ein Gesetz zum indigenen Landrecht (*native title*).

DIE GEFAHREN DER GARTENARBEIT IN DER KOREANISCHEN DMZ

Der 38. Breitengrad und die beiden Koreas, 1945 bis heute

Das Erste, was man über die Grenze zwischen den beiden Koreas wissen sollte – dem zunehmend wohlhabenden Süden, der K-Pop und *Squid Game* hervorbringt, und dem eigenartigen, isolationistischen, irgendwie kommunistischen und irgendwie theokratischen Norden, dem einzigen Land der Welt, dessen Verfassung ein paar tote Männer als Präsidenten aufführt[68] – ist Folgendes: Sie verläuft nicht entlang des 38. nördlichen Breitengrads.

---

68 Im Ernst. 1998 änderte Kim Jong-Il, der zweite oberste Führer Nordkoreas, die Verfassung, um seinen Vater Kim Il-Sung, den Gründer der Nation und Urheber ihrer Staatsideologie *Juche*, zum »ewigen Präsidenten« zu ernennen. Zu diesem Zeitpunkt war Kim Il-Sung bereits seit vier Jahren tot. Das Amt des Präsidenten als Rolle für Politiker, die tatsächlich atmen, wurde zur gleichen Zeit abgeschafft. Nachdem auch Kim Jong-Il im Dezember 2011 verstorben war, änderte der dritte und derzeitige oberste Führer des Landes, sein Sohn Kim Jong-Un, die Verfassung erneut, um seinen verstorbenen Vater zum »Ewigen Generalsekretär der Arbeiterpartei Koreas und Ewigen Vorsitzenden des Nationalen Verteidigungsausschusses« zu ernennen. Das war ein recht wortreicher Titel, also änderte er ihn 2016 erneut, diesmal, um sowohl Kim Il-Sung als auch Kim Jong-Il als »ewige Führer der Juche Korea« zu bezeichnen. Sollte das so weitergehen, könnte das irgendwann zum Problem werden – die USA haben zum Zeitpunkt des Verfassens dieses Buches bereits 39 verstorbene Präsidenten; man stelle sich vor, wie mühsam es wäre, all diese in der Präambel der Verfassung aufzulisten. Außerdem wirkt das Wort »ewig« dadurch ein wenig ad absurdum geführt.

Die Bezeichnung dieser Linie – die auf ihrer Reise um die Erdkugel an anderen Orten wie Lexington/Kentucky und Murcia/Spanien entlangläuft – ist immer noch eng mit der Grenze zwischen den beiden Zonen der Halbinsel verbunden und bildete zwischen 1945 und 1950 tatsächlich für kurze Zeit die Grenze. Dann gab es einen Krieg, den es heute nicht mehr gibt. Seitdem verläuft die Grenze und die sie umgebende entmilitarisierte Zone (DMZ = »Demilitarised Zone«) tatsächlich vom Süden unterhalb des 38. Breitengrads im Westen bis nördlich oberhalb davon im Osten. Das war ein Glücksfall für Landkreise wie Goseong und Cheorwon, die eigentlich im Norden gelegen hätten, sich aber tatsächlich im Süden befinden; weniger gut lief es hingegen für Städte wie Kaesong, die den umgekehrten Weg nahmen.

Das andere, was man über die Grenze zwischen den beiden Koreas wissen sollte, ist, dass schon ein kleines Scharmützel dort durchaus das Potenzial hätte, große Teile unseres Planeten mit einem atomaren Feuer in Schutt und Asche zu legen. Es handelt sich also um eine dieser Grenzen, über die man besser sehr sorgfältig nachdenkt.

Korea war schon einmal geteilt: Wie bei vielen der heutigen Nationalstaaten ist seine früheste Geschichte eine der Vereinigung. Es begann mit einer ganzen Reihe von Stammesgebieten, die sich allmählich zu drei sich bekriegenden Königreichen zusammenschlossen, in einer Ära, die, wie originell, als »Zeit der drei Königreiche« bekannt ist. Nach einigen weiteren Gebietsverschiebungen gab es dann für ein paar Jahrhunderte nur noch zwei – das vereinigte Silla im Süden und Balhae im Norden –, sodass man das 8. und 9. Jahrhundert als »Zeit der nördlichen und südlichen Staaten« bezeichnete. Es ist verlockend, hier Parallelen zur heutigen Situation zu suchen, nicht zuletzt, weil eines dieser Königreiche dem chinesischen Kaiserreich der Tang-Dynastie gegenüber viel freundlicher gesinnt zu sein schien als das andere. Doch da die Grenze damals deutlich nördlicher verlief als heute und es außerdem das südliche Silla war, das eine chinafreundliche Politik verfolgte, passt der Vergleich nicht so ganz.

Wie auch immer – im späten 9. Jahrhundert brach Silla zusammen, und auf die Zeit der Nord- und Südstaaten folgte ein kurzes, recht kriegerisches Intermezzo, bis es Wang Kŏn – übrigens ein sehr unterhaltsamer Name – gelang, 936 das Ganze unter der Goryeo- oder Koryŏ-Dynastie zu einen. Trotz all der Herausforderungen, mit denen ein asiatisches Königreich in dieser Zeit zu kämpfen hatte – Mongoleninvasionen, ein mitunter übermächtiges China, ein Dynastiewechsel und womöglich auch ein Namenswechsel im Jahr 1392 –, hielt sich das daraus entstandene Reich fast 1000 Jahre lang. Und das kann sich sehen lassen. Dann, 1897, erklärte Kojong, der letzte König der Chosŏn-Dynastie, sein Reich zum Kaiserreich – zum einen, weil Kaiserreiche damals im Trend lagen, zum anderen aber auch, um deutlich zu machen, dass sein Volk sich nicht länger von China herumschubsen lassen würde, vielen Dank dafür. Das Kaiserreich Korea bestand ganze 13 Jahre, denn 1910 wurde es vom größeren, furchteinflößenderen und besser bewaffneten Kaiserreich Japan annektiert. Diese Phase der imperialen Fremdherrschaft dauerte weitere dreieinhalb Jahrzehnte – bis zum Ende des Zweiten Weltkriegs, der Kapitulation Japans und dem Zusammenbruch seines Imperiums im August 1945.

Und damit begannen die Probleme.

Eines davon war, dass – anders als in vielen von Japan oder seinen Verbündeten besetzten Gebieten – niemand eindeutig bereitstand, um die Regierung zu übernehmen: Die Besatzung hatte zu lange gedauert, und viele derjenigen, die dafür infrage kamen, lebten im Exil – in China, den USA oder anderswo. Das andere Problem war die Aufteilung der Halbinsel zwischen den zunehmend irreführend benannten »Alliierten«: Die Sowjetunion besetzte den Norden, die Amerikaner den Süden. Die Teilung entlang des 38. Breitengrads – jetzt sind wir endlich an dem Punkt angekommen – war ursprünglich nur als vorübergehende, administrative Maßnahme gedacht. Doch als die Antinazi-Allianz in den Kalten Krieg überging, war keine der beiden Seiten gewillt, der anderen das Land zu überlassen, und so blieb die Teilung bestehen. (Dies war im Grunde genommen, wie Sie sich vielleicht von Seite 197 erinnern, das, was etwa zur gleichen Zeit in Deutschland geschah.)

Es folgten einige Jahre der Auseinandersetzung und Aufrüstung auf beiden Seiten. Bis in den frühen Morgenstunden des 25. Juni 1950 der Norden unter der Führung eines ehemaligen Majors der sowjetischen Armee namens Kim Il-Sung in den Süden einfiel.

Zunächst sah alles nach einem Kinderspiel aus. Mit stillschweigender Unterstützung der UdSSR und Chinas erreichten die Truppen Seoul innerhalb von drei Tagen und drängten die Verteidigungskräfte bis nach Busan im äußersten Süden zurück. »Fast acht Wochen lang«, schreibt der Militärhistoriker Allan R. Millett, »kämpften und starben – und manche flohen – US-Soldaten bei Osan, entlang des Kum-Flusses, durch Taejŏn und weiter südlich bis nach Taegu.«

Im September jedoch unternahmen US-amerikanische und südkoreanische Streitkräfte unter dem gemeinsamen Banner des UN-Kommandos eine Seeinvasion in Incheon vor den Toren Seouls und teilten die nordkoreanischen Streitkräfte in zwei Teile. Kurzzeitig sah es so aus, als würde die Gegeninvasion genauso entschlossen verlaufen wie die Invasion, wobei ein Großteil der nordkoreanischen Streitkräfte bis zum Fluss Yalu zurückgedrängt wurde, der Korea von China trennt. Doch an diesem Punkt griff China ein, um dem Norden Koreas beizustehen – und die Fronten begannen sich erneut umzukehren. Dann eskalierte der Konflikt: Truppen aus Ländern wie Kolumbien, Thailand, Äthiopien, den Philippinen und einem guten Teil Europas schlossen sich auf der Seite des Südens den UN-Streitkräften an.

Im Herbst 1951 waren die Fronten, die sich in den ersten Kriegswochen so schnell verschoben hatten, fast zum Stillstand gekommen: Korea war entlang einer Linie geteilt, die vom Süden des 38. Breitengrads im Westen bis zum Norden davon im Osten verlief. Als die Waffenstillstandsverhandlungen begannen, schien es Präsident Harry Trumans wichtigstes Ziel gewesen zu sein, die USA aus einem schrecklichen Krieg herauszuholen, der fast nichts gebracht hatte. Die USA waren entschlossen, ein Korea zu schaffen, das einem demokratischen Staat ähnelte; aber das bedeutete nicht, dass es nicht auch ein anderes, zutiefst undemokratisches Korea geben konnte, solange die US-Truppen nach Hause zurückkehren durften. Auf der anderen Seite war nicht einmal klar, ob Maos China überhaupt großes Interesse daran hatte, den Krieg zu beenden. »Die Koreaner«, merkt Millett düster an, »spielten für keine der beiden Seiten eine Rolle.«

Und während die Gespräche fortgesetzt wurden, starben weiterhin Menschen, obwohl die Front unverändert blieb. Als die Kämpfe vorbei waren, gab es etwa 3 Millionen Tote; die meisten koreanischen Städte waren stark zerstört und auf beiden Seiten wurden Gräueltaten begangen – der Süden ermordete mutmaßliche Kommunisten, der Norden folterte Kriegsgefangene und ließ sie dann verhungern. Gemessen an der Zahl ziviler Todesopfer war der Koreakrieg schlimmer als der Zweite Weltkrieg.

Erst der Tod Stalins sorgte dafür, dass sich die Pattsituation auflöste. Solange »Uncle Joe« noch lebte, war die UdSSR zwar nie direkt an den Kämpfen beteiligt, aber sie hatte die Chinesen und Nordkoreaner gern gewähren lassen und ihre Kriegsanstrengungen unterstützt. Nach Stalins Tod wollte das Politbüro jedoch aussteigen. Im Frühjahr 1953 wurden alle Probleme, die eine Friedensregelung zu hindern schienen, schnell und auf wundersame Weise gelöst. Am 27. Juli unterzeichneten Generäle aus den USA, Nordkorea und China den Waffenstillstand und zogen ihre Truppen wie vereinbart zwei Kilometer von der Frontlinie zurück. Die Kämpfe waren vorbei.

Ein Waffenstillstand ist jedoch nicht dasselbe wie ein Friedensvertrag: Es handelt sich lediglich um eine Vereinbarung, die Kämpfe einzustellen, während über Friedensbedingungen verhandelt wird. In Korea gab es diese nie. So bleibt die entmilitarisierte Zone bestehen, eine weitgehend leere Pufferzone zwischen den beiden Koreas: 4 Kilometer breit, 250 Kilometer lang und – welch Ironie angesichts ihres Namens – umgeben von einigen der furchteinflößendsten Wehrmaterialien, die die Welt je gesehen hat.

Offiziell gibt es immer noch zwei Koreas, deren Grenze in der Mitte der DMZ verläuft. In der Praxis gibt es jedoch drei: den Norden, den Süden und den leeren Streifen, der sie trennt. In der DMZ gibt es jeweils ein Dorf für jede der beiden Nationen sowie die Gemeinsame Sicherheitszone, eine halbe Meile südlich des weitgehend zerstörten »Waffenstillstandsdorfes« Panmunjom, in dem gelegentlich Friedensgespräche stattfinden[69] und das der einzige Ort ist, an dem sich die Truppen beider Seiten gegenüberstehen. Ansonsten ist die DMZ jedoch menschenleer: ehemaliges Ackerland,

69 Eines der schwierigsten Themen während der Waffenstillstandsverhandlungen war übrigens die Frage, wie mit den Kriegsgefangenen umzugehen sei. Die übliche Annahme, basierend auf der Genfer Konvention, ist, dass diese Personen in das Land zurückgeführt werden, für das sie gekämpft haben. Doch für die Seite des Südens war das ein ethisches Dilemma, denn es bedeutete, Menschen in einen totalitären Staat zurückzuschicken, der viele – darunter auch zahlreiche Südkoreaner – zum Kampf gezwungen hatte. Als schließlich eine Einigung erzielt wurde, durften die Gefangenen selbst entscheiden – aber egal, wofür sie sich entschieden, eine spätere Meinungsänderung war ausgeschlossen. Bis heute trägt die Brücke innerhalb der Gemeinsamen Sicherheitszone (JSA), über die die freigelassenen Gefangenen von einer Seite zur anderen wechseln konnten, den Namen »Brücke ohne Wiederkehr«.

das in seinen natürlichen Zustand zurückversetzt wurde, voller Wälder und Feuchtgebiete und sogar gefährdeter Vogelarten wie Weißnackenkraniche und Mandschurenkraniche. Sieht man davon ab, dass sie auch etwa 1 Million Landminen enthält, klingt es fast friedlich.

Aber so friedlich war es dann doch nicht. Mehr als ein halbes Jahrhundert nach dem Waffenstillstand beschallten sich beide Seiten gegenseitig mit riesigen Lautsprechern, über die sie Propaganda verbreiteten – der Norden bevorzugte Marschmusik und Lobeshymnen auf die Staatsführung, der Süden setzte auf K-Pop und Vorträge über Freiheit und Demokratie. Im Jahr 2004 einigten sie sich darauf, das Ganze einzustellen – allerdings wurden die Lautsprecher nach bestimmten Vorfällen mehrfach wieder eingeschaltet (zum Beispiel, als südkoreanische Soldaten durch eine Landmine verletzt wurden oder der Norden erfolgreich eine Wasserstoffbombe testete). Was – fairerweise – eine eher zurückhaltende Form der Eskalation ist.

Zu anderen Zeiten bestand der Propagandakrieg darin, Ballons mit Flugblättern über die Grenze zu schicken – oder, mein persönlicher Favorit: der Fahnenmastkrieg von 1984. Damals stellte der Süden einen hohen Fahnenmast in Sichtweite der Grenze auf, woraufhin der Norden mit einem noch größeren antwortete. Dieser misst ganze 160 Meter, trägt eine 270 Kilogramm schwere nordkoreanische Flagge und gilt als der viertgrößte Fahnenmast der Welt. Er ist jedenfalls deutlich größer als alles, was Südkorea aufzubieten hatte – deren Version war gerade mal 94 Meter hoch. Also: »Ätsch, gewonnen!« aus Sicht des Nordens.

Weniger amüsant sind die gewalttätigen Krisenherde, die zu einem ausgewachsenen Krieg hätten eskalieren können, aber glücklicherweise ist das bisher nicht geschehen. Beide Seiten haben versucht, in das Gebiet des Gegners einzudringen oder Attentate zu verüben. Nordkorea hat mindestens vier Tunnel unter der Grenze gegraben, die angeblich dem Kohleabbau dienen sollten, wobei das völlige Fehlen von Kohle eher den Verdacht aufkommen ließ, dass sie möglicherweise einem anderen Zweck dienten. Im Jahr 1966, als US-Präsident Lyndon B. Johnson Seoul besuchte, überfielen nordkoreanische Agenten ein amerikanisches Schiff. In den folgenden drei Jahren tobte ein Konflikt, der beschönigend als »Koreanischer DMZ-Konflikt« bezeichnet wird – oder weniger beschönigend als der »Zweite Koreakrieg«. Dieser bestand hauptsächlich aus kleineren Gefechten, doch 1968 kam es zu einem besonders dramatischen Vorfall: Nordkoreanische Einheiten drangen bis zum Blauen Haus in Seoul vor – dem südkoreanischen Pendant zum Weißen Haus in Washington – mit dem Ziel, den Präsidenten des Südens zu ermorden.

Und dann gibt es noch die Sache mit dem Baum.

Bei dem betreffenden Baum handelte es sich um eine 30 Meter hohe Pappel, die in der Gemeinsamen Sicherheitszone (JSA) stand und von Nordkorea – ohne belegbare Quelle – als Pflanzung ihres »glorreichen Führers« Kim Il-Sung beansprucht wurde. Am 18. August 1976 schickte das UN-Kommando ein gemeinsames amerikanisch-südkoreanisches Team aus 14 Männern los, um den Baum zu beschneiden, da er angeblich die Sichtlinie zwischen einem UN-Checkpoint und einem Beobachtungsposten blockierte. Etwa 15 nordkoreanische Soldaten erschienen, beobachteten das Team schweigend, forderten sie auf, die Arbeit einzustellen, holten Verstärkung, forderten sie erneut zum Aufhören auf – und als man sie ignorierte, schnappten sie sich die Werkzeuge – darunter Äxte – des UN-Teams und griffen an. Zwei amerikanische Soldaten wurden dabei getötet.

Ein paar Tage später waren die UN-Truppen wieder da, und zwar in voller Stärke. An der Operation Paul Bunyan – in der nordamerikanischen Folklore der Name eines riesigen Holzfällers – waren mehr als 300 Soldaten beteiligt, von denen sich einige Minen um die Brust geschnallt hatten und durch Luftunterstützung von B-52-Bombern, Kampfflugzeugen und Dutzenden von Kampfhubschraubern geschützt wurden. Der Baum hatte keine Chance und blieb nicht viel mehr als ein Stumpf. Das Ganze klingt lächerlich, bis man sich daran erinnert, dass auch dies fast zu einem ausgewachsenen Krieg geführt hätte und dass zwei Amerikaner mit der Axt zu Tode geschlagen wurden.

Friedensgespräche wurden versucht; Friedensgespräche sind gescheitert. Noch im Juli 2022 trat der nordkoreanische Machthaber Kim Jong-Un im Fernsehen auf, um die Welt daran zu erinnern, dass er Atomwaffen besitzt – und dass er sie im Ernstfall auch einsetzen würde. Sieben Jahrzehnte nach dem Ende des Koreakriegs mit einem Waffenstillstand wurde noch immer kein Friedensvertrag unterzeichnet, und die Grenze gehört weiterhin zu den gefährlichsten der Welt.

Eine letzte Bemerkung zu diesem Teil der Welt, der aus internationaler Sicht bemerkenswert erscheint: Die beiden daraus hervorgegangenen Länder verwenden völlig unterschiedliche Begriffe für »Korea«. Beide sind sich – wohlgemerkt – einig, dass es so etwas wie Korea gibt, und bezeichnen es international auch so; es handelt sich also nicht um einen dieser Fälle, in denen ahnungslose Ausländer zwei benachbarte, aber weitgehend getrennte Regionen einfach zusammengeworfen und so getan haben, als seien sie ein und dasselbe. Nein, sie verwenden lediglich unterschiedliche Wörter dafür. Und diese Namen leiten sich nicht von der Geografie ab, sondern von der Geschichte – sie beziehen sich nicht auf verschiedene Regionen, sondern stammen aus unterschiedlichen Epochen.

Nordkoreaner nennen es Chosŏn, ein Name, der von der Joseon-Dynastie abgeleitet ist, die das Land von 1392 bis 1910 regierte. Südkoreaner nennen es Hanguk, was in etwa »Land der Han« bedeutet; das fragliche Han ist ein Wort, das »groß« oder »Führer« bedeutet und absolut nichts mit dem Volk der Han zu tun hat, das lange Zeit die verschiedenen Reiche auf der anderen Seite des Gelben Meeres in China beherrschte. Keines dieser Wörter ist »Korea«, das sich von Goryeo oder Koryŏ ableitet, dem Namen des Königreichs, das einst die Halbinsel besetzte, dies aber irgendwann im 14. Jahrhundert aufgab. Es ist, als würde der Rest der Welt darauf bestehen, England weiterhin als »Wessex« zu bezeichnen. (Oder – vielleicht passender – als würde man die Deutschen hartnäckig beim römischen Namen »Germanen« nennen.)

Die Vorstellung, dass eine »Nation«, auch wenn sie in zwei Staaten geteilt ist, zwei völlig unterschiedliche Namen für sich hat, ist seltsam, denn es fällt schwer, sich Entsprechungen in der westlichen Welt vorzustellen Aber vermutlich ist das eher ein Produkt des Zufalls und historischer Umstände als das unvermeidliche Ergebnis irgendeiner tieferen Logik: alternative Geschichtsverläufe, in denen eine Hälfte Frankreichs sich »Gallien« nennt oder ein Teil Schottlands »Alba«, wären durchaus denkbar – und würden die fiktive Existenz Frankreichs oder Schottlands nicht beeinträchtigen.

Warum also sollten die beiden Koreas nicht unterschiedliche Begriffe verwenden, die zu verschiedenen Zeiten für Korea standen? Das jedenfalls schadet niemandem.

CHINAS NEUN-STRICHE-LINIE UND IHRE KONFLIKTE

Über konkurrierende Gebietsansprüche im Südchinesischen Meer

Everest – Ein Yeti will hoch hinaus ist ein animierter Abenteuerfilm aus dem Jahr 2019, in dem drei liebenswerte Teenager aus Shanghai einen Yeti namens Everest retten müssen. Die Hauptrolle wird von Chloe Bennet gesprochen, wohingegen die bösen Ausländer, die ihren pelzigen Freund fangen und zerteilen wollen, die Stimmen von Eddie Izzard und Sarah Paulson in den Mund gelegt bekommen. Der Film wurde in drei Ländern verboten, weil behauptet wird, er unterstütze den chinesischen Expansionismus im Südchinesischen Meer.

Es ist vielleicht einfach für mich, das zu sagen, über 8000 Kilometer entfernt am anderen Ende Eurasiens, aber das scheint mir eine Überreaktion zu sein. Die Kontroverse entstand dadurch, dass der Film für einen kurzen Augenblick eine Karte von Asien zeigt, auf der neun Striche im oben genannten Meer zu sehen sind, die jeweils den chinesischen Anspruch auf eine andere weit entfernte, aber strategisch nützliche Inselgruppe markieren. Es stimmt, dass die meisten Nachbarn Chinas diese Ansprüche nicht respektieren – sie betrachten sie in der Tat als einen Akt der Aggression. Doch auch wenn es einem schwerfällt, sich sicher zu sein, scheint die Entscheidung, die Neun-Striche-Linie zu zeigen, nicht das Werk chinesischer Außenpolitiker zu sein, die die Produktionsstudios von DreamWorks Animation geschickt infiltriert haben. Wahrscheinlicher ist eher, dass der Film einfach Karten kopiert hat, die es tatsächlich in China gibt, weil die Animatoren nicht wollten, dass ihr Cartoon über einen verlorenen Yeti unrealistisch ist. Es spielte keine Rolle; zehn Tage nach seiner Veröffentlichung wurde er in Vietnam verboten. Als sich der Verleih Universal weigerte, die Szene zu schneiden, folgten Malaysia und die Philippinen diesem Beispiel.

Dies ist nicht der einzige Streitfall dieser Art. Die Netflix-Serie *Pine Gap* aus dem Jahr 2021 empörte einen Kritiker mit ihren »endlosen Dialogen, durchsetzt von gelegentlichen Bettszenen« (1 Stern, *The Guardian*). Doch der eigentliche Aufreger war der Vorwurf, die Serie habe durch das Zeigen der umstrittenen Karte die »philippinische Souveränität verletzt«. Dann war da noch der Film *Uncharted* von 2022, der sowohl auf den Philippinen als auch in Vietnam verboten wurde, weil eine Schatzkarte darin die berüchtigten Striche zeigte. Oder *Barbie* von 2023, in dem für einen Moment eine kindlich gezeichnete Karte der »realen Welt« zu sehen war – mit ein paar undefinierten Strichen neben einem unförmigen Fleck namens »Asien« –, was ebenfalls in Vietnam für Aufregung sorgte. Auch der amerikanische Sender ESPN und ein Herausgeber australischer Schulbücher sind in die Kritik geraten. »Ich hatte vor, mir diesen Film anzusehen«, sagte ein Student aus Hanoi gegenüber Reuters, als *Everest – Ein Yeti will hoch hinaus* verboten wurde, »aber nachdem ich von der Sache mit der Seehoheit gehört habe, denke ich, dass ich das nicht tun sollte.« Hören Sie auf, zu grinsen, das ist eine ernste Angelegenheit.

Es gibt noch etwas, das diese Striche ein wenig absurd erscheinen lässt: Niemand scheint genau zu wissen, wie viele es davon gibt. Obwohl alle von der »Neun-Striche-Linie« sprechen, enthielt die Originalversion der Karte, die zu dem ganzen Ärger führte, tatsächlich *elf* Striche: Zwei wurden in den 1950er-Jahren stillschweigend entfernt, nachdem der Vorsitzende Mao die chinesischen Ansprüche auf den Golf von Tonkin aufgegeben hatte, was das *Time*-Magazin als »einen Moment sozialistischer Jovialität gegenüber Vietnam« bezeichnete.[70] In den vergangenen Jahren hat Peking damit begonnen, eine Version der Karte, die *zehn* Striche enthält, in chinesische Pässe aufzunehmen: Der zusätzliche Strich befindet sich östlich von Taiwan und

70 Dies wurde schließlich im Jahr 2000 durch einen Vertrag formalisiert.

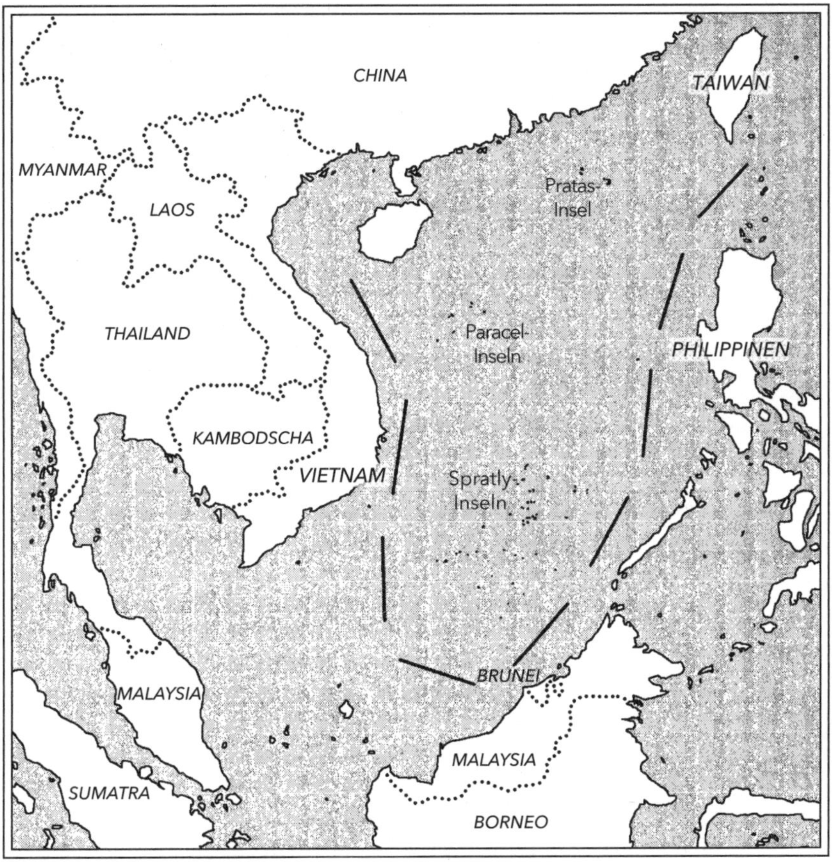

Die »Neun-Striche-Linie«, mit der China den Großteil des Südchinesischen Meeres für sich beansprucht

soll alle, die es bemerken wollen, an die langjährige Hoffnung der Volksrepublik erinnern, die *de facto* unabhängige Insel[71] wieder zu annektieren. 2016 weigerten sich vietnamesische Beamte, diese Pässe zu stempeln, und stellten stattdessen separate Visa aus, nur um wirklich, *wirklich* deutlich zu machen, dass ihre Regierung die auf dieser Karte dargestellten Ansprüche nicht anerkennt.

---

71 Offenbar war diese Linie schon in den 1980er-Jahren auf chinesischen Karten zu sehen – aber außerhalb Chinas bemerkte das niemand, bis die Sache mit dem Reisepass aufkam.

All das mag lächerlich erscheinen. Es ist jedoch nicht belanglos. Denn leider besteht eine nicht ganz auszuschließende Möglichkeit, dass auch diese Geschichte in einem nuklearen Flächenbrand endet.

Der Streit geht auf die Jahre unmittelbar nach dem Zweiten Weltkrieg zurück. Nach der Niederlage des japanischen Kaiserreichs war die Republik China fest entschlossen, die Kontrolle über drei Inselgruppen im Südchinesischen Meer zu übernehmen: von Norden nach Süden die Pratas-Inseln, die Paracel-Inseln und die Spratly-Inseln. Um ihren Anspruch zu untermauern, tat die Regierung das, was Regierungen seit mindestens 400 Jahren getan hatten, um Gebietsansprüche zu untermauern, und veröffentlichte eine Karte mit den oben genannten elf Strichen. Laut den Chinesen und Taiwanesen, so erklärte Robert Kaplan in *Asia's Cauldron*, »stellt jeder der Striche ... die Mittellinie zwischen den Inseln im Südchinesischen Meer und den großen Landmassen dar, die die Küsten des Meeres bilden«.

Die Begriffe »Republik« und »taiwanesisch« im vorherigen Absatz deuten bereits darauf hin, warum die Sache kompliziert werden könnte. Im Jahr 1949 gewann die Kommunistische Partei Chinas endgültig den Bürgerkrieg, der seit 1927 immer wieder aufflammte, und rief die Volksrepublik China (VR China) aus. Die Anführer der nationalistischen Kräfte, die bis dahin das Land regiert hatten, mussten auf die Insel Taiwan fliehen – ursprünglich Heimat einer indigenen Bevölkerung, kurzzeitig niederländisch, dann chinesisch, später japanisch und schließlich erneut chinesisch. Seitdem gibt es praktisch *zwei* Länder, die behaupten, die rechtmäßigen Herrscher über ganz China zu sein: die VR China auf dem Festland, die ich der Einfachheit halber als »China« bezeichnen werde, und die in Taiwan ansässige *Republik* China mit ihrer neuen Hauptstadt Taipeh (»Taiwan«). Für unsere Geschichte ist es hilfreich, dass beide die Neun-Striche-Karte anerkennen. Weniger hilfreich ist, dass sie sich gegenseitig nicht anerkennen. Wir werden darauf zurückkommen.

In den nächsten 60 Jahren war die Karte keine große Sache. Es war offiziell Pekings (und Taipehs!) Politik, dass der Großteil des Südchinesischen Meeres tatsächlich chinesisch war, aber niemand gab sich viel Mühe, um dies durchzusetzen, und es schien niemanden sonderlich zu stören. Das änderte sich, als 2009 zwei andere Länder die Dreistigkeit besaßen, einen Teil des Südchinesischen Meeres für sich zu beanspruchen: Sowohl Malaysia als auch Vietnam reichten bei den Vereinten Nationen offizielle Anträge ein, um die Hoheit über ihre Festlandsockel einzufordern.

China legte Einspruch ein mit der Begründung, es habe die »unbestreitbare Souveränität über die Inseln im Südchinesischen Meer und die angrenzenden Gewässer … sowie die Zuständigkeit für die betreffenden Gewässer einschließlich des Meeresbodens und Untergrunds«. Außerdem fügte China eine Karte bei – mit ein paar Strichen darauf. Malaysia und Vietnam wiederum widersprachen dem Einspruch; in den folgenden Jahren taten das auch Indonesien und die Philippinen.

Dies hätte nicht überraschen dürfen. Die Karte des Südchinesischen Meeres ist ein Wirrwarr aus konkurrierenden Ansprüchen, wobei sich die Ansprüche der Philippinen und Vietnams überschneiden und Malaysia in Bezug auf Brunei etwas unschlüssig zu sein scheint. Aber Chinas Anspruch ist bei Weitem der extravaganteste, es sei denn, man zählt Taiwans Forderung dazu, die identisch, aber etwas dezenter ist. (Ein bestimmter Teil der Spratly-Inseln wird von allen sechs Ländern beansprucht, was Gutes verheißt.) Chinas Anspruch reicht bis zur James Shoal, einer unterseeischen Insel, die etwa 1000 Meilen von der chinesischen Küste, aber nur 50 Meilen von Malaysia entfernt ist und damit in dem Bereich liegt, den es als seine ausschließliche Wirtschaftszone betrachten könnte. (Mehr zur Seehoheit auf Seite 351.)

Das ist natürlich absurd, daher lohnt es sich zu fragen, *warum* die Chinesen so hohe Ansprüche haben. Die dröge, vorhersehbare realpolitische Antwort ist höchstwahrscheinlich genau das, was Sie denken: Die US Energy Information Agency schätzt, dass das Südchinesische Meer bis zu 33 Milliarden Barrel Öl und 14 *Billionen* Barrel Erdgas enthält. Diese Zahlen sind nicht so hoch, wie sie klingen – das Öl entspricht offenbar einem Jahresbedarf Chinas –, aber dennoch kann man verstehen, warum alle territoriale Ansprüche geltend machen.

Natürlich sagt das niemand offen. Pekings offizielle Haltung lautet stattdessen schlicht, man habe ein historisches Anrecht auf diese Inseln, da chinesische Seeleute sie bereits vor Jahrhunderten erkundet und beansprucht hätten. Ob das stimmt – und falls ja, ob das einzigartig ist – bleibt unklar. Doch das spielt völkerrechtlich nicht unbedingt eine Rolle, denn historische Ansprüche, die nicht durch irgendeine Form der tatsächlichen

Kontrolle gestützt werden, haben im internationalen Recht wenig Gewicht. Im Jahr 2013 leiteten die Philippinen ein Schiedsverfahren gegen China nach dem Seerechtsübereinkommen der Vereinten Nationen (UNCLOS) ein. Als das Urteil schließlich dreieinhalb Jahre später gefällt wurde, entschied das Tribunal zugunsten der Philippinen: China habe in dem beanspruchten Gebiet keine ausschließliche Kontrolle ausgeübt, und seine »historischen Rechte« hätten daher keine rechtliche Grundlage.

China reagierte so, wie Großmächte im Grunde schon immer auf UN-Urteile reagiert haben – nämlich indem es sie ignorierte. »Chinas territoriale Souveränität und maritimen Rechte im Südchinesischen Meer werden in keiner Weise von dem sogenannten Urteil der Philippinen zum Südchinesischen Meer beeinträchtigt«, erklärte Präsident Xi Jinping. Was China stattdessen tat, war, seine PR-Kampagne aufzupeppen – mithilfe staatlicher Medien und, etwas überraschender, sogar chinesischer K-Pop-Künstler, die die Karte zusammen mit dem Slogan verbreiteten: »Das ist China – kein bisschen weniger.«[72] Es ist verlockend, einen weiteren Grund für Chinas Unnachgiebigkeit darin zu sehen, sich vorzustellen, dass es nicht nur um wirtschaftliche oder sicherheitspolitische Vorteile oder historische Besetzungen geht, sondern einfach um den Stolz auf seine jahrtausendealte Stellung als regionaler Hegemon. Das ist natürlich auch ein sehr guter Grund für seine Nachbarn, Widerstand zu leisten.

Auch wenn die Gründe für Chinas Anspruch nachvollziehbar sind, so ist die Karte, mit der sie untermauert wird, alles andere als das. Gestrichelte Linien haben im Völkerrecht ungefähr so viel Gewicht wie nicht überprüfbare historische Touristenfahrten, und Peking hat sich bislang ohnehin geweigert, genau zu erklären, was diese Linien überhaupt bedeuten sollen: Es ist unklar, wie die Striche miteinander verbunden werden könnten, ob China damit die Inseln beansprucht, exklusive Rechte an allen Gewässern zwischen ihnen und dem Festland – oder vielleicht etwas ganz anderes. Im Jahr 2016 erklärte die Meeresgeografin Wang Ying dem *Time*-Magazin, der

72 Soweit ich das beurteilen kann, beruhen die Berichte, wonach der Slogan »kein Strich weniger« lautete, auf einer Fehlübersetzung. Schade eigentlich. Was allerdings tatsächlich zutrifft, ist, dass die chinesischen Behörden das Meer mitunter als ihren »blauen nationalen Boden« bezeichnen. Cool.

Grund für die gestrichelte Linie sei schlicht, dass es sich um eine Seegrenze handle. »Das ist nicht wie eine feste Grenze an Land«, sagte sie. »Als Wissenschaftlerin würde ich sagen: Es ist unmöglich, auf dem Meer eine feste Grenze zu ziehen … die Wellen im Ozean bewegen sich.« Gut, dass es Wissenschaftler gibt, die uns solche Dinge erklären, oder?

Diese strategische Unklarheit ist wahrscheinlich bewusst gewählt – ein Versuch, Chinas Handlungsspielraum möglichst groß zu halten, indem man sich nicht auf eine eindeutige Politik festlegt. Gleichzeitig versucht die Volksrepublik jedoch, die Tatsachen »auf dem Boden« – oder besser: im Meer – zu verändern. Ein Beispiel ist das, was US-Admiral Harry B. Harris als »Great Wall of Sand« bezeichnet hat: ein riesiges Landgewinnungsprojekt, bei dem vormals unbewohnte Inseln im Spratly-Archipel mit Sand aufgeschüttet, mit Beton verstärkt und anschließend militärisch ausgebaut wurden.[73] Und das in einem Gebiet, das wesentlich näher an Vietnam, Malaysia, den Philippinen und Brunei liegt als an China selbst – was durchaus beunruhigend ist. Doch das ist nicht die einzige Art, wie die VR China versucht, ihre Ansprüche zu – das Wortspiel ist beabsichtigt – untermauern. Im Jahr 2012 etwa wurden chinesische Schiffe dabei beobachtet, wie sie Kabel durchtrennten, die Vietnam im Rahmen seiner Energieerkundungen verlegt hatte. Außerdem reisten chinesische Schiffe mit Fernsehteams durch die Region, um dem chinesischen Publikum eine Art »Reiseführer« durch das zu liefern, was das daraus entstandene Programm als chinesisches Territorium darstellte.

Im Jahr 2011 schrieb Robert Kaplan einen viel diskutierten Artikel für *Foreign Policy* unter der Überschrift »Das Südchinesische Meer ist die Zukunft des Konflikts«. Er vertrat die Ansicht, dass die Region das »Schlachtfeld des 21. Jahrhunderts« sein würde. Die meisten Gründe dafür – konkurrierende territoriale Interessen, eine Supermacht, die beginnt, ihr Gewicht in die Waagschale zu werfen, Öl – müssen nicht näher erläutert werden: Die chinesische Politik in der Region bringt sie eindeutig in Konflikt mit den meisten ihrer Nachbarn.

---

73 Fun Fact! Das staatliche chinesische Unternehmen, das einen Großteil der Arbeiten an der »Großen Mauer aus Sand« ausführte, wurde von der amerikanischen Beratungsfirma McKinsey & Company beraten. Die Welt ist klein!

Aber es gibt eine Sache, die einen regionalen Konflikt in etwas noch Beängstigenderes verwandeln könnte. China vertritt nach wie vor die Position, dass es Taiwan irgendwann, möglicherweise schon sehr bald, wieder eingliedern wird; es wird allgemein davon ausgegangen, dass es, falls nötig, Gewalt anwenden wird. Der wichtigste Garant für die Sicherheit Taiwans sind die USA, die – in dem Versuch, eine Invasion zu verhindern – eine Politik der »strategischen Unklarheit« verfolgen, was die Frage betrifft, ob sie für die Verteidigung der Insel kämpfen würden oder nicht.

Das Problem mit Mehrdeutigkeit ist jedoch, dass sie Gegner manchmal dazu bringt, die eigentliche Absicht falsch zu verstehen. Was, wenn Peking nicht – wie beabsichtigt – glaubt, ein zurückhaltenderes Amerika würde dennoch bereit sein, Taiwan zu verteidigen, sondern stattdessen denkt, ein kampflustiges Amerika *würde es nicht* tun? Und was, wenn die bewusst vage Haltung Chinas zu seinen Ansprüchen auf jene entlegenen Inselgruppen einen ganz ähnlichen Effekt hätte?

Im Jahr 1914 wurde Europa durch ein Pulverfass aus langjährigem Groll, rivalisierenden Gebietsansprüchen und Verteidigungsbündnissen in den Krieg hineingezogen. Kaplans Argument war, dass das Südchinesische Meer ein ähnliches Risiko darstellt. Es gibt jedoch einen entscheidenden Unterschied: Dieses Mal verfügen einige der Teilnehmer über Atomwaffen.

DIE UNSICHEREN GRENZEN ZWISCHEN ISRAEL UND PALÄSTINA

Die grüne Linie, die langsam verschwindet

Im Jahr 1949, als der Krieg zwischen den beiden Ländern endlich beendet war, setzten sich Vertreter des gerade unabhängig gewordenen Königreichs Transjordanien und des neu gegründeten Staates Israel um eine Landkarte und markierten mit einem grünen Stift die Grenze zwischen ihren Ländern. Die Linie, die sie zogen, war schmal – vielleicht 1 oder 2 Millimeter breit, also so schmal, dass sie in diesem Maßstab kaum zu existieren scheint.

Das Problem war natürlich, dass die Welt nicht im Größenverhältnis jener Karte existierte, sondern in einem, das das 1000- oder gar 10 000-Fache betrug. In der Realität war eine Grenzlinie, die eigentlich schmal sein sollte, viele Dutzend Meter breit – an der schmalsten Stelle vielleicht 60, andernorts bis zu 250 Meter. Fast 20 Jahre lang führte diese Breite der Grenzlinie zu Unklarheiten darüber, ob die Dörfer, Felder und Obstgärten, die sie durchschnitt, nun zu Israel oder zum Westjordanland gehörten.

Das war, wie sich herausstellte, noch das geringste Problem.

Ich muss an dieser Stelle etwas gestehen: Ich habe mich vor diesem Teil gefürchtet – mehr als vor jedem anderen Kapitel über den europäischen Kolonialismus, der die Welt in chaotische Zustände gebracht hat, und mehr als vor jedem anderen Kapitel in diesem Buch überhaupt.[74] Geschichten über Territorien und Grenzen sind immer verwirrend und kompliziert, und ich musste Geografie wie Geschichte oft vereinfachen – womit ich mich vermutlich in die angreifbare Position begebe, verärgerte Leserbriefe zu erhalten –, nur um sie in den Rahmen dieses Buches zu pressen. Das hier ist jedoch etwas ganz anderes. Die Geschichte über dieses Kapitel des Nahen Ostens ist ein undurchdringliches Geflecht aus konkurrierenden Ansprüchen und sich widersprechenden Verletzungen – von Völkern, die misshandelt wurden und daraufhin selbst andere misshandelten, und von Führern, die es oft für angemessener befanden, Konflikte zu schüren, als auf Frieden hinzuarbeiten. Auch die Intervention ausländischer Mächte hat dabei nicht gerade geholfen. Je mehr ich über diese Region gelesen habe, desto größer wurde mein Mitgefühl für ihre Menschen – und desto tiefer meine Verachtung für ihre Politiker. Es wäre sehr leicht, hier etwas falsch zu machen und eine Seite zu beleidigen. Trotzdem: Los geht's.

Der Kern des Problems besteht darin, dass es sich um ein Gebiet handelt, in der zwei Nationen leben – die eine ein souveräner Staat, die andere eine Art Schatten eines solchen, der bis zu einem gewissen Grad unter der Duldung der anderen existiert. In beiden Nationen gibt es jeweils eine beträchtliche Anzahl von Menschen, die der Auffassung sind, dass das gesamte Land ihnen gehören sollte; und jede von ihnen wird von einem beträchtlichen Teil der Weltbevölkerung weniger als Nation denn als Problem angesehen. Und beide glauben, dass ihr Anspruch auf Wurzeln beruht, die in der Tat sehr, sehr alt sind.

Das Judentum entstand zuerst in der Levante, wahrscheinlich im 2. Jahrtausend vor Christus, und einer der Gründungsmythen seines Glaubens ist die Geschichte des Exodus: der Auszug des jüdischen Volkes aus Ägypten, wo es unter dem Joch der Versklavung sein Dasein fristete, bis es schließlich von Moses in die Freiheit geführt wurde. Die Geschichtlichkeit dieser Erzählung entbehrt, um es milde auszudrücken, einer eindeutigen Auslegung, und ihre Bedeutung liegt vielleicht weniger in ihrem buchstäblichen Wahrheitsgehalt als in ihrer Ähnlichkeit mit der babylonischen Ge-

74 Das ist natürlich der Grund, warum ich zu Beginn über die dumme Sache mit dem Stift geschrieben habe.

fangenschaft: der Zeit der kaiserlichen Herrschaft, die auf die Zerstörung des Ersten Tempels um 600 v. Chr. folgte, als ein großer Teil der herrschenden Klasse gezwungen war, im Exil zu leben, bis das etwas entgegenkommendere Persische Reich in den 530er-Jahren zur Rettung kam. (Der Widerhall dieses Ereignisses in allem, was später kam, ist unüberhörbar.) Andere Reiche kamen und gingen, bis zum Aufstand gegen die Römer im Jahr 69 n. Chr., der zur Zerstörung des *Zweiten* Tempels führte. Danach wurde das jüdische Volk in alle Teile des Reiches und darüber hinaus verstreut. Das Land, das die Juden hinter sich gelassen hatten, wurde erst christianisiert, als die Römer konvertierten, und dann muslimisch, als die Araber es in den 630er-Jahren eroberten.

Sie merken schon: Ich drücke mich vor dem Thema, nicht wahr? Es ist wesentlich einfacher, sich mit alter Geschichte zu beschäftigen. Keine Sorge, ich komme schon noch dazu.

In Europa, wo sich viele Juden niedergelassen hatten, waren Pogrome – gewalttätige antisemitische Übergriffe, bei denen die Gemeinden gezwungen wurden, ihre Häuser zu verlassen und weiterzuziehen – seit Jahrhunderten leider ein fester Bestandteil des jüdischen Lebens. Im späten 19. Jahrhundert jedoch befand sich der Kontinent im festen Griff des Nationalismus, und die Völker begannen, sich in relativ einheitliche Nationen zu gliedern. Theodor Herzl, ein österreichisch-ungarischer jüdischer Journalist, der in dem Glauben aufgewachsen war, dass die Assimilation an die westliche, säkulare Kultur der beste Weg für sein Volk sei, befürchtete, dass der zunehmende Antisemitismus dies unmöglich machen würde. Stattdessen begann er, für den Zionismus zu werben – für die Idee, eine jüdische Nation in einer eigenen Heimat zu schaffen.

Zu diesem Zweck berief er im August 1897 den ersten Zionistenkongress in Basel (Schweiz) ein. In seinem Tagebuch schrieb er anschließend, dass er soeben »den jüdischen Staat gegründet« habe: »In fünf Jahren vielleicht, und ganz sicher in fünfzig, wird ihn jeder sehen.« Er selbst würde ihn nicht mehr erleben – er starb 1904 –, aber wie sich herausstellte, lag er mit dieser Vorhersage nur neun Monate daneben.

In anderer Hinsicht erwies sich Herzl jedoch als weniger vorausschauend. Da er aus einem weitgehend weltlichen Umfeld stammte, war er der Idee einer Rückkehr nach Palästina nicht besonders zugetan. Er hatte Argentinien als möglichen Standort für das Heimatland des jüdischen Volkes in Erwägung gezogen; und ein anderes Mal stellte er einen Plan des britischen Kolonialministers Joseph Chamberlain vor, der ein solches Land in Uganda vorsah. Viele derjenigen, die sich seiner Bewegung anschlossen, waren jedoch weniger flexibel: entweder Palästina oder der Untergang.

Das einzige kleine Problem bei diesem Plan war, dass Palästina kein unbesiedeltes Land war: Es war die Heimat einer Gruppe von (hauptsächlich, aber nicht ausschließlich) muslimischen Arabern, die 1897 schon sehr lange dort lebten. Außerdem gehörte es zum Osmanischen Reich, von dem man weithin glaubte, dass es in den letzten Zügen lag, und wenn das vor dem Ersten Weltkrieg noch ein Wunschdenken war, so war es das danach mit Sicherheit nicht mehr. Im November 1917 gab die britische Regierung die Balfour-Erklärung heraus, in der sie sich für die »Errichtung einer nationalen Heimstätte für das jüdische Volk in Palästina« aussprach. Sie fügte zwar im selben Satz hinzu, dass »nichts unternommen werden darf, was die bürgerlichen und religiösen Rechte der bestehenden nichtjüdischen Gemeinschaften beeinträchtigen könnte«, aber nichtsdestotrotz war die Grenze überschritten: Eine Großmacht unterstützte nun den Zionismus.

Nach dem Krieg fiel die Region an das britische Empire, das sie unter dem Mandat des Völkerbundes verwaltete. Die Abwanderung der Juden, die als Reaktion auf die Pogrome der 1880er-Jahre begonnen hatte, beschleunigte sich; nach der Machtübernahme der Nationalsozialisten in Deutschland 1933 und dem erschreckenden Anstieg des europäischen Antisemitismus nahm die Zahl der Juden sogar noch zu. Ab 1936 lehnte sich die arabische Bevölkerung Palästinas gegen das britische Mandat auf – zum Teil aus ganz normalen wirtschaftlichen oder antiimperialistischen Gründen, zum Teil aber auch wegen der sich verändernden ethnischen Zusammensetzung der Region und der Befürchtung, dass ihr Land zur nationalen Heimstatt der Juden werden könnte. Um den Frieden wiederherzustellen, versprachen die britischen Behörden 1939 eine vorübergehende Begrenzung der jüdischen Einwanderung nach Palästina, bekräftigten aber zugleich ihr Engagement für einen jüdischen Staat. Nach dem nächsten Krieg, als das ganze Ausmaß des Holocaust bekannt wurde, immer mehr Überlebende nach Palästina auswanderten und zionistische paramilitärische Gruppen ihren eigenen Kampf gegen die britische Herrschaft begannen, wuchs der Druck zur Gründung eines jüdischen Staates – und erschien zunehmend unaufhaltbarer zu werden.

Im Februar 1947 legten die Briten die sich zusammenbrauende Krise in Palästina in die Hände der UNO und gaben damit im Wesentlichen zu, dass das inzwischen erschöpfte Empire das Problem nicht zu lösen vermochte. Im darauffolgenden September präsentierte die UNO zwei Pläne. Das Minderheitenvotum schlug einen binationalen Bundesstaat vor, eine Art levantinisches Belgien. Man befürchtete jedoch, dass dies keinen angemessenen Schutz für die jüdische Gemeinschaft, die immer noch in der Minderheit war, mit sich bringen würde.

Stattdessen wurde der Plan, für den die Mehrheit gestimmt hatte, angenommen: die Teilung. Etwas mehr als die Hälfte des Landes im ehemaligen Mandatsgebiet Palästina sollte einen neuen jüdischen, etwas weniger als die Hälfte einen neuen arabischen Staat bilden. Jerusalem, eine heilige Stadt für mehrere Weltreligionen, die beide Bevölkerungsgruppen als ihre Hauptstadt betrachteten, sollte von einem internationalen Sonderregime verwaltet werden. Dies kam bei der arabischen Bevölkerung vor Ort, die immer noch eine Zwei-zu-eins-Mehrheit bildete, nicht gut an, und die Ablehnung des Plans brach sich schon bald in Streiks und Unruhen Bahn. Noch vor Jahresende kündigte Großbritannien – das sich bei der Abstimmung über die Gründung Israels enthalten hatte – an, sein Mandat im Sommer 1948 zu beenden, komme, was da wolle – eine Geschichte, die jedem, der die Ereignisse in Indien verfolgt hatte, bekannt vorkommen dürfte.

Es kam zum Krieg zwischen den Juden und den Palästinensern, der schließlich mit einem jüdischen Sieg endete. Die Sieger wurden mit dem Staat Israel belohnt, die Verlierer mit der Nakba, der »Katastrophe«, der Zerstörung der bestehenden palästinensischen Gesellschaft und der Vertreibung von Hunderttausenden von Palästinensern. Einige wanderten aus und bildeten eine Diaspora, andere blieben und wurden praktisch staatenlos.

Halten wir hier einen Moment inne, um festzuhalten, wie viele berechtigte Klagen und tatsächliche historische Tragödien bisher in dieser Geschichte vorkamen – und dass der Staat Israel zu diesem Zeitpunkt gerade erst gegründet worden ist.

Dieser letzte Krieg führte zum Waffenstillstandsabkommen von 1949 und zur Festlegung der Grenzen Israels, die umgangssprachlich immer noch – benannt nach diesem Buntstiftstrich – als »Grüne Linie« bezeichnet werden. In der Praxis ist diese Linie jedoch eher theoretischer Natur: Obwohl sich ihre Bedeutung oft geändert hat und sie zu manchen Zeiten ernster genommen wurde als zu anderen, war sie nie wirklich die Grenze Israels.

Zunächst wurde die durch die Grüne Linie dargestellte Demarkation als vorläufig angesehen: Ein Waffenstillstand ist schließlich kein Friedensvertrag. Israel unterhielt ein ausgesprochen ungutes Verhältnis zu seinen Nachbarn, einschließlich derjenigen, die die beiden palästinensischen Gebiete, das Westjordanland (Jordanien) und den Gazastreifen (Ägypten), besetzt hatten. Dies mündete im Juni 1967 schließlich in die Gewalt des Sechstagekriegs. Der entscheidende israelische Sieg in diesem Krieg verschaffte dem bis dahin ziemlich verwundbaren Staat nicht nur die Kontrolle über diese beiden Gebiete, sondern auch über die Sinai-Halbinsel, Jerusalem und einen Streifen Syriens, der als Golanhöhen bekannt ist.[75] Zuvor war die Grüne Linie offiziell keine Grenze gewesen; jetzt, da Palästina unter israelischer Kontrolle stand, war sie überhaupt keine Grenze mehr. Bereits im Oktober 1967 begann Israel, die Grüne Linie aus seinen Landkarten zu streichen.

Kontrolle bedeutete jedoch nicht dasselbe wie Annexion: Die Bevölkerungen des Gazastreifens und des Westjordanlands hatten zwar mit militärischer Besatzung zu kämpfen, waren aber keine israelischen Staatsbürger – und in der öffentlichen Sphäre der Demokratie auch nicht besonders willkommen. 1967 war der Plan gewesen, das eroberte Land gegen Frieden einzutauschen, aber im Lauf der Jahrzehnte, als Israels Nachbarn weiterhin feindselig gesinnt waren und die israelischen Politiker mit der Idee eines »Großisrael« Wahlen gewannen und immer mehr israelische Siedler auf palästinensisches Land zogen, verwandelte sich die Besatzung allmählich

75 Eine der weniger traumatischen Nebenhandlungen dieser Zeit dreht sich um die Küstenstadt Taba. Eine einigermaßen detaillierte Karte der israelisch-ägyptischen Grenze durch den Sinai, die am Ende des Krieges von 1967 erstellt wurde, zeigte lediglich einen schwarzen Fleck umstrittenen Gebiets, wo die Linie auf den Strand traf; die Israelis bauten dort kurzerhand ein Hotel. Die Verwirrung schien in diesem Fall weniger politisch zu sein als vielmehr auf mangelhafte Schreibkunst zurückzugehen – aber sie führte immerhin dazu, dass Ägypten nach einem Friedensvertrag und einem internationalen Gerichtsverfahren nicht nur etwas Land zurückgewann, sondern auch ein Luxusresort – und Israel eine Rechnung über 37 Millionen Dollar.

in etwas, das eher einer Kolonisierung ähnelte. Im Jahr 1987, dem 20. Jahrestag des Krieges, reagierten die entrechteten Palästinenser mit Protesten, Unruhen und anderen Formen der Gewalt, die als erste Intifada bekannt wurden. Nachdem die Friedensgespräche unter Führung der USA, die ganze sieben Jahre währten, im Jahr 2000 gescheitert waren, ohne dass sich ein palästinensischer Staat abzeichnete, begann eine zweite Intifada, die mit mehr Terroranschlägen auf zivile israelische Ziele verbunden war und deutlich mehr Opfer forderte.

Im Jahr 2002 begann die israelische Regierung, eine neue Trennlinie zwischen sich und den Palästinensern zu errichten – diesmal eine aus Beton und Metall. Die Israelis nannten sie die »Sicherheitsbarriere« oder »Trennmauer«, während viele Palästinenser und Menschenrechtsaktivisten sie lieber als »Apartheidsmauer« bezeichneten. Diese Barriere war nicht nur physisch wesentlich präsenter als alles zuvor, sondern auch weitaus eingreifender: Sie verlief tief ins Westjordanland, schnitt palästinensische Ortschaften voneinander ab und erweiterte faktisch das israelische Staatsgebiet. Trotzdem war sie alles andere als eine einfache neue Staatsgrenze. Der israelische Journalist Meron Rapoport schrieb 2022 in *Nation:* »Die Israelis verstanden sie nicht als politische Grenze zur Lösung des Konflikts, sondern als Verteidigungslinie gegen die palästinensischen Selbstmordattentate jener Zeit.«

Noch in den 2020er-Jahren waren westliche Politiker häufig zu hören, die eine »Zweistaatenlösung« forderten, bei der Israel und Palästina zwei durch die Grüne Linie getrennte Nationen wären. Vor Ort existierte diese Linie jedoch kaum noch. Israel mag sich 2005 zwar aus dem schmalen Gazastreifen zurückgezogen haben, doch die eigentliche Trennlinie zwischen Israel und dem Westjordanland folgte längst nicht mehr den Grenzen von 1949. Und ohnehin handelte es sich eher um eine durchlässige Membran, die dank des israelischen Militärs für die eine Seite eine viel größere Barriere darstellte als für die andere.

Das heißt natürlich nicht, dass die Palästinenser sie überhaupt nicht überqueren konnten. Während der Covid-Pandemie im Jahr 2020 berichtete die israelische Nachrichten-Website *Local Call,* dass die israelische Regierung sogar so weit ging, ihre eigene Barriere absichtlich zu durchbrechen, um den palästinensischen Arbeitern, auf die die Wirtschaft nicht mehr verzichten konnte, Zugang zu verschaffen. (Im selben Artikel wurde behauptet, einige Palästinenser sähen die Mauer nun als Möglichkeit, das Virus fernzuhalten.) Eine Rückkehr zu den Grenzen von vor 1967 könnte eine Entflechtung der beiden Volkswirtschaften erfordern und würde mit Sicherheit dazu führen, dass Hunderttausende israelischer Siedler ihre Häuser aufgeben müssten.

Die mangelnde Bereitschaft der Regierung zu solchen Maßnahmen zeigt sich nicht nur im Umgang mit Palästina oder in ihren gelegentlichen Versuchen, ein »Großisrael« gesetzlich zu verankern, sondern auch im eigenen Staatsgebiet. Im Herbst 2022 begann der Stadtrat der israelischen Hauptstadt Tel Aviv-Jaffa, in den Schulen Karten mit der Grünen Linie zu verteilen – und wurde prompt vom nationalen Bildungsministerium gerügt, weil es inoffizielle Karten verwendet habe, auf denen die Siedlungen außerhalb Israels lagen. (Dasselbe Ministerium zeigt sich übrigens deutlich weniger kritisch, wenn Israel in palästinensischen Schulbüchern völlig fehlt.)

Das Ergebnis all dessen ist ein wachsender Zynismus gegenüber der Frage, ob eine Zwei-Staaten-Lösung überhaupt noch möglich ist. »In vielerlei Hinsicht funktioniert das Mantra ›Ich unterstütze eine Zwei-Staaten-Lösung‹ bei den Demokraten so, wie ›Gedanken und Gebete‹ bei den Republikanern jedes Mal, wenn ein Amoklauf die Debatte über Waffenkontrolle in den USA neu entfacht«, schrieb der palästinensisch-amerikanische Autor Yousef Munayyer im Jahr 2021. Der israelische Journalist Meron Rapoport wiederum konstatierte, dass die Politik seiner Regierung fast absichtlich vage wirke. »In gewisser Weise funktioniert die derzeitige Pattsituation – keine Grüne Linie, aber auch keine formelle Annexion – für Israel«, argumentierte er: Sie ermögliche die Kontrolle über ganz Großisrael, ohne die Ungelegenheit, den Palästinensern politische Rechte einräumen zu müssen.

Und dann, im Oktober 2023, gerade als dieses Buch in Druck ging, starteten die Hamas-Terroristen, die den Gazastreifen kontrollieren, den größten Überfall auf Israel in der Geschichte des Landes, und die israelische Regierung antwortete mit einem der brutalsten Angriffe in der Geschichte Palästinas. Zum Zeitpunkt des Schreibens dieses Kapitels kann niemand mit Sicherheit sagen, was als Nächstes kommen wird. Weit entfernt von diesem Konflikt, in der Stadt, aus der die Balfour-Erklärung stammt, ist es leicht, über eine Situation zu dozieren, von der ich naturgemäß nur wenig weiß und erfahren habe. Aber mir scheint, dass jede Lösung eine Reihe widersprüchlicher Fakten berücksichtigen muss. Nach jahrhundertelanger Misshandlung hatte das jüdische Volk ebenso wie jede andere Nation das Recht, einen eigenen Staat zu gründen, und nach fast acht Jahrzehnten des Bestehens geht Israel nirgendwo hin und sollte es auch nicht. Aber auch die Palästinenser haben ein Recht auf einen eigenen Staat und alles, was damit verbunden ist. Die Israelis haben ein Recht auf Sicherheit, die Palästinenser auf Protest und politische Rechte und darauf, nicht unter einer feindlichen militärischen Besatzung zu leben. Beide Völker haben Anspruch auf das Land zwischen dem Jordan und dem Mittelmeer, und jede Lösung, die nicht für beide funktioniert, ist keine Lösung.

Es gibt jedoch Optionen. Eine Einstaatlösung ist vielleicht nicht praktikabel, aber eine Art Konföderation, wie sie von der israelisch-palästinensischen Bewegung »Ein Land für alle« (Rapoport ist Mitglied dieser Gruppe) gefordert wird, könnte möglich sein. Dies würde zwei souveräne Staaten bedeuten, die sich an den Grenzen der Grünen Linie orientieren, aber Freizügigkeit und gemeinsame Institutionen für bestimmte Politikbereiche haben. Die israelischen Siedler dürften in ihren Häusern bleiben, müssten aber die palästinensische Souveränität akzeptieren. Der Plan wurde von der Europäischen Union angestoßen – aber er ist auch nicht weit vom UN-Minderheitenvotum von 1947 entfernt.

Ob dies jemals funktionieren könnte, bleibt abzuwarten. Die Ereignisse vom Herbst 2023 dürften kaum hilfreich sein. Schlimmer kann es aber auch nicht werden.

DIE SIAMESISCHEN ZWILLINGSSTÄDTE BAARLE-HERTOG UND BAARLE-NASSAU

Die Grenze als Touristenattraktion

Das Dorf Baarle ist im Grunde genommen nicht besonders bemerkenswert. Es zählt knapp 10 000 Einwohner – ist also kaum der Rede wert im größeren Zusammenhang. Es liegt rund 80 Kilometer vom Meer und 50 Kilometer von der nächsten großen Stadt, Antwerpen, entfernt. Und obwohl es an einer der wichtigsten politischen Bruchlinien Europas liegt, dem Übergang zwischen der französischen und der deutschen Welt, der die europäische Geschichte während eines Großteils der letzten 1200 Jahre geprägt hat (siehe dazu den Großteil der ersten Hälfte dieses Buches), scheint hier kaum etwas von Bedeutung passiert zu sein. Der Ort ist nicht einmal besonders gut für Reisende erreichbar: Die Autobahnen führen daran vorbei, der Bahnhof wurde schon 1934 geschlossen, und die Gleise wurden entfernt und in einen Fahrradweg umgewandelt – was auf charmante Weise typisch niederländisch ist.

Und doch zieht dieses unscheinbare Dorf jedes Jahr Tausende von Besuchern an. Willem van Gool, der Vorsitzende des Fremdenverkehrsamtes von Baarle, sagte 2017 gegenüber der BBC, dass sein Ort »eine Reihe von Geschäften, Hotels und Cafés« habe, »die eher in eine Stadt mit 40 000 als mit 9000 Einwohnern passen«. Allein die Tatsache, dass es ein Fremdenverkehrsamt in einer Stadt dieser Größe gibt, ist schon bezeichnend.

Der Grund, warum all diese Menschen in dieses unscheinbare Städtchen strömen – der Grund, warum all die Touristen herkommen –, ist eine Art geopolitisches Kuriositätenkabinett. Denn Baarle ist nicht ein Dorf, sondern zwei: ein belgisches, das von einem niederländischen umgeben ist – in dem wiederum weitere kleine Niederlande-Enklaven verstreut liegen.

Baarle-Hertog und Baarle-Nassau sind so ineinander verschachtelt, dass die Grenze an manchen Stellen mitten durch Gebäude verläuft – man kann im Bett in einem Land liegen, während der Partner nebenan in einem anderen schläft. Hier findet man eine der absurdesten internationalen Grenzen.

Diese Situation ist, wie so vieles in diesem Teil der Welt, auf eine Kombination aus mittelalterlichen Adeligen und dem Heiligen Römischen Reich zurückzuführen. Im späten 12. Jahrhundert war die gesamte Region das Lehen eines Kaisers, der meistens sehr weit weg war. Im Alltag unterstanden die Dinge jedoch einer Reihe kleinerer, lokaler Herren und Bischöfe, und um 1198 stritten sich zwei rivalisierende Gruppen – die Grafen von Holland im Nordwesten und die von Brabant im Süden – darüber, wem von ihnen das Gebiet um Baarle gehörte.

Solche Streitigkeiten neigten leider oft dazu, in Blutvergießen zu enden (siehe dazu auch die gesamte europäische Geschichte von 476 bis heute). In diesem Fall fand Hendrik I. von Brabant jedoch einen Ausweg: Mit allen Mitteln brachte er den noch mächtigeren Godfried van Schoten, den Herrn von Breda, dazu, ihn als seinen Vorgesetzten anzuerkennen und ihm die Rechte an dem Gebiet zuzusprechen, das er dann aber sofort an Godfried zurück verlieh. Godfried durfte somit alles behalten, was ihm ohnehin schon gehörte, samt der schönen Steuereinnahmen, und bekam als Dankeschön sogar noch ein paar zusätzliche Landstücke dazu. Hendrik erhielt den Rest des Landes – ebenfalls samt Steuereinnahmen – und wurde gleichzeitig den Grafen von Holland los, der ihm zuvor im Nacken gesessen hatte. Wenn die daraus resultierende Gebietskarte rund um das Dorf Baarle wie ein Puzzle aussah, dann war das nicht weiter schlimm, denn Baarle war nirgendwo zu finden, und im späten 12. Jahrhundert war ohnehin kaum jemand damit beschäftigt, Karten zu zeichnen.

Dies ist die Art feudaler Kungelei, die in weiten Teilen des mittelalterlichen Europas ständig im Gange war, und das meiste davon ist heute völlig irrelevant. Warum dieser Fall eine Ausnahme darstellt, liegt daran, dass viereinhalb Jahrhunderte später, nachdem die Habsburger begonnen hatten, Teile Europas wie Weihnachtsgeschenke untereinander zu verteilen, der 80-jährige Unabhängigkeitskrieg der Niederlande gegen das spanische Weltreich mit einem Friedensvertrag endete – und dieser setzte die beiden Gruppen von Feudalgebieten plötzlich auf entgegengesetzte Seiten einer Grenze. Die Ländereien der Herren von Breda, die sich inzwischen in den Händen der Grafen von Nassau befanden, sollten Teil der unabhängigen niederländischen Republik im Norden sein, während die Ländereien der Herzöge von Brabant wie die Ländereien im Süden Teil des Habsburger Reiches bleiben sollten. Im Jahr 1815 wurden sie kurzzeitig zu einem einzigen Staatswesen, dem Vereinigten Königreich der Niederlande, vereinigt, doch 1830 führten die Belgier ihren eigenen Unabhängigkeitskrieg, und das Gebiet um Baarle wurde erneut geteilt. Baarle selbst erwies sich als so umstritten, dass der Vertrag von Maastricht von 1843, in dem die Grenze festgelegt wurde, das Gebiet in mehr als 5000 einzelne Landstücke aufteilte.[76]

Seitdem wurden mehrere Kommissionen mit der Vereinfachung der Grenze beauftragt, zuletzt im Jahr 1995. Auch wenn es ihnen gelungen ist, die Anzahl der Parzellen, in die die Stadt unterteilt ist, um mehrere Größenordnungen zu reduzieren, bleibt sie nach jedem vernünftigen Maßstab ein Chaos. In der niederländischen Stadt Baarle-Nassau, die nach ihren früheren Eigentümern benannt ist, leben zwei Drittel der Bevölkerung des Gebiets, und sie umfasst 90 Prozent der Fläche. Aber es bleiben immer noch etwa 3000 belgische Bürger in den belgischen Enklaven von Baarle-Hertog, einige Kilometer nördlich der niederländischen Grenze zu Belgien.

Sie werden bemerken, dass ich »Enklaven« gesagt habe. Das liegt daran, dass Baarle-Hertog kein einheitliches Gebiet ist, sondern ein paar Dutzend

76 Das sollte nicht mit dem Vertrag von Maastricht aus dem Jahr 1993 verwechselt werden, der kaum Auswirkungen auf die niederländisch-belgische Grenze hatte, aber dazu führte, dass britische Euroskeptiker während der vergangenen drei Jahrzehnte nicht mehr alle Tassen im Schrank hatten.

einzelne Grundstücke, von denen das größte etwa 1,5 Quadratkilometer groß ist und das kleinste einem Quadrat von nur 50 Metern Seitenlänge entspricht. Wie viele es genau sind, ist erstaunlich schwer zu bestimmen: Verschiedene Quellen sprechen von 22 bis 26, was an sich schon etwas aussagt. Mehr Einigkeit herrscht über die Zahl der niederländischen Enklaven innerhalb dieser belgischen Gebiete, von denen es acht gibt (obwohl einige Quellen diejenige jenseits der Grenze im eigentlichen Belgien vergessen zu haben scheinen und nur sieben zählen).

Diese Anordnung ist so chaotisch, dass die Grenze, die auf dem Boden durch saubere weiße Kreuze und durch Schilder mit niederländischer oder belgischer Flagge an den Häuserfronten gekennzeichnet ist, die Gebäude häufig in zwei Hälften teilt. An einer Stelle beginnt sie an einem Häuserblock und verläuft durch einen Souvenirladen, um ihn durch einen Supermarkt wieder zu verlassen; an einer anderen verläuft sie mitten durch ein Badezimmer und trennt die Toilette vom Bad. In den meisten Fällen ist das weniger kompliziert, als man denken würde – egal, wie das Grundstück aufgeteilt ist, es gilt als zu dem Land gehörig, in dem sich die Haustür befindet. Doch an manchen Stellen verläuft die Grenze mitten durch die Haustür selbst. Die Stadt hat dafür eine Lösung, indem sie solchen Gebäuden zwei verschiedene Adressen zuweist – je eine pro Nationalität.

So chaotisch die Grenze auch ist, in der jüngeren Geschichte war sie nicht besonders folgeträchtig: Die beiden Länder sind sich so nahe, wie zwei souveräne Staaten nur sein können. Obwohl die Existenz freier belgischer Enklaven innerhalb der neutralen Niederlande als Leuchtturm für Flüchtlinge fungiert haben mag und damit die kaiserlichen deutschen Truppen, die Belgien während des Ersten Weltkriegs besetzt hielten, verärgert hat, hat Baarle die internationalen Beziehungen nie wirklich gestört.

Das bedeutet jedoch nicht, dass diese ungewöhnliche Situation keine Auswirkungen auf lokaler Ebene gehabt hätte. Diejenigen, die sich auf der belgischen Seite der Grenze befinden, profitierten historisch gesehen von den liberaleren Handelsgesetzen Belgiens – die Geschäfte durften sonntags öffnen, während brave, protestantische niederländische Ladenbesitzer eigentlich in der Kirche sein sollten. Es wimmelt nur so von apokryphen Geschichten – etwa von Restaurants, in denen die Gäste aufgefordert wurden, zur liberaleren belgischen Seite des Raums zu wechseln, sobald die niederländischen Gesetze sie zum Schließen zwangen. Oder von Banken, die Unterlagen von einem Ende des Gebäudes zum anderen schoben, um Steuerprüfungen zu entgehen.

Ob diese Geschichten nun wahr sind oder nicht – sie tauchen in so gut wie jeder Beschreibung auf, aber das ist ja auch kein Wunder, oder? Was jedoch definitiv stimmt, ist, dass die niederländischen Bauvorschriften strenger sind als die belgischen – das lässt sich bis heute an der architektonisch vielfältigeren Bebauung auf der belgischen Seite der Stadt erkennen. Tatsächlich haben einige Hausbesitzer sogar ihre Haustüren über die Grenze versetzt, um vom liberaleren belgischen Regelwerk zu profitieren. In den belgischen Teilen der Stadt konnten Anwohner zudem von lockereren Vorschriften für den Verkauf von Feuerwerk und alkoholischen Getränken an Jugendliche Gebrauch machen.

So lustig das alles auch ist, es ist auch ein Ärgernis: Versuchen Sie einmal, eine Straße oder einen Abwasserkanal, die auf ihrer Länge mehrmals das Land wechseln, ordnungsgemäß instand zu halten. Das bedeutet auch, dass eine einzige Stadt zwei Polizeien und zwei Bürgermeister unterhalten muss, von denen einer – der belgische – in einem Rathaus sitzt, das er ohne Baugenehmigung einer ausländischen Regierung nicht erweitern darf. In den 1960er-Jahren einigten sich die Bürgermeister sogar darauf, die Schulschlusszeiten ihrer beiden Städte zeitlich zu staffeln – um das Risiko zu verringern, dass umherstreifende Banden niederländischer und belgischer Schulkinder ihre Nachmittage damit verbrachten, sich in fröhlich-patriotischer Manier gegenseitig die Köpfe einzuschlagen.

Die größte Absurdität der jüngeren Vergangenheit ereignete sich im Juni 2020, als die Niederlande beschlossen, nach der ersten Welle der Covid-Pandemie wieder die Geschäfte zu öffnen, während das südliche Nachbarland weiterhin im Lockdown blieb. Das bedeutete, dass die Kneipen in Baarle-Nassau wieder ihre Tore öffneten, es aber für die Einwohner von Baarle-Hertog gesetzeswidrig war, einen Fuß in eine Kneipe zu setzen, selbst wenn sie in derselben Straße wohnten, sodass sie mit einer Geldstrafe von 250 Euro rechnen mussten. (Der Bürgermeister von Baarle-Hertog erklärte, er werde das Gesetz nicht durchsetzen.)

Auf der anderen Seite der Bilanz haben Baarle-Hertog und Baarle-Nassau allerdings gezeigt, dass es mit der richtigen Einstellung durchaus möglich ist, dass zwei Nationen sich eine Stadt teilen – und das im Großen und Ganzen friedlich und zufrieden. Das ist ein so ungewöhnliches Phänomen, dass selbst der israelische Premierminister Benjamin Netanjahu darüber nachgedacht hat, Forscher dorthin zu schicken, um herauszufinden, welche Lehren sich daraus vielleicht für den Nahen Osten ziehen lassen. Und: Die Stadt zieht tatsächlich viele Touristen an. Also selbst wenn das ganze Arrangement ziemlich albern ist – wer will schon beurteilen, ob das gut oder schlecht ist?

DIE GRENZE ZWISCHEN DEN USA UND KANADA – UND DAS PROBLEM MIT GERADEN LINIEN

Nach Norden offen

Die 5525 Meilen (8900 Kilometer) lange Grenze zwischen den Vereinigten Staaten und Kanada ist bekanntlich die längste unbewachte Grenze der Welt. Weniger bekannt ist vielleicht, dass sie die längste Grenze der Welt überhaupt ist. Das ist allerdings etwas irreführend, denn eigentlich handelt es sich um *zwei* Grenzen: eine zwischen Kanada und den 48 kontinentalen Bundesstaaten der USA (3987 Meilen oder 6416 Kilometer) und eine zwischen Kanada und Alaska (1538 Meilen bzw. 2475 Kilometer). Möchte man eine einzige durchgehende Grenze betrachten, so ist die Grenze zwischen Russland und Kasachstan mit 4750 Meilen oder 7644 Kilometern etwas länger. Aber in Amerika mag man alles gerne etwas größer, also zählen wir einfach beide »Grenzen« zusammen und behaupten, es ist die längste.

Ob sie als ungeschützt gilt, hängt vor allem davon ab, welche Art von Schutz man sich vorstellt. Es stimmt: Sie wird nicht vom Militär bewacht. Und sie wird sicherlich deutlich weniger streng überwacht als die Südgrenze der USA, die von den kompetenten und zugleich einschüchternden Kräften der US-Zoll- und Grenzschutzbehörde patrouilliert wird – jener Behörde, deren Aufgabe es ist, den Menschen- und Drogenhandel zu unterbinden (oder zumindest den Eindruck zu vermitteln, dass sie es tun).

Das bedeutet jedoch nicht, dass die Grenze unbewacht wäre. Wer sie in bewohnten Gebieten überqueren möchte, muss in der Regel einen Ausweis vorlegen und zumindest angeben, warum er ausgerechnet heute das Land wechseln will. In unbewohnten Gebieten kann man vielleicht den Grenzbeamten ausweichen, aber

- wer macht sich schon die Mühe, kilometerweit durch die ländliche Gegend von Alberta zu wandern, nur um unbemerkt nach Montana zu gelangen, und
- selbst dort ist die Grenze kaum zu übersehen: Auf einer Länge von rund 2170 Kilometern ist sie durch den »Slash« markiert, einen 6 Meter breiten Streifen abgeholzter Fläche, der sich so stark von der Landschaft zu beiden Seiten unterscheidet, dass man ihn auf Satellitenfotos erkennen kann. (Schauen Sie ruhig mal in Ihrer Karten-App nach.)

Es sei daran erinnert, dass auch die Nordgrenze der USA nicht immer eine friedliche Linie war. Die Gebiete, die später Kanada bilden sollten, waren per Definition jene, die während des amerikanischen Unabhängigkeitskrieges britisch geblieben waren – und dies umso mehr nach 1783, als britische Truppen Tausende von Loyalisten aus New York in ihre neue Heimat in der sonnigen Provinz Nova Scotia in Sicherheit brachten. Die beiden Gebiete führten 1812 erneut Krieg, der manchmal als Zweiter Unabhängigkeitskrieg, häufiger jedoch als Krieg von 1812 bezeichnet wird.[77]

In den ersten Jahrzehnten war die Grenze zwischen den USA und Britisch-Nordamerika daher ebenso umkämpft – oder, anders ausgedrückt, sie wurde ebenso »verteidigt« – wie jede andere Grenze und war ein Hotspot für Konflikte. Um sie festzulegen, waren mehrere Verträge erforderlich.

Der erste Versuch, sich auf eine Grenze zu einigen, erfolgte im Vertrag von Paris von 1783, der den Unabhängigkeitskrieg beendete. Darin wurde beschlossen, dass die neue internationale Grenze entlang des 45. Breiten-

---

77 Das war, als es den Briten gelang, das Weiße Haus niederzubrennen.

grades verlaufen sollte, also entlang einer bereits bestehenden Kolonialgrenze zwischen Quebec und dem Teil New Yorks, der sich allmählich als »Vermont« abzeichnete. Danach sollte sie entlang des Sankt-Lorenz-Stroms, durch die natürliche Barriere der Großen Seen, dann entlang verschiedener kleinerer Flüsse bis zum kleineren Lake of the Woods verlaufen, »bis zu dessen nordwestlichstem Punkt und von dort in westlicher Richtung bis zum Mississippi«. Keiner der Beteiligten hatte dieses Land jemals besucht. Und das sollte zu einem Problem werden.

All dies verschaffte den USA erstaunlich großzügige Grenzen – bedenkt man, dass sie damals eine kleine, zusammengewürfelte Start-up-Nation waren, während das Imperium auf der Gegenseite kurz davorstand, eine Supermacht zu werden. Das neue Land umfasste ein riesiges Gebiet jenseits der Appalachen, auf das die 13 Kolonien an der Ostküste keinen offensichtlichen Anspruch hatten. (Um fair zu sein – die Briten hatten auch keinen.) Großbritannien schien der Ansicht zu sein, dass es nach dem verlorenen Krieg ebenso gut einen neuen Markt für seine Kaufleute erschließen könnte, indem es den wirtschaftlichen Aufschwung der USA unterstützte. Der französische Außenminister, Graf von Vergennes, soll dazu gesagt haben: »Die Engländer kaufen den Frieden, anstatt ihn herzustellen.«

Es folgten weitere Vereinbarungen. Der Jay-Vertrag von 1794 sah die Einrichtung einer internationalen Kommission zur Vermessung und Kartierung der Grenze vor. Der Vertrag von Gent von 1815, der den Krieg von 1812 beendete, legte fest, dass – ungeachtet der Gefühle, die beide Seiten während der vorangegangenen Jahre, in denen sie sich mit Waffen bedrohten, empfunden haben mochten – die Grenze genau dort verlief, wo sie ursprünglich gezogen worden war. Im Rush-Bagot-Vertrag von 1817 wurde vereinbart, dass die Grenze trotz der früheren Feindseligkeiten entmilitarisiert werden sollte; 1818 wurde sie durch die Londoner Konvention erweitert und verlief fortan entlang des 49. Breitengrades bis zu den Rocky Mountains.

Das bedeutet jedoch nicht, dass es keine weiteren Auseinandersetzungen gab. Die unklaren Grenzen des neu gegründeten Bundesstaates Maine, der bis vor relativ kurzer Zeit noch zu Massachusetts gehörte, führten in den 1830er-Jahren zu Spannungen und schließlich zu einem Zwischenfall, der unter verschiedenen Namen bekannt wurde: Aroostook-Krieg, Madawaska-Krieg oder auch *Pork and Beans War* – Letzterer eine Anspielung auf die schreckliche Ernährung, mit der sich die Grenzbewohner zufriedengeben mussten. Doch trotz dieser theatralischen Bezeichnungen handelte es sich weitgehend um rivalisierende Gruppen, die einander lediglich drohten; tatsächliche Kämpfe blieben aus. 1842 wurde schließlich ein Kompromiss gefunden.

Etwa zur selben Zeit kam es zu kleineren Meinungsverschiedenheiten über den Verlauf der Grenze in dem riesigen nordwestlichen Gebiet, das als Oregon Country bekannt war und seit 1818 unter gemeinsamer Kontrolle stand. Die Briten drängten darauf, die Grenze so weit südlich zu ziehen, dass das Gebiet des heutigen Bundesstaates Washington zu Kanada gehören würde. Die Amerikaner hingegen wollten sie so weit nördlich verlegen, dass auch Alaska – obwohl erst 1867 von Russland erworben – schließlich Teil der Vereinigten Staaten werden könnte. Letztlich einigte man sich auf einen denkbar unspektakulären Kompromiss: Warum nicht einfach dem 49. Breitengrad folgen? Der Frieden war damit wiederhergestellt.

Man könnte annehmen, dass die Grenze zwischen den USA und Kanada – gezogen in einer rationalen, nachaufklärerischen Epoche – frei von jenen Vernunftwidrigkeiten wäre, wie wir sie gelegentlich in der Alten Welt antreffen. Doch das wäre selbstverständlich ein Irrtum.

Ein Problem besteht darin, dass viele dieser Grenzen schlecht vermessen wurden: Oft folgt die heutige Grenze nur grob dem 49. Breitengrad und verläuft tatsächlich einige hundert Meter nördlich oder südlich davon. (Versuchen Sie einmal, 1000 Meilen in einer perfekten geraden Linie zu laufen, und sehen Sie, wie weit *Sie* kommen.) Schlimmer noch: Wie mittlerweile bekannt ist, wurden sie festgelegt, ohne dass sich jemand die Mühe gemacht hätte, sie tatsächlich zu besuchen. Der 45. Breitengrad, der als Grenze zwischen Vermont und Quebec vereinbart worden war, verlief etwas südlicher als bisher angenommen. Dies sorgte für einige Probleme bei den amerikanischen Behörden, die bereits begonnen hatten, das Gebiet, das sich später als kanadisches Territorium herausstellte, zu bebauen (mehr dazu auf Seite 309).

Dann war da noch jener Abschnitt im Vertrag von Paris, der eine Grenzlinie vorsah, die vom nordwestlichsten Punkt des Lake of the Woods westwärts bis zum Mississippi verlaufen sollte. Das führte zu zwei Problemen:

- Der Lake of the Woods war nie vermessen worden und erwies sich mitnichten als eine klar umrissene, runde Form, deren nordwestlichster Punkt leicht zu bestimmen gewesen wäre, sondern als ein zerklüftetes Gewässer mit etlichen Buchten und Verästelungen an völlig unerwarteten Stellen.
- Der Mississippi floss nicht westlich des Lake of the Woods – seine Quelle lag vielmehr fast direkt südlich davon. Ein klassisches Missverständnis.

Das zweite Problem bedeutete, dass der ursprüngliche Vertrag nicht wörtlich genommen werden konnte – eine Linie westlich von diesem Punkt auf der Suche nach dem Mississippi würde einfach endlos um die Erde herumführen, was als Grenze wenig praktikabel gewesen wäre. Daher einigte man sich 1818 darauf, die Grenze zunächst südwärts bis zum bereits vereinbarten 49. Breitengrad zu führen und sie dort nach Westen abbiegen zu lassen.

Das war alles gut und schön. Als jedoch 1825 der deutsche Astronom Johann Ludwig Tiarks das erste Problem löste – indem er es sehr wörtlich anging und zahlreiche Linien in Südwest-Nordost-Richtung auf Karten einzeichnete, bis er den äußersten und damit nordwestlichsten Punkt des Sees bestimmt hatte –, zeigte sich, dass eine von diesem Punkt aus nach Süden gezogene Linie bis zum 49. Breitengrad ein weiteres Problem darstellte: Zwei Landstriche, die heute zum Bundesstaat Minnesota gehören, hätten dadurch an Kanada statt an die Vereinigten Staaten gegrenzt. Einer davon ist eine winzige, unbewohnte Landzunge namens Elm Point. Der andere Landstrich, der Northwest Angle – auch bekannt als Angle Township –, zählt etwa 120 Einwohner und weist die nördlichste Straße der kontinentalen Vereinigten Staaten auf, die zum Zeitpunkt der Abfassung dieses Kapitels mit fünf Sternen bei Google Reviews bewertet ist. Wer das Gebiet betreten oder verlassen möchte, muss die zuständigen Grenzbehörden über spezielle Videotelefonzellen informieren, da sich ein regulärer Zollposten hier schlicht nicht lohnen würde. Aber natürlich bleibt diese Formalität Pflicht.

Die Abhängigkeit von geraden Linien hat auch an anderen Stellen der Grenze zu ähnlichen Kuriositäten geführt. Die Grenze zwischen Vermont und Quebec verläuft parallel durch Province Island, das im Lake Memphremagog (eine lustige Schreibweise, nicht wahr?) liegt. Der größte Teil der Insel liegt in Kanada, wohingegen die südlichste Spitze technisch gesehen zu den Vereinigten Staaten gehört. (Niemand scheint sich darüber besonders aufzuregen: In Online-Diskussionen wird stattdessen darüber debattiert, dass die Insel ungefähr die gleiche Form wie Taiwan hat.)

Dann gibt es noch Point Roberts, das Ende einer Halbinsel in den Vororten von Vancouver, das – für die örtliche Verwaltung höchst unpraktisch – südlich des 49. Breitengrads liegt und damit zu Washington State gehört.[78]

Dies ist insbesondere für amerikanische Kinder, die zufällig dort leben, sehr ungünstig, da die nächste amerikanische Highschool in der Stadt Blaine liegt, die 40 Meilen (64 Kilometer) entfernt ist. (Kanadische Nachbarn, die in diesem Gebiet leben, haben weitaus bessere Möglichkeiten.)

Angesichts der Tatsache, dass dies der letzte Punkt ist, an dem die Grenze dem 49. Breitengrad folgt, bevor sie für den letzten Abschnitt ihrer Reise nach Westen abbiegt, und angesichts der zahlreichen längst in Vergessenheit geratenen Vermessungsfehler, durch die die Grenze vielerorts ohnehin nur ungefähr dem Breitengrad entspricht, wurde immer wieder diskutiert, ob es nicht vernünftiger wäre, Point Roberts einfach Kanada zuzuschlagen. Dies scheint insbesondere nach Ereignissen wie den Anschlägen vom 11. September 2001 und der Covid-Pandemie im Jahr 2020, durch die es plötzlich viel schwieriger wurde, selbst eine nicht militarisierte Landesgrenze zu überqueren, das Vernünftigste zu sein. Bislang sind die Diskussionen jedoch ergebnislos geblieben.

Vielleicht spielt das auch keine Rolle. Am anderen Ende des Landes, nur etwa 10 Kilometer östlich von Province Island, liegt die Stadt Stanstead in Quebec (2800 Einwohner). Auf der anderen Seite der Grenze, unmittelbar angrenzend, liegt die Stadt Derby Line in Vermont (700 Einwohner). Entlang der Canusa Street (verstanden?) verläuft die Grenze mitten auf der Straße, was bedeutet, dass die Nachbarn in völlig unterschiedlichen Ländern leben.

Dies hat gelegentlich US-Grenzbeamte verärgert, die befürchteten, die Stadt könnte sich zu einem Hotspot illegaler Einwanderung entwickeln

78 Dies ist, wie der Northwest Angle, eine sogenannte Pene-Exklave: ein Gebiet, das faktisch eine Exklave darstellt – weil ein verdammt großes Gewässer dazwischenliegt – auch wenn es technisch gesehen nicht die Kriterien erfüllt, da es nicht durch einen anderen Staat von seinem Mutterland getrennt ist.

(zumal viele Quebecer verständlicherweise großes Interesse daran haben, in die USA zu gelangen). Dennoch sind die beiden Orte bis heute im Wesentlichen eine einzige Siedlung geblieben – die Einwohner können sogar lokal miteinander telefonieren –, und ihre enge Verbindung wird durch ein einziges Gebäude symbolisiert. Das 1904 eröffnete Haskell Free Library and Opera House ist vermutlich das einzige Opernhaus, das bewusst so errichtet wurde, dass es eine Landesgrenze überschreitet: Während sich der Eingang und die meisten Sitzplätze auf US-amerikanischem Boden befinden, liegen die Bibliothek und die Bühne auf kanadischem Gebiet. Es wäre wohl etwas vermessen, dieser Tatsache allzu viel Bedeutung beizumessen.

EIN PAAR FLECKEN, DIE NICHT ZUR SCHWEIZ ZÄHLEN

Enklaven im chaotischsten Land Europas

Mehr noch als Belgien stellt die Schweiz eine Herausforderung für das gängige europäische Verständnis davon dar, wie Nationen funktionieren. Ein Großteil des Kontinents besteht aus Ländern, die sich aus bestimmten nationalen/religiösen/sprachlichen Gemeinschaften zusammensetzen, und selbst dort, wo dies nicht der Fall ist, lässt sich die Situation in der Regel recht einfach erklären. »Belgien ist der katholische Teil der Niederlande, der 1648 nicht unabhängig wurde.« »Österreich wurde durch sein eigenes Reich und Bismarcks Eifersucht von Deutschland ferngehalten.« »Luxemburg hasst einfach nur Steuern.«[79] Und so weiter.

Aber die Schweiz: Was zum Teufel ist da los? Es gibt viele Katholiken, aber ebenso zahlreiche Protestanten; die Mehrheit der Bevölkerung spricht Deutsch, doch eine bedeutende Minderheit spricht Französisch, und nicht wenige Schweizer sprechen Italienisch oder sogar das sehr lokal verbreitete Rätoromanisch. Selbst ihr Selbstverständnis als »Alpenland« lässt die Tatsache außer Acht, dass es acht Alpenländer[80] gibt und dass der Großteil

---

79 Das ist zwar nicht der eigentliche Grund für die Existenz Luxemburgs, aber ich habe mich nie damit abfinden können, dass das Stadtmuseum Luxemburg einen ganzen Raum der Bedeutung eines wettbewerbsfähigen Steuersystems gewidmet hat.

80 Monaco, Frankreich, Schweiz, Deutschland, Liechtenstein, Österreich, Slowenien, Italien.

der Bevölkerung nicht in den Bergen, sondern in den nördlichen Ebenen lebt, was nicht wirklich überraschend ist, da die Menschen im Allgemeinen nicht gerne auf Berggipfeln leben.

Der vollständige Name des Landes gibt einen Hinweis darauf, wie die Schweiz entstanden ist. Offiziell handelt es sich um die Schweizerische Eidgenossenschaft, einen Zusammenschluss von 26 Kantonen (im Wesentlichen Mitgliedstaaten). Ihre Ursprünge gehen auf die Bundesverfassung von 1291 zurück, in der die ländlichen Gebiete Uri, Schwyz und Unterwalden vereinbarten, einvernehmlich ihre gemeinsamen Interessen gegen diejenigen zu verteidigen, die sie bedrohten.[81] Da wir uns im mittelalterlichen Europa befanden, handelte es sich dabei in der Regel um Adelsfamilien mit imperialen Ambitionen. Als die Eidgenossenschaft zunehmend größer wurde, waren die Mächte, gegen die sie die Interessen ihrer Mitglieder verteidigte, die folgenden: erstens die Habsburger (einheimische Adlige, die entweder vertrieben wurden oder freiwillig nach Wien zogen, je nachdem, wen man fragt); zweitens die Herzöge von Burgund (die im 15. Jahrhundert erfolglos versuchten, Lotharingien wiederzubeleben) und drittens Napoleon (der zwar erfolgreich einmarschierte, aber nicht genug Durchhaltevermögen hatte).

Die Schweiz ist also per Definition der Teil, den die Eidgenossenschaft erfolgreich vor den Händen größerer Mächte schützen konnte und dessen Unabhängigkeit 1648 im Westfälischen Frieden offiziell anerkannt wurde. Schon lange bevor sich im 19. Jahrhundert die uns heute vertraute Landkarte Europas herausbildete, existierten sowohl die Idee der Schweiz als auch ihre annähernd modernen Grenzen seit Jahrhunderten. Erscheinen die Grenzen dem entfernten Betrachter zuweilen etwas verwinkelt, liegt das mitunter an historischen Besonderheiten: So war Genf einst eine winzige protestantische Republik, die sich im 19. Jahrhundert der Eidgenossenschaft anschloss, um der Umklammerung durch das katholische Frank-

---

81 Die weitverbreitete Abkürzung für die Schweiz – »CH« – steht für den lateinischen Namen der Eidgenossenschaft *Confoederatio Helvetica*. Damit sollte vor allem eine Abkürzung gefunden werden, mit der alle in einem Land, in dem vier Sprachen gesprochen werden, zufrieden waren. Gleichwohl ist es doch zum Schmunzeln, dass in Internet-Domainnamen ein Ländercode verwendet wird, der aus einer Sprache stammt, die bereits über 1000 Jahre vor der Erfindung des Internets aus der Mode gekommen war.

reich zu entgehen. Häufiger jedoch ist die alpine Geografie verantwortlich: Halbinselartige Ausläufer des Schweizer Territoriums – wie etwa in der Berninapass-Region – sind oft tatsächlich tief gelegene Täler, die von Bergen auf beiden Seiten eingerahmt werden.

Das bedeutet allerdings nicht, dass diese Grenzen frei von Absurditäten wären. Ein Beispiel dafür ist Campione d'Italia, eine Stadt mit rund 2000 Einwohnern, die trotz einer Fläche von weniger als drei Quadratkilometern und der Tatsache, dass sie vollständig von einem der genannten Schweizer Ausläufer umgeben ist, eine italienische Exklave geblieben ist (was Sie gewiss überraschen wird). Obwohl sie in Luftlinie weniger als einen Kilometer von der italienischen Grenze im Osten entfernt liegt, führt die ungünstige Lage eines Alpenausläufers dazu, dass die Entfernung über die Straße mehr als 10 Kilometer beträgt. Und natürlich müssen Sie – wie Ihnen jede Karten-App bestätigen wird – auf dem Weg dorthin durch die Schweiz fahren.

Die Ursprünge dieser Exklave italienischen Territoriums sind fast 1100 Jahre älter als die Existenz Italiens. Im Jahr 777 starb ein lokaler Grundbesitzer und hinterließ sein Erbe dem Erzbischof von Mailand, wodurch das Gebiet in die Hände des Kirchenstaats fiel. Und dort blieb es auch, selbst nachdem das umliegende Gebiet während des Cambrai-Krieges in den 1510er-Jahren von der Schweizerischen Eidgenossenschaft annektiert wurde. Das Gebiet, aus dem sich das Tessin entwickelte – der südlichste, sonnigste und italienischste Kanton der Schweiz –, versuchte, diesen Sonderfall durch Landtausch oder Referenden zu beheben. Die Einwohner von Campione wollten davon jedoch nichts wissen.[82]

Wenn die rätselhaften Eingriffe des katholischen Gottes die Entstehung der Exklave erklären, dann waren es die Mächte des Mammons, die ihr Fortbestehen im 20. Jahrhundert sicherten. Während des Ersten Weltkriegs erteilte die italienische Regierung der Stadt eine Lizenz für ein Casino, in der

82 Tatsächlich könnte dies eine Quelle des Bedauerns gewesen sein: In der »Borderlines«-Kolumne der *New York Times* schreibt Frank Jacobs, dass die Stadt – beunruhigt durch das Revolutionsjahr 1848 und das zunehmende Chaos, das schließlich zur Gründung Italiens führen sollte – die Schweiz um eine Annexion bat. Die lokale Bevölkerung war dafür, doch die nationale Regierung, die sich der Neutralität verpflichtet fühlte, lehnte ab. Eine zweite Quelle für diese Geschichte konnte ich allerdings nicht finden.

Hoffnung, dass ausländische Diplomaten am Spieltisch nützliche Staatsgeheimnisse preisgeben würden. Dies war offensichtlich ein Erfolg, denn als in den 1930er-Jahren ein weiterer Krieg drohte, wiederholte Mussolini diesen Trick und fügte dem Namen der Stadt »d'Italia« hinzu, um eventuelle Missverständnisse darüber auszuräumen, wessen Territorium dies genau war.

Am Ende des Jahrhunderts war das Nachtleben der wichtigste Wirtschaftszweig der Stadt, die Kommunalverwaltung wurde nicht wie üblich aus »Steuern« finanziert, sondern durch das städtische Casino, und in der Stadt kursierten viele Geschichten voller Intrigen und Glamour. In einer davon wurde Mussolinis Rivale Cesare Rossi von einer Geliebten, die ihm eine amüsante Nacht versprach, aus dem sicheren Gebiet der neutralen Schweiz gelockt. Am Ziel angekommen, wurde er von seinen Handlangern in der italienischen Regierung sofort verhaftet. In jüngerer Zeit verbrachte der berühmte Drogenschmuggler Howard Marks einige Zeit am Seeufer. Bevor er zur Flucht gezwungen wurde, vergrub er einen Pass in einem öffentlichen Garten, wo er später von einem deutschen – und aufgeregten – Touristen gefunden wurde. Dazu kommt noch die wunderschöne Lage am Ufer des Luganer Sees, und schon hat man eine Kulisse wie aus einem James-Bond-Film, nur mit etwas mehr Faschisten und berühmten Cannabishändlern aus Wales.

Die Bewohner von Campione d'Italia hatten, mit anderen Worten, eine ziemlich angenehme Zeit: Offiziell waren sie Italiener, doch in der Praxis stellte die Schweiz die meisten Dienstleistungen bereit, die eine florierende Stadt benötigt (sauberes Wasser, geleerte Mülltonnen, funktionierende Telefone und so weiter), weil es einfach zu umständlich gewesen wäre, es nicht zu tun. Außerdem konnten sie je nach Bedarf sowohl mit Schweizer Franken als auch mit Euro bezahlen. Es war das Beste aus beiden Welten.

Im Jahr 2018 ging das Casino jedoch bankrott, und das sorgte in einer Stadt mit nur 2000 Einwohnern für den Verlust von 500 Arbeitsplätzen. Keine zwei Jahre später wurde Campione unter dem Spott der Einheimischen aus dem Schweizer Zollgebiet ausgeschlossen, damit es wie der Rest des Landes der Europäischen Union beitreten konnte. Das bedeutete Grenzkontrollen durch Zoll- und Einwanderungsbehörden. Eine Zeit lang mussten die Einwohner sogar das Land verlassen, wenn sie Zigaretten kaufen wollten, da niemand in der Stadt eine italienische Tabaklizenz besaß. In einer verzerrten Spiegelung dessen, was der Brexit Nordirland angetan hat, führt der EU-Zollstatus dazu, dass Campione d'Italia nach Jahrzehnten des opportunistischen Wechselspiels – je nachdem, welches Land gerade vorteilhafter war – nun eindeutig italienisch und damit Teil der EU ist. Das Casino hat inzwischen wieder eröffnet, doch die Nachteile der vollständigen Umzingelung durch die Schweiz sind nun schlagartig und deutlich spürbar geworden.

Der Beschluss, Campione wieder in das italienische Staatsgebiet zu integrieren, kam übrigens aus Rom. (Es scheint etwas mit der Mehrwertsteuer zu tun zu haben, möglicherweise eine Folge des Haushaltslochs, das durch die Pleite des Casinos entstanden ist.) Ein Zeichen dafür, dass die Entscheidung nicht aus Bern oder Brüssel kam, findet sich 200 Kilometer entfernt auf der anderen Seite der Schweiz. Dort befindet sich eine weitere Enklave auf dem Gebiet eines EU-Mitgliedsstaates – und diese konnte außerhalb der Union bleiben.

Büsingen am Hochrhein – von den Freunden der Stadt einfach Büsingen genannt – ist ein 7,6 Quadratkilometer großes Gebiet des deutschen Bundeslandes Baden-Württemberg, in dem 1500 Menschen leben, die vollständig von der Schweiz umgeben sind. Ähnlich wie Campione d'Italia liegt es nur einen Katzensprung von seinem Mutterland entfernt – gerade einmal 700 Meter. Anders als in diesem Fall gibt es hier jedoch keine ungünstige alpine Geografie, die die beiden Gebiete voneinander trennt – die Alpen sind immerhin 80 Kilometer entfernt. Der Grund für die Existenz dieser Enklave ist schlicht und einfach sturer Eigensinn.

Wie Sie sich vielleicht erinnern, sahen die Landkarten dieses Teils Europas im späten 17. Jahrhundert etwas unübersichtlich aus. Die Unabhängigkeit der Schweiz war durch den Westfälischen Frieden bestätigt worden. Ebenso war das Recht jedes Fürsten im Heiligen Römischen Reich anerkannt worden, die Religion seiner Wahl durchzusetzen, was den Wandel des Machtgefüges zwischen den Staaten und dem Kaiser formalisierte und das Reich auf jenen Weg brachte, der schließlich zu Voltaires berühmtem spöttischen Zitat führte.

Zu jener Zeit gehörte Büsingen den Habsburgern und war Teil der verstreuten süddeutschen Gebiete, die als »Vorderösterreich« bezeichnet wurden. Die nächste Stadt am Rhein, Schaffhausen, gehörte zum gleichnamigen Schweizer Kanton. Erstere war katholisch, Letztere protestantisch, und dieselbe Familie hatte in beiden Städten viele einflussreiche Positionen inne. So kam es, dass Eberhard Im Thurn, der Herr von Büsingen, 1693 von Mitgliedern seiner eigenen protestantischen Familie entführt wurde, die der Auffassung waren, er verheimliche seine Katholizität. Sie übergaben ihn den Behörden in Schaffhausen, und diese warfen ihn umgehend ins Gefängnis. Sechs Jahre später – und erst nach einer ernsthaften Drohung mit einer österreichischen Invasion – setzten sie ihn widerwillig auf freien Fuß. Doch da war es längst zu spät: Er war ein gebrochener Mann. (Zur Ehrenrettung seiner verräterischen Cousins sei allerdings angemerkt, dass er katholisch war.)

Aus Sicht unserer Geschichte ist jedoch wichtiger, dass die österreichischen Behörden hartnäckig erklärten, dass Büsingen als Vergeltung für diese Angelegenheit niemals Schweizer Boden werden dürfe. In den folgenden Jahrzehnten verkaufte Österreich angrenzende Gebiete an einen anderen Schweizer Kanton, Zürich, sodass Büsingen umzingelt war, beharrte jedoch darauf, die Stadt selbst zu behalten, angeblich aus reiner Boshaftigkeit. Im Jahr 2019, dreieinviertel Jahrhunderte nachdem Eberhard Im Thurn blinzelnd und vermutlich unverständlich murmelnd ins Tageslicht getreten war, sagte der stellvertretende Bürgermeister Roland Güntert gegenüber Reportern: »Sie sagten, es würde niemals an die Schweiz zurückfallen. Niemals, niemals, niemals.« Da hört man viel Groll heraus.

Die Stadt gehört natürlich schon lange nicht mehr zu Österreich: 1805 wurde sie Teil des Königreichs Württemberg und damit deutsch. 1919, als die Habsburger zum ersten Mal seit fast einem halben Jahrtausend kein Reich mehr hatten und somit endlich keine Einwände mehr erheben konnten, hielt die Stadt eine Volksabstimmung über den Beitritt zur Schweiz ab. Rund 96 Prozent der Einwohner stimmten mit Ja. Das Problem war jedoch, dass die Deutschen kein Gebiet abtreten wollten, ohne im Gegenzug etwas zu erhalten, und die Schweizer Büsingen nicht unbedingt wollten, um etwas anderes dafür aufzugeben. Und so blieb es bei Deutschland.

Das hat das Leben nicht immer einfach gemacht. Soldaten aus Büsingen, die während des Zweiten Weltkriegs auf Urlaub nach Hause kamen, mussten ihre Waffen an der Schweizer Grenze abgeben und ihre Uniformen kaschieren – obwohl es schwerfällt, hier allzu viel Mitleid zu empfinden, da es sich um Nazis handelte. Früher konnten Einkaufstouren in die benachbarten Städte mit lästigem Papierkram verbunden sein; heute profitieren die Einwohner zwar häufig von Schweizer Gehältern, die höher ausfallen als die ihrer Landsleute, müssen dafür aber auch deutsche Einkommensteuer zahlen, die höher ist als die ihrer Schweizer Nachbarn.

Hm, das ist jetzt ein Abschnitt geworden, der eigentlich ein »Jammern auf hohem Niveau« beschreibt, sorry.

Einige der Herausforderungen, die sich aus der Enklavensituation ergaben, wurden in den vergangenen Jahren gelöst. 1967 vereinbarten Berlin und Bern, die Stadt in das Schweizer Zollgebiet einzugliedern, wodurch Grenzkontrollen überflüssig wurden. Heute ist Büsingen politisch deutsch, wirtschaftlich jedoch eng mit der Schweiz verbunden – ein Modell, das 2019 auf dem Höhepunkt der Brexit-Verhandlungen von mehreren irischen Politikern als mögliche Vorlage für Nordirland ins Gespräch gebracht wurde. Ob dieses Prinzip in einer Region mit fast 2 Millionen Einwohnern ebenso reibungslos funktionieren könnte wie in einer Gemeinde mit weniger als 2000 Einwohnern, bleibt fraglich. Dennoch zeigt Büsingens Erfolg als deutsche Stadt außerhalb der EU, dass ein kluger Kompromiss möglich ist – eine Lektion, von der sowohl die Politiker des Wiens im 18. Jahrhundert als auch jene des Londons im 21. Jahrhundert profitieren könnten.

ANMERKUNGEN ZU MIKROSTAATEN

Eine besondere Form von Souveränität

Im Jahr 1783 – in einer Entwicklung, die Sie zu diesem Zeitpunkt vermutlich kaum noch überraschen wird – enthielt ein Vertrag erneut vage und wenig hilfreiche Formulierungen zur Grenzziehung. Der Vertrag von Paris, der – wie Sie sich erinnern – den amerikanischen Unabhängigkeitskrieg beendete, definierte die Grenze zwischen New Hampshire und dem damaligen britischen Niederkanada entlang eines Hochlands »am nordwestlichsten Quellgebiet des Connecticut River«. Das Problem dabei: Es gab mehrere Wasserläufe, auf die diese Beschreibung zutreffen konnte. Also entschieden sich die Briten, wenig überraschend, für die östlichste Variante, die ihnen möglichst viel Land sicherte, während die Amerikaner die westlichste Option wählten, die *ihnen* das meiste Land einbrachte.

Bis 1832 hatte all dies für die Bewohner des umstrittenen Gebiets, die Steuern an beide Seiten zahlten, ihren Reiz verloren. Am 9. Juli hielten sie eine Versammlung ab, bildeten eine Regierung und erklärten ihre Unabhängigkeit. Die Verfassung der Republik Indian Stream besagte, dass das Gebiet »alle Befugnisse eines freien, souveränen und unabhängigen Staates ausüben wird, bis wir feststellen können, zu welcher Regierung wir ordnungsgemäß gehören«.

Dieser Zeitpunkt war der 4. August 1835, als der Sheriff von Coos County, New Hampshire, die örtliche Miliz zusammenrief und eine Invasion in Gang setzte. Die guten Leute von Indian Stream baten die Regierung von Niederkanada um Schutz; als die Briten nicht reagierten, stimmten sie fröhlich der Inbesitznahme durch New Hampshire zu, wo die Stadt Pittsburg, wie sie heute heißt, bis heute besteht. Die Republik Indian Stream war etwas mehr als drei Jahre lang ein unabhängiger Staat gewesen.

Man könnte ein ganzes Buch mit solchen Geschichten füllen – das haben andere bereits getan –, denn die Geschichte ist voll davon. Da ist Jaxa, ein russisch-chinesisches Grenzgebiet, das von einem verbannten Polen gegründet wurde, der auf die Vergewaltigung seiner Tochter mit dem Mord an einem lokalen Bonzen reagierte, seine eigene Stadt baute und in den folgenden neun Jahren die Romanow- und Qing-Dynastien gegeneinander ausspielte. Oder Cospaia – ein schmaler Landstreifen auf dem Gebiet der damaligen Kirchenstaaten –, der in einem Vertrag von 1440 über den Verkauf von Gebieten an die Republik Florenz schlicht übersehen wurde und fast 400 Jahre lang von niemandem als wichtig genug erachtet wurde, um ihn zu annektieren. Solche Beispiele finden sich zuhauf, ohne dass man dabei überhaupt an den Irrsinn des Heiligen Römischen Reiches denken müsste.

Das Seltsame daran ist nicht, dass solche Staaten existierten. Das Kuriose ist, dass es einige tatsächlich noch gibt. Warum zum Beispiel wurde Andorra, eine winzige Bergenklave an der Grenze zwischen Frankreich und Spanien, nie von einem der beiden Länder annektiert? Es mag beeindruckend klingen, sich auf eine Unabhängigkeit zu berufen, die noch auf Karl den Großen zurückgeht – doch Karl der Große hat in seiner Zeit vieles bewirkt, und das meiste davon spielt zwölf Jahrhunderte später keine Rolle mehr. Warum also hat gerade dieses kleine Land überlebt? Aus demselben Grund könnte man fragen, weshalb Monaco – ein kleiner Ferienort am Mittelmeer, seit 1297 von der Familie Grimaldi regiert – nie während einer der vielen Expansionsphasen Frankreichs eingegliedert wurde. Warum existieren diese Staaten überhaupt noch?

Eine allgemein anerkannte Definition für einen Mikrostaat gibt es nicht – im Wesentlichen versteht man darunter jedoch »sehr, sehr klein«. Luxemburg etwa, das mit 2586 Quadratkilometern mehr als fünfmal so groß ist wie Andorra und rund 1200-mal größer als Monaco, wird üblicherweise nicht zu den Mikrostaaten gezählt. Hilfreich für die Einordnung ist eine

Bevölkerungszahl, die in Tausenden und nicht in Millionen gemessen wird. Ebenso typisch ist eine gewisse Abhängigkeit von anderen Staaten: Obwohl Mikrostaaten offiziell als souverän gelten, übertragen sie häufig ihre Außen- oder Verteidigungspolitik – und oft auch grundlegende Infrastrukturbereiche – größeren Nachbarn. Das wirft berechtigte Fragen auf, inwieweit ihre Souveränität tatsächlich mit der eines Landes wie zum Beispiel Indonesien vergleichbar ist.

Mikrostaaten waren früher viel häufiger anzutreffen. Jeder unabhängige Stadtstaat, jeder unabhängige Landkreis oder jedes unabhängige Fürstentum – wenn ein solches Gebilde vor dem Aufkommen des modernen Staatssystems existierte, dann wäre es nach heutigen Maßstäben ein Mikrostaat.

Heute jedoch ist der größte Teil der Erde von Gebieten bedeckt, deren Ausdehnung den Menschen der Antike wie Imperien erschienen wäre, und die meisten der verbliebenen Mikrostaaten sind Inselstaaten, die natürlich einen Sonderfall darstellen. Damit bleiben fünf kontinentaleuropäische Mikrostaaten, die man sich näher anschauen muss.

Eine Gastkolumne aus dem Jahr 2021, verfasst vom Leiter einer in Monaco ansässigen Investmentfirma – einer Branche, von der man zugeben muss, dass sie weit mehr Erfahrung mit Mikrostaaten hat als die meisten von uns –, führt ihren Erfolg zurück auf »ihre Fähigkeit zur stetigen Neuerfindung über die Jahrhunderte hinweg«. Das mag stimmen, insofern als jeder Staat, der 700 Jahre überlebt hat, sich wohl einige Male neu erfunden hat, aber ich bin mir sicher, dass es viele ebenso erfinderische Mikrostaaten gab, die dennoch untergingen, als Napoleon die Weltbühne betrat. Ebenso zeugt es zweifellos von politischem Geschick, wie Andorra einen Streit zwischen den spanischen Bischöfen von Urgell und den französischen Erben der Grafen von Urgell aus dem 13. Jahrhundert nutzte, um ein Kondominium zu werden, das zwar gemeinsam regiert wird, aber auch in gewisser Weise unabhängig von beiden ist.[83] Dasselbe gilt zweifellos auch für die Art und Weise, wie Monaco regelmäßig die Bedrohung durch Spanien nutzte, um seine Annexion durch Frankreich zu verhindern. Aber größere Mächte

83 Diese Regelung besteht bis heute: Der Präsident Frankreichs und der Bischof von Urgell sind gemeinsam Staatsoberhäupter. Das bedeutet auf skurrile Weise, dass einer der beiden Co-Fürsten Andorras gewählt wird – allerdings nicht vom andorranischen Volk.

gegeneinander auszuspielen, ist eine außenpolitische Taktik, die so alt ist wie die Außenpolitik selbst, und die meisten, die sie angewandt haben, sind letztendlich doch untergegangen. Glück spielte dabei eindeutig eine ebenso große Rolle wie Urteilsvermögen.

Eine Erklärung, die schwerer zu widerlegen ist, ist die Geografie. Mehrere der fünf europäischen Mikrostaaten liegen in bergigen Regionen. Die An- und Abreise ist bisweilen schwierig, zu bestimmten Jahreszeiten sogar unmöglich, was die Entwicklung einer stark lokal geprägten Kultur begünstigt und die Wahrscheinlichkeit einer Invasion verringert. Historisch gesehen waren sie oft auch arm – Berge eignen sich weder für die Landwirtschaft noch für die Industrie –, sodass sie in gewisser Weise überlebten, weil ihre Eroberung einfach nicht den Aufwand wert war.

Dann ist da noch die Macht der schieren Langlebigkeit. Selbst als diese Orte von benachbarten Imperien einverleibt wurden, wie Monaco während der Napoleonischen Kriege, hatten sie eine lange Geschichte und nebelumhüllte Gründungsmythen, die sie so erscheinen ließen, als *müssten* sie einfach existieren. Außerdem hatten sie reiche Herrscher mit mächtigen Freunden, die bei diplomatischen Zusammenkünften wie dem Wiener Kongress auftauchen und mit wenigen Worten die Rückgabe ihrer Länder fordern konnten.[84]

Doch es gab auch andere Bergfestungen und alte Fürstentümer, die im Zuge der regelmäßigen Neugestaltungen der Landkarte von größeren Staaten einverleibt wurden – und nie wieder eigenständig hervortraten. Früher oder später wird klar, dass es keine einzige, universelle Erklärung dafür gibt, warum gerade diese Mikrostaaten überlebt haben, während so viele andere verschwunden sind. Ihr Weiterbestehen ist letztlich ein Ausdruck eines reinen Überlebensvorteils: Sie existieren, weil sie nun mal überlebt haben. Teilweise, weil man sie gewähren ließ, teilweise, weil sie den Aufwand einer Eroberung oder Integration schlicht nicht wert waren – und vielleicht auch, weil sie einfach Glück hatten.

---

84 San Marino beansprucht nicht nur den Titel des ältesten Mikrostaats, sondern auch den des ältesten Landes der Welt und führt seine Ursprünge auf eine christliche Siedlung zurück, die im Jahr 301 gegründet wurde. Was Diokletian, der damals als römischer Kaiser davon überzeugt war, dass ganz Italien ihm gehörte, wohl darüber gedacht hätte, werden wir leider niemals erfahren.

Die Tatsache, dass es Mikrostaaten immer noch gibt, ist jedoch keine Garantie dafür, dass es immer so sein wird. Sie alle existieren in gewissem Maße dank der Duldung größerer Staaten. Aus naheliegenden Gründen verfügen diese Staaten über keine nennenswerten militärischen Kapazitäten und sind stattdessen auf Verträge mit mächtigeren Ländern angewiesen. (Ein Beispiel weit außerhalb Europas: Mehrere pazifische Inselstaaten, darunter Palau und Mikronesien, haben ihre Verteidigung im Rahmen des Compact of Free Association an die USA übertragen.)

Das stellt eine offensichtliche Schwachstelle dar. Darüber hinaus könnten die europäischen Mikrostaaten noch eine zweite, weniger offensichtliche Anfälligkeit besitzen: Ihre Volkswirtschaften stützen sich im Wesentlichen auf vier Säulen – den Tourismus (denn viele Menschen lieben es, sagen zu können, dass sie dort gewesen sind), das Bankgeheimnis, niedrige Steuersätze und den zollfreien Handel. Diese Abhängigkeit von etwas zweifelhaften Finanztransaktionen hat vielen dieser Staaten extremen Wohlstand beschert, aber sie macht sie auch anfällig für politischen Druck aus fernen Hauptstädten, gegen Steuerhinterziehung oder Schmuggel vorzugehen: Sie können durch kostspielige Kontrollen oder regulatorische Änderungen, auf die sie keinen Einfluss haben, ins Wanken geraten. Die Verwendung einer Fremdwährung, wie es alle europäischen Kleinstaaten tun (Schweizer Franken für Liechtenstein, Euro für die übrigen), macht einen Staat ebenfalls anfällig, da die zuständige Zentralbank im Falle einer Liquiditätskrise gesetzlich nicht verpflichtet ist, ihn zu retten. Die Vorstellung, dass ein Land durch eine Bankenkrise zugrunde gehen könnte, erscheint zwar unwahrscheinlich, wäre aber, zugegeben, auch recht amüsant.[85]

Ein paar winzige Staaten, die nicht in dieses Schema passen, scheinen erwähnenswert, schon allein deshalb, weil ich sie interessant finde. Zunächst einmal wird dem aufmerksamen Leser auffallen, dass ich von fünf

85 Dies scheint ein guter Moment zu sein, um darauf hinzuweisen, dass die Kronbesitzungen des Vereinigten Königreichs – wie die Kanalinseln und die Isle of Man – den Mikrostaaten sehr ähnlich sind: Steueroasen mit kleiner Fläche und geringer Bevölkerungszahl, die für ihre Geschäfte eine Fremdwährung verwenden. Sie verfügen jedoch nicht über vollständige Souveränität, sondern sind Besitzungen der britischen Krone. Ansonsten wirken sie allerdings genauso wohlhabend, erfolgreich und steuergünstig wie die echten Mikrostaaten. Das wirft für mich die Frage auf, ob die vollständige Souveränität in Form eines UN-Sitzes den Aufwand überhaupt lohnt.

europäischen Kleinststaaten gesprochen habe, aber nur vier genannt habe. Der fünfte ist der Heilige Stuhl, besser bekannt als Vatikan, der weder auf einem Berg liegt noch in erster Linie eine Steueroase ist. Sein Sonderstatus rührt natürlich daher, dass er das persönliche Reich des Papstes ist: Der Vatikan ist sozusagen der Nachfahre des Kirchenstaats, der einst die Hauptmacht in Mittelitalien war. Im Jahr 1870 entschloss sich die Stadt Rom, dem neu gegründeten italienischen Nationalstaat beizutreten. Die Päpste verweigerten daraufhin fast sechs Jahrzehnte lang trotzig das Verlassen des Vatikans, bis die Regierung Benito Mussolinis ihnen schließlich – im Gegenzug für ihre Unterstützung des Faschismus – ein eigenes kleines souveränes Reich zusprach.

Dann gibt es noch Malta, das kleinste Land der Europäischen Union. In den 1950er-Jahren hoffte Malta jedoch, Teil einer ganz anderen Union zu werden, als seine Bevölkerung mit überwältigender Mehrheit (77 gegenüber 23 Prozent) für den Beitritt zum Vereinigten Königreich stimmte. Als es darauf ankam, scheute die maltesische Regierung vor den notwendigen finanziellen Reformen zurück. Und Großbritannien, das gerade dabei war, sein Imperium aufzulösen und das Interesse an strategischen Marinestützpunkten im Mittelmeer verlor, entschied, dass es lieber keinen Präzedenzfall für den Beitritt ehemaliger Kolonien zur Metropole schaffen wollte. So kam es letztlich nie dazu.

Nicht zuletzt gibt es Singapur – einen Mikrostaat, der flächenmäßig zwar klein ist (rund 730 Quadratkilometer), aber mit fast 6 Millionen Einwohnern eine beeindruckende Bevölkerungszahl aufweist. Bemerkenswert ist, dass Singapur zunächst zwei Jahre lang Teil Malaysias war und mit anderen ehemaligen britischen Kolonien in Südostasien verbunden blieb. Aufgrund wirtschaftlicher, kultureller und rassistischer Spannungen wurde es jedoch ausgeschlossen und musste seinen eigenen Weg gehen.

Da Singapur heute neben Monaco, Liechtenstein und Luxemburg zu den reichsten Ländern der Welt zählt, lässt sich kaum behaupten, dass sich dies für die Stadt negativ ausgewirkt hat. Und angesichts der Tatsache, dass kulturelle Unterschiede zwischen liberalen Großstädtern und konservativen Provinzbewohnern derzeit in der gesamten demokratischen Welt ein immer wichtigeres politisches Thema sind, könnte der Stadtstaat durchaus ein Vorbild sein, das es zu beobachten gilt.

STADTGRENZEN

Einige Überlegungen zur Frage, wo eine Grenze gezogen werden sollte

Das Dörfchen Sewardstone in der Grafschaft Essex sieht zugegebenermaßen nicht wie ein Vorort einer der berühmtesten oder wichtigsten Städte der Welt aus. Mit seiner verstreuten Landschaft aus Gartencentern, Reitzentren und Parks, ganz zu schweigen vom weltweiten Hauptsitz der Pfadfinderbewegung, wirkt er eher ländlich als städtisch und würde sich schwertun, das Urbanisierungsniveau zu erreichen, das man von einem halbwegs anständigen Vorort erwarten würde. Doch laut der britischen Post ist dies London E4 – der einzige Ort außerhalb der Stadtgrenzen, der noch eine Londoner Postleitzahl hat.

Im Gegensatz dazu existieren riesige Vorstadtgebiete mit endlosen Reihenhaussiedlungen, die zwar politisch und offiziell zu London gehören, von den Bewohnern selbst jedoch häufig nicht als Teil der Stadt wahrgenommen werden – sei es, weil ihnen die begehrte Londoner Postleitzahl fehlt, weil sie einem geografisch entfernt vorkommen und die Menschen sich noch immer stärker mit einer der alten Grafschaften identifizieren, aus denen sie einst herausgelöst wurden, oder weil die Eltern der heutigen Bewohner einst viel Geld investierten, um den schmutzigen Straßen der Hauptstadt zu entkommen und ins vermeintlich bessere Surrey zu ziehen – und deshalb ungern akzeptieren, dass sie in Wahrheit immer noch zu London gehören. Vielen Dank auch.[86]

Mein Standpunkt ist, dass London eine Stadt mit einer sehr klar definierten Grenze ist. Wenn man innerhalb dieser Grenze lebt, ist man Londoner, kann den Londoner Bürgermeister wählen, hat Anspruch auf subventionierte Londoner Verkehrsmittel und so weiter. Lebt man außerhalb dieser Grenze, ist man kein Londoner und hat keine dieser Rechte. Wo die Stadt endet und etwas anderes beginnt, ist genau festgelegt und absolut eindeutig. Es hat nur bemerkenswert wenig damit zu tun, wo die Menschen auf beiden Seiten diese Grenze sehen. (Dabei lasse ich die Rolle der Londoner Vorwahl 020, der Ringautobahn M25 oder der U-Bahn-Karte außer Acht, die seit Langem die mentale Geografie der Londoner prägt, aber viel weiter nach Norden und Westen reicht als nach Osten und Süden. Von der Existenz eines Gebiets namens City of London, das eigentlich nur eine Quadratmeile des zentralen Geschäftsviertels umfasst und die meisten Orte ausschließt, die man normalerweise mit der britischen Hauptstadt verbindet, sollte man besser gar nicht erst reden. Es gibt viele mögliche Londons, das will ich damit sagen.)

Es gibt viele weitere Beispiele für Orte, von denen jeder annimmt, dass sie zu einer bestimmten Stadt gehören – die in gewisser Weise eine Stadt in der öffentlichen Wahrnehmung *definieren* –, die aber in Wirklichkeit gar nicht in dieser Stadt liegen. Offiziell liegt Old Trafford nicht in Manchester und der Triumphbogen in La Défense nicht in Paris. Auf der anderen Seite des Atlantiks liegt der Las Vegas Strip nicht in Las Vegas, und Miami Beach befindet sich nicht in Miami. Die Art und Weise, wie wir uns eine Stadt

---

86 Zumindest teilweise liegt das meiner Meinung nach an unserem sich wandelnden Verständnis davon, was cool oder erstrebenswert ist. Während eines Großteils des 20. Jahrhunderts war die Stadt – jede Stadt – ein schmutziger Ort, der mit Rauch und Slums in Zusammenhang gebracht wurde; ein Haus in der Vorstadt und ein Auto in der Einfahrt galten als Zeichen des Erfolgs. Das änderte sich um die Jahrtausendwende, als der wirtschaftliche Wandel von der Industrie zur Dienstleistungsbranche sauberere Städte mit sich brachte, und als eine Generation, die mit Sitcoms aus Manhattan aufgewachsen war, während sie sich in den Vororten zu Tode langweilte, beschloss, dass Zersiedelung und Autofahren eigentlich out waren und das wirklich gute Leben in einer Wohnung mit guter U-Bahn-Anbindung zu finden war. Das ist ein Trend, den ich aus vielerlei Gründen faszinierend finde, der aber nur sehr wenig mit Grenzen zu tun hat, weshalb ich ihn in einer Fußnote erwähne.

vorstellen, und ihre tatsächlichen, offiziellen Grenzen, weichen mit beunruhigender Häufigkeit voneinander ab.

Bis zur Erfindung von Flugzeugen, Zügen und Autos war es recht einfach, zu bestimmen, was eine Stadt war und was nicht. Es gab zwar Vororte außerhalb der Stadtmauern, die eine Siedlung umgaben und sie vor plündernden Angreifern schützten, aber wenn dort eine große Anzahl von Gebäuden dicht beieinander stand, konnte man ziemlich sicher sein, dass es sich um eine Stadt handelte; wenn es nichts als Felder gab, hatte man ebenso die Gewissheit, dass es keine Stadt war. So einfach war das.

Schon in der Antike war das möglicherweise etwas zu einfach gedacht. Die Wörter »city« und »civilisation« haben im Englischen nicht ohne Grund denselben Wortstamm; Letzteres ist im Wesentlichen eine Kombination aus politischer Organisation, wirtschaftlichem Überschuss und Planung – alles Phänomene, die im Allgemeinen mit urbanen Lebensformen verbunden sind. Seit der Entstehung der ersten Städte waren Stadtbewohner stets auf Entwicklungen außerhalb ihrer Mauern angewiesen, insbesondere auf die großen landwirtschaftlichen Flächen, auf denen ihre Nahrungsmittel produziert wurden. Aus einer bestimmten Perspektive betrachtet, waren die frühesten Reiche – Akkad, Babylonien, Assyrien und andere, die ich im historischen Abschnitt weitgehend ausgelassen habe, da wir zu wenig über ihre genauen Grenzen wissen – im Kern nichts anderes als der Versuch, ihrer Metropole ein ausreichend großes Hinterland zu sichern, aus dem sie ihre Ressourcen beziehen konnte.

Heute sind Städte jedoch nicht nur von der Welt außerhalb ihrer Grenzen abhängig, sondern es ist auch unklar, was eine Stadt eigentlich ist. Das Gebiet, das wie eine Stadt *aussieht*, das als Stadt verwaltet wird, und seine tatsächliche, funktionale Geografie stimmen einfach nicht überein.

Betrachten wir einige Beispiele. Paris entstand als gallische Siedlung und/oder gallorömische Stadt Lutetia, wahrscheinlich entweder auf der Île-de-la-Cité, wo heute Notre Dame steht, oder möglicherweise direkt gegenüber auf der linken Seite der Seine. In den folgenden 1500 Jahren bauten die Einwohner mindestens fünf Stadtmauern, die jeweils etwas weiter außen lagen als die vorherige, um ihre expandierende Siedlung zu verteidigen. Die letzte und mit Abstand umfangreichste davon waren die Thiers-Mauern, die 1840 von Premierminister Adolphe Thiers vorgeschlagen und unter seinen Nachfolgern erbaut wurden, um die Stadt etwa 5 Kilometer von Notre Dame entfernt zu umgeben.

Die Mauern wurden in den 1920er-Jahren abgerissen – ein halbes Jahrhundert nach der letzten Invasion von Paris und, wie man annehmen muss, noch länger nachdem Mauern längst kein ernsthaftes Hindernis mehr für moderne Militärtechnik darstellten. Anders als frühere Befestigungsanlagen prägen die Thiers-Mauern jedoch bis heute das Stadtbild von Paris: Ihr Verlauf ist einerseits durch die Autobahn des Boulevard Périphérique markiert, andererseits durch die attraktiveren Boulevards des Maréchaux, die direkt dahinter verlaufen. Darüber hinaus markiert die Thiers-Mauer neben den beiden großen Parks direkt außerhalb des Rings, dem Bois de Boulogne im Westen und dem Bois de Vincennes im Südosten, immer noch die offizielle Stadtgrenze. Wenn man die Einwohnerzahl von Paris nachschlägt, erhält man wahrscheinlich eine Antwort von etwas mehr als 2 Millionen, weniger als ein Viertel der offensichtlichen Einwohnerzahl Londons. Das liegt daran, dass dies die Zahl der Menschen ist, die innerhalb dieses Rings leben.

Natürlich ist das absurd: Paris ist flächenmäßig nicht einmal ein Viertel so groß wie London; tatsächlich aber sind beide Städte in ihrer Ausdehnung nahezu vergleichbar. Der Unterschied liegt darin, dass die britischen Behörden die meisten Vororte als Teil der Hauptstadt betrachten, wohingegen ihre französischen Kollegen eine deutlich strengere Abgrenzung vornehmen. Betrachtet man eine nächtliche Satellitenaufnahme Europas, erscheint Paris als ein einziger großer Lichtfleck. Doch für die Menschen, die dort leben, gehören die meisten dieser Lichter offiziell gar nicht mehr zu Paris.

New York City hat ein ähnliches Problem. Der Big Apple begann als niederländische Kolonie New Amsterdam, eine Siedlung an der Südspitze von Manhattan, wo sich heute das Finanzviertel befindet, und dehnte sich allmählich nach Norden aus. In den frühen Jahren des 19. Jahrhunderts, als die Stadt rasant wuchs und sich offene Abwasserkanäle sowie eine Krise im Gesundheitswesen abzeichneten, arbeiteten der Stadtrat und die Landesregierung gemeinsam an der Zukunftsplanung der Stadt. Das ist der Grund, warum das Straßengewirr in Lower Manhattan nördlich der 14th Street in ein ordentliches Raster übergeht.

Bis zum Ende des Jahrhunderts wuchs die Stadt jedoch über Manhattan hinaus und schluckte zunächst die westliche Hälfte der Bronx (die sogenannte »einverleibte Gegend«) und dann die östliche Hälfte. Der große Umbruch folgte 1898, als New York nach mehreren Volksabstimmungen massiv erweitert wurde: Es kamen die Wildnis von Staten Island, das halb ländliche Queens County und vor allem Brooklyn – damals die drittgrößte Stadt der USA – hinzu. Das Ergebnis war die Entstehung der heute bekannten fünf Stadtbezirke und eines New Yorks, das erstmals sein gesamtes Stadtgebiet umfasste und noch reichlich Raum für weiteres Wachstum bot.[87]

Bald war es jedoch nicht mehr nur das gesamte Stadtgebiet: Innerhalb weniger Jahrzehnte sprengte die Agglomeration auch diese Grenzen und breitete sich nach Osten bis nach Long Island und nach Norden bis nach Westchester County aus. Darüber hinaus gibt es Orte wie Jersey City und Hoboken, die nur ein oder zwei Meilen westlich des ursprünglichen New Amsterdam liegen, aber nie in die Stadt eingegliedert wurden – und auch nie werden können –, da sie in einem anderen Bundesstaat liegen, nämlich in New Jersey und nicht in New York. Das macht sie jedoch nicht weniger zu Vororten von New York City. Auch hier haben die Stadtgrenzen nicht mit dem tatsächlichen Wachstum Schritt gehalten. Während also auch New York eine offizielle Einwohnerzahl (rund 8,4 Millionen) hat, die mit der von London vergleichbar ist, ist die Stadt nach jeder Definition, die auf gesundem Menschenverstand basiert, wie »die Anzahl der Menschen zu zählen, die in diesem großen urbanen Gebilde leben«, mindestens doppelt so groß.

Das ist alles sehr interessant. (Zumindest finde ich das; wenn nicht, wird mein Lektor ein Wörtchen mit mir reden.) Aber spielt das tatsächlich eine Rolle? Immer wieder haben wir gesehen, wie Grenzen und die Identitäten, die sie schaffen, zu Konflikten und Gräueltaten führen können. Bei einer Stadt, die etwas zu groß oder zu klein ist, wird das nicht passieren. Die Menschen in London werden keinen Krieg führen, um Sewardstone in Besitz zu nehmen.

---

87 1993 stimmte Staten Island dafür, die Stadt erneut zu verlassen. Doch niemand schenkte dem Ergebnis Beachtung.

Und doch haben diese Kuriositäten durchaus Auswirkungen. In New York City, wie bereits ein paar Zeilen weiter oben erwähnt, endet das U-Bahn-Netz an der Stadtgrenze; die Qualität des Nahverkehrs wird nicht durch die Bevölkerungsdichte oder die physische Geografie bestimmt, sondern durch willkürliche politische Grenzen. Ebenso endet die Pariser Metro innerhalb oder kurz hinter der Peripherie. Die *Banlieue*, der Ring aus Vororten außerhalb der Stadt, muss sich mit schlechteren Verbindungen zur boomenden Stadt begnügen und ist daher von Abschottung, Armut und Kriminalität geprägt. Im Jahr 2016 gründete die französische Regierung die Métropole du Grand Paris, heute eine von 21 Metropolbehörden, die sich um Angelegenheiten kümmern sollen, die nicht an den Stadtgrenzen enden. Verkehr und Planung standen ganz oben auf der Liste.

All dies ist äußerst hilfreich für die Planung des Wohnraums oder der Infrastruktur einer Stadtregion, doch ob man dies im eigentlichen Sinne als Grenze bezeichnen kann, bleibt fraglich. Zum einen verändert sich diese ständig, da neue Verkehrsadern eröffnet werden oder zunehmend absurdere Immobilienpreise die Menschen dazu zwingen, aus immer weiter entfernten Orten zu pendeln. Zum anderen können die Ergebnisse manchmal die Definition des Begriffs »Stadt« über das Sinnvolle hinaus ausdehnen. Alle paar Jahre berichten westliche Medien ausführlich über chinesische Pläne für eine »Megastadt, die größer als Großbritannien ist und 100 Millionen Einwohner hat«. Bei genauerer Betrachtung zeigt sich jedoch, dass es sich dabei gar nicht um eine Stadt handelt, sondern um eine *Region*, deren Städte durch Hochgeschwindigkeitszüge und Autobahnen miteinander verbunden sind. Sie ähnelt weniger klassischen Metropolen wie London, Paris oder New York, sondern vielmehr einer »Megalopolis« aus ineinander übergehenden Ballungsräumen – vergleichbar mit dem Streifen entlang der US-Ostküste von Boston bis Washington, der Randstad in den Niederlanden oder dem Rhein-Ruhr-Gebiet in Deutschland. Es handelt sich nicht um eine Stadt im eigentlichen Sinne, sondern vielmehr um einen Behälter, der zahlreiche Städte umfasst.

Oh – und dann ist da noch die Tatsache, dass andere Städte ebenso wie New York City sich weigern, sich durch die Grenzen des Bundesstaates New York einschränken zu lassen. Und während eine Belgierin, die in Lille arbeitet, oder ein Franzose, der nach Genf pendelt, die Grenze nach Belieben überqueren können, stößt ein Mexikaner, der am südlichen Ende des Ballungsraums San Diego–Tijuana lebt, möglicherweise auf Hindernisse, die ihm den Zugang zu den unzähligen wirtschaftlichen Möglichkeiten wenige Kilometer nördlich versperren.

Handelt es sich also um eine einzige Stadt, so wie sie aus dem Weltraum erscheint? Oder sind es zwei Städte – so wie sie von den Menschen wahrgenommen werden, die dort leben und arbeiten? Was wiegt schwerer: Physik oder Politik? Und während wir schon dabei sind: Das Stadtgebiet von Südflorida, das man als Greater Miami bezeichnen könnte, erstreckt sich über mehr als 160 Kilometer von Norden nach Süden. Ist das wirklich eine einzige Stadt, nur weil es keine sichtbare Unterbrechung der Bebauung gibt, obwohl niemand bei klarem Verstand von einem Ende zum anderen pendeln würde? Wenn nicht – wo zieht man dann die Grenze?

Die Grenzen von Imperien oder Nationen sind manchmal schwer zu bestimmen. Aber vielleicht sind die von Städten unmöglich festzulegen.

DER FLUCH DER VORSTÄDTE UND DIE GRENZEN VON DETROIT

Wie schlecht gezogene Grenzen eine Stadt zerstören können

Detroit, Michigan, sollte zu den großen amerikanischen Metropolen gezählt werden. Als eine der Boomtowns der Blütezeit des US-Urbanismus ist ihr Zentrum mit prächtigen monumentalen Wolkenkratzern gespickt, und sie hat der Welt Ford und General Motors, Motown und Eminem beschert. Leider denkt man jedoch bei dem Namen Detroit nicht unbedingt an Wolkenkratzer, Soul oder gar an Eminem. Wenn man überhaupt etwas mit diesem Namen verbindet, dann eher schlechte Regierungsführung, Niedergang und städtischer Verfall.

Diese Einschätzung ist nicht ganz unbegründet. Bis 1950 wuchs die Einwohnerzahl der Stadt auf geradezu absurde Weise um 8800 Prozent – von lediglich 21 000 auf etwa 1,85 Millionen Menschen. Danach jedoch begann die Bevölkerung entgegen der üblichen Entwicklung in wohlhabenden Ländern zu schrumpfen – im Schnitt um mehr als 10 Prozent pro Jahrzehnt –, bis sie im Jahr 2000 nur noch etwas mehr als die Hälfte ihrer einstigen Größe betrug. In den folgenden zehn Jahren verlor die Stadt ein weiteres Viertel und hatte nur noch knapp 714 000 Einwohner – weit weniger als die 750 000, die laut Stadtverwaltung für eine tragfähige Steuerbasis erforderlich waren.

Heute sind große Teile Detroits nahezu entvölkert; nur noch jedes zehnte Haus ist bewohnt, zahlreiche Grundstücke liegen brach. 2011 stellte das Magazin *The Atlantic* erschrocken fest, dass »die Stadt über genügend unbebautes Land verfügt, um ganz San Francisco aufzunehmen«, dass ihr einst wichtigstes Veranstaltungsstadion, der Pontiac Silverdome, »für den Preis einer bescheidenen Einzimmerwohnung in Manhattan« verkauft worden war und dass »rund 50 000 streunende Hunde durch die Straßen streifen«. Nur zwei Jahre später meldete Detroit Insolvenz an.

Zur Talfahrt der einst viertgrößten Stadt der USA trugen viele Faktoren bei. Einer davon ist der Rückgang der amerikanischen Automobilindustrie, auf der der Boom der Stadt beruhte und die der dortigen Musikszene ihren Namen gab (*Mo*-tor Town). Ein weiterer Faktor ist – das lässt sich nicht beschönigen – Rassismus. 1940 hatten weniger als 10 Prozent der Einwohner Detroits schwarze Hautfarbe. Ein halbes Jahrhundert später waren es 75 Prozent, und die Stadt war zu einem Paradebeispiel für die »Flucht der Weißen« geworden, als wohlhabende weiße Einwohner mit ihren Steuergeldern in die Vororte zogen.

Aber es gibt noch einen weiteren Faktor, der zum Schicksal Detroits beigetragen hat. Sie können sich wahrscheinlich denken, welcher das ist.

Detroit entstand 1701 als Handelsposten inmitten von »Neufrankreich«, einem weitläufigen französischen Territorium, das sich von Louisiana bis zur Hudson Bay erstreckte. Der Name – détroit = französisch für »Meerenge« – meint die schmale Wasserstraße, die den Eriesee mit dem St.-Clair-See verbindet, einem kleinen Binnensee, der über einen Fluss mit dem riesigen Huronsee verbunden ist. Die damalige kleine Ortschaft wurde 1760 den Franzosen von den Briten abgenommen und 1796 an die Vereinigten Staaten übergeben. Im Großteil des 19. Jahrhunderts blieb sie ein unbedeutender Ort. Doch dies war eine Zeit, in der sich die USA im Geist von »Die Natives brauchen dieses Land ja nicht« stetig nach Westen ausdehnten und Städte oft in rasantem Tempo wachsen konnten. Ein Kind, das 1840 in Chicago geboren wurde, konnte im Lauf eines recht normalen Menschenlebens miterleben, wie die Stadt von weniger als 5000 zu einer Metropole mit 3 Millionen Einwohnern Mitte der 1920er-Jahre anwuchs. Der Boom von Detroit kam später, aber dennoch verdreifachte sich die Stadt in den ersten zwei Jahrzehnten des 20. Jahrhunderts.

Der Grund dafür war die Erfindung des Autos – oder, genauer gesagt, der Mann, der herausfand, wie man Autos in Massenproduktion herstellen kann. Henry Ford testete sein erstes Auto 1896 auf den Straßen von Detroit; die erste bewegliche Fertigungsstraße, die die Produktion revolutionieren sollte, wurde 1913 im Ford-Werk im Vorort Highland Park installiert. Zu diesem Zeitpunkt war die Gegend bereits voller Automobilhersteller. Mehr Fabriken bedeuteten mehr Arbeitsplätze, was wiederum mehr Menschen und damit mehr Häuser bedeutete.

Das Ergebnis war einer der größten spekulativen Immobilienbooms, den eine Stadt je erlebt hatte – laut Paul Sewick vom *Detroit Urbanism Blog* »eine ungewöhnliche Bautätigkeit, die nur von New York und Chicago übertroffen wurde«. Und das, obwohl diese beiden Städte, wie wir uns erinnern, damals deutlich größer waren.

Der Bauboom in Detroit war für die damalige Zeit auch bemerkenswert vorstädtisch geprägt: Bauträger erwarben große Grundstücke am Stadtrand, gaben ihnen idyllische Namen wie »Oak Park« oder »Pleasant Ridge« und parzellierten sie anschließend in einzelne Baugrundstücke. Auf einigen bauten sie Häuser, andere verkauften sie an Familien, die selbst bauen wollten. Um den Verkauf anzukurbeln, schalteten sie Zeitungsanzeigen mit Schlagzeilen wie »Profit! Absolute Garantie, dass Ihre Immobilie schnell an Wert gewinnen wird.« Rückblickend erscheint das wie eine Art Warnsignal.

Was Bauträger bislang davon abgehalten hatte, sich an der zunehmenden Zersiedelung der Vororte zu beteiligen, war die Schwierigkeit, den Zugang zu jenen Einrichtungen zu sichern, die inzwischen als grundlegende Bedürfnisse galten. Ein Haus zu errichten war das eine – es jedoch mit Strom und Wasser zu versorgen und eine günstige Anbindung an die Straßenbahn sicherzustellen, wie es die Bewohner inzwischen erwarteten, war eine ganz andere Herausforderung. Hinzu kam, dass die Städte zwar verpflichtet waren, ihren Einwohnern innerhalb ihrer Grenzen ein bestimmtes Maß an Dienstleistungen zu bieten, ein Großteil der Bebauung in Detroit jedoch zunächst außerhalb dieser Grenzen stattfand.

Die Suburbanisierung wurde überhaupt erst möglich, weil Detroit die Kontrolle über seine Stadtgrenzen verloren hatte. 1909 verabschiedete die Regierung des Bundesstaates Michigan den *Home Rule City Act*, der die

Eingemeindung angrenzender Gebiete wesentlich erleichterte. Wenn die Einwohner das vorgeschriebene Verfahren – eine Petition und eine Wahl – einhielten, konnte kein Regierungsbeamter die Eingemeindung aufhalten. Es war, wie Paul Sewick schreibt, »ein Versuch, die Macht über die Stadtgrenzen in die Hände der Bürger statt der Politiker zu legen«. In der Praxis jedoch fiel diese Macht an die Immobilienbranche, die entschlossen dafür kämpfte, ihre Grundstücke einzugemeinden und damit deren Wert zu steigern.

So verdreifachte sich die Fläche Detroits zwischen 1905 und 1917. Das bedeutete, dass die Stadtverwaltung in großflächigen neuen Gebieten Dienstleistungen erbringen musste, was mit hohen Ausgaben einherging. Erschwerend kam hinzu, dass der Stadtrat gezwungen war, zuvor nicht eingemeindete Gemeinden zu übernehmen und damit auch deren Schulden. Der Stadtpräsident verkündete vollmundig, Detroit mit Konzerthallen und einem U-Bahn-Netz auszustatten – all den Errungenschaften also, die einer modernen amerikanischen Boomtown seiner Ansicht nach zustanden. Doch zunehmend floss das Geld des Stadtrats stattdessen in den Bau asphaltierter Straßen und in die Kanalisation für spekulative Immobilienprojekte oder in die Rückzahlung von Anleihen für nicht eingemeindete Gemeinden, die Schulen für Familien errichtet hatten, die letztlich nie kamen.

Eine Zeit lang konnte all dies durch die Ausgabe von kommunalen Anleihen in Höhe von mehreren Hundert Millionen Dollar finanziert werden. Je größer die Stadt wurde, desto mehr konnte sie sich leihen, und die Zeitungsanzeigen versicherten allen, dass dies für immer so bleiben würde. Umso schockierender war es, als der oberste Finanzbeamte der Stadt, der Rechnungsprüfer William J. Nagel, 1923 bekannt gab, dass Detroit den Wert der Anleihen, die es ausgeben konnte, ausgeschöpft hatte – die Stadt war praktisch bankrott. Er empfahl der Stadt, sehr, sehr sorgfältig darüber nachzudenken, bevor sie weitere Gebiete eingliederte.

Es gab nur ein Problem mit diesem Vorschlag: Dank des Home Rule City Act hatte die Stadt keine Befugnis, dies zu verhindern. Stadtbeamte argumentierten, dass Detroit und seine Infrastruktur bereits groß genug seien, um doppelt so viele Einwohner wie derzeit aufzunehmen – »Detroit braucht nicht mehr Fläche als ein durchschnittliches Haus ein Dutzend zusätzliche Schlafzimmer«, sagte einer –, aber die Öffentlichkeit stimmte trotzdem für die Eingliederung. An nur einem einzigen Tag, dem 6. Oktober 1925, stimmten die Wähler dafür, die Stadtfläche um 88 Quadratkilometer zu erweitern – mehr Land, als Detroit insgesamt vor 20 Jahren besessen hatte. Wie so oft in der Menschheitsgeschichte ließ sich die Bevölkerung von der schlichten Idee begeistern, dass ihre politische Gemeinschaft einfach *größer* werden könnte.

Die Expansion endete schließlich im November 1926, als die Wähler eine weitere Runde von Eingemeindungen ablehnten. Doch da war es bereits zu spät: Detroit war inzwischen zu ausgedehnt für seine Einwohnerzahl und hatte Schwierigkeiten, die Versorgung mit städtischen Dienstleistungen aufrechtzuerhalten. Noch gravierender war, dass sich die Wirtschaft an einem Wendepunkt befand. Henry Ford glaubte, der Markt sei gesättigt, und stellte 1927 die Produktion in seiner Fabrik ein. Zwei Jahre später brach die Börse zusammen und die Weltwirtschaftskrise begann.

Die Gesamtbevölkerung der Stadt würde noch zwei Jahrzehnte lang weiter zunehmen, aber große Teile der Innenstadt waren bereits im Niedergang begriffen. »Es überrascht nicht«, schreibt Sewick, »dass die Menschen aus den vernachlässigten Teilen Detroits wegzogen. Und das begann lange vor dem tatsächlichen Bevölkerungshöchststand der Stadt im Jahr 1955.« Erschwerend kam hinzu, dass die Konjunkturmaßnahmen der Bundesregierung zwar die Sanierung der Slums förderten, die Mittel für die tatsächliche Entwicklung jedoch auf Vororte beschränkt waren; die Stadt konnte Geld für den Abriss bekommen, aber nicht für den Neubau. Das bedeutete weiteren städtischen Verfall und eine noch stärkere Abwanderung in die finanziell besser gestellten Vororte außerhalb der Stadtgrenzen. Und je mehr Detroit selbst verfiel, desto attraktiver wurde ein Umzug in diese Vororte.

Aber nicht für alle. Viele dieser neu entstandenen Vororte waren durch Rassenklauseln geprägt – rechtlich durchsetzbare Regelungen, die Afroamerikanern den Zuzug strikt untersagten. Dies war in der Tat ein wesentlicher Bestandteil des Verkaufsarguments für weiße Familien, die aus den zunehmend heruntergekommenen Innenstädten zogen: Zieht hierher, dann sehen alle so aus wie ihr. Schwarze Familien, die dennoch versuchten, in die neuen Viertel zu ziehen, wurden manchmal von wütenden weißen Mobs empfangen, die ihnen deutlich zu verstehen gaben, dass sie nicht willkommen waren.

Der Rückgang der US-Automobilindustrie im späten 20. Jahrhundert verschärfte all diese Probleme natürlich noch. Nach der Ölkrise von 1973 begannen die Amerikaner sich zum ersten Mal Gedanken über so altmodische Konzepte wie »Kraftstoffverbrauch« zu machen, und die spritfressenden Fahrzeuge, auf die Detroit spezialisiert war, verloren gegenüber effizienteren ausländischen Autos an Boden. Doch sowohl die Unfähigkeit der Stadt, sich selbst zu finanzieren, als auch die Abwanderung der reichsten Einwohner hatten schon lange zuvor begonnen. Und ihre Probleme resultierten zum Teil aus der Art und Weise, wie die Stadt ihre Grenzen ziehen musste.

Wenn falsche Stadtgrenzen teilweise für Detroits Probleme verantwortlich sind, könnten richtig gezogene Grenzen helfen, sie zu lösen. Dave Bing, Bürgermeister während der Insolvenz 2013, plädierte für ein kleineres Detroit und schlug vor, die Straßenbeleuchtung in Gebieten mit einer Auslastung von nur 10 bis 15 Prozent abzuschalten, um die letzten verbliebenen Einwohner zum Wegzug zu bewegen. (Er trat zurück, bevor er diesen Plan umsetzen konnte.) Andere haben sich für ein größeres Detroit ausgesprochen, damit die Steuern aus den reicheren, weißeren Vororten wieder die ärmeren Innenstadtbezirke subventionieren können. So oder so scheint Einigkeit darüber zu bestehen, dass die Stadt ihre Grenzen genau an der falschen Stelle gezogen hat.

Im Jahr 1805, als die Stadt noch kaum mehr als ein Dorf war, brannte sie nieder. Das sogenannte Great Fire zerstörte fast alles. Das war natürlich deprimierend, erklärt aber das leicht pointierte lateinische Motto der Stadt: *Speramus meliora; resurget cineribus* – »Wir hoffen auf Besseres; es wird aus der Asche auferstehen«. Vielleicht wird sich dies mehr als zwei Jahrhunderte später wieder bewahrheiten.

WASHINGTON, D.C. UND DAS QUADRAT ZWISCHEN DEN STAATEN

Oder: Warum hat es diese lächerliche Form?

In Washington, D.C. gibt es einige Merkwürdigkeiten – etwa die Tatsache, dass sich die Straßennamen wiederholen: Straßen mit Buchstaben verlaufen sowohl vom Stadtzentrum nach Norden als auch nach Süden, während nummerierte Straßen sowohl nach Osten als auch nach Westen führen. Das bedeutet, wenn Ihnen jemand sagt, dass sich etwas beispielsweise an der 3rd und D oder an der 7th und G befindet, es vier verschiedene Orte gibt, die damit gemeint sein könnten, und Sie sollten sich vielleicht noch eine geografische Angabe wie »NE« geben lassen. (Dieses System beginnt am Kapitol. Liegt das genau im Zentrum der Stadt? Seien Sie nicht albern, das wäre zu einfach. Es liegt tatsächlich etwas weiter östlich.)

Hinzu kommt der bizarre und schwer durchschaubare politische Status der Stadt. Es bleibt eine unbequeme Wahrheit, dass die Einwohner der Hauptstadt – trotz des Selbstverständnisses der USA als größte Demokratie der Welt – nicht für den Kongress stimmen dürfen, obwohl dieser buchstäblich in ihrer Stadt *tagt*. Erst seit vergleichsweise kurzer Zeit ist es ihnen erlaubt, an der Wahl des Präsidenten teilzunehmen.

Wenn man jedoch weder in Washington lebt noch die Stadt besucht, sondern sie nur auf einer Karte betrachtet, ist das Seltsamste an ihr ihre Form. Der District of Columbia – das Gebiet, das einst die Stadt Washing-

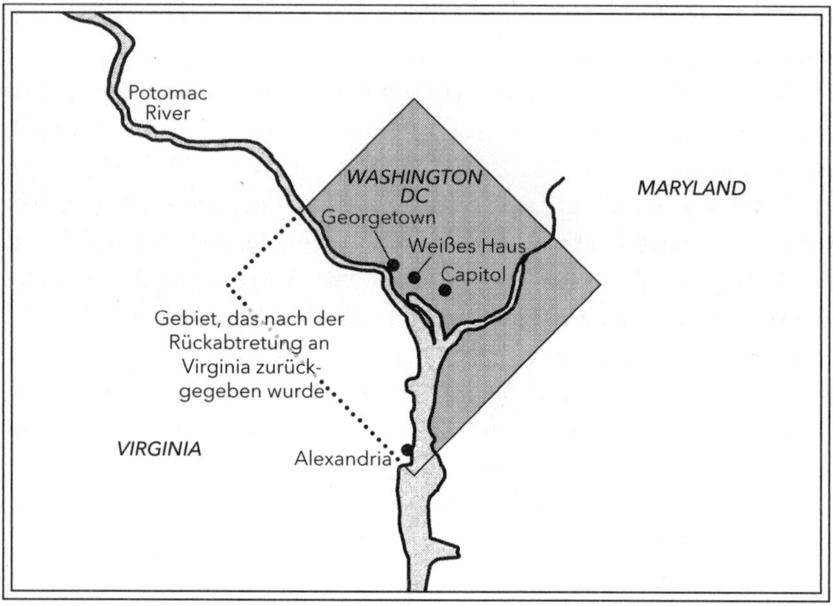

Der District of Columbia damals und heute. Das westlich des Flusses gelegene Alexandria County wurde 1847 an Virginia zurückgegeben; das Washington County am Ufer von Maryland bildet heute die Hauptstadt der Vereinigten Staaten

ton umfasste und heute, nach einigen Jahrhunderten der Zersiedelung, praktisch ein Teil davon ist – wird an drei Seiten von völlig geraden Linien begrenzt, wie man sie nur auf Karten ehemaliger Kolonialgebiete findet. Im Südwesten sehen die Grenzen jedoch viel organisch gewachsener aus, da sie dem Verlauf des Potomac River folgen. Man hat den Eindruck, dass D.C. ursprünglich als riesiges Quadrat mit einer Seitenlänge von etwa 16 Kilometern geplant war, aber jemand ein großes Stück herausgebissen hat.

Wie sich zeigt, war es tatsächlich der Bundesstaat Virginia, der dies tat. Einer der Hintergründe liegt in einem Phänomen, das die frühe Geschichte der Vereinigten Staaten immer wieder prägt: die erschreckende Begeisterung mancher Bürger für die Institution der Sklaverei. Ein weiterer Grund – und derjenige, der erklärt, weshalb sich eine ähnliche Entwicklung, so unwahrscheinlich sie auch erscheinen mag, grundsätzlich wiederholen könnte und weshalb das Thema bis heute relevant ist – liegt im bereits angesprochenen demokratischen Defizit.

Um all das zu verstehen, ist es hilfreich zu wissen, warum es den District of Columbia überhaupt gibt. Schon vor der Revolution waren New York und Boston auf dem Weg zu großen Städten, ebenso wie Philadelphia, wo ein Großteil der frühen politischen Geschichte des Landes geschrieben wurde, nicht zuletzt die Ausarbeitung der Verfassung. Aber das gerade erst unabhängige Land beschloss, seine Hauptstadt nicht in einer dieser Städte anzusiedeln, sondern von Grund auf eine neue Stadt zu errichten. Die Geschichte, warum es dazu kam, beginnt mit einer wütenden Menschenmenge, die die US-Regierung belagerte und deren Gesetzgeber um ihr Leben fürchteten. Aber der Grund für ihre Unzufriedenheit war nicht, um ein beliebiges Beispiel aus der Luft zu greifen, ein Wahlergebnis, das sie für unzulässig hielten, oder eine Amtseinführung, die sie verhindern wollten. Vielmehr war es die Tatsache, dass sie nicht bezahlt worden waren.

Es war Juni 1783, und der Unabhängigkeitskrieg war fast, aber noch nicht vollständig beendet. Die eigentlichen Kampfhandlungen waren bereits rund 20 Monate zuvor eingestellt worden, doch die Verhandlungen zogen sich hin, und die Briten weigerten sich hartnäckig, New York zu räumen, bevor ein Friedensabkommen abgeschlossen war. So kam es, dass die Regierung des entstehenden neuen Staates zwar bereits im Pennsylvania State House in Philadelphia darüber beriet, wie ein Land, das aus 13 ehemals erbittert unabhängigen Kolonien bestand, funktionieren könnte, aber die Armee, die die Unabhängigkeit erkämpft hatte, noch nicht aufgelöst worden war. Einem Großteil dieser Armee wurden außerdem erhebliche Lohnrückstände geschuldet.[88] Wie Regierungen im Lauf der Jahrhunderte auf schmerzhafte Weise gelernt haben, ist dies im Allgemeinen keine vorteilhafte Situation, wenn die Lohnempfänger diejenigen sind, die über alle Waffen verfügen.

---

88 Auslöser war tatsächlich das Versprechen des Kongresses, die Armee aufzulösen, damit die ehemaligen Soldaten ihren Lebensunterhalt verdienen konnten, während man ihre ausstehenden Soldzahlungen regelte – ein Vorgang, von dem der Kongress behauptete, er werde Jahre dauern. Viele Soldaten befürchteten jedoch, dies sei lediglich ein geschickter Vorwand, um sie letztlich gar nicht zu bezahlen.

Am 17. Juni erhielt der Kongress – noch nicht das Gremium, das wir heute alle kennen und lieben, sondern ein anderes, das offiziell als »die Vereinigten Staaten im Kongress versammelt« bezeichnet wurde (aber wir wollen nicht kleinlich sein) – eine Nachricht von einer Gruppe Soldaten. Sie forderten die Auszahlung ihrer ausstehenden Soldzahlungen und drohten mit Maßnahmen, sollte ihren Beschwerden nicht nachgekommen werden. Der Kongress ignorierte die Forderung – was sich als wenig hilfreich erwies –, und nur zwei Tage später marschierten etwa 80 Soldaten aus dem nahe gelegenen Lancaster in die Stadt, verbündeten sich mit mehreren Hundert lokalen Milizionären und belagerten die Regierung.

Eine Gruppe von Abgeordneten unter der Führung von Alexander Hamilton – der genauso vertrauenswürdig war, wie er in dem gleichnamigen Musical dargestellt wird – überredete die Menge, den Kongress freizulassen, damit dieser zusammentreten und sich mit ihren Anliegen befassen konnte. Hamilton hielt an diesem Abend zwar *tatsächlich* eine Sitzung ab, aber ganz oben auf der Tagesordnung stand nicht die Nachzahlung der Soldrückstände für die hungernden Soldaten, sondern ein wütender Brief an die Regierung des Bundesstaates Pennsylvania, in dem er diese aufforderte, eigene Truppen zu mobilisieren, um sie vor den Raufbolden zu schützen. Andernfalls, so drohte der Kongress, würde er nicht nur an einen sichereren Ort umsiedeln, sondern Philadelphia zugleich die Ehre nehmen, nationale Hauptstadt zu sein.

Ob aus Sympathie für die Soldaten oder aus Misstrauen gegenüber seinen eigenen Truppen, die sich der Meuterei hätten anschließen können – der Gouverneur verweigerte jede Unterstützung. So blieb der jungen US-Regierung nichts anderes übrig, als ihre Zelte abzubrechen. In den folgenden Jahren wanderte der Kongress von Princeton nach Annapolis und schließlich nach Trenton. Als 1787 die nationalen Politiker nach Philadelphia zurückkehrten, um die Verfassung auszuarbeiten, tagte der Kongress weiterhin in New York. Ein Agendapunkt war es, sicherzustellen, dass sich eine Meuterei wie die von Pennsylvania nie wiederholen konnte – allerdings nicht, indem man die Soldaten ordnungsgemäß bezahlte (das wäre ja zu viel verlangt), sondern indem man einen eigenen Bundesdistrikt schuf, in dem die Regierung nicht länger auf den guten Willen eines einzelnen Bundesstaates angewiesen war, um ihre Sicherheit zu gewährleisten.

Bis 1789 standen zwei Standorte für den neuen Bezirk zur Auswahl. Der eine war Germantown, ein Gebiet, das so nah an Philadelphia lag, dass es inzwischen von dieser Stadt verschluckt wurde; der andere war ironischerweise Lancaster, der Ort, an dem die Meuterei begonnen hatte. Doch sowohl der neu gewählte erste Präsident George Washington als auch die von Virginia dominierte Kongressdelegation bevorzugten einen anderen Standort, rund 100 Meilen weiter südlich. Die neue Hauptstadt am Ufer des Potomac, der Maryland von Virginia trennt, sollte den Zugang sowohl zum Atlantik als auch zum Landesinneren sichern. Darüber hinaus – welch erstaunlicher Zufall – erleichterte dieser Standort all jenen Regierungsbeamten das Leben, die zufällig Sklavenplantagen in Virginia besaßen.

Es war dieser Mann, Alexander Hamilton, der die Pattsituation durch den sogenannten Kompromiss von 1790 auflöste. Senatoren aus den Südstaaten hatten seinen Vorschlag, die Kriegsschulden der Bundesstaaten zu verstaatlichen, mit der Begründung blockiert, dass dies vor allem ein Problem des Nordens sei. (Wenn man seine Schulden schnell abbezahlen will, ist es offenbar hilfreich, eine Wirtschaft zu haben, die weitgehend darauf basiert, andere Menschen gefangen zu halten und sie zu Zwangsarbeit zu verpflichten.) In einer Sitzung hinter verschlossenen Türen mit zwei Männern aus Virginia, nämlich Thomas Jefferson und James Madison, erklärte sich Hamilton jedoch bereit, ihren Vorschlag für den Standort der neuen Hauptstadt zu unterstützen, sofern sie sein Vorhaben befürworteten, dass die neue Bundesregierung die Schulden übernehmen sollte.[89]

So wurde der Standort der neuen Hauptstadt festgelegt: ein Quadrat mit einer Seitenlänge von 10 Meilen (etwa 16 Kilometer) am Ufer des Potomac, auf Land, das von zwei südlichen Bundesstaaten bereitgestellt wurde. Rund 176 Quadratkilometer des neuen Bundesdistrikts sollten von Maryland, weitere 80 Quadratkilometer von Virginia stammen.[90] Der neue Distrikt erhielt zu Ehren des Mannes, dem – wenn auch fälschlicherweise – die Entdeckung Amerikas zugeschrieben wird, den Namen »Columbia«; der Regierungssitz selbst wurde nach dem Präsidenten und Helden des Unab-

89 Dies, liebe Hamilton-Fans, ist das Ereignis, das im Musical als *The Room Where It Happens (»In diesem Zimmer«)* verewigt wurde.

90 Warum ergeben diese Zahlen keine hundert? Weil der Potomac ein ziemlich breiter Fluss ist.

hängigkeitskrieges »Washington« benannt. Die Delegierten aus Virginia – Vertreter des mächtigsten und bevölkerungsreichsten Bundesstaates der Union – hatten sich durchgesetzt.

Aber vielleicht galt das nicht für alle Menschen aus Virginia. Diejenigen, die sich plötzlich innerhalb des neuen District of Columbia wiederfanden, bereuten dies bald, denn schnell wurde deutlich, dass ihr Teil des Gebiets zur Nebensache verkommen würde. Es lag nicht nur daran, dass sich die Bundesregierung – und damit alle damit verbundenen Geschäftsmöglichkeiten – auf der anderen Seite des Potomac ansiedelte: Bereits 1791 hatte die Regierung den Residence Act, mit dem Washington D.C. gegründet worden war, geändert, um festzulegen, dass neue öffentliche Gebäude *ausschließlich* auf der Maryland-Seite errichtet werden durften. Der Kongress verabschiedete buchstäblich ein Gesetz, das sicherstellte, dass seine Mitglieder niemals den Fluss überqueren mussten.

So erlebte Georgetown, die bereits bestehende Stadt auf der Maryland-Seite, dank ihrer Nähe zur neuen Hauptstadt einen rasanten Aufschwung, während Alexandria in Virginia zunehmend ins Abseits geriet. Noch schlimmer: Ein erheblicher Teil von Alexandrias Wirtschaft beruhte auf dem Sklavenhandel. Als die Vereinigten Staaten allmählich in den Bürgerkrieg hineinschlitterten, gerieten die Einwohner Alexandrias in Panik – aus Angst, die Bundesregierung könnte die Sklaverei im Distrikt vollständig verbieten und damit ihre wirtschaftliche Existenzgrundlage zerstören. Da Washington D.C. jedoch kein Bundesstaat war, sondern lediglich ein Bundesdistrikt ohne eigenes Stimmrecht im Kongress, hatten sie nicht einmal die Möglichkeit, politisch dagegen vorzugehen.

Das Ergebnis war ein Jahrzehnt heftiger Kampagnen, bis sich 1847 alle Parteien darauf einigten, dass das südlich des Potomac gelegene Drittel von D.C. an Virginia zurückgegeben werden sollte, was unter dem ausgeklügelten Namen »Retrozession« bekannt wurde. Mit anderen Worten: Der Hauptgrund dafür, dass der District of Columbia heute eine so ungewöhnliche Form hat – warum der Nordwesten so groß und der Südwesten so klein ist und warum viele bekannte Orte, die man gemeinhin mit Washington D.C. verbindet (wie der Arlington-Friedhof, das Iwo-Jima-Denkmal oder das Pentagon), tatsächlich gar nicht in Washington liegen –, liegt darin, dass eine Gruppe lokaler Würdenträger auf der Virginia-Seite des Flusses sehr daran hing, andere Menschen als Sklaven zu besitzen.[91] Eine heitere Geschichte, nicht wahr?

Eine Folge davon ist, dass die Menschen auf der ehemaligen Virginia-Seite von D.C. ihre demokratischen Rechte zurückerhielten. (Das war gewiss ein großer Trost für ihre Sklaven, dessen bin ich mir sicher.) Die Menschen auf der Maryland-Seite erhielten diese Rechte nicht – und haben sie bis heute nicht. In den Jahrzehnten seitdem haben sie einen gewählten Bürgermeister und einen eigenen Stadtrat bekommen. Seit der Verabschiedung des 23. Zusatzartikels zur Verfassung im Jahr 1961 haben sie auch das Recht, das Wahlkollegium zu wählen, das den Präsidenten wählt (allerdings nicht das Recht, in diesem Kollegium stärker vertreten zu sein als der bevölkerungsärmste Bundesstaat, egal wie groß die Stadt ist). D.C. kann immer noch nicht für den Kongress stimmen. Angesichts der Tatsache, dass es dort über 700 000 Einwohner gibt, halten einige dies nicht für eine besonders gute Idee.

Es wurden mehrere Lösungen vorgeschlagen. Eine sieht eine weitere Rückabtretung vor, bei der der nördliche Teil wieder an Maryland angegliedert würde, so wie der südliche Teil an Virginia zurückgegeben wurde: Der »District of Columbia« würde bestehen bleiben, aber nur noch das Gebiet umfassen, das tatsächlich von der Bundesregierung genutzt wird. Eine andere Lösung wäre, D.C. einfach zum 51. Bundesstaat zu erklären.

Beide Pläne stoßen jedoch unmittelbar auf die Hürden der Parteipolitik. Früher wären vollständige Stimmrechte für D.C. am Widerstand der Nordstaaten gescheitert, die befürchteten, dem sklavenhalterfreundlichen Süden zusätzliche Stimmen zu verschaffen. Heute blockieren die Republikaner die Pläne, weil sie befürchten, den Demokraten zwei zusätzliche Senatoren

---

91 Es ist nicht der einzige Ort, an dem man dieses Erbe auf der Karte der modernen Vereinigten Staaten noch finden kann. Der einzige Grund für die Existenz West Virginias ist, dass, als die Begeisterung für die Sklaverei Virginia 1861 dazu veranlasste, aus der Union auszutreten, schnell klar wurde, dass die meisten Menschen im nordwestlichen Teil des Bundesstaates dies nicht wollten. So wie Virginia die Vereinigten Staaten verlassen hatte, verließ West Virginia Virginia. Der neue Staat wurde 1863 in die Union aufgenommen, auf deren Seite er im Bürgerkrieg gekämpft hatte. In den 2010er-Jahren war Virginia – dank der weitläufigen Vororte von Washington, D.C. – natürlich ein zunehmend liberaler und demokratisch geprägter Staat. Unterdessen zeigten die Menschen in Teilen des ländlichen, republikanischen West Virginia gerne die Flagge einer Konföderation, die ihr gesamter Staat buchstäblich abgelehnt hatte. Aber ich schweife ab.

und ein oder zwei Abgeordnete zu verschaffen – oder Maryland, das ohnehin meist demokratisch wählt, so eindeutig in einen demokratischen Staat zu verwandeln, dass sie gleich ganz aufgeben könnten.

Zumindest zum Zeitpunkt der Abfassung dieses Kapitels besteht kaum Aussicht darauf, dass die überwiegend afroamerikanische Bevölkerung der Hauptstadt in einer der stolzesten Demokratien der Welt tatsächlich das Recht erhält, ihre eigenen nationalen Gesetzgeber zu wählen. Gott segne Amerika.

GRENZEN VOM ANDEREN ENDE DER WELT

Die seltsam geraden Linien auf der Karte von Australien

Wenn Sie jemals eine Karte aus einem Paralleluniversum betrachten möchten, gibt es kaum ein besseres Beispiel als David R. Hortons Karte des indigenen Australien. Wir sind es gewohnt, dieses Land – flächenmäßig das sechstgrößte der Erde und ein Kontinent für sich – als eine einzige, ungeteilte Fläche wahrzunehmen. Doch die 1996 vom Australian Institute of Aboriginal and Torres Strait Islander Studies (AIATSIS) veröffentlichte Karte zeigt, dass Australien in Hunderte von First Nations untergliedert war. Sie führt uns eindrücklich vor Augen, dass die heutige politische Einheit keineswegs selbstverständlich ist.[92]

Die Grenzen zwischen den Völkern und Territorien auf der Karte sind naturgemäß unscharf – was sich auch in der Darstellung durch die verwaschenen Linien widerspiegelt. Doch schon auf den ersten Blick wird deutlich, dass einige Regionen des Kontinents – meist Wüsten- oder Gebirgsgebiete – in vergleichsweise wenige Einheiten untergliedert sind. Die üppigeren, lebensfreundlicheren Landschaften an der Ost- und Nordküste sind dagegen in Dutzende von etwa kreisgroßen Gebieten unterteilt. Syd-

92 Die Torres-Strait-Insulaner sind ein melanesisches Volk, das die Inseln nördlich von Queensland bewohnt, und sie unterscheiden sich ethnisch von den Aborigines des australischen Festlands. Der Sammelbegriff für beide Gruppen lautet »Indigene Australier«.

ney liegt an der Grenze zwischen den Völkern der Eora und der Kuning-gai, Melbourne zwischen denen der Woiworung und der Boonwurrung. Selbst das kleine Tasmanien, der kleinste Bundesstaat Australiens, dessen Landfläche etwas kleiner ist als Irland, beherbergt nicht weniger als acht verschiedene Völker.

Die heutige Verwaltungsgliederung Australiens ist deutlich übersichtlicher. Das Festland ist in sechs große Einheiten unterteilt – fünf Bundesstaaten und das Northern Territory – sowie einige kleinere Binnengebiete. Die durchschnittliche Fläche dieser Gebiete beträgt etwa 1,3 Millionen Quadratkilometer – das entspricht ungefähr der doppelten Größe von Texas oder der zweieinhalbfachen Fläche Frankreichs. Mit über 2,6 Millionen Quadratkilometern wäre der größte Bundesstaat, Westaustralien, groß genug, um als eigenständiges Land den achten Platz unter den größten Ländern der Welt einzunehmen. Die Grenzen der Bundesstaaten sind zudem überwiegend lange, gerade Linien, die eher auf eine kolonialistische Herrschaft als auf sorgfältige Vermessungen hindeuten.

Wie sind diese Bundesstaaten entstanden? Und warum sind sie im Vergleich zu den kontinentalen Vereinigten Staaten (durchschnittliche Größe der Bundesstaaten: 168 000 Quadratkilometer, eine etwas kleinere Fläche als Uruguay) so riesig?

Die heutigen Grenzen Australiens haben kaum etwas mit den territorialen Ansprüchen der Bevölkerung zu tun, die vom AIATSIS als »älteste noch existierende Kultur der Welt« bezeichnet wird. Ihre Entstehung beginnt vielmehr mit der Ankunft der Briten (was Sie sicher überrascht, nicht wahr?). Als Captain Cook 1770 erstmals an der Ostküste Australiens landete, beanspruchte er die gesamte Ostküste im Namen von König Georg III. – oder besser gesagt: er nahm symbolisch Besitz von ihr. Zunächst nannte er das Gebiet »New Wales«, doch da dieser Name bereits für eine eisige Region im Norden Ontarios vergeben war, änderte er ihn bald in »New South Wales«. Ob er damit ein neu entdecktes Land meinte, das ihn – vermutlich mit viel Fantasie – an die Cardiff Bay erinnerte, oder ob er schlicht »ein neues, *südlicher gelegenes* Wales« bezeichnen wollte, bleibt bis heute unklar.

Cooks Anspruch erstreckte sich südlich von Cape York, der Nordspitze des Kontinents, und umfasste auch benachbarte Inseln, aber er legte weder die westliche noch die südliche Grenze fest. Da die Niederländer die westliche Hälfte des Kontinents und einen nicht identifizierten Teil Tasmaniens (»Van Diemen's Land«) als »New Holland« beanspruchten, war niemand ganz sicher, wo die Grenze zwischen den beiden Gebieten verlaufen sollte. Dies war zunächst kein unmittelbares Problem – der Kontinent war über 2000 Meilen (rund 3220 Kilometer) breit –, aber als die Briten mit 778 Sträflingen und dem Plan auftauchten, New South Wales in eine Strafkolonie zu verwandeln, gewann die Abgrenzung der beiden Ansprüche zunehmend an Bedeutung.

In der Alten Welt wurden Grenzen in der Regel durch physische Merkmale wie Berge und Flüsse definiert, aber die Menschen, die mit der Festlegung der Grenzen des britischen Einflussbereichs in dieser neuen Welt beauftragt waren, hatten nicht die geringste Ahnung, wo sich Flüsse oder Berge befanden. Stattdessen griffen sie auf eine Kombination aus früheren europäischen Ansprüchen und weitgehend fiktiven Linien auf der Erde zurück. Die königliche Kommission, die Kapitän Arthur Phillip die Befugnis zur Gründung der neuen Kolonie erteilte, legte deren westliche Grenze auf den 135. Längengrad östlich fest, etwa ein Drittel der Breite des Kontinents. Forscher wie Dr. Gerard Carney von der University of Queensland führen dies auf den Vertrag von Tordesillas zurück (siehe Seite 91): 135 Grad östlicher Länge entsprach dem Antimeridian zu 45 Grad westlicher Länge – den beiden Linien, die die Grenze der spanischen Einflusssphäre markierten. Die niederländischen Kolonialbestrebungen im 17. Jahrhundert orientierten sich im Allgemeinen daran, um in ihrem jahrzehntelangen Krieg mit Spanien nicht eine weitere Front zu eröffnen. Die Briten des 18. Jahrhunderts kümmerten sich nicht sonderlich um den Vertrag von Tordesillas, *wohl* aber um die Niederländer, die sie als Verbündete behalten wollten.

Innerhalb weniger Jahrzehnte machten die Entwicklungen vor Ort viele ursprüngliche Überlegungen hinfällig, und 1825 verschoben die Briten die Westgrenze von New South Wales auf den 129. Meridian. Möglicherweise orientierten sie sich dabei an einer für sie günstigeren Auslegung des Vertrags von Tordesillas und seiner Ableger. Ebenso plausibel ist jedoch, dass sie sich schlicht nicht mehr darum scherten – schließlich begannen sie 1829 mit der Besiedlung der Swan River Colony auf der gegenüberliegenden Seite des Kontinents, in einem Gebiet, das eindeutig zum früheren »New Holland« gehört hatte.

Diese Siedlung – heute Perth – bildete den Kern von Westaustralien, dem einzigen Bundesstaat, der nie nur ein Ableger von New South Wales war. Tasmanien sagte sich 1825 von der ursprünglichen britischen Kolonie los; Südaustralien folgte 1829 und rühmt sich seither stolz damit, der einzige der sechs australischen Bundesstaaten zu sein, der nie eine Strafkolonie war.

Zwei seltsame Dinge an den Grenzen Südaustraliens sind erwähnenswert. Erstens wurde die westliche Grenze ursprünglich bei 132 Grad Ost festgelegt, wodurch ein seltsames, unbewohntes Niemandsland zwischen ihr und Westaustralien entstand, das technisch gesehen noch zu New South Wales gehörte. (Eine Möglichkeit ist, dass dies ein bewusster Versuch war, einen Raum zwischen der neuen Kolonie und den Sträflingen in Westaustralien zu schaffen; angesichts der Entfernungen ist es jedoch wahrscheinlicher, dass dies geschah, weil das Gebiet im Grunde unbewohnbar war.)

Die andere merkwürdige Sache an Südaustralien ist, dass es sich fast ein halbes Jahrhundert lang quer über den Kontinent bis zur Nordküste erstreckte und etwas formte, das manchmal als »der große zentrale Staat« bezeichnet wird. Die Erschließung und Verteidigung eines so riesigen, menschenleeren Gebiets erwies sich jedoch als kostspielig, sodass die Landesregierung 1911 ihre nördliche Hälfte an das damalige Commonwealth of Australia zurückgab. Daraus entstand das Northern Territory, das keine selbstverwaltete Einheit war, sondern direkt von der nationalen Regierung verwaltet wurde. All dies hatte den positiven Nebeneffekt, dass der Name »South Australia« nicht mehr ganz so unsinnig klang.

In dieser Zeit begann Australien, seine heutige Gestalt anzunehmen. Victoria wurde 1851 als eigenständige Kolonie aus New South Wales herausgelöst und trug zunächst den Namen »District of Port Phillip«. Queensland hingegen erlebte 1846 einen Fehlstart: Es wurde kurzzeitig als »Nord-Australien« gegründet, wobei auch das Northern Territory einbezogen war. Doch in jenen Tagen dauerte es so lange, bis sich Nachrichten verbreiteten, dass es buchstäblich Monate dauerte, bis die Bewohner der neuen Strafkolonie in Gladstone erfuhren, dass – infolge von Protesten in Sydney und eines Regierungswechsels in London – ihre Erlaubnis zur Abspaltung von New South Wales wieder aufgehoben worden war. 1859 erfolgte dann die endgültige Gründung Queenslands, allerdings mit veränderten Grenzen.

Damit gab es, wenn man mitzählt oder auch nicht, sechs Kolonien. Im Jahr 1901 schlossen sie sich zum Commonwealth of Australia zusammen. Es gab noch einige relativ geringfügige Änderungen, aber im Großen und Ganzen war die Verwaltungsstruktur des neuen Landes bereits festgelegt.

Relativ wenige seiner Grenzen wurden durch natürliche Merkmale festgelegt. Die Abschnitte zwischen New South Wales und Victoria (im Süden) sowie Queensland (im Norden) folgen Flüssen, was unvermeidliche Debatten darüber mit sich bringt, ob die Grenze an einem Ufer oder in der Mitte verläuft, wie mit Inseln umgegangen werden soll, ob die nächstgelegene Quelle eines bestimmten Flusses tatsächlich die Quelle eines seiner Nebenflüsse ist und so weiter. Ein Teil der Grenze zwischen New South Wales und Queensland ist ungewöhnlicherweise durch die Wasserscheide markiert: Mit anderen Worten, in welchem Bundesstaat man sich befindet, hängt davon ab, in welche Richtung die nahe gelegenen Flüsse auf ihrem Weg zum Meer fließen. Meistens jedoch stützt sich Australien auf das, was ein Experte[93] als »himmlisch beschriebene Grenzen« bezeichnet hat: Längen- und Breitengrade.

Die Verwendung solcher Grenzen ist jedoch mit einigen Problemen verbunden. Eine Grenze entlang eines Breiten- oder Längengrads zu ziehen, ist von einem gemütlichen Büro in London oder Sydney aus sehr einfach. Vor der Einführung des GPS, als man von den Menschen noch nicht erwarten konnte, dass sie auch nur die geringste Ahnung von Längen- und Breitengraden hatten, war es ohne umfangreiche Vermessungen sehr schwierig, die Grenzen zu bestimmen.

Und selbst diese waren fehlerhaft. Die Grenze zwischen Queensland und dem Northern Territory beispielsweise wurde Mitte der 1880er-Jahre vermessen und sollte dem 138. Längengrad folgen. Das tut sie jedoch nicht ganz: An der Küste liegt sie 600 Meter zu weit westlich. Eine gute Nachricht für Queensland.

Das waren nicht nur theoretische Probleme. In den Anfängen der britischen Besiedlung war nicht immer klar, zu welcher Kolonie die Menschen

---

93 Noch einmal Gerard Carney; seine Vorlesung im Jahr 2013, »*The Story behind the Land Borders of the Australian States – A Legal and Historical Overview*«, war beim Verfassen dieses Kapitels von unschätzbarem Wert.

tatsächlich gehörten. Im Jahr 1846 schrieb der Landkommissar von Südaustralien an den Kolonialminister und beklagte sich: »Es gibt mindestens 12 oder 14 Siedler, deren Ländereien so nahe an der Grenze liegen, dass ich meine Zuständigkeit für sie als ungewiss erachte … und mich daher davon abhalte, gegen sie vorzugehen.« Diese Ungewissheit führte dazu, dass Steuern nicht erhoben und Gesetze nicht durchgesetzt wurden.

Schließlich wurde eine provisorische Grenze festgelegt – allerdings, wie kaum anders zu erwarten, etwa zwei Meilen zu weit versetzt. Die Regierung von Südaustralien versuchte daraufhin, die Grenze zu korrigieren. Dies führte zu einem langwierigen Rechtsstreit, in dem einige Richter argumentierten, die örtlichen Gouverneure hätten nicht das Recht, natürlich bestimmte Meridiane außer Kraft zu setzen. Andere hielten dagegen, dass dies logischerweise bedeuten würde, die Grenze müsse bei jeder Verbesserung der Vermessungstechnik neu gezogen werden – ein völlig unpraktikabler Ansatz. Nach mehreren Jahren dieser Auseinandersetzungen siegte schließlich der Pragmatismus: Heute akzeptieren die Gerichte des Landes allgemein, dass Ungenauigkeiten in der Arbeit der Vermessungsingenieure des 19. Jahrhunderts kein Grund sind, Grenzen willkürlich zu verschieben und die Rechte der Menschen zu beeinträchtigen.

Oder zumindest die Rechte der tatsächlichen *weißen* Bevölkerung. Wie Sie feststellen werden, hat in diesem Prozess niemand die etwa 500 Aborigine-Gruppen erwähnt.

Bevor wir uns einem völlig anderen Thema zuwenden, sollten noch einige weitere Kuriositäten erwähnt werden. Dazu gehören die bereits angesprochenen »anderen, kleineren internen Territorien«. Das größte davon ist das Australian Capital Territory (ACT), ein Gebiet etwa von der Größe Luxemburgs, in dem sich die Hauptstadt Canberra befindet. Es wurde 1911 aus New South Wales herausgelöst – aus ähnlichen Gründen, aus denen auch der District of Columbia aus Maryland und Virginia ausgegliedert wurde: um sicherzustellen, dass kein einzelner Bundesstaat durch die Ansiedlung der neuen, geplanten Hauptstadt Vorteile erlangte und dass diese direkt vom Commonwealth verwaltet werden konnte. Im Jahr 2022 nahm das ACT Gespräche mit dem umliegenden Bundesstaat über den Erwerb von etwa 3,4 Quadratkilometer Ackerland auf, das als Parkwood bekannt ist und trotz der Lage eines Flusses, der es nur vom ACT aus zugänglich machte, Teil von New South Wales geblieben war. Das kleinere Gebiet plante, darauf eine Wohnsiedlung zu errichten. Dies wäre die erste Änderung der Binnengrenzen Australiens seit 1915, als ein anderes, noch kleineres Gebiet aus New South Wales herausgelöst wurde.

Dabei handelt es sich um das Jervis Bay Territory, das häufig – jedoch fälschlicherweise – als Teil des ACT betrachtet wird, da es aus demselben politischen Prozess hervorging. So wie man damals der Ansicht war, das neue Commonwealth müsse die Kontrolle über seine eigene Hauptstadt haben, entschied man auch, dass es über einen eigenen Hafen verfügen sollte. Das stellte sich jedoch als schwierig heraus, da alle für die neue Hauptstadt in Betracht gezogenen Standorte erheblich weit vom Meer entfernt lagen – und der Bundesstaat New South Wales nicht bereit war, umfangreiche Landflächen abzutreten. Letztlich trat der Staat sowohl das Gebiet für das ACT ab, etwa 150 Kilometer landeinwärts, als auch einen Teil der südöstlichen Küste Australiens, etwa 160 Kilometer südlich von Sydney, in dem einige Hundert Menschen lebten. Obwohl in Jervis Bay die Gesetze des ACT gelten, bleibt es ein separates Gebiet, und seit das ACT 1989 selbstverwaltet wurde, wird Jervis Bay direkt von verschiedenen Ministerien der Bundesregierung verwaltet.

Zu guter Letzt gibt es noch die Frage eines riesigen Gebiets, das gar nicht zu Australien gehört, obwohl es Teil dessen hätte sein können. In den Anfängen der britischen Besiedlung wurde das östliche Nachbarland Neuseeland inoffiziell als Teil von New South Wales regiert, obwohl es unglaublich weit davon entfernt liegt. Das lag daran, dass die ursprüngliche Kolonie, wie sie 1788 gegründet wurde, die gesamte Ostküste des Kontinents und »alle angrenzenden Inseln im Pazifischen Ozean« umfasste. Das Problem dieses Systems bestand jedoch darin, dass Neuseeland sich zu einer Art gesetzlosem Wilden Osten entwickelte, in dem europäische Söldner weitgehend ungehindert agierten, während Missionare klagten und die Behörden im fernen Sydney machtlos blieben, dem Treiben Einhalt zu gebieten. (In einem besonders berüchtigten Fall unterstützte die Besatzung der Brigg *Elizabeth* unter Kapitän John Stewart eine Gruppe von Maori dabei, eine rivalisierende Gruppe zu massakrieren – als Gegenleistung für etwas Flachs. Eine Anklage wegen Mordes scheiterte, weil unklar war, welche Gerichtsbarkeit zuständig gewesen wäre.) Schließlich entschloss sich die britische Regierung, Neuseeland offiziell zur Kolonie zu erklären – was paradoxerweise zunächst bedeutete, dass es 1840 als Teil von New South Wales ins Rechtssystem eingegliedert und bereits ein Jahr später wieder herausgelöst wurde.

Sechs Jahrzehnte später, als die australischen Kolonien beschlossen, sich zu einem Staatenbund zusammenzuschließen, luden sie Neuseeland ein, sich ihnen anzuschließen, aber es gab mehrere Faktoren, die gegen eine Union sprachen. Die neuseeländischen Politiker bevorzugten die Idee eines eigenen Staates. Die Bevölkerung sah sich aufgrund der fehlenden Geschichte der Inseln als Strafkolonie als überlegen an. Vor allem aber lag zwischen den beiden Ländern eine offene See von etwa 1200 Meilen (rund 1930 Kilometer). Das entspricht in etwa der Entfernung zwischen London und Albanien.

Dennoch gewährt die ungewöhnliche sechste Klausel der australischen Verfassung Neuseeland ausdrücklich das Recht, dem Commonwealth beizutreten. Es ist unwahrscheinlich, dass die beiden Länder jemals vereint werden, aber rechtlich gesehen bleibt die Tür offen.

EINIGE VERSEHENTLICHE INVASIONEN

Oder: Warum bombardieren die Schweizer immer wieder Liechtenstein?

Bei unserer Tour durch die Mikrostaaten Europas (Seite 269) habe ich das Fürstentum Liechtenstein leider etwas außer Acht gelassen, was sehr schade ist, denn es ist einer der faszinierendsten und bizarrsten Staaten Europas. Als Steueroase und Wintersportort beherbergt es nur 40 000 Einwohner und nimmt eine Fläche von etwas mehr als 160 Quadratkilometern ein. (Zum Vergleich: Es ist etwas größer als der New Yorker Stadtteil Staten Island, aber etwas kleiner als Brooklyn.) Es war Teil des Heiligen Römischen Reiches, dann des Deutschen Bundes und schließlich mit dem Österreichischen Kaiserreich verbunden. Mitte des 20. Jahrhunderts war es jedoch weder ein Teil von Deutschland noch von Österreich, sondern hartnäckig unabhängig.

Wie die meisten Mikrostaaten und Kleinstaaten gehört es zu den wenigen Ländern der Welt, die keine eigene Armee unterhalten. Es hatte einmal eine Armee – ihr letzter Einsatz war 1866 im Österreichisch-Preußischen Krieg, in den das Fürstentum 80 Mann schickte; 81 kehrten zurück, was ein Zeichen für die Furcht ist, die die liechtensteinische Kriegsmaschinerie ihren Feinden einflößen konnte[94] –, aber nicht lange danach beschloss das

94 Der 81. Mann scheint ein österreichischer Verbindungsoffizier gewesen zu sein, was in gewisser Weise schade ist, denn die Version dieser Geschichte, in der sie einfach nur einen Freund gefunden haben, ist viel lustiger.

Parlament, solche Angelegenheiten nicht länger finanzieren zu wollen, und löste die Armee auf. Seitdem ist die Verteidigung der Souveränität Liechtensteins weitgehend eine Frage der engen Zusammenarbeit mit größeren Ländern. Die vier Bahnhöfe des Landes sind Teil des österreichischen Bundesbahnnetzes, seine Busse, seine Zollunion, seine Währung und sein Patentsystem sind mit der Schweiz verbunden. Ein wichtiges Ziel der liechtensteinischen Außenpolitik ist daher seit Jahrzehnten die Aufrechterhaltung harmonischer Beziehungen zu seinen Nachbarn.

Aus mancher Sicht ist dies ein Problem, da eines dieser Nachbarländer immer wieder in Liechtenstein einfällt oder es bombardiert.

Um fair gegenüber der Schweiz zu sein – denn es ist diese furchterregende Militärjunta, von der ich spreche –, scheint es sich hierbei um einen Unfall zu handeln, wenn auch um einen Unfall, der mit einer solchen Häufigkeit auftritt, dass Liechtensteins Freunde durchaus eine Intervention starten und fragen könnten, ob zu Hause wirklich alles in Ordnung ist. Der erste derartige Vorfall – oder zumindest der erste, der in den englischsprachigen Medien erwähnt wurde, was vielleicht nicht dasselbe ist – ereignete sich offenbar im Oktober 1968, als Schweizer Soldaten bei Schießübungen versehentlich fünf Mörsergranaten über die Grenze in 2 Meilen (3,2 Kilometer) Entfernung schossen. Sie landeten im malerischen Skigebiet Malbun: Niemand wurde verletzt, aber einige Stühle im Garten eines Restaurants hatten schon bessere Tage gesehen.

Fast acht Jahre lang blieb es dann ruhig an der Alpenfront, bis eines Nachts im August 1976, kurz vor Mitternacht, die Schweizer mit 75 Soldaten in Stahlhelmen und nicht weniger als 50 Pferden in den Weiler Iradug einmarschierten. Der Grund dafür scheint diesmal eine falsche Abzweigung an einer Kreuzung etwa eine Viertelmeile zuvor gewesen zu sein. Die Liechtensteiner boten den Eindringlingen Getränke an, aber die Truppen, vermutlich aus Angst vor den Reaktionen ihrer Vorgesetzten und des Schweizer Verteidigungsministeriums, zogen sich rasch zurück.

Und so ging es weiter. Im Dezember 1985 beschloss die Schweizer Armee, trotz eines heulenden Wintersturms eine weitere Trainingsübung mit Panzerabwehrraketen durchzuführen. Auch damals wurde niemand verletzt, aber nach einem kurzen Beschuss geriet ein Teil des liechtensteinischen Waldes in Brand, was zu erheblichen Schäden für die lokale Tierwelt, einem langwierigen diplomatischen Streit und, nachdem zunächst gemurrt wurde, dass möglicherweise fehlerhafte Geschosse und nicht die Inkompetenz der Schweizer schuld seien, zu einer Entschädigungszahlung führte. Im Oktober 1992 befahlen Offiziere einigen Kadetten, einen Beobachtungsposten in einem Gebiet namens Triesenberg zu errichten. Sie hatten offenbar vergessen, dass Triesenberg auf souveränem ausländischem Boden liegt und daher kein Ort ist, an dem man Beobachtungsposten errichten sollte.

Die größte Invasion – zumindest gemessen an der Zahl der Soldaten, wenn auch nicht an den diplomatischen Folgen – war jedoch die jüngste. Im März 2007 führte ein Kommandant, der (ja, schon wieder) bei schlechtem Wetter eine Übung abhielt, 171 Soldaten mehr als zwei Kilometer tief nach Liechtenstein, bevor er seinen Irrtum bemerkte und die Truppe zurückführte. Die Liechtensteiner erfuhren erst davon, als sich der Eindringling entschuldigte – und zeigten sich bemerkenswert gelassen. »Es ist ja nicht so, als wären sie mit Kampfhubschraubern einmarschiert«, bemerkte einer lakonisch. Nach meiner Zählung wären das nun zwei Luftangriffe und drei Landinvasionen.

Warum kommt es immer wieder zu solchen Zwischenfällen? Ein Grund liegt sicherlich darin, dass viele dieser Vorfälle im Rahmen von Trainingsübungen passieren. Die Schweiz unterhält eine Wehrpflichtarmee, was bedeutet, dass regelmäßig Teenager durch die Alpen marschieren, oft ohne genau zu wissen, was sie tun. So stoßen sie leicht auf den zweiten Faktor: die weitgehend offene Grenze zwischen der Schweiz und Liechtenstein, die sich über rund 40 Kilometer erstreckt. Fairerweise muss man sagen, dass man auf einem Großteil dieser Strecke relativ schnell merkt, dass man die Schweiz verlassen hat – etwa, wenn man die Berge hinter sich lässt oder in den Rhein fällt. Doch dank zahlreicher Brücken und mehreren Kilometern ohne markante geografische Hinweise gibt es immer noch reichlich Gelegenheit für ambitionierte Schweizer Armee-Kadetten, versehentlich ins Nachbarland einzudringen.

Mein natürlicher literarischer Instinkt wäre es, diesen Absatz mit etwas wie »Man könnte meinen, dies sei ein Einzelfall …« zu beginnen. Aber nachdem Sie bis hierher gelesen haben, denken Sie natürlich nichts dergleichen. Sie vermuten, dass es wahrscheinlich noch viel mehr Beispiele für solche Pannen in den internationalen Beziehungen gibt, und Sie haben recht.

Einige davon ähneln dem oben beschriebenen Konflikt mit der Schweizer Armee: Ein im Grunde freundlich gesinntes Land betritt versehentlich die falsche Seite einer Grenze, es gibt einige peinliche Entschuldigungen, aber es ist nichts passiert. Im Jahr 2002 beispielsweise drang Großbritannien versehentlich in das Gebiet eines engen europäischen Verbündeten ein, als eine Truppe von 30 Royal Marines (ja, wirklich) während einer Übung den Strand der spanischen Stadt La Linea stürmte. Sie hatten ihn mit dem zwar umstrittenen, aber dennoch britischen Territorium Gibraltar verwechselt. Dies sorgte zumindest für einige Verwunderung unter den Einheimischen, die gegenüber dem *Guardian* bemerkten, dass das echte Gibraltar »leicht zu erkennen sei, da es einen 1,398 Fuß (426 Meter) hohen Felsen habe, der aus der Stadt herausragt«. Trotz der Tatsache, dass Spanien seit nunmehr drei Jahrhunderten versucht, die Briten dazu zu bewegen, diesen Felsen zurückzugeben, sind Großbritannien und Spanien im Grunde genommen befreundet, und der Vorfall hatte keine weiteren Folgen.

Andere Vorfälle dieser Art wurden mit deutlich weniger Humor aufgenommen. Eine interne Untersuchung, die ergab, dass die australische Marine die unangenehme Angewohnheit hatte, versehentlich in indonesische Hoheitsgewässer einzudringen, wurde in Indonesien genau so aufgenommen, wie man es von einem Bericht erwarten würde, der bekannt gibt, dass ein ausländisches Militär immer wieder in das eigene Hoheitsgebiet eindringt. (Mit dem Hinweis, dass moderne Marineschiffe mittlerweile ziemlich gut darin sind, ihre Position genau zu bestimmen, schnaufte ein Sprecher der indonesischen Regierung: »Es gibt wirklich keinen Anlass zu behaupten, dass das, was passiert ist, unbeabsichtigt oder eine Form von Unwissenheit war.«)

Dann gab es 2017 einen Fall, in dem heftige Regenfälle dazu führten, dass ein südamerikanischer Fluss leicht seinen Verlauf änderte, was zur Folge hatte, dass venezolanische Truppen bei Routinepatrouillen versehentlich eine festgelegte internationale Grenze überschritten und ihr Lager auf einer kolumbianischen Bananenplantage aufschlugen. Dies führte zu einem Wortgefecht über »Unwahrheiten« und »Verschwörungen«, zu einer kleinen Auseinandersetzung darüber, ob die Grenze durch den Fluss (der sich verschieben kann) oder durch seinen historischen Verlauf (der unveränderlich ist) definiert ist, und vermutlich zu großer Sorge seitens der Bananenbauern.

Und dann gab es noch den Vorfall, als zwei Beamte der Polizei von Nordirland – einem Arm des britischen Staates – einige Dutzend Meter über die Grenze in die Republik Irland wanderten, einen Kontrollpunkt errichteten und begannen, Autos auf fremdem Boden anzuhalten. Das war 2010, mehr als ein Jahrzehnt nachdem das Karfreitagsabkommen die Beziehungen an dieser äußerst konfliktreichen Grenze geregelt hatte – unter anderem durch die Festlegung, dass es dort keine Kontrollpunkte mehr geben sollte –, sodass es nicht zu dem Chaos kam, das man in früheren Zeiten befürchtet hätte. Allerdings gab es den Politikern der Sinn Féin auf beiden Seiten der Grenze einen Vorwand, sich über den überheblichen britischen Staat zu beschweren.

Es scheint zufälligerweise alarmierend häufig vorzukommen, dass man kurzerhand ins Nachbarland hinüberschlendert und dort zu bauen beginnt. Erinnern Sie sich an den Grenzstreit zwischen Quebec und Vermont, als sich herausstellte, dass der 45. Breitengrad nicht dort verlief, wo alle ihn vermutet hatten? Nun, 1816, als der Krieg von 1812 und der Brand des Weißen Hauses noch frisch in Erinnerung waren, begann das amerikanische Militär mit dem Bau einer gewaltigen Verteidigungsanlage – versehentlich auf britisch-kanadischem Boden. Als der Irrtum auffiel, wurden die Arbeiten eingestellt. Das sogenannte »Fort Blunder« wurde schließlich vollendet, nachdem sich die Parteien 1842 darauf geeinigt hatten, die Grenze zu verlegen – auch wenn die furchteinflößende Gefahr einer anglo-kanadischen Invasion zu diesem Zeitpunkt längst verflogen war.

China versuchte 2017 einen ähnlichen Trick und entsandte sein Militär, um mit dem Bau einer Straße auf Land zu beginnen, von dem die Herrscher des winzigen Himalaya-Königreichs Bhutan recht sicher waren, dass es ihnen gehörte. Die Tatsache, dass es einer Konfrontation nicht nur mit Bhutan, sondern auch mit indischen Truppen bedurfte, um diese Angelegenheit zu klären, lässt vermuten, dass es sich zumindest möglicherweise gar nicht um eine zufällige Invasion handelte.

Übrigens kam es bei der daraus resultierenden Konfrontation zwischen chinesischen und indischen Truppen zu »Rempeleien«: Die Soldaten stießen buchstäblich mit den Brustkörben aneinander, um sich gegenseitig zurückzudrängen. Die Vorstellung, dass Soldaten aus den beiden größten Ländern der Welt sich auf eine Weise gegenüberstehen, die eher aus Naturdokumentationen als aus der modernen Kriegsführung bekannt ist, erscheint amüsant, bis man sich vor Augen führt, dass

- die Entscheidung, keine der beiden Grenztruppen zu bewaffnen, ganz bewusst getroffen wurde, weil
- Grenzzwischenfälle mit Schusswaffen die unangenehme Eigenschaft haben, zu eskalieren, und
- eine Eskalation etwas ist, das man unbedingt vermeiden sollte, wenn die beteiligten Mächte sowohl a) mächtig sind als auch b) über Atomwaffen verfügen.

An diesem Punkt erscheint das ganze »Anrempeln« nicht mehr ganz so lustig. Die Liechtensteiner müssen dankbar sein, dass die Schweizer bisher keine Atombombe haben.

COSTA RICA, NICARAGUA UND DER »GOOGLE-MAPS-KRIEG«

Eine Invasion, die wohl kein Zufall war – aber möglicherweise auch keine wirkliche Invasion

Kurioserweise war die berüchtigtste versehentliche Invasion aller Zeiten vielleicht gar kein Versehen. Der Vorfall, bei dem Nicaragua in einen abgelegenen Winkel Costa Ricas einmarschierte und die beiden mittelamerikanischen Kleinstaaten an den Rand eines Krieges brachte, wurde von einem Großteil der Weltpresse als »Google-Maps-Krieg« bezeichnet. Das war äußerst unfair, denn es ist durchaus möglich, dass Google Maps sehr wenig damit zu tun hatte.

Im Oktober 2010 entsandte die nicaraguanische Regierung 50 Soldaten in einen abgelegenen Winkel ihres Landes nahe der Grenze zu Costa Rica und der Atlantikküste, um einen 33 Kilometer langen Abschnitt des Rio San Juan auszubaggern. Im Normalfall wäre dies kein Grund für eine Invasion gewesen, hätte es nicht eine Debatte darüber gegeben, ob es sich tatsächlich um einen einsamen Winkel Nicaraguas handelte. Die Costa Ricaner behaupteten, das Gebiet gehöre ihnen und die Nicaraguaner würden es besetzen. Die Nicaraguaner waren – wenig überraschend – anderer Meinung und entgegneten, dass eigentlich die Costa Ricaner in ihr Hoheitsgebiet eingedrungen seien. »Wir können nicht in unser eigenes Hoheitsgebiet einmarschieren«, erklärte Vizepräsident Jaime Morales Carazo; das war zwar richtig, ging aber irgendwie am Thema vorbei.

Costa Rica ließ sich davon nicht beeindrucken, schickte 70 Polizisten – das Land hat keine Armee, offenbar um Militärputsche zu vermeiden – und wandte sich an die Organisation Amerikanischer Staaten (OAS), um eine Lösung zu finden. »Dies ist kein Grenzproblem«, sagte die costa-ricanische Präsidentin Laura Chinchilla. »Es ist die Invasion einer Nation in eine andere.«

Eine Mehrheit der 35 Mitglieder der OAS stimmte für eine Resolution, in der die beiden Nachbarstaaten aufgefordert wurden, sich bis Ende November zu treffen und von der Entsendung von Streitkräften abzusehen. Angesichts der geografischen und zeitlichen Distanz klingt dies durchaus vernünftig – Missgeschicke passieren nun mal, wie wir alle wissen, und bewaffnete Truppen ins Spiel zu bringen ist selten ein Rezept für Glück. Die OAS schien ihre Rolle als lokaler Vermittler hervorragend zu erfüllen.

Leider war einer, der dies nicht für vernünftig hielt, der nicaraguanische Präsident Daniel Ortega. Er warf der Organisation vor, »die Möglichkeit eines Dialogs vollständig zerstört« zu haben – eine beachtliche Anschuldigung, da diese lediglich zu Gesprächen aufgerufen hatte. Ortega weigerte sich, seine Truppen abzuziehen, ignorierte die Resolution der OAS mit der Begründung, er erkenne deren Zuständigkeit nicht an, und kündigte schließlich in bester »Mein Papa ist stärker als deiner«-Manier an, vor dem Internationalen Gerichtshof[95] Klage zu erheben.

Der Streit dauerte noch mehrere Jahre und hatte, ehrlich gesagt, ebenso viele Wendungen wie der sich ständig windende Fluss, auf dem die Nicaraguaner das Recht zur Schifffahrt einforderten, aber letztlich änderte sich nur sehr wenig. Glücklicherweise kam es nicht zum Krieg, aber schließlich entschied der IGH, dass das umstrittene Gebiet, das Costa Rica effektiv verwaltet

---

95 Ortega beschuldigte daraufhin fünf seiner Nachbarn, darunter Mexiko, Kolumbien und Honduras, von ihrer Haltung zum Drogenhandel in der Region beeinflusst worden zu sein. Im Dezember desselben Jahres berichtete die spanische Zeitung *El País* über von Wikileaks veröffentlichte Depeschen, aus denen hervorging, dass Ortega und seine Partei Wahlkampfspenden von Drogenhändlern erhalten hatten, im Gegenzug für die Freilassung von Gefangenen. Dies lässt vermuten, dass ihre Haltung zum Drogenhandel in dieser Geschichte durchaus Einfluss auf *jemanden* hatte.

hatte, tatsächlich zu Costa Rica gehörte. Als Entschädigung wurde Nicaragua zur Zahlung einer Geldstrafe in Höhe von 378 890,59 Dollar verurteilt. Diese seltsam genaue Geldstrafe ist überraschend gering, wodurch untermauert wird, dass diese Geschichte nicht wirklich von großer Bedeutung ist.

Der einzige Grund, warum dies so viel Aufmerksamkeit erregte, war die Erklärung, die Edén Pastora, der nicaraguanische Befehlshaber vor Ort, für sein Vorgehen abgab. Er sagte, er habe anhand der internationalen Grenze, die auf einer bestimmten beliebten Online-Kartenanwendung angezeigt wurde, entschieden, wo seine Männer baggern sollten. Das war alles, was die Leute hören wollten. »Fehler auf Google-Karte von Nicaragua droht zu regionalem Konflikt zu eskalieren«, titelte der *Guardian*. »Ein peinlicher Fehler auf Google Maps wird für die versehentliche Invasion Costa Ricas durch Nicaragua verantwortlich gemacht«, berichtete *Wired*.

Die Schlagzeilen waren mitnichten falsch – die beschriebenen Ereignisse hatten tatsächlich stattgefunden, und Google selbst räumte den Fehler ein, wobei das Unternehmen wenig beschönigend anmerkte, es sei völlig abwegig, dass ein souveräner Staat sich bei der Festlegung seiner Grenzen auf seine Daten verlasse. Doch das war nur ein Teil der Geschichte. Es war nicht einmal das vollständige Zitat von Pastora: Er verwies außerdem auf einen Grenzvertrag von 1858, auf ein Schiedsverfahren unter US-Präsident Grover Cleveland rund 30 Jahre später sowie auf eine weitere Klarstellung, die neun Jahre danach erfolgte. Was tatsächlich passiert war, argumentierte Frank Jacobs in seiner Kolumne »Borderlines« in der *New York Times*, war, dass die Ungenauigkeit von Google Maps »einen langjährigen Grenzstreit wieder angefacht hatte, der mit ein paar Fehlkalkulationen zu einem echten Krieg hätte führen können«.

Dieser Streit reicht bis ins frühe 19. Jahrhundert zurück – lange vor Google und sogar lange vor jener großen Zahl, die namensgebend für das Unternehmen ist.[96] Nachdem die Region ihre Unabhängigkeit erlangt hatte – zunächst 1821 von Spanien und dann 1823 erneut vom kurzlebigen Ersten Mexikanischen Kaiserreich –, wurden Nicaragua und Costa Rica zu Provinzen der Föderativen Republik Zentralamerika. Die Gründung neuer

96 Das Googol, die Zahl, die als 1 mit 100 Nullen geschrieben wird (also 10^{100}), wurde 1920 von einem neun Jahre alten Jungen erfunden und erschien erstmals 1940 in einem Buch.

Staaten bringt häufig territoriale Umwälzungen mit sich, und so stimmten Mitte der 1820er-Jahre drei nicaraguanische Grenzstädte dafür, sich dem südlichen Nachbarn Costa Rica anzuschließen – und nahmen dabei gleich 11 000 Quadratmeilen (circa 28 490 Quadratkilometer) Land mit.

Das Problem war, dass es keine formale rechtliche Definition dafür gab, wo diese Städte endeten. Zwei Jahrzehnte später waren Costa Rica und Nicaragua nicht mehr benachbarte Provinzen eines einzigen Staates, sondern souveräne Staaten. Plötzlich war es sehr wohl von Bedeutung, wo der eine endete und der andere begann. Es wurden wiederholt Verträge ausgearbeitet, um das Problem zu lösen, aber keiner wurde von beiden Parteien ratifiziert, und es dauerte Jahrzehnte, bis endlich eine Grenze vereinbart wurde. Selbst als dies im Vertrag von Cañas-Jerez von 1858 gelang, blieben die Spannungen bestehen, und es waren wiederholt internationale Schiedsverfahren erforderlich.

Komplizierend kam hinzu, dass ein Teil der Grenze zwar offiziell am rechten Ufer des Rio San Juan verläuft und somit faktisch Nicaragua zugesprochen ist, Costa Rica jedoch das Recht besitzt, den Fluss zu befahren. Das wirkt wie einer jener chaotischen Kompromisse, bei denen am Ende alle Seiten etwas unzufrieden sind. Hinzu kommt, dass der Fluss die lästige Angewohnheit hat, seinen Lauf zu ändern und sich allmählich nach Norden zu verlagern.

Wo verläuft nun die »richtige« Grenze? Entlang des heutigen Flusslaufs – was die Costa Ricaner natürlich bevorzugen, da dadurch ein Teil des nicaraguanischen Territoriums zu Costa Rica geworden ist? Oder entlang des Flusslaufs, wie er im 19. Jahrhundert verlief – was die Nicaraguaner verständlicherweise bevorzugen würden? Google stützte sich auf Daten des US-Außenministeriums und entschied sich für die zweite Variante. Das wiederum lieferte der Regierung von Präsident Ortega den willkommenen Vorwand, Pastoras Leute loszuschicken, um einen versandeten Kanal auszubaggern – in der Hoffnung, die Realität vor Ort nachträglich zu verändern. Und genau an diesem Punkt kommen wir ins Spiel.[97]

---

97 Im Jahr 1982 entwickelte der High Court of Australia im Fall Hazlett vs. Presnell eine hilfreiche Regel dafür, wie mit Flussgrenzen umzugehen ist, wenn sich der Verlauf eines Flusses ändert. Erfolgt die Veränderung im Rahmen eines sanften, allmählichen Prozesses (»allmähliche

Mit anderen Worten: Das Problem war nicht, dass Google eine allgemein anerkannte Grenze falsch dargestellt hatte, sondern dass die Grenze überhaupt nicht allgemein anerkannt war. Google hatte zwar einen Fehler gemacht, aber es hatte nicht einfach nur die falsche Grenze angezeigt, obwohl die richtige direkt daneben lag. Es gab keine richtige Antwort. Googles Fehler war, Gewissheit zu suggerieren, wo keine existierte.

Warum also wurde der Tech-Gigant verantwortlich gemacht? Ein Grund liegt schlicht darin, dass seine Karten – wie Google selbst einräumte – in diesem Fall falsch waren. Ein weiterer dürfte darin bestehen, dass die Schlagzeile »Google Maps löst Grenzstreit aus« im Internetzeitalter deutlich mehr Aufmerksamkeit erregt als »Zwei kleine Nationen, die Ihnen vermutlich egal sind, streiten sich seit Jahrhunderten um ein bisschen Sand«.

Hinzu kommt, dass Google Maps und seine Konkurrenten derzeit tatsächlich an vorderster Front stehen, wenn es um Grenzstreitigkeiten geht.

---

und kaum wahrnehmbare Erosion und Anlandung«), so folgt die Grenze weiterhin dem neuen Flusslauf. Tritt die Veränderung jedoch plötzlich als sogenannte »Avulsion« ein – ein Begriff, der ursprünglich »Bruch« bedeutet und meist im Zusammenhang mit Knochen verwendet wird –, dann bleibt die Grenze eher am ursprünglichen Verlauf bestehen. Das erscheint mir als eine ausgezeichnete Regel, von der politische Autoritäten weltweit profitieren könnten – schade nur, dass der High Court of Australia außerhalb Australiens keine Zuständigkeit besitzt.

DAS DILEMMA DES KARTOGRAFEN

Einige Anmerkungen zu den Herausforderungen für Online-Kartografen

Ende Februar 2014 marschierte Russland in die ukrainische Oblast Krim ein. Einige Wochen später gab es bekannt, dass das Gebiet nun eine »autonome Republik der Russischen Föderation« sei. Zum Zeitpunkt der Abfassung dieses Kapitels ist die Fortsetzung dieses Einmarsches, das heißt die umfassende Invasion in der Ukraine Anfang 2022, noch nicht abgeschlossen, und ein Großteil des kleineren Landes wird immer noch euphemistisch als »umstrittenes Gebiet« bezeichnet, sodass ich nicht zu viele Vermutungen darüber anstellen möchte, wie seine Grenzen oder überhaupt irgendetwas anderes aussehen wird, wenn dieses Buch erscheint.[98] Wenden wir uns stattdessen den Problemen zu, die solche umstrittenen Gebiete für die Online-Kartografen der Welt aufwerfen.

Nach der ersten Invasion im Jahr 2014 beobachtete Alex Hern, Technikjournalist für den *Guardian*, dass Google begonnen hatte, Nutzern je nach Standort eine deutlich unterschiedliche Darstellung der Region und ihrer Grenzen zu zeigen. Wer etwa die ukrainische Version der Website aufrief,

---

98 Eine gewisse Ausnahme bildet die stillschweigende Annahme, die jedem Buchprojekt zugrunde liegt: dass die Welt bis zum Erscheinungstermin nicht in einem nuklearen Inferno untergeht.

sah eine zart gepunktete Linie zwischen der Halbinsel Krim und der unmittelbar nördlich gelegenen Oblast Cherson – ein Hinweis darauf, dass es sich um eine Verwaltungsgrenze innerhalb eines einheitlichen Staatsgebiets handelte. Nutzer der russischen Version derselben Website sahen hingegen eine durchgezogene Linie – also eine internationale Grenze statt einer innerstaatlichen. Das vermittelte den Eindruck, die Krim gehöre nicht mehr zur Ukraine. Und der Rest von uns? Wir bekamen eine Zwischenlösung präsentiert: keine gepunktete, sondern eine gestrichelte Linie. Für die Bewohner der übrigen rund 192 Länder – und womöglich sogar für die direkt Beteiligten – räumte Google damit ein, dass es sich um eine umstrittene Grenze handelt.

Was war hier los? Ein verständlicher, wenn auch schwammiger Wunsch, sich bei den lokalen Nutzern einzuschleimen? Feigheit des Unternehmens angesichts der russischen Aggression? Nun, da der Kapitalismus so ist, wie er ist, wahrscheinlich beides. Aber es könnte auch noch etwas anderes dahinterstecken. Im Jahr 2014 unterhielt Google sowohl in Russland als auch in der Ukraine Büros (letzteres scheint inzwischen geschlossen zu sein), was bedeutete, dass die Mitarbeiter vor Ort ihre eigenen Ansichten über die »richtige« Grenze haben und mit rechtlichen oder politischen Konsequenzen konfrontiert werden könnten, die die Chefs des Unternehmens im sicheren Silicon Valley nicht hätten. Was sollte ein multinationales Unternehmen angesichts dieser Sorgfaltspflicht denn sonst tun? Es ging nicht nur darum, die Ansichten eines Staates über seine eigene Grenze zu berücksichtigen, sondern auch darum, lokalen Feinheiten Rechnung zu tragen: Wer dies nicht tat, riskierte, gegen örtlich herrschende Gesetze zu verstoßen, seine Geschäfte zu gefährden und sogar seine Mitarbeiter in Gefahr zu bringen.

Diese Situation ist nicht einzigartig: Russland ist kaum das einzige Land, das seine Grenzen und seine Sicht auf die Welt sehr ernst nimmt. Im Jahr 2016 entwarf die indische Regierung ein Gesetz, das Geldstrafen von bis zu 1 Milliarde Rupien (etwa 11 Millionen Euro) für jeden vorsah, der »falsche oder unzutreffende topografische Informationen« über die umstrittenen Grenzen des Landes mit Pakistan und China veröffentlicht. Das Gesetz wurde nie verabschiedet, aber die indische Version von Google Maps zeigt den indischen Nutzern trotzdem die von der Regierung genehmigte Version der Landesgrenzen an. Das ist vielleicht nicht überraschend. Zwei Jahre zuvor hatte der oberste Geograf des Tech-Giganten, Ed Parsons, dem *Independent* gesagt: »Sie könnten unsere Mitarbeiter in Indien einsperren.«

Auch wenn dieses Problem nicht auf eine bestimmte Region beschränkt ist, ist es doch typisch für eine bestimmte Epoche: den ersten Moment der Geschichte, in dem alle auf dieselben Karten schauen und erwarten, darin ihre eigene Weltsicht bestätigt zu sehen. Früher hingegen waren Karten eher lokale Produkte, die an bestimmten Orten für bestimmte Märkte erstellt wurden. Da Karten eine zentrale Rolle für Staatsbildung und Kolonialismus spielten und die dafür nötige Forschung teuer und ressourcenintensiv war, blieb die Kartografie in der Regel den Regierungen vorbehalten. Die älteste nationale Vermessungsbehörde der Welt, das britische Ordnance Survey, wurde 1747 als Teil des Militärs gegründet und kartierte das schottische Hochland, um sich auf mögliche Aufstände vorzubereiten. Sogar im 20. Jahrhundert, als die Rolle des privaten Sektors zunahm, bestand die hohe Wahrscheinlichkeit, dass man auf eine Karte stieß, die in einem bestimmten Land angefertigt wurde und auf einen bestimmten Markt ausgerichtet war. Wenn man einen Atlas betrachtete, wusste man, ob man eine amerikanische oder eine deutsche Weltansicht vor sich hatte.

Seit den 2000er-Jahren hat sich das grundlegend verändert. Heute stützt sich die Welt größtenteils auf Online-Karten, die von Tech-Giganten erstellt werden. Schon eine kleine Änderung im Code kann den Verkehr auf eine bestimmte Straße lenken oder bevorzugte Geschäfte, Bars und Cafés fördern, während ihre Konkurrenten ins Hintertreffen geraten. Wie so vieles im modernen Zeitalter verleiht die Dominanz in der Kartografie diesen Unternehmen – allen voran Google, das den Markt beherrscht, und in kleinerem Maßstab auch Apple – eine Machtfülle, die früher unvorstellbar gewesen wäre.

Doch genau darin liegt auch das Dilemma: Es existiert kein globaler Konsens darüber, wie die Weltkarte tatsächlich aussehen sollte. Menschen auf der einen Seite des Meeres, das den Iran von Saudi-Arabien trennt, sprechen vom Persischen Golf; auf der anderen Seite nennt man dasselbe Gewässer den Arabischen Golf. In Marokko blickt man auf eine Region, die international meist als »Westsahara« bezeichnet wird, und sieht darin einen weiteren, dünn besiedelten Teil des eigenen Landes – während viele der dort lebenden Menschen darin die Demokratische Arabische Republik Sahara erkennen. In diesen und unzähligen anderen Fällen stehen sich nicht objektive Tatsachen, sondern gegensätzliche Narrative gegenüber. Und doch gibt es nach wie vor Regierungen, die bereit sind, rechtlichen oder wirtschaftlichen Druck auf Unternehmen auszuüben, wenn diese sich für die »falsche« Darstellung entscheiden. »Vielleicht naiv«, sagte Parsons 2014 gegenüber dem *Independent*, habe Google gehofft, »eine einzige Weltkarte anbieten zu können, die von allen genutzt wird – aber in manchen Ländern sind wir gesetzlich verpflichtet, bestimmte Grenzverläufe in bestimmter Weise darzustellen.« Im selben Interview wurde angedeutet, dass das für Grenzkonflikte zuständige Google-Maps-Team sogar eine direkte Hotline zur UNO unterhält.

Das Aufkommen von Online-Karten hat unsere Erwartungen an Karten auf eine andere Art und Weise verändert und auch Probleme für diejenigen geschaffen, die sie erstellen. Früher hatte die Kartografie etwas leicht Verstaubtes an sich. Atlanten wurden in schweren, ledergebundenen Bänden geliefert, die höchstens einmal im Jahr aktualisiert wurden; vor der Veröffentlichung blieb Zeit, damit die Verwirrung einem Konsens weichen konnte, und wer eine Karte betrachtete, war sich in jedem Fall dessen bewusst, dass er ein Bild der Welt betrachtete, das aus der Vergangenheit stammte.

Heute werden die Codes von Google Maps oder Apple Maps laufend aktualisiert, und Änderungen können jederzeit vorgenommen werden.[99] Diese Karten gelten weiterhin als offiziell und verbindlich – doch inzwischen erwarten wir, dass sie die Welt so abbilden, wie sie im Moment ist, nicht wie vor zwei oder drei Jahren. Das Veröffentlichungsdatum ist immer: jetzt. Dadurch steigt der Druck auf die Entwickler digitaler Karten, selbst in Situationen »das Richtige« darzustellen, in denen noch gar nicht eindeutig feststeht, was das eigentlich ist. Wenn sich eine Grenze plötzlich verändert – wie es 2014 im Fall der Krim der Anschein war –, stehen Unternehmen wie Google vor einer heiklen Entscheidung: Entweder sie passen die Karte an die Gegebenheiten vor Ort an und laufen Gefahr, damit politische Entwicklungen zu legitimieren, die moralisch höchst fragwürdig sind.

99 Wahrscheinlich gilt dasselbe auch für Microsofts Bing Maps – allerdings bin ich nicht sicher, ob sich überhaupt jemals jemand die Mühe gemacht hat, das herauszufinden.

Oder sie lassen die Karte unverändert und riskieren, eine Darstellung zu zeigen, die irreführend oder schlicht falsch ist. Gedruckte Karten boten zumindest eine Legende und einen Index – klare Stellen also, an denen man begleitende Hinweise zu aktuellen Konflikten unterbringen konnte. Digitale Karten hingegen, obwohl sie theoretisch unbegrenzt viele Informationen enthalten könnten, verzichten zugunsten eines minimalistischen Designs meist darauf. Vielleicht gibt es in solchen Fällen einfach keine wirklich überzeugenden Lösungen.[100]

Im Jahr 2022, als die Kriege um die Erweiterung der russischen Grenzen tobten, unternahm das in Moskau ansässige Technologieunternehmen Yandex den überraschenden Schritt, die nationalen Grenzen ganz aus seiner Karten-App zu entfernen. Sprecher behaupteten, dies sei keine politische Entscheidung. Aber niemand glaubte ihnen so recht. Denn wenn sich Grenzen verschieben können und das Zeigen der falschen Grenzen zu Gefängnis führen kann, will man sie dann überhaupt noch in seiner Karten-App sehen?

---

100 Oder vielleicht liefert die Demokratie selbst eine Lösung. Ende 2022 zeigte das offene, kollaborative Projekt OpenStreetMap – ähnlich wie Wikipedia aufgebaut – nationale Grenzen sowohl zwischen der Krim und der Ukraine als auch zwischen der Krim und Russland. Einige Adressen in der Region sind als Republik Krim oder Autonome Krim (beide in der Ukraine) aufgeführt, andere als Teil des südlichen Föderationskreises Russlands. Vermutlich ist dies das Ergebnis von Kriegen zwischen redaktionellen Entscheidern, aber es hat immerhin den Vorteil, deutlich zu machen, dass das Gebiet umstritten ist.

Teil 3

ANDERE ARTEN VON GRENZEN

Grenzen zwischen den Zeiten

Grenzen auf See

Grenzen in der Luft

EINE KURZE GESCHICHTE DES NULLMERIDIANS

Der Beginn der Zeit

Im Jahr 2021 führte das Meinungsforschungsinstitut YouGov eine Umfrage durch, um herauszufinden, wie berühmt die 45 Männer sind, die vor Joe Biden Präsident der Vereinigten Staaten waren. Chester Arthur belegte den 44. Platz. Amerikas 21. Präsident hatte das Amt nach der schockierenden Ermordung von James Garfield im September 1881 übernommen und es fast vier Jahre lang bis März 1885 inne. Gleichwohl war er im Jahr 2021 unbekannter als so undurchsichtige Persönlichkeiten wie Zachary Taylor, Benjamin Harrison und Millard Fillmore, die im viktorianischen Zeitalter lebten und wirkten. Der einzige Präsident, der noch *unbekannter* war, war Franklin Pierce. Wer war das? Ganz genau.

Das ist wirklich bedauerlich, denn Präsident Arthur hat die moderne Welt weit stärker – und im wahrsten Sinne des Wortes konkreter – geprägt als jeder andere dieser heute fast vergessenen Herren im Frack. Im Herbst 1884 lud seine Regierung Vertreter aller Nationen, die diplomatische Beziehungen zu den Vereinigten Staaten unterhielten, nach Washington ein, »um einen Meridian festzulegen, der als gemeinsamer Längengrad und Standard für die Zeitberechnung auf dem gesamten Globus herhalten soll«. Mit anderen Worten: Chester Arthur half bei der Definition des Nullmeridians und all dessen, was sich daraus ergibt. Hat Millard Fillmore das getan? Nein, hat er nicht.

Obwohl *der* Nullmeridian erst 1884 offiziell festgelegt wurde, existierte das Konzept *eines* Nullmeridians schon deutlich länger. Die Geschichte beginnt im 3. Jahrhundert v. Chr. in Ägypten – mit einem jener unglaublich vielseitigen Universalgelehrten, auf die sich die Antike offenbar spezialisiert hatte. Eratosthenes von Kyrene schaffte es in seinen rund 85 Lebensjahren nicht nur, als einer der bedeutendsten Dichter seiner Zeit zu gelten, sondern auch die Bibliothek von Alexandria zu leiten, die wissenschaftliche Disziplin der Chronologie zu begründen, mit der sich historische Ereignisse datieren ließen, ein Verfahren zur Bestimmung von Primzahlen zu entwickeln, den Sonnendurchmesser zu berechnen *und* die mathematischen Grundlagen der Musik zu erforschen. Das ist so, als würde der Hip-Hop-Künstler Kendrick Lamar zum Vizekanzler der Universität Oxford ernannt – nur um sich anschließend in den weltbekannten Physiker Brian Cox zu verwandeln. Vielleicht sogar in *beide* Brian Cox, also auch den schottischen Schauspieler, wenn man den Umfang seiner Leistungen bedenkt. Irgendwann grenzt das schlicht an Angeberei.

Was Eratosthenes für unsere Zwecke jedoch besonders interessant macht, ist, dass er im Wesentlichen auch die Wissenschaft der Geografie erfunden hat, indem er das System der Längen- und Breitengrade entwickelte. Dies ermöglichte eine genauere Kartierung und damit die Bestimmung der Lage entfernter Orte zueinander. Außerdem konnte er durch den Vergleich der Mittagsschatten an zwei Orten auf demselben Längengrad und einige clevere trigonometrische Berechnungen die Größe der Erde fast genau berechnen – eine Leistung, die umso beeindruckender erscheint, wenn man sich seine Karten der bekannten Welt ansieht und bedenkt, wie wenig er tatsächlich davon wusste. (Ehrlich gesagt hat Afrika *nicht* diese Form.)

Was diesen Ansatz so genial machte – ganz im Sinne von »Gut gemacht, Eratosthenes, du hast mal wieder die Welt verändert«[101] –, ist die Tatsache, dass die Form der Erde bewirkt, dass die beiden Hälften des Systems auf subtile Weise unterschiedlich funktionieren. Die Breitengrade verlaufen

---

101 Natürlich vereinfache ich hier stark. Zum einen scheinen die von Eratosthenes festgelegten Meridiane und Parallelen in auffälligem Maße zu schwanken, sodass sie durch bestimmte Orte verlaufen, die zwar ungefähr, aber eben nur ungefähr in Ost-West- oder Nord-Süd-Richtung zueinander liegen. Zum anderen ist ein großer Teil seines dreibändigen Werks Geografie verloren gegangen; das, was wir heute wissen, stammt aus Zitaten späterer Autoren. Doch wenn jemand für diese Grundlagen verantwortlich war, dann war es Eratosthenes.

tatsächlich parallel, während die Längengrade nur scheinbar parallel sind – folgt man ihnen weit genug, treffen sie sich an den Polen. Deshalb nennt man die Breitengrade »Parallelen«, während die Längengrade »Meridiane« heißen, abgeleitet vom lateinischen Wort für Mittag, weil die Sonne an allen Orten auf einem bestimmten Längengrad zum exakt gleichen Zeitpunkt ihren höchsten Stand erreicht.

Der Breitengrad hat zudem einen klaren Ausgangspunkt: den Äquator, die Mittellinie des Planeten, an der die Erde am breitesten ist. Alle anderen Breitengrade lassen sich in Bezug auf ihn definieren – ein Punkt liegt beispielsweise 30 Grad nördlich, weil der entsprechende Winkel 30 Grad nördlich des Äquators die Erdoberfläche schneidet. Für die Längengrade hingegen gibt es keine solche objektive Grundlage. Es existiert keine natürliche Linie, die die Erde in eine östliche und eine westliche Hemisphäre teilt, und damit auch keine eindeutige Möglichkeit, Positionen in Ost-West-Richtung zu messen.

Eratosthenes umging dieses Problem auf die gleiche Weise wie alle, die nach ihm kamen: Er wählte einfach einen für ihn günstigen Ort aus und bestimmte, dass der Nullmeridian, der Punkt, von dem aus alle anderen Ost-West-Positionen gemessen werden, dort liegt. Er wählte die Linie durch Alexandria, zum Teil, weil es damals eine der größten und wichtigsten Städte der Welt war, aber auch, seien wir ehrlich, weil er zufällig dort lebte. Einige Jahrhunderte später legte ein weiterer Alexandriner, Claudius Ptolemäus, *seinen* Nullmeridian entlang einer Linie fest, die durch die »Inseln der Seligen« verlief – das westlichste damals bekannte Land, wahrscheinlich waren es die Kanarischen Inseln. Dies geschah offenbar, um komplizierte Berechnungen mit negativen Zahlen zu vermeiden. Im Allgemeinen orientierten sich jedoch die meisten Geografen – ob Araber, Inder, Chinesen oder Japaner – an Eratosthenes' Ansatz und wählten einen Nullmeridian, der durch ihr eigenes Territorium verlief. So existierten unzählige Nullmeridiane: Der Globus war von ihnen regelrecht übersät.

Lange Zeit spielte das Fehlen eines internationalen Standards keine Rolle, da relativ wenige Schiffe in Regionen fuhren, die von anderen Völkern auf der Grundlage anderer Meridiane kartografiert worden waren. Selbst wenn sie es taten, war das nicht weiter tragisch. Die Breite konnte mit nichts anderem als der Mittagssonne, einigen komplexen, aber dennoch machbaren Berechnungen und einem Astrolabium (einer Art mechanischer Sternkarte) gemessen werden. Die Berechnung der Länge erforderte jedoch eine genaue Zeitmessung – und die meisten Menschen hatten während des größten Teils der Menschheitsgeschichte keinen Zugang zu einer solchen. Die Uneinigkeit darüber, wo ein Nullmeridian festgelegt werden sollte, stand auf der Liste der Probleme ziemlich weit unten.

Gegen Ende des 19. Jahrhunderts war das Problem der Zeitmessung weitgehend gelöst, und die Welt trat in ihre erste große Phase der Globalisierung ein. Immer mehr Seeleute überquerten die Ozeane, und zwar stets in der Hoffnung, nicht die Orientierung zu verlieren, auf Klippen zu stoßen oder zu kentern. Gleichzeitig rückten neue Technologien wie Eisenbahnen und Telegrafen entfernt liegende Orte enger zusammen und sorgten für einen wachsenden Bedarf an einer global einheitlichen Zeitmessung (darauf kommen wir später zurück). Beide Herausforderungen verlangten nach einer allgemein verständlichen Methode, um die Ost-West-Position eines Ortes anzugeben. Da also der Planet kein natürliches Äquivalent zum Äquator vorzuweisen hatte, das ihn klar in Ost und West unterteilte, musste der Mensch ein solches definieren.

Und so berief die internationale geografische Gemeinschaft ab den 1870er-Jahren mehrere Treffen ein, um, kurz gesagt, dieses Durcheinander zu beseitigen. Der Prozess erreichte seinen Höhepunkt im Oktober 1884, als 41 Delegierte aus 26 Ländern, die »in Diplomatie und Wissenschaft renommiert« waren, auf Einladung von Präsident Chester Arthur in Washington, D.C. zusammenkamen. Ihr Ziel war es, in den Worten ihres Vorsitzenden, einem amerikanischen Konteradmiral namens C. R. P. Rodgers, »ein neues Abkommen zwischen den Nationen zu schaffen, indem man sich auf einen geeigneten Meridian als gemeinsamen Nullpunkt für die Längengrade und als Zeitstandard für die gesamte Welt einigt. Glücklich werden wir sein«, fuhr er mit der Haltung eines Mannes fort, der fest davon ausgeht, dass seine Worte von der Nachwelt in Erinnerung behalten und fast anderthalb Jahrhunderte später in Büchern auftauchen werden, »wenn wir nationale Vorlieben und Neigungen beiseite lassen und nur das Gemeinwohl der Menschheit anstreben und für Wissenschaft und Handel einen für alle Länder akzeptablen Nullmeridian finden, der mit möglichst geringen Unannehmlichkeiten gesichert ist.«

Aus heutiger Perspektive wirkt dieses Vorhaben wie eine gewaltige Herausforderung. Im Jahr 1884 standen die europäischen Imperien kurz davor, sich im Wettlauf um Afrika das letzte noch unberührte Stück des Globus aufzuteilen. Nur wenige Jahre zuvor war die deutsche Armee in Paris einmarschiert, und die Spannungen, die schließlich zum Ersten Weltkrieg führen sollten, waren bereits spürbar. Es war kaum vorstellbar, Vertreter aller bedeutenden europäischen Mächte, der Vereinigten Staaten, Japans und mehrerer lateinamerikanischer Länder an einen Tisch zu bekommen. Sie zu einer Einigung zu bewegen, die so stark mit dem Nationalstolz verknüpft war wie die Festlegung eines völlig willkürlichen globalen Zentrums? Das musste nahezu unmöglich erscheinen.

Doch nicht nur gelang es ihnen, sich zu einigen – sie wählten sogar eine Linie, die durch die Hauptstadt eines der beteiligten Länder verlief. Und nicht etwa durch das Stadtzentrum, sondern durch einen Vorort: Greenwich, etwa 8 Kilometer südöstlich des Londoner Zentrums. Ein französischer Vorschlag, den Nullmeridian völlig neutral verlaufen zu lassen und keinen großen Kontinent zu durchqueren – was nahegelegt hätte, ihn im Atlantik zu verlegen, um die Alte Welt von der Neuen zu trennen –, fand nur die Unterstützung von zwei weiteren Ländern: Brasilien und San Domingo (der heutigen Dominikanischen Republik). Die überwältigende Mehrheit entschied sich jedoch für Greenwich.

Warum stellten sich Nationen von Venezuela bis zum Osmanischen Reich hinter eine Grenzlinie, die durch einen »schmuddeligen Londoner Vorort« verlief, wie eine amerikanische Zeitung unlängst geschrieben hatte? Der Grund dafür war, dass die Geolokalisierung in den 1880er-Jahren noch weitgehend ein Teilgebiet der Astronomie war: Um die Genauigkeit der erforderlichen Messungen zu gewährleisten, hatte sich die internationale Wissenschaftsgemeinschaft bereits darauf geeinigt, dass der neue Meridian »durch ein astronomisches Observatorium erster Ordnung verlaufen« sollte.

Damit reduzierte sich die Auswahl auf vier Kandidaten: Paris, Berlin, Washington und Greenwich. Letztlich setzte sich der unscheinbare Londoner Vorort vor allem deshalb durch, weil er bereits als internationaler Bezugspunkt etabliert war – sowohl im kurz vorher in den USA eingeführten Zeitzonensystem (dazu mehr im nächsten Kapitel) als auch in den Seekarten, die von fast drei Vierteln des globalen Handels genutzt wurden. Diese Verbreitung wiederum war eng mit der britischen Vormachtstellung zur See verbunden:

- Großbritannien verfügte nicht nur über die größte Marine der Weltgeschichte, sondern auch über ein führendes Observatorium, das präzise astronomische Daten lieferte,
- und Greenwich war bereits auf zahlreichen Karten als Nullmeridian vermerkt.

Mit anderen Worten: Es war ein klassischer Fall von Pfadabhängigkeit. Es wäre nicht ganz korrekt zu behaupten, dass Greenwich den Nullmeridian erhielt, nur weil das Britische Empire 1884 die mächtigste und furchteinflößendste Supermacht war, die die Welt je gesehen hatte – aber es wäre auch nicht ganz falsch, genau das zu sagen.

Nicht alle akzeptierten diese Entscheidung widerspruchslos. Paris hatte mit Saint-Cloud einen eigenen, zunehmend bedeutenden Vorort, in dem seit 1875 das Internationale Büro für Maß und Gewicht ansässig war. Die französische Delegation war derart verärgert über die Ablehnung ihres Pariser Nullmeridians, dass sie sich bis 1911 weigerte, die Greenwich Mean Time als Ausgangspunkt für den weltweiten Tag anzuerkennen. Selbst danach bestanden sie bis 1978 darauf, sie als »Pariser mittlere Zeit, verzögert um 9 Minuten und 21 Sekunden« zu bezeichnen. (Heute wird sie als »koordinierte Weltzeit« geführt.) Für den größten Teil der Welt ist jedoch seit 1884 das Observatorium in Greenwich die Grundlage sowohl für das künstliche Pendant zum Äquator, die Längengrade, als auch für die universelle Zeitmessung.[102]

---

102 Vielleicht erhält Chester Arthur für all das keinen Ruhm, weil die Konferenz ohnehin stattgefunden hätte, unabhängig davon, wer Präsident war. Möglicherweise liegt es daran, dass der Konsens, Greenwich als Nullmeridian festzulegen, schon vorher klar war. Oder es könnte daran liegen, dass die letztlich gewählte Grenze britischen Ursprungs war – eine Entscheidung, die US-Präsidenten normalerweise nicht treffen sollten. Aber Chester-Arthur-Fans, falls es solche überhaupt gibt, könnten vielleicht Trost darin finden, dass der 21. Präsident heute zumindest genauso bekannt ist wie Eratosthenes. Und ehrlich gesagt: Der mathematische Geniebegründer der Geografie hat den Ruhm definitiv mehr verdient.

Die Zeiten, in denen Greenwich ein schmuddeliger Vorort Londons war, sind längst vorbei. Heute ist es ein *hübscher* Vorort mit vielen Millionen-Pfund-Häusern. Dank verschiedener Museen und Märkte ist es zugleich eine Touristenattraktion – eine der Sehenswürdigkeiten ist das Observatorium, das auf einem Hügel im Greenwich Park steht und nach Norden über den Fluss blickt. Um den Meridian zu markieren, den es der Welt geschenkt hat, findet man einen Messingstreifen im Boden; die sozialen Medien des Museums ermuntern Besucher, ein Selfie mit einem Fuß auf jeder Seite zu machen und es mit #PrimeMeridian zu posten. Nachts markiert ein grüner Laserstrahl in Richtung Themse den Verlauf der berühmten Linie.

Nur: Das alles sind komplette Lügen. Der Nullmeridian ist dort überhaupt nicht zu finden, und wenn Sie ein Smartphone besitzen, können Sie das auch beweisen. Schauen Sie in Ihrer Karten-App nach, während Sie auf dem Messingstreifen direkt vor dem Observatorium stehen, und Sie werden feststellen, dass Sie sich bei 0,0015 Grad westlich befinden – also überhaupt nicht auf dem Nullmeridian, sondern etwa 102 Meter innerhalb der westlichen Hemisphäre. Um den *tatsächlichen* Nullmeridian, den 0. Längengrad, zu finden, müssen Sie sich etwas nach Osten bewegen. Es gibt keine Messingstreifen oder nächtliche Lichteffekte, die Ihnen anzeigen, wann Sie ihn erreicht haben. Das Nächstgelegene ist ein Mülleimer, der sich zur Entsorgung für Hundekot anbietet, den Sie zufällig bei sich haben.

Falls Sie sich fragen, wie es sein kann, dass gerade das Observatorium, das den Nullmeridian definiert hat, ihn an einer etwas falschen Stelle markiert hat, gibt es eine gute Nachricht: Das hat es ursprünglich nicht. Die schlechte Nachricht lautet jedoch: Er wurde später verschoben.

Der Nullmeridian wurde schließlich in Greenwich festgelegt, weil präzise Zeitmessung und Kartografie von der Beobachtung der Sterne abhingen – etwas, das nur ein erstklassiges Observatorium gewährleisten konnte. Indem man die Bewegung bestimmter »Uhr-Sterne« als Bezugspunkte verfolgte, ließ sich exakt berechnen, wie viel Zeit vergangen war. Doch für wirklich präzise Messungen musste man auch genau bestimmen, wo »oben« ist – eine Aufgabe, die sich als weitaus anspruchsvoller erwies, als man zunächst vermuten würde.

Die Astronomen in Greenwich berechneten dies, indem sie zunächst mithilfe eines Quecksilberbeckens eine exakt horizontale Ebene schufen;

von dieser aus konnten sie eine perfekt *vertikale* Ebene finden und ihre Instrumente entsprechend kalibrieren. Das Problem bestand darin, dass die Erde keine perfekte Kugel ist: Sie wölbt sich am Äquator, und durch Berge und Unebenheiten ist ihre Masse ungleich verteilt. Eine wirklich exakte vertikale Linie müsste durch den Erdmittelpunkt verlaufen – doch die mithilfe des Quecksilberbeckens berechnete Linie tat dies nicht. Das Ergebnis waren kleine Ungenauigkeiten in den Messungen, und das war ein Problem, da diese Messungen als Referenzpunkt für das gesamte globale Zeit- und geografische System dienten.

All dies ist seit den 1970er-Jahren klar, als Systeme wie das satellitengestützte Global Positioning System (GPS) erstmals Messungen lieferten, die nicht durch geringfügige Abweichungen der lokalen Schwerkraft verfälscht werden konnten. Vor die Wahl gestellt, entweder das gesamte globale Längengradsystem zu überarbeiten und damit die Messungen eines ganzen Jahrhunderts für ungültig zu erklären oder einfach den Meridian neu zu definieren, entschied sich die Wissenschaftsgemeinschaft weltweit für Letzteres. Der Greenwich-Meridian existiert noch immer als historisches Artefakt und als Messingstreifen im Boden, aber die Längengrade werden stattdessen vom IERS-Referenzmeridian aus gemessen – einer imaginären Linie, die anhand von Messungen eines Netzwerks aus Hunderten von Bodenstationen und Satelliten berechnet und von dem benannten Internationalen Dienst für Erdrotation und Referenzsysteme gepflegt wird.

Warum hat das Observatorium die neue Linie nicht markiert? Vermutlich zum Teil deshalb, weil es etwas peinlich gewesen wäre – und vielleicht auch nicht gerade förderlich für den Tourismus –, eine Linie zu ziehen, die offensichtlich nicht mehr durch die Gebäude der Sternwarte verläuft. Ein plausiblerer Grund ist jedoch, dass sich der Boden unter uns aufgrund der Plattentektonik tatsächlich ständig bewegt: Wie der Großteil Eurasiens verschiebt sich auch Greenwich jedes Jahr um mehrere Zentimeter in west-südwestlicher Richtung. Jede physische Markierung wäre daher schon nach wenigen Jahrzehnten überholt.[103]

---

103 Dr. Megan Barford, Kuratorin für Kartografie an den Royal Museums Greenwich, die so freundlich war, sich während der Arbeit an diesem Buch mit mir zu unterhalten, erzählte mir, dass ihr Vorschlag, im Observatorium ein »Mach-deinen-eigenen-Meridian«-Set zu verkaufen, ab-

Übrigens beruhen die von Satellitennavigationssystemen verwendeten Koordinaten auf sogenannten »geozentrischen Referenzrahmen«, die 1984 vom Internationalen Zeitbüro (BIH) eingeführt wurden. Der Grund, warum die Abkürzung für das BIH nicht ITB lautet, ist, dass sein offizieller Name »Bureau International de l'Heure« lautet und sein Name französisch ist, weil es seinen Sitz im Pariser Observatorium hat.

Die französischen Astronomen, die jahrzehntelang aus patriotischer Boshaftigkeit den Nullmeridian von Greenwich abgelehnt hatten, hatten letztlich doch recht.

---

gelehnt worden war. »Es gibt einen Grund, warum man mich nicht entscheiden lässt, was im Museumshop verkauft wird«, sagte sie.

EINIGE HINWEISE ZU ZEITZONEN

Das Überqueren von Zeitgrenzen

Es gibt viele Möglichkeiten, gegen einen repressiven Staat zu rebellieren. Man kann eine Regierung kritisieren, ihre Gesetze brechen und ihr Eigentum angreifen.

Oder man kann, wenn man zu den muslimischen Uiguren im Westen Chinas gehört, gegen die Regierung rebellieren, indem man seine Uhr auf die inoffizielle lokale Zeitzone stellt und nicht auf die von Peking amtlich genehmigte Zeit.

China erstreckt sich über 2000 Meilen (rund 3200 Kilometer) von Ost nach West, und das würde theoretisch fünf Zeitzonen erfordern. Im Jahr 1949 jedoch verfügte der Vorsitzende Mao, dass alle Menschen im Land ihre Uhren auf die Pekinger Zeit (UTC+8) umstellen sollten, um so die nationale Einheit zu fördern. Ein Ergebnis davon, dass ganz China die Zeitzone nutzt, die am besten zum historischen Kerngebiet im Osten passt, ist, dass die Sonne im äußersten Westen des Landes im tiefsten Winter erst gegen 10 Uhr morgens aufgeht. Ein weiteres bemerkenswertes Resultat ist: Während die Han-Chinesen in Xinjiang – einer Region, die übrigens dreimal so groß ist wie Frankreich – der Pekinger Zeit folgen, nutzen viele Uiguren und andere Minderheiten vor Ort die inoffizielle Xinjiang- oder Ürümqi-Zeit, die zwei Stunden zurückliegt (UTC+6).

Dies kann natürlich zu Verwirrung bei der Planung von Treffen zwischen verschiedenen Gemeinschaften führen, aber auch schwerwiegendere Probleme verursachen. Ein Bericht von Human Rights Watch aus dem Jahr 2018 hat viele Gründe dafür gefunden, warum Menschen aus Xinjiang in »Berufsbildungs- und Beschäftigungszentren«, also »Umerziehungslager« – Internierungslager – geschickt wurden, in denen vermutlich über eine Million Uiguren eingesperrt sind. Für manche war es das Tragen »unangemessener« Kleidung oder eines bestimmten Bartstils, für andere das Betreiben »islamischer« Restaurants, in denen Rauchen und Alkoholkonsum untersagt waren. Und bei einem Mann, so berichtete ein Interviewpartner, war es »schlicht der Umstand, dass er seine Uhr auf Ürümqi-Zeit gestellt hatte – das allein habe ihn verdächtig gemacht, ein Terrorist zu sein ... Sie glauben, viele Dinge können darauf hinweisen, dass jemand die falschen Gedanken hat.«

Fast alle in diesem Buch diskutierten Grenzlinien sind in gewisser Weise politischer Natur. Vielleicht war es naiv, zu erwarten, dass Zeitzonen anders sein könnten.

Ob auf Geschäfts- oder Urlaubsreise, die meisten von uns haben schon einmal die unsichtbare Grenze zwischen verschiedenen Zeitzonen überschritten. Einige Länder (Afghanistan, Nepal, die Marquesas-Inseln in Französisch-Polynesien) sind geografisch oder zeitlich so isoliert, dass man seine Uhr umstellen muss, wenn man dorthin reist. Andere (die USA, Kanada, Australien, Russland) sind so groß, dass selbst Inlandsreisen mehrere Zeitzonen umfassen können. Das Seltsame an China ist, dass es sich diesem Muster nicht beugen will: Sowohl die Sonne als auch die Logik würden eine Zeitumstellung nahelegen, doch die Behörden sehen das anders.

All dies ist ein modernes Phänomen. Bis vor relativ kurzer Zeit dauerte die Kommunikation zwischen Orten, die so weit voneinander entfernt waren, dass sie verschiedene Zeitzonen erforderten, so lange, dass es niemanden zu stören schien, dass sie unterschiedliche Vorstellungen von der Uhrzeit hatten. Darüber hinaus war Zeit während des größten Teils der Menschheitsgeschichte eine ziemlich ungenaue Angelegenheit. Es gab Sonnenuhren, die anzeigten, wie weit die Sonne auf ihrer täglichen Bahn über den Himmel gekommen war. Und es gab Wasseruhren, die Wasser mit einer bekannten Geschwindigkeit abgaben oder sammelten, sodass man erkennen konnte, wie viel Zeit seit einem bestimmten Zeitpunkt vergangen war. Aber solche Wunderwerke waren nicht überall verfügbar, und ihre Einschränkungen führten dazu, dass die Menschen in der Antike ein ganz anderes Zeitgefühl hatten als wir heute. Die Römer beispielsweise teilten jeden Tag in zwölf gleiche Stunden ein, unabhängig von seiner Länge. Die Stunden konnten daher im Winter nur 45 Minuten und im Sommer bis zu 75 Minuten dauern. Zumindest wäre das so gewesen, wenn der durchschnittliche Römer eine Vorstellung von »Minuten« gehabt hätte.[104]

Vor einigen Jahrhunderten begann sich dies jedoch zu ändern. Im 17. Jahrhundert kamen Pendeluhren auf, im 18. Jahrhundert immer genauere Chronometer, und die Zeit wurde zu etwas, das man überprüfen konnte. Selbst dann gab es noch so viele Zeitzonen wie menschliche Gemeinschaften, da jede Stadt oder jedes Dorf ihre eigene Ortszeit nach dem Stand der Sonne am Himmel einhielt. Doch das 19. Jahrhundert brachte zwei Erfindungen hervor, die die Welt sehr viel kleiner machten.

Die eine entscheidende Innovation war der elektrische Telegraf, der es ermöglichte, Nachrichten wesentlich schneller über weite Entfernungen zu senden, als Menschen selbst reisen konnten. Die andere war die Eisenbahn, deren Fahrpläne in einer Welt ohne Standardzeit schnell zum Albtraum wurden. Wer etwa mit dem Zug von New York City nach Buffalo reisen wollte – eine Strecke von fast 400 Meilen (rund 640 Kilometer) mit einem Zeitunterschied von etwa 20 Minuten –, musste genau wissen, ob sich die Fahrplanangaben auf die Zeit in New York, in Buffalo oder auf die jeweilige Ortszeit an den Zwischenstationen bezogen. In den Vereinigten Staaten, wo Hunderte von verschiedenen lokalen Zeitzonen galten, konnten Ihnen die Zugbegleiter diese Auskunft jedoch nicht unbedingt geben. Ein weiteres Problem bestand darin, dass es sehr schwierig war, die Dauer einer Zugfahrt zu berechnen, da die Fahrt von West nach Ost gemessen an der Ortszeit länger zu dauern schien als von Ost nach West. Am schlimmsten war jedoch die Verwirrung darüber, wann genau ein Expresszug vorbeifahren sollte, was zu Katastrophen führen konnte und gelegentlich auch vorkam.

Es überrascht daher nicht, dass es die Eisenbahnunternehmen waren, die sich für eine zeitliche Vereinheitlichung einsetzten. Im Jahr 1840 führte die britische Great Western Railway, die London mit dem 100 Meilen west-

---

104 Bitte fragen Sie mich nicht, was sie nachts gemacht haben; jedes Mal, wenn ich versuche, das herauszufinden, bekomme ich Nasenbluten.

lich gelegenen Hafen von Bristol verband, die »Eisenbahnzeit« ein – ein einheitliches Zeitmesssystem für ihr gesamtes Netz, das auf der vom Royal Observatory in Greenwich festgelegten Zeit basierte. Andere Eisenbahnunternehmen übernahmen es in den folgenden rund zwölf Jahren nach und nach, aber selbst dann (dieser Teil dürfte bekannt sein) zögerten Provinzstädte, eine von einer Stadt im äußersten Osten des Landes festgelegte Standardzeit zu akzeptieren. In den folgenden Jahrzehnten zeigten viele Städte auf ihren öffentlichen Uhren zwei Zeiten an, eine lokale und eine nationale.[105] Erst 1880 beschloss die britische Regierung per Gesetz, die Greenwich-Zeit offiziell zur Landeszeit zu machen.

Andere Länder folgten nach und nach. Frankreich führte 1891 eine einheitliche Landeszeit ein, Deutschland 1893. Italien war seiner Zeit voraus, da sich viele Städte bereits in den 1860er-Jahren an Rom orientierten. Die USA und Kanada waren natürlich viel zu groß für eine einzige Zeitzone, aber im Oktober 1883 einigten sich die Eisenbahngesellschaften der beiden Länder auf die »General Time Convention«, die Nordamerika in fünf Zeitzonen aufteilte, die im Allgemeinen die Namen, wenn auch nicht die Grenzen ihrer modernen Nachfolger haben.[106]

Ein Großteil des Verdienstes dafür gebührt einem in Schottland geborenen Einwanderer namens Sandford Fleming, der sich bis 1883 zum führenden Eisenbahningenieur Kanadas hochgearbeitet hatte. Fleming hatte einen Großteil der 1870er-Jahre als Chefingenieur der geplanten Canadian Pacific Railway verbracht, die sich heute von Vancouver bis Montreal quer über den Kontinent erstreckt. Das allein wäre schon eine beachtliche Leistung, aber er ist für etwas ganz anderes in Erinnerung geblieben: die Erfindung der modernen Uhr. Eines Tages, so erzählt man sich, verpasste er in Irland einen Zug, weil im Fahrplan fälschlicherweise die Uhrzeiten mit »pm« statt »am« angegeben waren. Sandford war darüber so verärgert, dass er die nächsten Jahre damit verbrachte, zuerst die 24-Stunden-Uhr

105 Das Exchange, ein Gebäude aus dem 18. Jahrhundert in Bristol, das Büros und Märkte beherbergt, besitzt noch immer eine Uhr aus dem 19. Jahrhundert mit zwei Minutenzeigern – einen für die Ortszeit und einen für die Londoner Zeit beziehungsweise die Eisenbahnzeit.

106 Es gibt eine Ausnahme: Die Atlantic Time, die Zeitzone für Ostkanada, die vier Stunden hinter der Greenwich-Zeit liegt, wurde damals Intercolonial Time genannt – benannt nach dem Betreiber der regionalen Eisenbahn.

und dann das Konzept der »universellen«/»kosmopolitischen«/»kosmischen« Zeit zu erfinden, wobei er sich bei der Bezeichnung immer wieder umentschied.

Ich habe meine Zweifel an dieser Geschichte, die so oft wiedergegeben wurde, dass viele Versionen einfach nur das nachkauen, was andere vorher geschrieben haben. Die meisten Berichte enthalten kaum Details darüber, wo dieser Zug fuhr oder wann Fleming ihn erwartet hatte; mehrere beziehen sich auf den Protagonisten als *Stamford* Fleming.[107] Er war gewiss nicht der Erste, der vorschlug, die Welt in 24 Zeitzonen mit einer Breite von jeweils 15 Längengraden zu unterteilen: Ein Mathematiker namens Quirico Filopanti aus Bologna skizzierte genau einen solchen Plan in dem wunderbar betitelten Buch *Miranda* im Jahr 1858 (was damals allerdings niemand mitzukriegen schien). Fest steht jedoch, dass Fleming seine eigenen Vorschläge 1876 in seinem faszinierenden Werk *Terrestrial Time* präsentierte – und anschließend jedem, der es hören wollte (oder auch nicht), damit unermüdlich auf die Nerven ging.[108]

Damit war er nur teilweise erfolgreich. Zwar konnte er die Delegierten der Internationalen Meridiankonferenz (IMC) vom Nutzen »der Einführung eines ›Weltzeit-Tages‹ für alle Zwecke, für die dies nützlich erscheint« überzeugen, und er wurde mit dem Titel »Vater der Standardzeit« sowie einem Google-Doodle an seinem 190. Geburtstag geehrt. Doch sein kartografisch elegantes, politisch aber unrealistisches Zeitzonensystem, das eine streng geografische Einteilung vorsah – ähnlich wie Abbé Sieyès einst Frankreich strukturierte –, stieß bei den Delegierten auf hartnäckigen Widerstand. Die Welt übernahm die Greenwich Mean Time als Referenzzeit, die später in den weniger umstrittenen Namen Coordinated Universal

---

107 Ich würde so etwas natürlich niemals tun, und jeder Satz dieses Buches basiert selbstverständlich auf eigener, unmittelbarer Recherche. Ähem.

108 Diese Vorschläge sahen übrigens vor, jeder Zeitzone einen Buchstaben von A bis Y zuzuordnen (das J wurde weggelassen, um Verwechslungen mit dem I zu vermeiden). Ein Überbleibsel dieses Schemas findet sich bis heute in der weitverbreiteten militärischen Nutzung des phonetischen Alphabets zur Bezeichnung von Zeitzonen: »Zulu Time« steht für UTC, Alpha bis Mike entsprechen UTC+1 bis UTC+12, und November bis Yankee stehen für UTC-1 bis UTC-12. »Mike Time« und »Yankee Time« bezeichnen somit dieselbe Uhrzeit – allerdings mit einem Tag Unterschied.

Time (UTC) überführt wurde.[109] Wie die einzelnen Nationen jedoch ihre Uhren einstellten, blieb weiterhin allein ihre Entscheidung.

Aus diesem Grund ist die heutige Welt nicht sauber in 24 Zeitzonen unterteilt. Dank der Gebiete, die sich für Zeitzonen entschieden haben, die nicht durch ganze Stunden von der UTC abweichen – Iran (+3 ½), Indien (+5 ½), Nepal (+5 ¾) und so weiter –, liegt die tatsächliche Zahl eher bei 37. Unterschiedliche Herangehensweisen an die Sommerzeit verkomplizieren die Sache noch mehr: Australien beispielsweise hat im Sommer fünf Zeitzonen, im Winter jedoch nur drei, da die südlichen Bundesstaaten auf Sommerzeit umstellen, die nördlichen jedoch nicht.

Zeitfragen sind zwar selten so politisch brisant wie in Xinjiang, bleiben aber dennoch zwangsläufig umstritten. In den vergangenen Jahren haben zahlreiche Länder darüber diskutiert, die Sommerzeit als unnötige Erschwernis, die zweimal im Jahr alle durcheinanderbringt, ganz abzuschaffen. Solche Ideen sind jedoch in der Regel daran gescheitert, dass diese Änderung sowohl Gewinner als auch Verlierer hervorbringen würde, wobei erstere – oft Landwirte – eher dazu neigen, die Stimme zu erheben. Dann gibt es noch Länder, die ihre Zeitzone nur geändert haben, um ein Zeichen zu setzen. Im Jahr 2007 stellte Hugo Chávez die Uhren in Venezuela um eine halbe Stunde zurück. Offiziell geschah dies, um den Kindern zu ermöglichen, bei Tageslicht zur Schule aufzustehen, doch die Maßnahme wurde weitgehend als ein Signal verstanden, dass das Land fortan einen eigenen Weg einschlagen würde. Im Jahr 2015 zog die stets liebenswürdige nordkoreanische Regierung nach und sorgte dafür, dass die guten Menschen in diesem glücklichen Reich nicht länger die Demütigung ertragen mussten, eine Zeitzone mit der kapitalistischen Republik im Süden zu teilen. Beide Änderungen wurden später wieder rückgängig gemacht; letztere dauerte weniger als drei Jahre.

Im Jahr 2019 unterbreiteten Steve Hanke und Dick Henry, zwei Wissenschaftler der Johns Hopkins University in Baltimore, einen Vorschlag zur Vereinfachung und Entpolitisierung der Zeitrechnung: die Abschaffung der Zeitzonen insgesamt. Wenn es in London 15 Uhr ist, wäre es auch in

109 Das Akronym ist ein Kompromiss zwischen dem englischen CUT und dem französischen TUC.

New York und Hongkong 15 Uhr. Dieser Plan würde nicht nur die Verwirrung darüber beenden, wann man den Anruf ins Büro in Chicago tätigen muss, sondern auch bedeuten, dass sich Menschen und Institutionen ganz natürlich nach der für ihren Standort besten Zeit richten würden, sodass sie schlafen und aufstehen, wenn die Sonne es ihnen sagt, und nicht, wenn eine weit entfernte Behörde es vorschreibt. Mit anderen Worten: Das würde mehr Flexibilität auf der Grundlage lokaler Bedürfnisse ermöglichen als das derzeitige System.

Dem gegenüber stünde allerdings, dass alle, die nicht auf einem ähnlichen Längengrad wie London leben, ihre grundlegende Vorstellung davon, was Begriffe wie »17 Uhr« bedeuten, völlig umstellen müssten – was eher unwahrscheinlich ist. Auch würde es das Reisen kaum erleichtern: Man würde weiterhin Zeitzonen durchqueren, müsste sich aber fortlaufend selbst daran erinnern und umrechnen, dass etwa 11 Uhr hier 19 Uhr dort bedeutet, anstatt dies einfach Uhren, Handys oder öffentlichen Anzeigen zu überlassen. Da UTC ohnehin bereits für jene verfügbar ist, die es benötigen (wie Fluggesellschaften oder Händler), ist fraglich, welchen Mehrwert es hätte, dieses System allen aufzuzwingen. Wie die Delegierten der Internationalen Meridiankonferenz erkannten – und wie die chinesischen Behörden heute vielleicht spüren –, wird Zeit immer auch eine lokale Dimension haben.

Was die Delegierten der IMC jedoch erreicht haben, war eine gewisse Einigung darüber, wo auf der Welt ein Tag enden und ein anderer beginnen sollte. Das bringt uns zu unserer nächsten Grenze.

EINE KURZE GESCHICHTE DER INTERNATIONALEN DATUMSGRENZE

Zwischen heute und morgen

Es war eine lange und anstrengende Reise gewesen. Die Flotte aus fünf Schiffen und rund 270 Mann hatte Andalusien im September 1519 verlassen. Unter dem Kommando des portugiesischen Entdeckers Ferdinand Magellan war die überwiegend spanische Besatzung auf der Suche nach einem westlichen Weg zu den Molukken, einer Inselgruppe Indonesiens, die für ihre exotischen Gewürze berühmt und die Eilande daher, wie geistreich, als »Gewürzinseln« bekannt waren. Die Flotte hatte den Atlantik überquert und war entlang der Ostküste Südamerikas gesegelt. Sie hatte eine geschützte Passage zwischen dem Festland dieses Kontinents und dem Archipel Feuerland im Süden entdeckt, die Magellan bescheiden *Estrecho de Todos los Santos* (»Straße aller Heiligen«) getauft hatte, die aber später zu seinen Ehren in Magellanstraße umbenannt wurde. Von dort aus überquerte die Flotte den Pazifik und erreichte die Philippinen, wo Magellan seinen christlichen Glauben predigte und die dort ansässigen Häuptlinge taufte. Als ein Stamm Widerstand leistete, griff er an, verlor jedoch sowohl die Schlacht als auch sein Leben.

So erreichte die dezimierte und erschöpfte Flotte schließlich im November 1521 die Molukken. Doch selbst danach mussten die Überlebenden noch viele lange Monate mit schlechtem Wetter und miserabler Verpflegung überstehen, bevor das letzte verbliebene Schiff der Expedition schließlich in eine Region zurückkehrte, die zumindest ansatzweise an Europa erinnerte.

Am Sonntag, dem 9. Juli 1522, erreichte die *Victoria* schließlich die portugiesische Kolonie Kap Verde. Die Lage war mittlerweile verzweifelt – allein in den letzten zwei Monaten waren etwa 20 Männer verhungert –, aber endlich waren sie an einem Ort, wo die Behörden christlich waren, wo man eine verständliche Sprache sprach und wo man sie verstehen würde.

Es muss also ein recht komisches Gefühl gewesen sein, als dieselben Behörden weiterhin darauf bestanden, dass das Datum tatsächlich Montag, der *10. Juli*, sei. Die Überlebenden hatten fast drei Jahre lang Sabotage, Hunger und Stürme ertragen müssen; sie hatten nicht nur überlebt, sondern auch drei Jahre lang täglich alles aufgezeichnet, was sie erlebt hatten. Und nun behaupteten diese portugiesischen Fremden, sie hätten einen Tag verloren? Halb verrückt vor Hunger, muss das sowohl beunruhigend als auch ärgerlich gewesen sein, als käme man von einer Reise zurück und alle Freunde glauben plötzlich, der Himmel sei grün.

Aber nein, sie hatten nicht insgesamt einen Tag verloren, und ihre Aufzeichnungen waren korrekt. Wenn man um die Welt nach Westen reist, verliert man pro 15 Längengrade eine Stunde. Umrundet man die Erde, verliert man einen ganzen Tag. Tut man dies über einen Zeitraum von beispielsweise drei Jahren, sind diese Auswirkungen nicht spürbar, man erlebt lediglich Tage, die unmerklich kürzer sind, als sie sein sollten, aber das Ergebnis ist, dass man an seinen Ausgangspunkt zurückkehrt und feststellt, dass der Kalender falsch ist. Man hat einen Tag weniger erlebt als diejenigen, die man zurückgelassen hat.

Für diese Diskrepanz brauchen wir ebenso wenig eine übernatürliche Erklärung wie für den Donner die Existenz von Thor; anders als die Besatzung der Magellan-Expedition sind wir in einer Welt aufgewachsen, in der der Zusammenhang zwischen Geografie und Zeit gut verstanden ist. Dieses verblüffende, aber völlig erklärbare Phänomen taucht überall auf – von schlechter viktorianischer Poesie über halbwegs gelungene Kurzgeschichten bis hin zur finalen Wendung eines klassischen Romans, dessen Titel ich hier nicht vorwegnehmen werde.[110]

Selbst als Magellan und seine Mannschaft in See stachen, war das sogenannte »Paradoxon des Weltumseglers« schon seit Jahrhunderten bekannt.

Bereits 1321 hatte der arabische Geograf Abu al-Fida sein Meisterwerk *Taqwim al-buldan* (wörtlich »Aufstellung der Länder«, allgemein übersetzt als »Beschreibung der Länder« oder »Geografie der Länder«) verfasst. Darin hatte er festgestellt, dass ein Reisender, der die Welt in westlicher Richtung umrundet, weil er sich in derselben Richtung wie die Sonne bewegt, einen Tag weniger zählt als jemand, der an Ort und Stelle bleibt; ebenso zählt ein Reisender, der in östlicher Richtung reist, einen Tag mehr.[111] Für den größten Teil der Menschheitsgeschichte war dies jedoch ein theoretisches Problem, eine intellektuelle Kuriosität. Erst im 16. Jahrhundert, mit dem Aufkommen regelmäßiger transozeanischer Reisen und interkontinentaler Imperien, begann man sich ernsthaft mit diesem Problem auseinanderzusetzen.

Auch danach kam die Menschheit noch über viele Jahrhunderte ohne ein System zur präzisen Kalenderanpassung aus – und im Grunde gibt es bis heute kein *offiziell* festgelegtes. Die meisten von uns sind es nicht gewohnt, Reisen zu unternehmen, bei denen sich das Datum ändert – mir wurde beim Schreiben dieses Satzes bewusst, dass ich das tatsächlich noch nie erlebt habe –, und diejenigen, die es tun, finden vermutlich problemlos ihren Weg damit. Auch die Verwirrung um das Datum auf den Kapverdischen Inseln war nicht das Hauptproblem der Überlebenden der Magellan-Expedition: Es war vielmehr die Tatsache, dass sie 90 Prozent ihrer Besatzung verloren hatten und nun von den Portugiesen verhaftet werden sollten, weil sie es gewagt hatten, mit ein paar Gewürzen aufzutauchen.[112] Dennoch schien es mit zunehmender Geschwindigkeit und Einfachheit

---

110 Die Erzählung ist Edgar Allan Poes treffend betitelte *Drei Sonntage in einer Woche* (1850); das Gedicht ist Francis Bret Hartes *The Lost Galleon* (1867) – und es ist wirklich miserabel. Den Roman werde ich hier, selbst an dieser Stelle, nicht spoilern. Während wir gerade dabei sind, sei jedoch betont: Dies ist eine Eigenheit der Zeitrechnung, nicht der Physik. Es spielt keine Rolle, wie schnell man westwärts um die Welt fliegt – man kann trotzdem nicht in der Zeit zurückreisen. Dieser Superman-Film aus den 1980er- Jahren hat Ihnen etwas vorgegaukelt.

111 Die weitverbreitete Vorstellung, dass bis zu Columbus' Atlantiküberquerung alle Menschen glaubten, die Erde sei flach, ist falsch. Die Tatsache, dass sie eine Kugel ist, war bereits seit mehreren Jahrhunderten v. Chr. bekannt.

112 Ein kurzfristiges Problem: Etwa 18 Besatzungsmitglieder kehrten am 6. September 1522 nach Spanien zurück, nur zwei Wochen vor dem dritten Jahrestag ihrer Abreise; ein weiteres Dutzend wurde auf den Kapverden festgehalten, fand jedoch im Lauf des folgenden Jahres den Weg zurück.

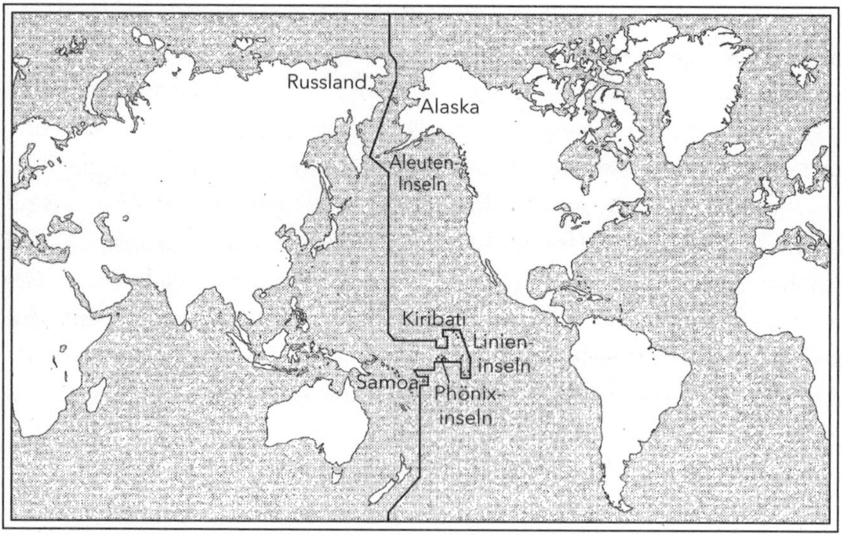

Der krumme Verlauf der weitgehend fiktiven internationalen Datumsgrenze

des Reisens und dank der Technologie, die es ermöglichte, mit Menschen auf völlig anderen Kontinenten zu sprechen und Handel zu treiben, eine gute Idee zu sein, all dies etwas zu ordnen.

Das Ergebnis ist eine Linie, die jedem bekannt ist, der schon einmal eine Weltkarte mit den Zeitzonen gesehen hat: Mit den Worten von Robert van Gent, Astronom und Wissenschaftshistoriker an der Universität Utrecht, markiert die internationale Datumsgrenze (IDL) »die Grenze zwischen ›heute‹ und ›morgen‹«.[113]

Das Merkwürdige daran ist jedoch, dass nie eine formelle Vereinbarung darüber getroffen wurde, wo diese Linie genau verlaufen soll. Zwar kamen die Delegierten der Internationalen Meridiankonferenz zu dem Schluss, dass es sinnvoll sei, die »Datumsgrenze« (also den Punkt, an dem zwei verschiedene Datumsangaben aufeinandertreffen) mit der »Längengrenze« (dem Übergang von 180° West zu 180° Ost) zusammenzulegen – einer der Gründe für die Begeisterung über Greenwich als Nullmeridian war, dass

113 Dieser Abschnitt verdankt van Gents Geschichte der internationalen Datumsgrenze sehr viel.

sein Antimeridian auf der gegenüberliegenden Seite des Globus fast ausschließlich über den Pazifik verlief. Aber all dies blieb letztlich eine Empfehlung – verbindlich festgelegt wurde nichts.

Es ist auch ganz offensichtlich nicht die Grenze, die wir tatsächlich bekommen haben. Wenn Sie sich eine Karte anschauen, werden Sie feststellen, dass die internationale Datumsgrenze nicht streng entlang des 180. Längengrads verläuft. Stattdessen weicht sie in einem Zickzackkurs nach Osten aus, um Ostrussland zu umgehen, und anschließend nach Westen, um die äußersten Ausläufer der Aleuten-Inselkette in Alaska zu umschließen. Um den Äquator herum gibt es eine verwirrende Ausbuchtung, die kurioserweise wie ein Hammer oder ein T-Rex auf einem Regal aussieht und sich über 3000 Kilometer nach Osten erstreckt, um sicherzustellen, dass auf verschiedenen Pazifikinseln heute und nicht gestern ist. Die IDL folgt nur etwas mehr als der Hälfte ihrer 20 000 Kilometer Länge dem Antimeridian.

Trotz ihres Namens und im Gegensatz zum Nullmeridian ist die internationale Datumsgrenze keineswegs das Ergebnis einer internationalen Vereinbarung, sondern das Resultat mehrerer Einzelentscheidungen einzelner Länder und kommerzieller Interessen. Mit den Worten des amerikanischen Geografen George Davidson aus dem späten 19. Jahrhundert: »Es *gibt* keine internationale Datumsgrenze. Die tatsächlich verwendete Linie ist das Ergebnis einer Vereinbarung zwischen den Handelsdampfschiffen der wichtigsten Seefahrernationen.« Die Länder, die an die Linie angrenzen, können frei wählen, welchen Tag sie nehmen möchten.

Einige haben genau das getan. Bis 1994 war Kiribati, eine pazifische Inselrepublik mit 32 Atollen und der abgelegenen Koralleninsel Banaba, durch die internationale Datumsgrenze in zwei Hälften geteilt – mit dem Ergebnis, dass die östlichsten Inseln konstant einen ganzen Tag vor dem Rest des Landes lagen. Das war natürlich unpraktisch – man stelle sich nur vor, wie nervig es wäre, wenn nur die Hälfte des Landes Wochenende hätte. Daher beschloss die Regierung, die Uhren auf einigen Inseln um einen ganzen Tag vorzustellen. Die Phoenix-Inseln wechselten von ihrer bisherigen Zeitzone UTC-11 zu UTC+13, die Line-Inseln von UTC-10 zu UTC+14. Auf beiden Inselgruppen gab es 1995 keinen Neujahrstag, stattdessen sprang das Datum direkt vom 31. Dezember auf den 2. Januar. Das erklärt übrigens auch die Stelle auf der Karte, die wie ein Dinosaurier aussieht.

Im Dezember 2011 machten Samoa und das neuseeländische Inselgebiet Tokelau fast das Gleiche, als sie ihre Zeitzone um einen Tag vorverlegten (von UTC-11 auf UTC+13), um den Handel mit Australien und Neuseeland zu erleichtern. Für Samoa war dies eine Umkehrung der »Zeitreise« von 1892, als das Land seine Verbundenheit mit den USA betonte, indem es den 4. Juli gleich zweimal feierte.

Dann gibt es noch Alaska, das die USA 1867 für läppische 7,2 Millionen Dollar von Russland kauften und das es somit schaffte, die Datumsgrenze zu überqueren, bevor überhaupt jemand daran gedacht hatte, diese Grenze zu definieren. Das bedeutete jedoch nicht, dass es einen Tag zurückversetzt und ein Datum wiederholt wurde, wie man vielleicht erwarten würde. Da Russland im 19. Jahrhundert noch den julianischen Kalender und nicht den gregorianischen verwendete, lag es 13 Tage hinter dem Westen zurück: Alaska stellte einfach seine Zeitzone und seine Kalender gleichzeitig um, sodass auf den 6. Oktober 1867 verwirrenderweise der 18. Oktober folgte. Letzteres Datum wird noch immer als Alaska Day gefeiert.

Zu guter Letzt sind da noch die Philippinen, die einen Großteil der frühen Neuzeit nicht nur als Teil des Spanischen Reiches, sondern auch als Teil von »Neuspanien« verbrachten: dem Gebiet, das wir auf Seite 136 kennengelernt haben und das sich auf Mexiko, Mittelamerika und andere Landstriche konzentrierte, die ganz offensichtlich auf der anderen Seite des Pazifiks lagen. Mitte des 19. Jahrhunderts, als der Großteil Neuspaniens seine Unabhängigkeit erlangt hatte, gewann der Handel mit Asien zunehmend an Bedeutung, während der Austausch mit Mexiko an Gewicht verlor. Die Vorstellung, dass die Philippinen ihren Kalender an weit entfernte Regionen anpassen sollten, statt an die nahe gelegenen asiatischen Nachbarn, wirkte zunehmend absurd. Um diese Anomalie zu beseitigen, verfügte Generalgouverneur Narciso Clavería, dass auf den 30. Dezember 1844 direkt der 1. Januar 1845 folgen sollte. Da es jedoch noch keine internationale Datumsgrenze gab und niemand den Philippinen große Beachtung schenkte, dauerte es buchstäblich Jahrzehnte, bis die Europäer dies bemerkten. Noch bis weit in die 1890er-Jahre hinein zeigten Landkarten die Grenze zwischen heute und morgen mit einer seltsamen Westkurve im Pazifik, sodass die Inseln auf der amerikanischen Seite der Grenze lagen.

Eine kuriose Folge dieses Systems und des zickzackförmigen Verlaufs der Datumsgrenze ist, dass es auf der Erde zu jedem Zeitpunkt kurzzeitig drei verschiedene Daten gibt: So ist es beispielsweise um 10:30 Uhr am 1. Mai in Greenwich (UTC) gleichzeitig 23:30 Uhr am 30. April in Amerikanisch-Samoa (UTC-11) und bereits 0:30 Uhr am 2. Mai auf Kiritimati, dem Teil der Republik Kiribati, der auch als Weihnachtsinsel bekannt ist (UTC+14). Auch wenn Reisende heute kaum noch überrascht sind, wenn sie unterwegs einen Tag »verlieren«, macht das die Eigenheiten unseres Zeitzonensystems nicht weniger verwirrend.

VON SEEGRENZEN UND DEM SEERECHT

Klares, blaues Wasser

Tausend Meilen südlich von Osaka, tausend Meilen östlich von Taiwan, in einem leeren Abschnitt des westlichen Pazifiks, der als Philippinisches Meer bekannt ist, liegt ein Atoll. Auf Luftbildern sieht es hübsch aus – Wellen brechen sich in weißer Gischt an einem Korallenriff, das eine etwa birnenförmige Lagune umgibt, aquamarinblau inmitten des dunkelblauen Ozeans –, aber ich würde mir nicht die Mühe machen, dorthin zu reisen, denn es gibt dort buchstäblich nichts. Obwohl das Riff fast 3 Meilen lang ist und damit groß genug für einen internationalen Flughafen, besteht der einzige feste Boden aus drei winzigen Inseln, die nur wenige Quadratmeter groß sind, sowie einer Forschungsstation auf einer Plattform auf Stelzen.

Obwohl hier niemand lebt – niemand leben könnte –, ist dies offiziell ein Vorort von Tokio, der zum Dorf Ogasawara gehört. Er heißt Okinotorishima – »abgelegene Vogelinsel«. Und er bildet die Basis für einen zweifelhaften Anspruch Japans auf ein riesiges Gebiet im westlichen Pazifik.

Wir sind in dieser Geschichte bereits auf Seegrenzen gestoßen, das heißt auf die Idee, dass das Hoheitsgebiet eines Staates sowohl Land als auch Meer umfassen kann, nicht zuletzt bei den Versuchen Chinas, seine Nachbarländer zu kontrollieren (siehe Seite 229). Daher ist es wohl an der Zeit, die Regeln zu erklären. Diese sind, wie sich herausstellt, überraschend neu.

Staaten haben schon immer versucht, die Meere zu kontrollieren. Die Römer verwendeten ganz selbstverständlich den Ausdruck *Mare Nostrum* (unser Meer), um zunächst die Gewässer um Italien und später, als das Reich groß genug geworden war, das gesamte Mittelmeer zu bezeichnen; das Britische Empire gründete sich auf seine Marine; und so weiter. Diese Formen der Kontrolle basierten jedoch mehr auf Macht als auf Recht, genauer gesagt auf Seemacht statt auf festgelegten Regeln. Es ist wohl kein Zufall, dass die ersten Versuche, das Konzept der Hoheitsgewässer zu kodifizieren, um das Jahr 1700 entstanden sind und eine Dreimeilengrenze vorsahen: Ein Schiff galt damals als in den Gewässern eines anderen Landes, wenn es sich buchstäblich innerhalb der Reichweite der Küstenkanonen befand.

Bis zur Mitte des 20. Jahrhunderts hatten sich jedoch zwei entscheidende Dinge verändert. Erstens war die Offshore-Bohrtechnik so weit fortgeschritten, dass die Kontrolle über den angrenzenden Meeresboden erheblichen Einfluss auf die wirtschaftliche Lage eines Staates nehmen konnte – schließlich war Öl weitaus profitabler als Fischfang. Zweitens herrschte allgemein die Auffassung, dass man zumindest den *Anschein* nationaler Souveränität wahren müsse und kleinere Staaten nicht einfach nach eigenem Gutdünken zu etwas zwingen dürfe. Unter der Schirmherrschaft der UNO kam man daher überein, dass es an der Zeit sei, verbindlich zu regeln, wem welche Gebiete zustehen.

Wie so oft bei solchen Angelegenheiten erwies sich die Vereinheitlichung der Regeln als weitaus komplizierter, als einfach einen Beschluss zu fassen und alle zur Zustimmung zu bewegen. 1958 hielt die UNO ihre erste Seerechtskonvention ab. (Ironischerweise fand diese in Genf statt – nahe den Alpen und über 320 Kilometer vom Meer entfernt.) Bei der Ersten UN-Konferenz zum Seerecht (UNCLOS I) gelang es immerhin, die souveränen Rechte der Staaten innerhalb ihrer Hoheitsgewässer zu definieren. Was jedoch nicht geklärt wurde, war die Frage, wie weit diese Gewässer überhaupt reichen sollten. Zu diesem Zeitpunkt machten verschiedene Länder sehr unterschiedliche Ansprüche geltend: Manche hielten sich an die traditionellen drei Seemeilen, andere beanspruchten zwölf oder sogar noch mehr. Der Versuch, alle Staaten zu einer einheitlichen Regelung zu bewegen, wurde schließlich als »zu schwierig« ad acta gelegt. Es dauerte bis

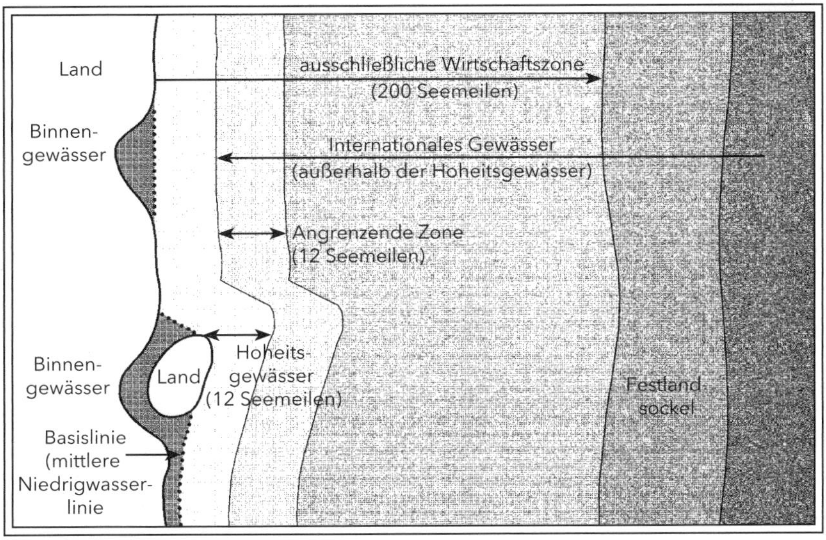

Eine anschauliche Karte der verschiedenen Kategorien von Hoheitsgewässern, wie sie im Völkerrecht definiert sind

zum UNCLOS III[114], das 1973 begann, 1982 abgeschlossen wurde und erst 1994 in Kraft trat – ein Jahr, nachdem der 60. Staat, Guyana, es ratifiziert hatte. Das bedeutet: Die Welt verfügt erst seit etwa einer Generation über ein verbindliches System zur Festlegung von Seegrenzen.

Falls Sie also zufällig Eigentümer eines kleinen Küstenstaates sind, stellt sich die Frage: Wie berechnen Sie, wie viel Meer Ihnen zusteht? Der erste Schritt besteht darin, Ihre Basislinie festzulegen – eine Linie, die entlang Ihrer Küste genau markiert, wo Ihr Staatsgebiet endet.

In der Regel handelt es sich dabei um die Niedrigwasserlinie – also den äußersten Punkt, bis zu dem sich das Wasser bei Ebbe zurückzieht.[115] An bestimmten Stellen wird stattdessen eine gerade Linie gezogen, die über

---

114 *UNCLOS II* lief nicht besonders gut – wie so oft bei Trilogien.

115 Das kann durchaus erhebliche Auswirkungen haben: Die Isle of Wight vor der Südküste Englands hat die Besonderheit, Englands kleinste Grafschaft zu sein – allerdings nur bei Flut. Wenn sich das Wasser bei Ebbe zurückzieht, werden zusätzliche Strandflächen freigelegt, und damit ist sie plötzlich größer als die von Land umschlossene Grafschaft Rutland. (Wir sprechen hier übrigens von den »richtigen« Grafschaften. Technisch gesehen sind auch Bristol und die City of London eigenständige Grafschaften. Aber darauf wollen wir hier lieber nicht näher eingehen.)

offenes Wasser verläuft und dabei Buchten oder Flussmündungen vom offenen Meer abgrenzt. (Es gibt dazu noch viele weitere Bestimmungen, die in UNCLOS I ausführlich und tatsächlich sehr spannend behandelt werden, aber für unsere Zwecke genügt dieses Grundverständnis.) Alles, was innerhalb dieser Basislinie liegt, gilt als Binnengewässer. Dort besitzt der Staat die gleiche volle Souveränität wie auf dem Festland – nur eben ein bisschen nasser.

Darüber hinaus gibt es eine Reihe konzentrischer Zonen, über die Ihr souveränes Land nach und nach immer weniger Kontrolle hat. Die ersten 12 Meilen sind Ihre Hoheitsgewässer: Hier haben Sie die volle Souveränität über die Gewässer, den Luftraum darüber und den Meeresboden darunter. Allerdings gilt das Recht auf friedliche Durchfahrt, was im Grunde bedeutet, dass andere Personen mit Booten durch diese Gewässer fahren dürfen, solange sie nichts Verdächtiges tun (Sie ausspionieren, auf Sie schießen, Ihren Fisch stehlen usw.).[116]

Die 12 Meilen darüber hinaus sind Ihre angrenzende Zone (auch Anschluss- oder Kontrollzone genannt). Diese gehört nicht zu Ihrem Hoheitsgebiet und wird Ihnen im Gegensatz zu den Hoheitsgewässern nicht automatisch zugestanden, sondern Sie müssen sie geltend machen. Hier können Sie jedoch alles Notwendige tun, um zu verhindern, dass jemand gegen Ihre Zoll- oder Rechtsvorschriften verstößt. Diese Zone dient, soweit sich das beurteilen lässt, dazu, zu verhindern, dass Seeräuber 12 Meilen vor der Küste Schmuggelei betreiben, die Umwelt verschmutzen und Sie auf andere Weise provozieren.

Schließlich gibt es noch eine Reihe weiterer Rechte, die für Sie interessant sein könnten, da sie sich bis zu 200 Seemeilen vor der Küste Ihres Landes erstrecken: die Rechte innerhalb der sogenannten ausschließlichen Wirtschaftszone. Diese Regelung, die aus den ursprünglichen Fischereirechten hervorgegangen ist, wurde mit dem Vertrag von 1982 festgeschrieben. In diesem Gebiet haben Sie die alleinige Hoheitsbefug-

---

116 Ein Punkt, den ich hier erwähne, weil es so gut passt wie an jeder anderen Stelle: Das Völkerrecht erkennt auch das Recht der Schifffahrt an, Meerengen zu durchqueren – selbst dann, wenn diese vollständig innerhalb der Hoheitsgewässer eines Staates liegen. Großbritannien oder Frankreich könnten theoretisch den Ärmelkanal »verstopfen«, aber sie würden damit gegen das Seerecht verstoßen.

nis über die Nutzung und Erschließung natürlicher Ressourcen – seien es Öl, Gas oder andere wertvolle Bodenschätze – sowie über den Bau von Windparks, Ölplattformen und selbstverständlich auch über den Fischfang.

Die ausschließliche Wirtschaftszone (AWZ) stellt die äußerste Form der Souveränität dar, über die Ihr Staat verfügt. Wenn die Geologie es gut mit Ihnen gemeint hat, haben Sie möglicherweise Anspruch auf einen erweiterten Festlandsockel – das bedeutet, dass Sie den Meeresboden nutzen dürfen, der physisch mit Ihrem Festland verbunden ist (natürlich nur, nachdem dieser Anspruch offiziell anerkannt wurde). Das darüberliegende Wasser hingegen zählt zur Hohen See, dem gemeinsamen Erbe der Menschheit, auf dem das internationale Recht Anwendung findet. Dort haben Sie keinerlei größere Ansprüche als jeder andere Staat.[117]

Es sei denn, man verfügt über eine günstig gelegene Insel, von der aus man diese Ansprüche erneut geltend machen kann. Die Zweckmäßigkeit gut gelegener Inseln, die nicht nur strategische Stützpunkte, sondern auch nationale Souveränität bieten, erklärt vieles in der modernen Geopolitik, zum Beispiel, warum China neue Inseln im Südchinesischen Meer baut. Sie erklärt auch, warum Argentinien unbedingt die Kontrolle über die Falklandinseln/Malvinas – eine kleine, windgepeitschte Inselgruppe im Südatlantik – erlangen möchte, obwohl deren Einwohner überwiegend britisch bleiben wollen.

Aus dem gleichen Grund ist Japan so stark daran interessiert, die winzigen Felsen von Okinotorishima als eigenes Territorium zu beanspruchen – so sehr, dass es laut einem Bericht des *Guardian* von 2016 seit den späten 1980er-Jahren etwa 600 Millionen Dollar in den Bau von Stahlwellenbrechern, Betonbarrieren und Titangittern investiert hat, um zu verhindern, dass das Atoll vom Meer weggespült wird. Der Grund, warum Japan so viel Geld für einen Flecken ausgibt, auf dem man kaum stehen kann, liegt darin, dass es sich die gewaltige ausschließliche Wirtschaftszone sichern möchte, die mit dem Besitz dieser winzigen Landmasse einhergeht.

---

117 Der Teil der Hohen See, der das Meer über einem Festlandsockel und ähnlichen Zonen ausschließt, wird manchmal – in dieser typischen, leicht unheimlichen Art, mit der US-Regierungsbehörden Dinge zu benennen pflegen – auch einfach als »the Area« bezeichnet.

Rein rechtlich gesehen reicht das vielleicht nicht aus. Das Seerechtsübereinkommen der Vereinten Nationen (UNCLOS) besagt, dass »Felsen, die keine menschliche Besiedlung oder eigenständiges wirtschaftliches Leben ermöglichen, keine ausschließliche Wirtschaftszone haben«. (Einige japanische Politiker haben darauf mit einer gewissen Zuversicht geantwortet, dass der Begriff »Felsen« im Vertrag nicht technisch definiert sei.) China, Taiwan und Südkorea haben Japans Anspruch allesamt angefochten. Jon van Dyke, Rechtsprofessor an der University of Hawaii, zog dabei einen Vergleich zu Großbritanniens gescheitertem Versuch, eine AWZ rund um Rockall zu beanspruchen – ein karges Stück Granit mitten im Atlantik, fast 200 Meilen (320 Kilometer) westlich von Schottland. Van Dyke erklärte, Okinotorishima »besteht aus zwei abgetragenen Felsvorsprüngen, die kaum größer sind als Kingsize-Betten. Daher hat es keinen rechtlichen Anspruch auf eine ausschließliche Wirtschaftszone bis hin zu 200 Meilen Entfernung von der Küste.«

Es ist jedoch zumindest möglich, dass die Verlockung einer lukrativen AWZ nicht der einzige Faktor ist, der hinter der Entschlossenheit Japans steht, das Meer um seine Felsen zu beanspruchen. Denn Okinotorishima liegt in einer strategisch günstigen Position, etwa auf halbem Weg zwischen Taiwan und Guam, einem US-Territorium mit einem Marinestützpunkt. Es liegt also auf der Hand, dass China gerne die Gewässer um das Atoll patrouillieren würde. Ebenso offensichtlich ist, dass die mit den USA verbündeten Mächte dies lieber verhindern würden.

Bevor wir weitermachen, noch ein paar Anmerkungen. Erstens: Was passiert, wenn Ihr Staat *ausschließlich* aus Inseln besteht und somit ein großer Teil des Raums zwischen Ihren Bevölkerungszentren schlicht aus Meer besteht? Die UN-Konvention sieht für sogenannte »Archipelgewässer« eine spezielle Regelung vor. Diese Regelung erlaubt es, die Basislinie nicht nur um die einzelnen Inseln, sondern um den gesamten Archipel zu ziehen, sodass die »Binnen«-Gewässer effektiv den gesamten Inselstaat umfassen. Damit diese Regelung sinnvoll bleibt, gibt es bestimmte Vorgaben zum Verhältnis von Wasser zu Land – so könnte Großbritannien beispielsweise nicht einfach das Meer zwischen sich und den Falklandinseln beanspruchen. Immerhin, bislang haben 22 Staaten diesen Archipel-Status in Anspruch genommen.

Die andere Frage ist, was zu tun ist, wenn es, wie es in weiten Teilen der Welt unvermeidlich ist, zu Anspruchskonflikten kommt. Teile des Meeres um Europa liegen innerhalb von 12 Meilen von mehreren Ländern und fast alle innerhalb von 200 Meilen von mehreren Ländern. Wo verlaufen dann die Grenzen?

Theoretisch lassen sich die meisten Situationen durch zwei grundlegende Prinzipien regeln. Das erste besagt, dass dort, wo sich zwei Staaten an der Küste treffen, ihre Seegrenze senkrecht zu dieser Küste verläuft. Das zweite ist das sogenannte Äquidistanzprinzip: Liegen sich zwei Staaten über eine Wasserfläche hinweg gegenüber, sollte die Grenze genau in der Mitte zwischen ihnen gezogen werden.

All dies ist jedoch leichter gesagt als getan. Wenn eine Küste keinen geraden Verlauf hat, kann es zu Streitigkeiten darüber kommen, welche Richtung als »senkrecht« gilt. Die Ergebnisse mögen auch unfair erscheinen: Eine wörtliche Auslegung dieser Regeln führte dazu, dass die damalige Bundesrepublik Deutschland nur einen winzigen Flecken der Nordsee erhielt, obwohl diese kalte Weite einst buchstäblich als »Deutsches Meer« bekannt war. Als unter dem Meeresboden Ölvorkommen entdeckt wurden, wurden diese Grenzen, die lediglich auf einer ungünstigen Küstenlinie beruhten, zu einer Quelle nicht nur akademischer Irritationen. Die Folge war ein Verfahren vor dem Internationalen Gerichtshof und eine hektische Neufestlegung der Grenze.

Die Festlegung von Grenzen durch Schiedsverfahren oder Verträge ist immer eine Option – es gibt absolut nichts, was Sie daran hindert, Teile Ihrer AWZ gegen etwas einzutauschen, das Ihrem Staat möglicherweise nützlicher erscheint. Allerdings bringen Verträge oft ihre eigenen Probleme mit sich. Ein immer noch schwelender Streit betrifft die Seegrenze zwischen den USA und Kanada in der Beaufortsee, nördlich von Alaska und dem Yukon-Territorium. Diese Grenze wurde bereits durch den Vertrag von Sankt Petersburg aus dem Jahr 1825 zwischen Großbritannien und Russland festgelegt, der bestimmte, dass sie dem 141. Längengrad »bis zum Gefrorenen Ozean« folgen sollte.[118] Aber Debatten darüber, ob der »Gefrorene Ozean«

118 Um die Sache noch weiter zu verkomplizieren: Tatsächlich steht das Ganze da übrigens auf Französisch.

das gesamte Meer oder nur den Punkt bezeichnet, an dem es zu gefrieren beginnt, beschäftigen Diplomaten seit zwei Jahrhunderten, ohne dass eine Einigung in Sicht ist. Über das, was passiert, wenn die Arktis vollständig auftaut, sollte man besser nicht nachdenken.

Ein Schiedsverfahren setzt außerdem voraus, dass die Staaten die Autorität des Schlichters anerkennen. Die Türkei beansprucht einen Teil der AWZ Zyperns mit der neuartigen Begründung, dass Inseln keinen Anspruch auf mehr als die grundlegenden Hoheitsgewässer haben. Diese Auslegung wird nicht von allen geteilt – ich kann mir nicht vorstellen, dass sie bei Großbritannien oder Japan gut angekommen ist –, aber die Türkei hat das Seerechtsübereinkommen der Vereinten Nationen (UNCLOS) nicht unterzeichnet, und obwohl andere Staaten dies kritisiert und mit Sanktionen gedroht haben, wird niemand gegen ein NATO-Mitglied wegen unerlaubter Offshore-Bohrungen in den Krieg ziehen. Das Völkerrecht ist schön und gut, aber irgendwann kommt der Punkt, an dem die Erzwingung einer tatsächlichen Verhaltensänderung von der Bereitschaft zur Anwendung von Gewalt abhängt.

Bisher habe ich in diesem Kapitel immer von »Meilen« gesprochen, meinte dabei aber eigentlich *Seemeilen*. Sie fragen sich vielleicht, worin der Unterschied zu den üblichen Landmeilen besteht, die uns allen vertraut sind.[119] Nun, die Seemeile ist mit rund 1852 Metern tatsächlich etwa 15 Prozent länger als die Landmeile. Der Grund dafür liegt in ihrer Definition: Eine Seemeile entspricht exakt einer sogenannten Bogenminute auf einem Breitengrad. Und eine Bogenminute ist der 60ste Teil eines Breitengrads. Wenn man 60 Seemeilen nach Norden oder Süden zurücklegt, hat man genau einen Breitengrad überwunden. Menschen, die Schiffe – und heute auch Flugzeuge oder Raketen – steuern, bevorzugen Seemeilen, weil sie damit ihre Navigation und Berechnungen deutlich einfacher und direkter vornehmen können.

Das hat sehr wenig mit Grenzen zu tun. Ich dachte aber, das würde Sie vielleicht interessieren.

---

119 Oder Sie leben in einem Land mit einem weniger kuriosen Umgang mit Maßeinheiten – anders als in den USA oder Großbritannien.

EINIGE ANMERKUNGEN ZU BINNENSTAATEN

Die Abenteuer der bolivianischen Marine

Eine der seltsameren Tatsachen über die Länder dieser Welt ist, dass es auf dem südamerikanischen Kontinent zwei Binnenstaaten gibt, die beide über eine Marine verfügen.

Ein Binnenstaat ist, wie Sie sicherlich wissen, ein Land ohne Küste. Die Bewohner müssen daher das Territorium eines anderen Staates durchqueren, wenn sie eine Flotte auf das Wasser bringen oder an den Strand gehen möchten. Einige, wie Lesotho oder San Marino, sind Enklaven, die vollständig von einem anderen Staat umgeben sind – aus geopolitischer Sicht eine schwierige Situation. Die meisten Binnenstaaten hingegen haben mehrere Nachbarländer und befinden sich einfach weiter im Landesinneren.

Die Zahl der Binnenstaaten weltweit ist in den vergangenen Jahren rapide gestiegen. 1990 gab es 30, heute sind es infolge der Auflösung Jugoslawiens, der Tschechoslowakei und der UdSSR sowie der Gründung Eritreas und des Südsudans 44 Binnenländer. Einige davon – europäische Kleinstaaten wie San Marino, Andorra oder der Vatikan – sind winzig. Andere hingegen, etwa Kasachstan, das fast zwei Drittel der Fläche der gesamten Europäischen Union ausmacht, sind riesig. Zwei davon – Usbekistan und Liechtenstein – sind doppelt eingeschlossen, was bedeutet, dass ein Einwohner zwei internationale Grenzen überqueren muss, wenn er Lust hat, eine Runde Paddeln zu gehen. Derzeit gibt es keine dreifach eingeschlossenen

Binnenstaaten, obwohl dies theoretisch möglich wäre, wenn beispielsweise die Einwohner von Vaduz sich von Liechtenstein unabhängig erklären und damit ein noch kurioseres Land gründen wollten.

Wie alle lustigen Fakten ist auch die Aussage »Es gibt 44 Binnenländer auf der Welt« in mehrfacher Hinsicht umstritten. Erstens ist es äußerst schwierig, genau zu bestimmen, was als Staat gilt: 194 Länder sind allgemein anerkannt, aber je nachdem, wie man die Begriffe definiert, gibt es möglicherweise ein weiteres Dutzend, die einen starken Anspruch auf faktische Unabhängigkeit erheben. Vier davon – Kosovo, Südossetien, Transnistrien und die Republik Arzach (das Gebiet, das Fans der 1990er-Jahre vielleicht noch als Bergkarabach kennen) – haben keine Küstenlinie. Zweitens: Was zählt als Zugang zum Meer? Ein weiterer teilweise anerkannter Staat, Palästina, hat eine Küste im Gazastreifen, jedoch nicht im Westjordanland, wo die Mehrheit seiner Bevölkerung lebt. Da man sich zwischen den beiden Gebieten derzeit nicht frei bewegen kann, sollte man Palästina deshalb als Binnenstaat betrachten?

Und dann gibt es noch die Tatsache, dass zumindest einige dieser Binnenländer – und das mag schockieren – Küstenlinien zu haben scheinen. Kasachstan grenzt tatsächlich an das Kaspische Meer; Gleiches gilt für Turkmenistan und Aserbaidschan. Doch trotz seines Namens ist das Kaspische Meer kein wirkliches Meer, sondern lediglich ein endorheisches Becken: Das Wasser, das dort hineinfließt, fließt nicht in die Ozeane, sondern verdunstet in die Atmosphäre. Das Kaspische Meer ist trotz seines Namens eigentlich nur ein See – wenn auch ein so großer, dass er mehr als 40 Prozent des Wassers aller Seen der Welt enthält.[120] Jedenfalls führt der einzige Weg vom Kaspischen Meer zu den Weltmeeren über den Wolga-Don-Kanal zum Schwarzen Meer, das jedoch für Hochseeschiffe zu klein ist. Da der Zweck eines Nichtbinnenstaates darin besteht, »auch in Notfällen Menschen und Güter mit großen Schiffen transportieren zu können«, ist das nicht wirklich eine hilfreiche Lösung.

120 Einige Länder, insbesondere Iran und Turkmenistan, haben behauptet, dass das Kaspische Meer als echtes Meer betrachtet werden sollte, weil sie dann gemäß der UNCLOS Anspruch auf die Öl- und Gasfelder darin erheben könnten. Was, fairerweise, wahrscheinlich auch Sie tun würden, oder?

All dies hat verschiedene Binnenländer nicht davon abgehalten, eigene Seestreitkräfte aufzustellen. Einige dieser Kräfte dienen der Verteidigung, andere erfüllen vorwiegend logistische Aufgaben; einige sind Teil der Armee, während andere ein vollwertiger Bestandteil des Militärs sind. Die Schweiz besitzt eine »Seenflottille«, die auf den großen Seen des Landes patrouilliert und Such- sowie Rettungsmissionen durchführt. Zudem verfügt sie über eine vollständige Handelsmarine, die über den Rhein Exporte und Importe aus der Welt abwickelt. Äthiopien hat seine Marine aufgelöst, nachdem es 1991 seine Küsten an die Unabhängigkeit Eritreas verloren hatte; seine Regierung hat sie jedoch vor Kurzem wieder ins Leben gerufen, um seine maritimen Interessen zu verteidigen. (Leider konnte ich die weitverbreitete Behauptung, dass Äthiopien immer noch ein einziges Boot auf dem Tanasee unterhält, nicht überprüfen). Und dann ist da noch Ungarn, das laut einer Wikipedia-Seite, von der ich vermute, dass sie von den ungarischen Behörden bearbeitet wurde, »eines der stärksten und qualifiziertesten Kriegsschiffbataillone in Ostmitteleuropa« hat.

Auf dem amerikanischen Kontinent verfügt Paraguay über eine überraschend große Marine, die auf den Flüssen Paraguay und Paraná patrouilliert und die bei Bedarf über Argentinien in den Atlantik vordringen könnte. Es sei denn, es führt einen Seekrieg mit Argentinien, in diesem Fall wird es vermutlich kompliziert.

Am interessantesten ist jedoch Bolivien, das im Gegensatz zu Paraguay einst tatsächlich eine Küste besaß. Das Land, das 1825 nach einem 16-jährigen Krieg seine Unabhängigkeit von Spanien erlangte, war damals weitaus größer als heute. Im darauffolgenden Jahrhundert und darüber hinaus war es jedoch immer wieder in Auseinandersetzungen mit seinen größeren, wohlhabenderen und mächtigeren Nachbarn verwickelt und trat dabei abgelegene Gebiete an Brasilien, Argentinien und Paraguay ab.

Für unsere Zwecke war der wichtigste Verlust jedoch der des Departements Litoral, eines umstrittenen Abschnitts der Atacama-Wüste, der Bolivien Zugang zum Pazifik verschaffte. Obwohl Chile das Departement 1866 als bolivianisches Hoheitsgebiet anerkannt hatte, marschierte es 1879 ein und löste damit einen Konflikt aus, der als Pazifikkrieg (nach dem Ort, an dem ein Großteil der Kämpfe ausgetragen wurde), als Salpeterkrieg (nach den Bodenschätzen, um die hauptsächlich gekämpft wurde) oder als Zehn-

Cent-Krieg (nach dem Steuersystem, das ihn auslöste) bekannt ist. Nachdem sich die Situation beruhigt hatte, verloren sowohl Bolivien als auch Peru Gebiete, und Peru wurde ein Binnenstaat. Das erscheint wie eine gewisse Ungerechtigkeit – das Wertvollste, was Chile besitzt, ist die Küste, abgesehen von den Bergen –, aber niemand hat je behauptet, dass dieser Krieg gerecht war.

Mehr als ein Jahrhundert später soll Jorge Luis Borges, Autor von Kurzgeschichten des postmodernen Zeitalters – eine neuartige Lösung für den Krieg zwischen Großbritannien und seinem Heimatland Argentinien um die Souveränität der Falklandinseln vorgeschlagen haben: Sie sollten Bolivien zugesprochen werden, um das Fehlen einer Küste auszugleichen. Vielleicht ist das der Grund, warum das Land bis heute eine Marine unterhält. Ihre rund 5000 Soldaten patrouillieren in den Gewässern des Titicacasees in den Anden und nehmen jedes Jahr am 23. März an den Paraden anlässlich des Día del Mar – des »Tages des Meeres« – teil. Die Marine des Binnenlandes bleibt ein Symbol des bolivianischen Nationalstolzes, seiner außenpolitischen Ziele – und der Hoffnung, eines Tages wieder das offene Meer erreichen zu können.

WIE DIE WELT TERRITORIALANSPRÜCHE IN DER ANTARKTIS EINFROR

Ein Stück vom Kuchen

Die Antarktis hat mehr oder weniger 40 Millionen Einwohner – vorausgesetzt natürlich, man ist ein Pinguin. Aus der Sicht eines Menschen sind es eher weniger, bis zu 5000 im Sommer, wenn sich die Küste bei relativ milden null Grad Celsius sonnen kann, aber nur 1000 im Winter, wenn die Durchschnittstemperatur am Südpol auf -49° Celsius fällt. Das ist, im wahrsten Sinne des Wortes, unvorstellbar kalt. Ich habe keinen blassen Schimmer, wie sich das anfühlt. Und ich hoffe, dass ich es nie herausfinden werde.

Bei diesen wenigen Tausend Menschen handelt es sich hauptsächlich um Wissenschaftler, die in ein paar Dutzend abgelegenen Forschungsstationen leben, die über ein Gebiet verstreut sind, das ein Drittel so groß ist wie Kanada. Aber die Tatsache, dass es hier, überspitzt gesagt, niemanden gibt, hat Länder auf der anderen Seite des Globus nicht davon abgehalten, ihre Ansprüche zu erheben und zu versuchen, den Kontinent aufzuteilen. Es ist eine Geschichte, die es wert ist, erzählt zu werden – einerseits, weil sie verdeutlicht, wie weit die Menschheit in ihrer Gier bereit ist, zu gehen, um Grenzen auf Landkarten zu ziehen, andererseits, weil sie möglicherweise andeutet, dass es vielleicht doch eine Grenze gibt.

Die Antarktis ist gewaltig – größer als Australien, Europa oder jedes andere Land der Welt, mit Ausnahme von Russland, und sie misst etwa fünf Sechstel der Größe Russlands. Ihre Existenz wurde schon lange vermutet, und ihr Name wurde im 2. Jahrhundert n. Chr. von dem griechischen Geografen Marinus von Tyrus geprägt, um die Region auf der gegenüberliegenden Seite der Arktis zu bezeichnen. Jahrhundertelang gingen die Denker Europas davon aus, dass es auf der anderen Seite der Welt unbekannte Landmassen geben müsse, und sei es nur, um ein Gleichgewicht zu den nördlichen zu schaffen. (Ihre Schlussfolgerungen waren in gewisser Weise richtig, auch wenn ihre Logik völlig falsch war.)

Erst in den 1840er-Jahren wurde überhaupt klar, ob jemals jemand diesen Ort betreten hatte. Der Kontinent am Südpol ist für menschliches Leben unvorstellbar unwirtlich – so kalt, dass »frieren« bereits eine Erleichterung wäre, und für lange Monate des Jahres in Dunkelheit gehüllt. Der größte Teil der Landmasse ist von einem Schelfeis bedeckt, das im Durchschnitt 1600 Meter dick ist. Kein Wunder, dass die ersten Menschen, die dieses Fleckchen Erde besuchten, mit ziemlicher Sicherheit Robbenjäger waren. (Wir können nicht sicher sein, denn die Robbenjagd war ein hart umkämpftes Geschäft, und diejenigen, die sie ausübten, pflegten nicht zu verkünden, wo sie gewesen waren.) Die meisten, die die Insel heute besuchen, sind Wissenschaftler, die alles Mögliche erforschen, von der Geophysik über die Astrophysik (die große Höhe und die stabile Atmosphäre helfen dabei) bis hin zu den bereits erwähnten Pinguinen.

Zwischen diesen beiden Gruppen lag jedoch das »heroische Zeitalter« der Antarktisforschung – die Jahre zwischen etwa 1897 und 1922, in denen zahlreiche Forscher darum kämpften, unbekannte Gebiete des eisigen Kontinents zu entdecken, als Erste von einer Seite zur anderen zu gelangen oder andere beeindruckende körperliche Leistungen zu vollbringen. Es gab kein wirkliches Motiv für solche Expeditionen, außer dem Wunsch nach Ruhm, und nicht alle kamen zurück: Robert Falcon Scotts Versuch, als Erster den Südpol zu erreichen, endete bekanntlich mit Ernüchterung, nachdem sein Team bei der Ankunft feststellen musste, dass eine konkurrierende Expedition unter der Leitung von Roald Amundsen 33 Tage zuvor dort angekommen war; alle fünf Männer starben auf der Rückreise. Ernest Shackletons ebenso berühmtes, wenn auch nicht ganz verbürgtes Zeitungsinserat, mit dem er Besatzungsmitglieder für die *Endurance* als Teil der kaiserlichen

Transantarktis-Expedition anwerben wollte, vermittelt ein Gefühl für den Ton dieser Zeit: »Männer für gefährliche Reise gesucht. Niedriger Lohn, bittere Kälte, lange Stunden in völliger Dunkelheit. Sichere Rückkehr zweifelhaft. Ehre und Anerkennung im Falle des Erfolgs.«[121]

Nicht jeder, der in die Antarktis reiste, hatte nur den persönlichen Ruhm im Sinn. Bereits 1840 hatte ein französischer Forscher namens Jules-Sébastien-César Dumont d'Urville ein Stück gefrorenes Land entdeckt, es für Frankreich beansprucht und es nach seiner Frau Adélie benannt. Im darauffolgenden Januar entdeckte ein britischer Marinekapitän namens James Clark Ross ein weiteres Stück Schnee und Eis, wollte es für Großbritannien in Besitz nehmen und benannte es nach Königin Victoria. Das alles waren zunächst recht theoretische Ansprüche und interessierten eigentlich niemanden, doch als das heroische Zeitalter anbrach und die imperialen Mächte begannen, ihre Antarktiserkundung stärker in Richtung Industrie zu fokussieren, erlangten sie etwas mehr Glaubwürdigkeit.

Erst 1924 sah sich der amerikanische Außenminister Charles Evans Hughes dazu veranlasst, die Doktrin seines Landes zu bekräftigen, wonach die Entdeckung unbekannten Landes, selbst wenn sie mit einer formellen Inbesitznahme verbunden ist, keinen gültigen Anspruch auf Souveränität begründet, es sei denn, der Entdeckung folgt eine tatsächliche Besiedlung des entdeckten Gebiets. Mit anderen Worten: Die Amerikaner hatten nichts davon. Dies war jedoch eine jener Erklärungen, die gerade deshalb abgegeben wurden, weil die darin enthaltene Behauptung immer mehr ins Wanken geriet. Bis 1924 häuften sich die Ansprüche.

Einerseits beanspruchten die Briten *noch* mehr Land, indem sie argumentierten, dass ihre Territorien in Australien und Neuseeland die nächstgelegenen bewohnten Gebiete seien. Die Ross Dependency, benannt nach ihrem Entdecker, war 1923 an Neuseeland übergegangen; zwei weitere riesige Gebiete, die sie umschlossen und fast die Hälfte des Kontinents ausmach-

121 Obwohl diese Worte über viele Jahrzehnten hinweg oft wiederholt wurden, ist nicht klar, ob eine solche Anzeige jemals tatsächlich geschaltet wurde: Das Angebot eines 100-Dollar-Preises an diejenigen, die die ursprüngliche Quelle der Anzeige identifizieren können, gemacht von der Website Antarctic Circle im Jahr 2000, scheint unbeantwortet geblieben zu sein. Wenn sie jedoch echt war, war sie prophetisch: Die *Endurance* verkeilte sich im Packeis und sank dann. Durch ein Wunder überlebte die gesamte Besatzung.

ten, sollten ein Jahrzehnt später an Australien fallen. Zumindest hatten diese Ansprüche eine gewisse geografische Grundlage. In den 1930er-Jahren begannen auch die Norweger, sich einzumischen, und obwohl es zweifellos ein norwegisches Team war, das als erstes den Pol erreichte, lässt sich kaum ein Land finden, das geografisch weniger berechtigt war, Ansprüche auf die Antarktis zu erheben.

Nicht zuletzt waren es die Ansprüche Argentiniens (1932) und Chiles (1940), die eine Rolle spielten. Diese wurden teils durch geografische Erkundungen und teils durch wissenschaftliche Untersuchungen untermauert, aber auch, zumindest im Fall Chiles, durch den Verweis auf den Vertrag von Tordesillas, der – wie Sie sich erinnern werden – bereits 1494 fast die gesamte westliche Hemisphäre für Spanien beansprucht hatte. Das mag zwar seltsam erscheinen, aber in solchen Situationen muss man wohl auf

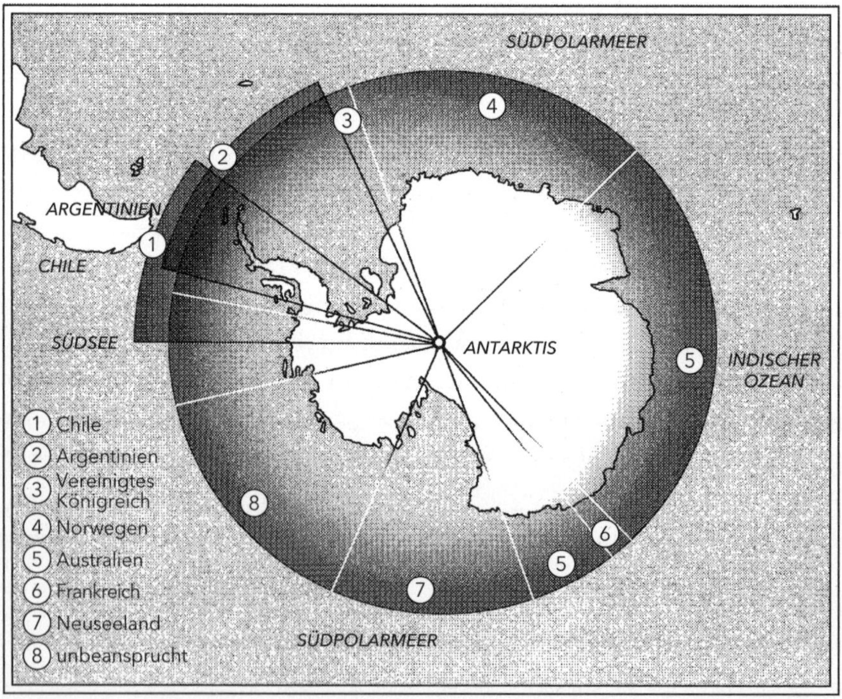

Die sich überschneidenden territorialen Ansprüche, die die Antarktis wie ein Stück Kuchen aufteilen. Einzige Ausnahme ist Marie Byrd Land, unten links, das unbeansprucht bleibt.

das zurückgreifen, was einem zur Verfügung steht. 1948 erkannten die beiden Staaten schließlich die Ansprüche des jeweils anderen an.

Das bedeutet, dass sieben Länder nun offiziell Ansprüche geltend gemacht haben. Ihre Grenzlinien folgen den Längengraden und teilen den eisigen Kontinent wie eine Torte, auch wenn diese Torte einige überschneidende Stücke aufweist – etwas, was bei einer echten Torte nicht vorkommen würde. Ausgeschlossen sind dabei aufgegebene Ansprüche, wie der kurzfristige Versuch Nazi-Deutschlands, einen Teil von Queen Maud Land als »Neues Schwabenland« zu beanspruchen und dies durch das Besprühen mit metallenen Hakenkreuzen zu kennzeichnen. Auch die nie offiziell erhobenen Ansprüche, wie der Versuch des US-Marinepiloten Richard Byrd, der 1929 als erster Mensch den Südpol überflog, ein großes Stück Land für die Vereinigten Staaten in Besitz zu nehmen, indem er einfach eine Flagge aufstellte, sind nicht berücksichtigt. (Dieser Versuch scheiterte zwar – es war ein Verstoß gegen die Politik seiner eigenen Regierung –, aber immerhin führte es dazu, dass der größte unbeanspruchte Landstrich der Erde nach seiner Frau Marie benannt wurde.)

Eine Tatsache und eine Geschichte sollten ausreichen, um einen Eindruck von dem potenziellen Chaos dieser Zeit zu vermitteln. *Tatsache* ist, dass die schmale Halbinsel, die sich von der westlichen Antarktis[122] aus erstreckt, als wolle sie nach Südamerika zeigen, nicht weniger als fünf verschiedene Namen hat. Für die Argentinier, die das Gebiet als Teil ihrer südlichsten Provinz Feuerland, Antarktis und Südatlantische Inseln betrachten, trägt es den Namen San-Martin-Land; für die Chilenen, die es als Teil ihrer südlichsten Provinz Antártica Chilena sehen, wird es O'Higgins-Land genannt. (Bernardo O'Higgins entpuppt sich – auf eine Weise, die Über-

---

122 Es gibt keine Nord- und Süd-Antarktis – oder besser gesagt, in Richtung Pol ist es Süden, in Richtung Küsten ist es Norden, was geografisch gesehen nicht sehr hilfreich ist (innerhalb und außerhalb sind leichter zu begreifen). Ost und West hingegen sind nach Hemisphären unterteilt: Grob gesagt, ist die Ost-Antarktis der Teil, der zum Indischen Ozean zeigt, während die West-Antarktis der Teil ist, der Südamerika zugewandt ist und die Halbinsel umfasst. Tatsächlich ist fast alles eine Halbinsel: Die scheinbare Rundung des Kontinents ergibt sich daraus, dass die riesigen Ronne- und Ross-Eisschilde zwei der Lücken zwischen großen Landmassen ausfüllen. Von den beiden Regionen ist die Ost-Antarktis mehrere Male größer, aber die West-Antarktis enthält das einzige bewachsene Land, ganz am äußersten Ende der Halbinsel, wo man im Hochsommer Moose und Flechten auf den Felsen finden kann. Die Grenze zwischen den beiden verläuft entlang der Transantarktischen Gebirgskette. Nun wissen Sie Bescheid.

raschung und sofortige Schuldgefühle wegen unzureichend begründeter Annahmen hervorruft – als ein Führer der chilenischen Unabhängigkeitsbewegung, der von irischem Adel abstammt.) Für die Briten, die ebenfalls Ansprüche erheben, war es das Graham Land, für die Amerikaner das Palmer Land. Heute ist das Gebiet allgemein als Antarktische Halbinsel bekannt, offenbar zur Vereinfachung.

In der *Geschichte* geht es um die britisch-argentinische Rivalität im Südatlantik und einen Krieg, wenn auch vielleicht nicht den, den Sie erwarten. Etwa zu der Zeit, als die Luftwaffe diese winzigen Hakenkreuze auf Queen Maud Land abwarf, beschlossen die Briten, dass es gute militärische und sicherheitspolitische Gründe für eine Verstärkung ihrer Aktivitäten im tiefen Süden geben könnte. Eine Taskforce, die 1943 das wunderbare Deception Island besuchte, stieß auf einen Messingzylinder, der einen argentinischen Anspruch ankündigte. Die Briten waren darüber entsetzt und zerstörten alle Anzeichen argentinischer Präsenz, hissten den Union Jack, brachten ihren eigenen Besitzanspruch an und gaben den Zylinder an Argentinien zurück – ein netter Schachzug.

All dies warf die Möglichkeit auf, dass das angeblich neutrale Argentinien sich mit Nazi-Deutschland anfreunden und den Verkehr zwischen Atlantik und Pazifik kontrollieren könnte, was in London für etwas Besorgnis sorgte. Und so begann die britische Regierung, Pläne für einen dauerhaften Stützpunkt auf der Insel zu schmieden. Als das mit der Einrichtung beauftragte Team eintraf, fand es jedoch die britische Anspruchserklärung nicht mehr vor, der Union Jack war heruntergerissen und eine argentinische Flagge war an seine Stelle getreten. Hmm.

Der eigentliche Krieg war zwar vorbei, doch der Streit zwischen den Ansprüchen und Gegenansprüchen ging weiter. 1952 kam es sogar zu einer Schießerei, als die argentinische Marine auf eine britische meteorologische Gruppe feuerte, die auf dem umstrittenen Gebiet in der Hope Bay gelandet war. (Die Argentinier entschuldigten sich später.) Auch an anderen Zwischenfällen mangelte es nicht. Um ihren eigenen Anspruch auf Queen Maud Land zu untermauern, unternahmen die Norweger eine gemeinsame Expedition mit den Briten und Schweden. Australien und Frankreich errichteten Stützpunkte; die Südafrikaner hissten ihre Flagge über einigen vorgelagerten Inseln. Die USA weigerten sich weiterhin, die Ansprüche anderer anzuerkennen, obwohl sie selbst einen Stützpunkt besaßen, während die Sowjets so taten, als ob es sie nicht interessierte, und dann klarstellten, dass sie die Ansprüche von niemandem anerkennen würden, wenn nicht jeder sie um Erlaubnis bat. Anfang der 1950er-Jahre war es offensichtlich, dass so etwas wie ein Vertrag notwendig war.

Letztlich war es jedoch nicht die Politik, die dieses Chaos aufklärte, sondern die Wissenschaft. Da die Sonnenfleckenaktivität in den Jahren 1957/58 ihren Höhepunkt erreichen sollte, erklärte die wissenschaftliche Gemeinschaft dieses Jahr zum »Internationalen Geophysikalischen Jahr« und begann mit der Planung von Expeditionen zu einem leeren Kontinent, der aufgrund seiner großen Höhe und der fehlenden Lichtverschmutzung ideal für Sonnenfleckenbeobachtungen war. Um diese Expeditionen zu ermöglichen, stimmten die politischen Führer großmütig einem Moratorium für territoriale Ansprüche zu. Teams aus der ganzen Welt forschten zum Nutzen der gesamten Menschheit, und die Regierungen hielten sich zurück, um sie gewähren zu lassen – plötzlich schienen alle gut zusammen zu spielen.

Im Herbst 1957 begann das US-Außenministerium, die anderen elf Regierungen, die zu dieser Zeit in der Antarktis aktiv waren, zu befragen, um das Moratorium dauerhaft zu sichern. Nach monatelangen Verhandlungen und mehreren Konferenzen ging man schließlich noch einen Schritt weiter: Der am 1. Dezember 1959 unterzeichnete Antarktisvertrag legte den gesamten Kontinent für die friedliche und wissenschaftliche Nutzung fest und vereinbarte, dass die Staaten die Basen der jeweils anderen jederzeit inspizieren durften, um die Einhaltung der Vereinbarungen zu gewährleisten. Der Vertrag trat 1961 in Kraft. Spätere Versuche, den Vertrag anzupassen, um Raum für die Ausbeutung etwaiger Bodenschätze in der Antarktis zu schaffen, sind bisher gescheitert: Der Kontinent ist offiziell ein »Naturreservat, das dem Frieden und der Wissenschaft gewidmet ist«.

Trotzdem bestehen die konkurrierenden Ansprüche weiterhin. In Artikel IV des Vertrages wird ausdrücklich klargestellt, dass die Unterzeichnung der Vereinbarung nicht als Verzicht auf einen der Ansprüche gilt. Darüber hinaus werden immer wieder Versuche unternommen, diese Ansprüche zu bekräftigen. So flogen die Argentinier 1977 eine schwangere Frau zur Entbindung auf die Esperanza-Basis, mit der Begründung, dass eine argentinische Geburt auf der Station ihren Anspruch stärken würde: Emilio Palma wurde am 7. Januar 1978 als erster bekannter Mensch auf dem eisigen Kontinent geboren. 1996 versuchten die Briten, ihre »Soft Power« zu demonstrieren, indem sie einen ihrer Stützpunkte in der Region in das »Penguin Post Office« umwandelten – das südlichste Postamt der Welt, ein echtes Royal-Mail-Sortierbüro mit vier festen Mitarbeitern. Sogar ein Geschenkeladen wurde dort eröffnet.

Ich würde mir auch keine allzu großen Hoffnungen machen, dass es der Wissenschaft gelingen wird, weitere Streitigkeiten aufzuschieben. Seit Beginn der 1980er-Jahre haben sich rund zwei Dutzend Länder der Kommission für die Erhaltung der lebenden Meeresschätze der Antarktis angeschlossen, deren Ziel es ist, für die Meere um die Antarktis das zu tun, was der Vertrag für den Kontinent selbst getan hat. Doch während ein kleines Gebiet vor den südlichen Orkneys und ein viel größeres im Rossmeer unter Schutz gestellt wurden, scheiterten andere Vorhaben an der Schwierigkeit, Einstimmigkeit zu erzielen. Im Jahr 2016 schlug die Kommission vor, ein Gebiet an der antarktischen Küste, das fünfmal so groß ist wie Deutschland, in ein riesiges Naturschutzgebiet zu verwandeln, in dem Fischfang und Jagd verboten und Pinguine, Robben und Wale geschützt werden sollten. Doch 2018 gerieten die Pläne ins Stocken, als Russland, Norwegen und China – das übrigens nicht zu den Ländern gehört, die den Antarktisvertrag ursprünglich unterzeichnet hatten – sich weigerten, sie zu unterstützen. Wissenschaft ist schön und gut, aber nationale Interessen haben immer noch die lästige Angewohnheit, sie zu überstimmen.

Der Antarktisvertrag ist seit über 60 Jahren in Kraft, aber im Lauf der Geschichte ist das nichts. Und im Jahr 2048 steht er zur Überprüfung an. Vor Millionen und Abermillionen von Jahren war der eisige Kontinent mit Tropenwald bedeckt: Unter dem Eis könnten sich Öl oder andere Bodenschätze befinden. Wie sicher können wir sein, dass die Entspannung hält, wenn es uns dank menschlicher Erfindungsgabe gelingt, an das Material heranzukommen?

DAS ANDERE, GRÖSSERE, MUSIKALISCHERE EUROPA

Der Europäische Rundfunkraum

Im Jahr 1974 stand die Popgruppe Abba vor ihrem Waterloo – und gewann den Wettbewerb für Schweden. Genau 32 Jahre später verkleideten sich die Mitglieder einer Heavy-Metal-Band namens Lordi als Monster und die Krone ging an Finnland. Zweimal, 2003 und 2021, hat Großbritannien im Endergebnis *null Punkte* erreicht.

Der Eurovision Song Contest (ESC) kann eine Menge Spaß machen, vor allem wenn man die Mischung aus Musik und Politik betrachtet. Auch wenn es da Länder gibt, die ohne Schamgrenzen für ihre Nachbarn stimmen. Andere wiederum nutzen ihre Lieder – mit einer Tanzeinlage –, um politische Aussagen über etwas Schreckliches zu machen, das ein anderes Land ihnen im 20. Jahrhundert zugefügt hat, was natürlich zu diplomatischen Spannungen führt.

Aber der ESC kann auch recht verwirrend sein, selbst wenn man die Szenen außer Acht lässt, in denen Leute versuchen, unter Scheinwerfern zu flotter Popmusik zu tanzen, während sie schwere Trachten tragen, oder wenn jemand – in einem Fall – als riesige Hand verkleidet ist.[123] Das liegt

123 Deutschlands Beitrag zum Eurovision Song Contest 2021, »I Don't Feel Hate« von Sänger Jendrik Sigwart. Das Kostüm in Form einer Hand sollte eigentlich einen Mittelfinger darstellen, wie es in den Songtexten erwähnt wird. Die Regeln des Eurovision Song Contests verhinderten jedoch, dass so etwas Provokantes auf der Bühne getragen wurde, aber anscheinend gaben sich die Verantwortlichen mit einem Kostüm zufrieden, das zwei erhobene Finger zeigte, da dies

daran, dass einige der teilnehmenden Länder, obwohl die Show im wahrsten Sinne des Wortes *Euro*vision heißt, augenscheinlich nicht in Europa liegen. Es gibt die drei Länder der Kaukasusregion: Zwei von ihnen, Georgien und Aserbaidschan, haben kleine Gebirgsausläufer auf der europäischen Seite, während das dritte, Armenien, eindeutig auf der asiatischen Seite liegt. Dann gibt es noch Israel, das seit 1973 in den meisten Jahren teilgenommen und viermal gewonnen hat, obwohl es geografisch im Nahen Osten liegt. Marokko nahm 1980 teil, während der Libanon und Tunesien es zunächst versprachen, sich aber dann zurückzogen. Am überraschendsten ist jedoch, dass Australien seit 2015 mit dabei ist.

Das macht mindestens vier Länder, die am Eurovision Song Contest teilgenommen haben, und zwei weitere, die nahe dran waren, obwohl sie außerhalb von Europa liegen. Der Grund dafür ist, dass die Eignung eines Landes für die Teilnahme am ESC erstaunlich wenig damit zu tun hat, ob es sich tatsächlich in der geografischen Region von Europa befindet.

Die Gründung der Eurovision in den 1950er-Jahren hatte denselben Hintergrund wie die Entstehung der Europäischen Gemeinschaft für Kohle und Stahl (EGKS): die Überzeugung, dass grenzüberschreitende Zusammenarbeit zwischen den europäischen Nationen der beste Weg wäre, einen weiteren verheerenden Krieg auf dem Kontinent zu verhindern. Während der Prozess, der zu den Römischen Verträgen und später zur EU führte, politischer Natur war, wollte die Europäische Rundfunkunion (EBU) – ein Zusammenschluss öffentlich-rechtlicher Rundfunkanstalten aus ganz Westeuropa – dies im Bereich der Unterhaltung umsetzen. Zu diesem Zweck gründete sie sowohl die Eurovision (ihren Fernsehzweig) als auch Euroradio, um (was vermutlich bereits zu erahnen ist) Live-Übertragungen an ihre Mitglieder in ganz Europa zu verteilen. Zu den ersten großen Ereignissen gehörten die Krönung von Königin Elisabeth II., das Narzissenfest in Montreux und eine Tournee durch den Vatikan, bei der der apostolische Segen von Papst Pius XII. übertragen wurde.

Ab 1955 war die EBU jedoch auf der Suche nach neuen Initiativen, die idealerweise etwas von der Spannung und den Wettbewerbsvorteilen des

als Friedenszeichen galt – obwohl die Tänzerin, Sophia Euskirchen, den Arm einfach senken konnte, um den Mittelfinger zu zeigen.

Live-Sports haben sollten. (Wie auch immer die Krönung ablief, es gab kaum Zweifel daran, wer am Ende gekrönt werden würde.) Im Januar desselben Jahres trat der neu gegründete Programmausschuss in Monte Carlo zusammen und genehmigte zwei Pläne. Der eine war ein Wettbewerb für Amateur-Entertainer, eine Art ursprüngliches *Europe's Got Talent*, der jedoch schnell wieder verworfen wurde (man vermutet, dass die Sprachbarriere ein Problem war). Der andere Contest hingegen war vielversprechender. Sergio Pugliese von der italienischen Rundfunkanstalt RAI schlug einen Gesangswettbewerb vor, eine Idee, die ungeniert von dem rein italienischen Wettbewerb übernommen wurde, der seit 1951 jedes Jahr ein paar Kilometer von Monte Carlo entfernt in Sanremo stattfand.

Der erste Grand-Prix Eurovision de la Chanson Européenne fand im Mai 1956 im schweizerischen Lugano statt. Nur sieben Länder traten an (merkwürdigerweise die sechs Mitglieder der EGKS und die Gastgeber); jedes Land bot zum ersten und einzigen Mal zwei Lieder an. Und nach einer Sendezeit von nur 1 Stunde und 40 Minuten gewann die Schweiz.

Der Grund für die Beschränkung auf ein einziges Lied bei allen zukünftigen Wettbewerben war die rasante Zunahme der teilnehmenden Länder. Diese wuchs sehr schnell. Bis 1961 hatte sich die Zahl der teilnehmenden Nationen bereits verdoppelt, und bis 1978 stieg sie auf 20. Im 21. Jahrhundert, als die Zahl der Beiträge regelmäßig über 40 lag und niemand mehr bereit war, sechs bis acht Stunden Europop und Geopolitik zu ertragen, führte die Eurovision Halbfinals für alle Länder ein – mit Ausnahme des Gastgeberlandes und der »Big Five«, die einen Beitrag zum EBU-Budget leisten (Frankreich, Deutschland, Italien, Spanien und Großbritannien).

Insgesamt haben 52 Länder an der Eurovision teilgenommen, von denen 51 noch existieren.[124] Die Zahl der souveränen Staaten in der Region hat sich seit den 1990er-Jahren dank der Auflösung der UdSSR und Jugoslawiens deutlich erhöht, aber trotzdem gibt es nicht 51 Länder in Europa. Bei den weitesten Definitionen, die jeden anerkannten souveränen Staat einschließen, der auch nur den kleinsten Winkel des Kontinents einnimmt, kommt man nur auf 50.

---

124 Jugoslawien: Die sowjetische Welt nahm erst nach der Auflösung der UdSSR am Wettbewerb teil.

Der Grund für diese Diskrepanz liegt natürlich in den verschiedenen eindeutig nichteuropäischen Ländern, die teilgenommen haben. *Dies* ist darauf zurückzuführen, dass die Europäische Rundfunkunion (EBU) ihre eigene Definition von Europa hat. Ein Land kann der EBU beitreten und somit am Eurovision Song Contest teilnehmen, wenn es sich in einem Gebiet befindet, das von der Internationalen Fernmeldeunion, einer UN-Organisation, wie folgt definiert wird:

> Der »Europäische Rundfunkraum« (EBA) wird im Westen durch die Westgrenze der Region 1, im Osten durch den Meridian 40° Ost von Greenwich und im Süden durch den Breitengrad 30° Nord begrenzt, sodass der nördliche Teil Saudi-Arabiens und die Mittelmeerländer, die innerhalb dieser Grenzen liegen, eingeschlossen sind. Darüber hinaus gehören Armenien, Aserbaidschan, Georgien sowie Teile des irakischen, jordanischen, syrischen, türkischen und ukrainischen Hoheitsgebiets, die außerhalb der genannten Grenzen liegen, ebenfalls zum Europäischen Rundfunkraum.

Alles klar? Gut.[125]

In der Praxis bedeutet das, dass der EBA das Gebiet zwischen dem Atlantik, einer Linie, die etwas östlich von Moskau und Sotschi verläuft, und einer weiteren Linie, die leicht südlich von Kairo verläuft, umfasst (dieser Abschnitt war, wie Sie sich vielleicht erinnern, vor Tausenden von Jahren die Grenze zwischen Ober- und Unterägypten). Dann wurde das Gebiet etwas erweitert, um sicherzustellen, dass bestimmte Länder in Osteuropa und im Nahen Osten vollständig eingeschlossen sind. Im Jahr 2007 wurde

---

125 Eigentlich vereinfache ich es nur, um das Buch leserlich zu halten; der vollständige Text ist noch viel komplizierter. Wie wird die westliche Grenze der Region 1 definiert? Durch die »Linie B«: »Eine Linie, die vom Nordpol entlang des Meridians 10° westlich von Greenwich verläuft bis zu dessen Schnittpunkt mit dem Parallelkreis 72° Nord; von dort verläuft sie entlang des Großkreisbogens zum Schnittpunkt des Meridians 50° West und des Parallelkreises 40° Nord; weiter entlang des Großkreisbogens bis zum Schnittpunkt des Meridians 20° West und des Parallelkreises 10° Süd; und schließlich entlang des Meridians 20° West bis zum Südpol.« Eine andere Möglichkeit, das auszudrücken, wäre »der Atlantische Ozean«, aber wenn wir aus diesem Buch etwas gelernt haben, dann sicherlich, dass gerade diese Art von Unklarheit all die Probleme verursacht.

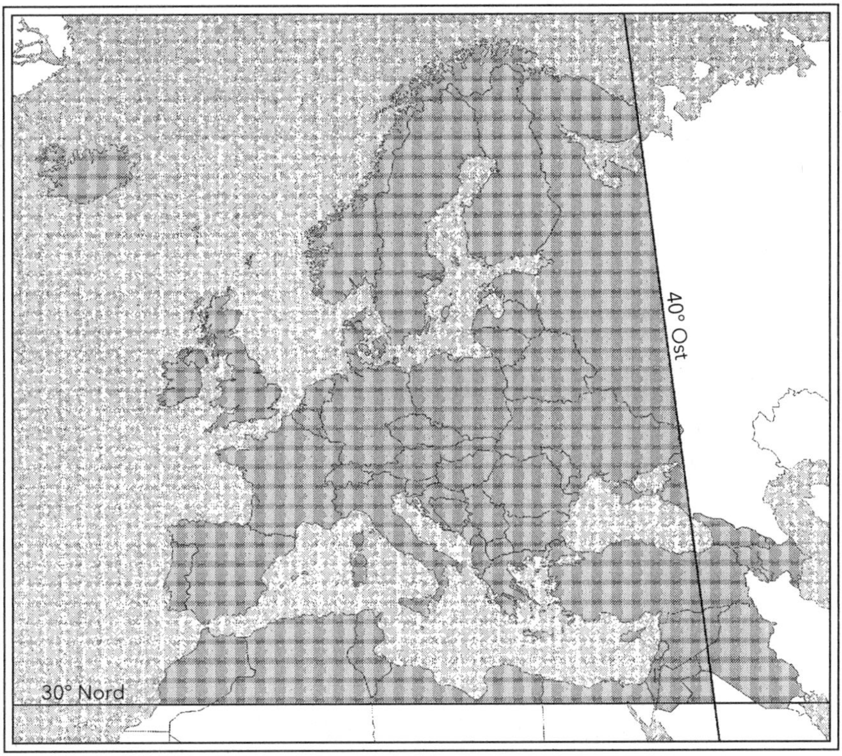

Der Europäische Rundfunkraum, hier grau schattiert. Beachten Sie die Erweiterungen um die Kaukasusländer und die Randgebiete der Ukraine, der Türkei, Syriens, Jordaniens und des Irak

es weiter ausgedehnt, um drei Länder im Kaukasus[126] einzuschließen, die ursprünglich außerhalb dieser Zone lagen. Das bedeutet, dass der EBA 60 weltweit anerkannte souveräne Staaten umfasst: 49 in Europa und 11 (Marokko, Algerien, Tunesien, Libyen, Ägypten, Israel, Jordanien, Saudi-Arabien, Irak, Syrien, Libanon) außerhalb Europas.[127]

126 Obwohl der westlichste Punkt Georgiens weniger als 500 Meter vom Meridian entfernt ist.

127 Sie fragen sich, warum es 50 Staaten mit Territorium in Europa gibt, aber nur 49 davon in der EBA, oder? Ich wusste, dass Sie das fragen. Keine Sorge, wir kommen gleich darauf zu sprechen.

Könnten wir also eines Tages eine Eurovision mit 60 Nationen erleben? Nun, wahrscheinlich nicht. Einige Länder – Syrien, Saudi-Arabien, Irak – sind nicht in der EBU vertreten, auch wenn sie theoretisch teilnahmeberechtigt sind. Und selbst diejenigen, die dabei sind, wollen vielleicht nicht mitmachen. Marokko nahm immerhin 1980 mit Samira Bensaïds »Bitaqat Hub« teil, dem einzigen Beitrag, der jemals aus einem nordafrikanischen Land kam, und dem einzigen, der auf Arabisch gesungen wurde. Es belegte den vorletzten Platz, und die marokkanischen Behörden waren so verärgert, dass sie schworen, nie wieder teilzunehmen.

Und dann gibt es noch die Sache mit Israel. Tunesien hatte 1977 vor, am Wettbewerb teilzunehmen, zog sich jedoch in letzter Minute zurück. Der genaue Grund wurde nie offiziell genannt, aber es wird allgemein angenommen, dass die tunesische Regierung sich nicht mit dem jüdischen Staat messen wollte. Im darauffolgenden Jahr verweigerten die jordanischen Behörden die Ausstrahlung des israelischen Beitrags und zeigten stattdessen Bilder von Blumen. Als sich abzeichnete, dass Israel gewinnen würde, wurde die Übertragung vollständig abgebrochen und der Preis einseitig an Belgien, den Zweitplatzierten, vergeben.

Noch 2005 plante der libanesische Sender Télé Liban, diesen Trick zu wiederholen und die Gesetze gegen die Ausstrahlung israelischer Inhalte zu umgehen, indem er den israelischen Beitrag einfach wegschnitt und so tat, als gäbe es ihn nicht. Die Eurovision erklärte, dass dies nicht in Ordnung sei, und so zog sich der Libanon aus dem Wettbewerb zurück. Nachdem Israel den Wettbewerb 2018 und damit das Recht, den Wettbewerb 2019 auszurichten, gewonnen hatte, twitterte der israelische Kommunikationsminister Julien Bahloul, dass er persönlich eine Reihe von Ländern des Nahen Ostens einladen werde, nächstes Jahr teilzunehmen. Da einige der genannten Länder jedoch weit außerhalb des Europäischen Rundfunkraums liegen und definitiv nicht teilnahmeberechtigt sind, hat man nichts mehr von ihnen gehört.

Heutzutage wird der Wettbewerb, wenn überhaupt, kleiner. Im Jahr 2021 wurde Belarus wegen Bedenken in Bezug auf die Medienfreiheit aus der EBU ausgeschlossen; Russland folgte ein Jahr später wegen des Einmarsches in der Ukraine. Das Bekenntnis der Union zu liberalen Grundwerten lässt es äußerst unwahrscheinlich erscheinen, dass Kasachstan – das in

Europa, wenn nicht sogar in der EBA, einen Platz hat – in absehbarer Zeit zum Beitritt eingeladen wird. Es stellt sich auch die Frage, ob zum Beispiel Saudi-Arabien zur Teilnahme zugelassen würde, falls es aus irgendeinem Grund Interesse bekunden sollte.

Es ist erwähnenswert, dass es auch in Europa einige Länder gibt, die noch nie teilgenommen haben. Das einzige Mal, als Liechtenstein in den 1970er-Jahren eine Teilnahme in Erwägung zog, wurde es mit der Begründung, dass es kein Mitglied der EBU ist, präventiv disqualifiziert. Auch der Vatikan hat noch nie teilgenommen, was – berücksichtigt man das Talent der dortigen Bewohner für Kostümierungen – eine Schande ist. Der Traum von einer Eurovision mit 50 Ländern, die sich möglicherweise über Wochen hinzieht, wird also wohl ein Traum bleiben.

Abgesehen davon darf Australien – das definitiv weder nördlich von Kairo noch westlich von Moskau liegt – teilnehmen, weil der Wettbewerb dort eine Menge Fans hat. Wer weiß also, wie die Organisatoren der Eurovision die Grenzen Europas in den kommenden Jahrzehnten festlegen werden?

GRENZEN IN DER LUFT

Wie der Luftfahrtsektor die Welt zerteilt

An einem Donnerstagmorgen im Dezember 1903, gegen 10:35 Uhr, war Orville Wright der erste Mensch, der jemals erfolgreich ein Flugzeug gesteuert hat. Zugegebenermaßen ist das Wort »erfolgreich« ziemlich großzügig definiert, denn der erste Flug in Kitty Hawk, North Carolina, dauerte nur zwölf Sekunden und hatte eine Reichweite von 36 Metern. Nichtsdestotrotz markiert dieses Ereignis den Beginn eines neuen Stadiums in der Geschichte der Menschheit – einer Phase, in der es möglich war, die Grenzen der Erde mit Maschinen zu überwinden, die schwerer als Luft sind.

Im Jahr 2017 befanden sich laut Daten von FlightAware rund eine Million Menschen zu einem bestimmten Zeitpunkt in der Luft. Zu der Zeit, als die ersten Pharaonen Ägypten einigten, also nur 5000 Jahre bevor der Wright Flyer den Boden verließ, gab es wahrscheinlich deutlich weniger als 50 Millionen Menschen auf dem gesamten Planeten: Die Vorstellung, dass eine Million von uns zu einem bestimmten Zeitpunkt in der Luft sein könnte und dass dies keine besondere Leistung ist, sondern einfach der Lauf der Dinge, sollte uns immer wieder aufs Neue verblüffen.

In der Luft über uns gibt es natürlich keine Meere, Berge und Ressourcenbeschränkungen, die die Menschheit dazu veranlasst haben, den Boden unter uns in Teile zu zerlegen. Doch selbst dort haben wir Gründe gefunden, sie mithilfe künstlicher Linien zu zerschneiden.

Natürlich würde keine vernünftige Regierung die vollständige Kontrolle über ihren eigenen Luftraum aufgeben. Aber ein System, bei dem jedes Land seinen Luftraum eifersüchtig und ohne Rücksicht auf seine Nachbarn schützt, würde auf dramatische und sichtbare Weise scheitern. Die Bemühungen, einen Kompromiss zu finden, der sicherstellt, dass niemand Gefahr läuft, von Bomben oder brennenden Flugzeugteilen getroffen zu werden, sind daher fast so alt wie die Luftfahrt selbst. Schon 1919 waren sich die Teilnehmer der Pariser Friedenskonferenzen einig, dass angesichts der Luftkriege, die die Welt gerade erlebt hatte, ein guter Zeitpunkt für eine Regulierung des Luftverkehrs gekommen wäre.

Neben verschiedenen anderen Verträgen, die aus diesem Prozess entstanden, wurde das »Übereinkommen über die Regelung der Luftfahrt« verabschiedet. Darin wurden sowohl der Grundsatz der souveränen Kontrolle des Luftraums als auch die erste zuständige Behörde, die Internationale Kommission für Flugnavigation, die mit der Regulierung des gesamten Sektors beauftragt wurde, festgelegt. Sowohl die Theorie der souveränen Luftraumkontrolle als auch die Anerkennung der Notwendigkeit einer internationalen Organisation, die diese Kontrolle umsetzt, bestehen bis heute, auch wenn sich die Details mit der Zeit verändert haben. Heute wird diese Aufgabe von der Internationalen Zivilluftfahrt-Organisation (ICAO) wahrgenommen, die Teil der UNO ist und durch das Chicagoer Abkommen von 1944 gegründet wurde.

Eine ihrer wichtigsten Aufgaben besteht darin, den Luftraum in Abschnitte zu unterteilen, die in Form oder Größe praktischer sind als die darunter liegenden Landflächen. Anfangs wurden die ICAO-Regionen nach Kontinenten eingeteilt, um den Planeten in Bereiche zu gliedern, in denen es für Fluglotsen sinnvoll ist, ständig in Kontakt zu bleiben und sich eng abzustimmen – Australien oder die USA mögen in gewisser Weise isoliert funktionieren, aber wenn man die Flugsicherung (ATC) für Belgien leitet, möchte man wahrscheinlich auch wissen, was in den Niederlanden und Frankreich passiert. Zunächst gab es zehn solcher Regionen, doch nach mehreren Umstrukturierungen sind es mittlerweile nur noch neun, die nur noch lose mit den Kontinenten auf der Erde verbunden sind. Die europäische Region umfasst, wie das Römische Reich und der Eurovision Song Contest, auch Nordafrika und die Levante; die karibische Region schließt

Mexiko und das nördliche Südamerika mit ein; der Nordatlantik und der Pazifik sind eigene Regionen und so weiter.

Unterhalb dieser Regionen befinden sich die »Fluginformationsgebiete« (Flight Information Regions, kurz FIRs), die festlegen, wer für die Verwaltung der vorbeifliegenden Flugzeuge zuständig ist (in der Regel eine Regierungsbehörde, z. B. die britische Zivilluftfahrtbehörde oder die US-Bundesluftfahrtbehörde). In seiner Kolumne in der *Financial Times* hat der Pilot Mark Vanhoenacker die FIRs als »die Länder des Himmels« bezeichnet. Aber auch diese Länder passen nicht ganz auf die Weltkarte, die wir alle kennen.

Zum einen müssen sie nicht nur das Land, sondern auch das Meer überwachen, denn auch dort möchte niemand, dass Flugzeuge kollidieren. Küstengewässer werden in der Regel demselben FIR zugeordnet wie das benachbarte Land, während weiter entfernte internationale Gewässer in sogenannte »ozeanische« Sektoren unterteilt werden, die normalerweise der nächstgelegenen Behörde zugewiesen werden. Ein großer Teil des nordöstlichen Atlantiks wird beispielsweise als »Shanwick Oceanic« bezeichnet – ein Name, der sich aus den Städten Shannon und Prestwick zusammensetzt, den Standorten der zuständigen Flugsicherungsstellen in Irland und Großbritannien, obwohl es diesen Ort so nicht gibt.

Ein weiterer Faktor ist, dass die Länder auf dem Boden (wie Sie vielleicht bemerkt haben) sehr unterschiedliche Größen haben. Um diesem Umstand gerecht zu werden, sind viele von ihnen in mehrere FIRs unterteilt (Frankreich hat 5, die USA 20), wobei jedes dieser Gebiete über ein eigenes Flugsicherungszentrum verfügt. Auf der anderen Seite schließen sich einige kleine Staaten einfach mit einem Nachbarn zusammen – so wird beispielsweise Luxemburg von Brüssel aus betreut, weil es unsinnig wäre, dies anders zu handhaben.

Schließlich gibt es auch Gruppen von Ländern, die die Flugsicherung an gemeinsame internationale Agenturen übertragen haben. Zu diesen gehört die ASECNA, die seit 1959 einen großen Teil Westafrikas sowie verwirrenderweise auch Madagaskar, das mehrere Tausend Kilometer südöstlich liegt, abdeckt. Ebenso die COCESNA, die seit 1960 für die Flugsicherung in sechs verschiedenen mittelamerikanischen Ländern zuständig ist. Angesichts der Tatsache, dass einige der beteiligten Länder zeitweise im Krieg waren, stellt dies eine bemerkenswerte Leistung im Bereich des Vertrauensaufbaus dar.[128]

Als Kontinent mit überwiegend kleinen Ländern hat Europa die komplexesten Luftraumgrenzen und bemüht sich, diese auf ähnliche Weise zu vereinfachen. Die Europäische Kommission, die Exekutive der damals noch souveränen Europäischen Union, strebt die Einführung einer »Initiative für einen einheitlichen europäischen Luftraum« an. Diese würde den Kontinent in eine Reihe von »funktionalen Luftraumblöcken« unterteilen, die sinnvoller sind als das derzeitige Durcheinander nationaler Grenzen. Dadurch könnten die Effizienz gesteigert, die CO_2-Emissionen gesenkt und die Anzahl der teuren Fluglotsen, die der Kontinent benötigt, verringert werden. Eine großartige Idee, oder?

Leider hat sich herausgestellt, dass die nationalen Regierungen nicht gerade begeistert sind, wenn es darum geht, gut bezahlte Arbeitsplätze abzubauen. Ebenso wenig wie die Übertragung der Kontrolle über den Luftraum an ein supranationales Gremium (die EU-Länder verwalten ihre Verteidigungspolitik nach wie vor weitgehend selbst). Bislang ist der einheitliche europäische Luftraum also noch in ein paar Dutzend Teile zerlegt.

Ein noch schwierigeres Problem entstand 2014 auf dem Kontinent, als Russland im Zuge der Invasion der Krim die Kontrolle über die lokalen Flugsicherungsfrequenzen übernahm. Nach Ansicht der ICAO handelte es sich dabei aber immer noch um ukrainischen Luftraum. All dies führte zu der beunruhigenden Aussicht, dass zwei verschiedene nationale Luftfahrtbehörden denselben Flugzeugen über dieselbe Region widersprüchliche Ratschläge erteilten – ein so offensichtliches Rezept für eine Katastrophe, dass die europäischen Regierungen einfach allen rieten, nicht mehr durch

---

128 Es gibt noch weitere Besonderheiten. In einigen Bereichen ist der Luftraum auch in untere und obere Schichten unterteilt, die als FIRs (siehe oben) und UIRs (Upper Information Regions) bezeichnet werden und etwas unterschiedliche Grenzen haben. Es gibt Unterschiede zwischen »kontrolliertem Luftraum«, der in mehreren Stufen unterteilt ist und unterschiedliche Ebenen der Zusammenarbeit mit der Flugsicherung erfordert, wobei die Piloten den Anweisungen folgen müssen, und »unkontrolliertem Luftraum«, in dem sie dies nicht tun – eine Art Äquivalent zum Offroad-Fahren in der Luftfahrt. Zudem gibt es »Sektoren«, die von den FIRs selbst je nach Verkehrsaufkommen nach Belieben erstellt oder zusammengelegt werden können, eine Art äquivalente Form der lokalen Luftverkehrsverwaltung. Aber ich fürchte, selbst wenn man all dies in eine Fußnote packt, bürdet man dem Leser allzu viele unerwünschte Details auf, also lassen wir es dabei bewenden.

diese Region zu fliegen. Westliche Fluggesellschaften handelten in der Regel entsprechend, strichen einige Flüge und leiteten viele weitere um, sodass die russische Fluggesellschaft Aeroflot paradoxerweise den nun ungenutzten Luftverkehrsmarkt der Krim dominieren konnte. Oh je.

Auch wenn einige Regionen zeitweise von mehr als einer Flugverkehrskontrolle beansprucht wurden, gibt es einige, die absichtlich keiner zugewiesen wurden. Eine davon ist ein Abschnitt des Pazifiks südlich von Mexiko und westlich von Peru – offenbar ein Versuch, die menschlichen Aktivitäten auf den Galapagosinseln zu begrenzen. Um die reiche Tierwelt zu schützen, müssen alle Reisen dorthin aufgrund eines internationalen Abkommens im nahe gelegenen Ecuador beginnen.

Die andere Region, die von der Karte der Luftverkehrskontrolle gestrichen wurde, ist ein winziger Landstrich nördlich der Barentssee, der aufgrund eines jahrzehntelangen Grenzstreits zwischen Norwegen und Russland durch die Maschen schlüpfte. (Dieser wurde 2010 durch einen staatsmännischen, aber uninteressanten Kompromiss beigelegt, aber die Flugsicherungsbranche hat sich nur langsam darauf eingestellt). Die vergessene Region ist nur ein paar Kilometer breit und lässt sich schnell überqueren. Aber, so schrieb Vanhoenacker in seiner oben erwähnten Kolumne im Dezember 2021, »es ist nicht schwer, sich vorzustellen, wie jedes Kind, das Weihnachten liebt, in der schönsten Nacht des Jahres das Geheimnis erraten könnte, das es birgt«. Vielleicht ist es das nicht. Aber alle fliegenden Schlitten in der Gegend sollten sich trotzdem vor Flugzeugen in Acht nehmen. Niemand sonst tut das.

DIE LETZTE GRENZE

Wo beginnt der Weltraum, und wem gehört er?

Im Sommer 2021 begann auf der Erde ein neuer Wettlauf ins All. Das erste Rennen, das die Welt der 1950er- und 1960er-Jahre beherrschte, war Teil eines existenziellen Kampfes zwischen den USA und der UdSSR, dem Westen und dem Osten, dem Kapitalismus und dem Kommunismus, der Freiheit und dem Totalitarismus. Das zweite hatte dagegen eher die Qualität eines schwanzwedelnden Wettstreits zwischen zwei Männern mittleren Alters, die viel zu reich für ihr eigenes Wohl waren.

In der roten Ecke saß der Brite Richard Branson, der milliardenschwere Gründer der Virgin Group – Virgin Mobile, Virgin Money, Virgin Active (Fitnessstudios), Virgin Atlantic (Fluggesellschaften) und so weiter, dessen Virgin Galactic seit 2003 mit mehr oder weniger großem Erfolg Dinge in den Himmel schießt. In der blauen Ecke saß Jeff Bezos, Gründer von Amazon und damals der reichste Mann der Welt, dessen Blue Origin seit 2005 das Gleiche tat. Beide hofften, dass ihr Unternehmen das erste sein würde, das Passagieren die Möglichkeit bieten würde, ein Ticket in den Weltraum zu einem Preis zu kaufen, der lediglich einer Hypothek ähnelte und nicht dem BIP einer kleinen Nation. Beide – auch wenn sie es nie zugeben würden – müssen besorgt gewesen sein, dass der andere zuerst ankommen würde.[129]

---

129 Auch Elon Musks SpaceX war an dem privaten Rennen ins All beteiligt, wenn auch nicht an diesem speziellen Geplänkel. Es ist zumindest auffällig, dass all diese Männer ihr Vermögen

Am Ende sicherte sich Virgin die Goldmedaille, indem es die clevere Taktik anwendete, »den Starttermin etwas vorzuverlegen«. Am 11. Juli 2021 postete Branson ein Video von sich selbst, schwerelos in der Kabine der VSS *Unity*, 86 Kilometer über der Erde. Leider schenkten ihm die wenigsten Menschen auf unserem Planeten Aufmerksamkeit, denn Virgin hatte den Flug unglücklicherweise so geplant, dass er mit dem Finale der Fußballeuropameisterschaft zusammenfiel. (England verlor nach einem 1:1-Unentschieden in der Verlängerung im Elfmeterschießen 3:2 gegen Italien).

Blue Origin schien sich jedoch nicht entmutigen zu lassen. Zwei Tage zuvor hatte das Unternehmen eine Grafik getwittert, in der es seine eigenen Errungenschaften – wie die Anzahl der durchgeführten Flüge, das Vorhandensein eines »Rettungssystems« und die Tatsache, dass es »die größten Fenster im Weltraum« bietet – mit denen von Virgin verglich. Zudem wurde darauf hingewiesen, dass für »96 Prozent der Weltbevölkerung der Weltraum in 100 Kilometern Höhe an der international anerkannten Kármán-Linie beginnt«. Das eigene Raumschiff, *New Shepard*, »wurde so entwickelt, dass es oberhalb der Kármán-Linie fliegt, damit keiner unserer Astronauten ein Asterisk neben seinem Namen hat«. Bransons Raumflug, so ließ Blue Origin durchblicken, zähle nicht – ebenso wenig wie der eines jeden Passagiers, der sich entschlossen hat, sein Geld für eine Reise mit Virgin Galactic zu verschwenden.

Ach ja, und aus den Fenstern würden sie auch nicht viel sehen können.

Wer diese neue Phase des Wettlaufs um den Weltraum wirklich gewonnen hatte, würde mit anderen Worten auf die Frage nach einer Grenze hinauslaufen: Wo endet die Erdatmosphäre und wo beginnt der Weltraum?

Die bekannteste Antwort auf diese Frage stammt aus dem Jahr 1957 von einem Mann, der sie möglicherweise gar nicht beantworten wollte: einem ungarischen Physiker und Raumfahrtingenieur namens (wie Sie vielleicht schon erraten haben) Kármán. Sein vollständiger Name war Theodore von

---

betrachtet und sofort den Blick auf die Raumfahrt gerichtet haben. Stellen Sie sich vor, was sie hätten erreichen können, wenn sie stattdessen an Gesundheitsversorgung interessiert gewesen wären? Oder daran, Schulen oder Straßen in der Entwicklungsländern zu bauen? Oder, hey, einfach ihren Mitarbeitern eine Gehaltserhöhung zu geben?

Kármán, und er war sowohl in der Luft- und Raumfahrt tätig, die sich mit dem Fliegen innerhalb der Atmosphäre beschäftigt, als auch in der Astronautik, die das Fliegen außerhalb der Atmosphäre umfasst. Laut seiner Theorie muss irgendwann das eine dem anderen weichen. Er setzte die Grenze dort, wo die Luft zu dünn wird, um aerodynamischen Auftrieb zu erzeugen. Die Fédération Aéronautique Internationale (FAI), der weltweite Verband für den Luftsport, legte später die Höhe, in der dies geschieht, auf verdächtig runde 100 Kilometer fest. Mit dieser Definition hatte das Social-Media-Team von Blue Origin völlig recht: Richard Branson war tatsächlich noch nie im Weltraum.

Kármán selbst beabsichtigte jedoch nicht, eine endgültige Antwort auf die Frage zu geben, wo der Weltraum beginnt. Vielmehr wollte er lediglich den Punkt bestimmen, an dem Flugzeuge nicht mehr flugfähig sind. Zudem lagen seine Berechnungen bei etwa 84 Kilometern, und irgendwann hatte jemand begonnen, aufzurunden. Die VSS *Unity* hat diese Grenze knapp überschritten.

Warum gibt es diese Ungenauigkeit bei der Zahl? Schließlich wurde die Kármán-Linie unter Wissenschaftlern intensiv diskutiert und erörtert? Sie resultiert aus Gesprächen auf Konferenzen, an denen die klügsten Köpfe teilgenommen haben, die sich mit solchen Themen befassen, und Kármán selbst hat sie in seiner posthum veröffentlichten Autobiografie *Die Wirbelstraße: Mein Leben für die Luftfahrt* thematisiert. Sie wurde jedoch nie offiziell in einer von Fachleuten begutachteten Zeitschrift veröffentlicht. Laut dem Astrophysiker und Raumfahrthistoriker Jonathan McDowell handelt es sich daher nicht um anerkannte Wissenschaft, sondern um ein sogenanntes »Volkstheorem«. Das bedeutet: Virgin könnte die Kármán-Grenze überschritten haben, aber diese Grenze ist vielleicht ohnehin nicht so aussagekräftig.

Der Versuch von Blue Origin, die Leistung seines Konkurrenten abzuwerten, wirkt ziemlich fragwürdig. Aber auch die Behauptung, dass die Definition des Weltraumrandes »international anerkannt« sei, ist nicht ganz überzeugend. Zwar wird sie von der UNO anerkannt, aber viele andere Organisationen, die näher am Wettlauf um den Weltraum dran sind, haben ebenfalls eine Vielzahl anderer Grenzen akzeptiert. Ein Papier aus dem Jahr 2014 mit dem Titel »Where is Space? And Why Does That Matter?«, verfasst von zwei Forschern des Institute for Defense Analyses, nannte einen Bereich von 80 Kilometern (»ungefähr der Punkt, an dem aerodynamische Steuerflächen nicht mehr effektiv sind«) bis hin zu 129 bis 150 Kilometern (eine seltsam großzügige Zahl, die in einem Referenztext des US-Militärs als niedrigster Punkt für eine Umlaufbahn angegeben wird). Sowohl das US-Militär als auch die NASA haben zu verschiedenen Zeiten und aus unterschiedlichen Gründen verschiedene Definitionen verwendet. Die NASA folgte früher der Definition der FAI, wechselte jedoch 2005 zu der niedrigeren Definition des US-Militärs (50 Meilen, also etwas mehr als 80 Kilometer), offenbar um zu verhindern, dass sich einige Piloten als »echte« Astronauten bezeichnen konnten, während andere, die die gleiche Reise gemacht hatten, dies nicht durften.

Mit anderen Worten, entgegen der Darstellung des Social-Media-Teams von Blue Origin gibt es keinen eindeutigen Konsens. Ein wenig Zweifel zu säen, könnte jedoch für Jeff Bezos ausreichend sein. Für potenzielle Passagiere geht es bei einem Weltraumflug vor allem um das Recht, anzugeben. Ist das Risiko, dass Ihre Freunde behaupten könnten, Sie seien nicht *wirklich* im Weltraum gewesen, ein Risiko, das es wert ist, eingegangen zu werden? Vielleicht entscheiden Sie sich lieber für Blue Origin als für Virgin – nur für den Fall.

Diese Debatte hat bisher nicht wirklich eine Rolle gespielt. »In den vergangenen 60 Jahren der Raumfahrt haben sich die meisten Dinge nicht lange in diesem Grenzbereich aufgehalten«, sagte McDowell 2021 dem *Atlantic*. Das könnte sich jedoch ändern. Der Punkt, an dem der Weltraum beginnt, ist nämlich auch der Punkt, an dem der nationale Luftraum endet. »Unterhalb dieser Linie gehört der Weltraum den einzelnen Ländern«, schrieb Kármán in seiner Autobiografie. »Oberhalb dieser Linie gäbe es freien Raum.«

Um zu verstehen, warum das wichtig ist, stellen Sie sich vor, ein Satellit befindet sich in einer Umlaufbahn um die Erde in einer plausiblen, wenn auch unbequemen Höhe von 90 Kilometern. Wenn der Weltraum bei 80 Kilometern beginnt, handelt es sich nur um einen weiteren von Tausenden von Satelliten, die derzeit über uns kreisen: kein Problem, keine Gefahr. Wenn der Weltraum jedoch erst bei 100 Kilometern beginnt, durchquert dieser Satellit den nationalen Luftraum. In diesem Fall könnte eine feindliche Macht das Recht haben, ihn abzuschießen.

Anders ausgedrückt: Der Beginn des Weltraums ist nicht nur etwas für reiche Jungs und ihr Spielzeug. Wie bei so vielen anderen Grenzen, über die wir gesprochen haben, geht es auch hier um die nationale Sicherheit.

Das könnte auch der Grund sein, warum die USA so zögerlich waren, eine feste Grenze für den Beginn des Weltraums festzulegen. Würden sie eindeutig bestimmen, dass die Grenze bei 80 Kilometern liegt, würden sie chinesische oder russische Satelliten in 81 Kilometern Höhe erlauben, während sie gleichzeitig ihre eigenen Satelliten nicht in 79 Kilometern Höhe über anderen Staaten positionieren könnten. Warum sollte man sich unnötig einschränken, wenn es nicht erforderlich ist? Doch selbst wenn die Grenze nie offiziell festgelegt wird, könnte die niedrige Erdumlaufbahn dennoch zu einem Krisenherd werden. Der Geografie-Autor Tim Marshall hat darauf hingewiesen, dass dies der Punkt ist, an dem Raumfahrzeuge eines Tages für Langstreckenflüge auftanken können. Das macht ihn zu einem »groben Äquivalent zu den geopolitischen Engpässen auf der Erde, wie der Straße von Hormuz oder dem Suezkanal«.[130]

Auch der Streit um die Souveränität wird nicht unbedingt an der Wasserkante enden. Der Weltraumvertrag von 1967, der von einer beträchtlichen Mehrheit der Nationen der Welt unterzeichnet wurde, definiert die Erforschung des Weltraums als »im Interesse aller Länder und ... der gesamten Menschheit«. Der Weltraum selbst sei »nicht Gegenstand nationaler Aneignung durch Souveränitätsansprüche, durch Nutzung oder Besetzung oder durch andere Mittel«, während der Mond und andere Himmelskörper »ausschließlich für friedliche Zwecke zu nutzen« seien. Das klingt alles sehr schön. Leider enthält der Vertrag keine Definition von friedlichen Zwecken, was seinen Wert einzuschränken scheint. (Zählt der Abbau von Ressourcen, die theoretisch im Krieg verwendet werden könnten? Gelten rein defensive Waffen?) Ein Folgeabkommen, der Mondvertrag von 1979, versuchte, einige der offenen Fragen zu beantworten. Diesem Vertrag ha-

130 Dieses Zitat stammt aus einem Artikel in *Prospect*, aber im Sinne der Quellenangabe war Marshalls Buch *Die Macht der Geografie* aus dem Jahr 2021 (engl. Ausgabe, Anm. d. Übers.) ab diesem Punkt eine wesentliche Einflussquelle für diesen Abschnitt.

ben allerdings nur 18 Länder zugestimmt; China, Russland und die USA sind nicht unter ihnen.

In der Tat gibt es Anzeichen dafür, dass sich ein beunruhigender Revierkampf anbahnt. Im Jahr 2020 haben sich die USA und sieben ihrer Verbündeten auf einen neuen Rahmen für die Erforschung des Weltraums geeinigt. Die Artemis-Vereinbarungen bekräftigen die Aussage des Weltraumvertrags, dass der Weltraum friedlichen Zwecken vorbehalten sein sollte, und verpflichten die Unterzeichner in Anlehnung an den Antarktisvertrag, sich gegenseitig über ihre Aktivitäten auf dem Mond oder anderen Himmelskörpern zu informieren. Sie sehen auch die Schaffung von »Sicherheitszonen« vor, eine Art lunare Einflusssphären, die von den anderen Unterzeichnern respektiert und gemieden werden sollen. Die jüngste Abkühlung in den Beziehungen bedeutet jedoch, dass sowohl Russland als auch China ausgeschlossen wurden, obwohl sie zu den Nationen gehören, die am ehesten Rohstoffabbauprojekte oder andere Formen der Präsenz auf dem Mond einrichten würden. Dies ist so gut angekommen, wie man es erwarten konnte. Ein chinesischer Militärkommentator, Song Zhongping, erklärte gegenüber der *Global Times*: »Die USA entwickeln eine neue Weltraumversion der ›Enclosure-Bewegung‹, um den Mond zu kolonisieren und die Souveränität über ihn zu beanspruchen.« Und was passiert, wenn eine Macht, die das Abkommen nie unterzeichnet hat, gegen dieses verstößt, indem sie ihr eigenes Raumschiff innerhalb einer Sicherheitszone landet? Einer potenziell feindlichen Macht zu erlauben, den Mondoperationen zu nahe zu kommen, scheint kaum eine Option zu sein. Aber die falsche Reaktion könnte Song recht geben.

Im Jahr 1980 entdeckte ein kürzlich geschiedener amerikanischer Geschäftsmann namens Dennis Hope, was er für eine rechtliche Lücke im Weltraumvertrag hielt. Wie Sie sich erinnern werden, hieß es in dem Abkommen von 1967, dass Himmelskörper »nicht der nationalen Aneignung durch Souveränitätsansprüche unterliegen«. Dennis war jedoch keine Nation, sondern eine Person. Also, so sagt er, schrieb er an die UNO und behauptete, der Mond gehöre jetzt ihm, und versprach, ihn aufzuteilen und zu verkaufen. Als niemand antwortete, nahm er dies als Erlaubnis und begann, kleine Grundstücke für etwa 20 Dollar pro Acre (etwa 4047 Quadratmeter) zu verkaufen. Es gibt viele Acres auf dem Mond. Hope hat Millionen verdient.

Das ist trotzdem offensichtlich Unsinn: Hopes Schlupfloch existiert nicht; seine Besitzurkunden sind nicht durchsetzbar, ein Novelty-Geschenk und kein tatsächliches Eigentum, und diejenigen, die sie besitzen, wissen das zweifellos.

Es ist jedoch nicht deshalb Unsinn, weil Mond- oder Himmelsherrschaft theoretisch unmöglich wären – sie sind in der Tat durchaus plausibel. »Ohne einen modernen Rechtsrahmen für diese strategischen Punkte im Weltraum«, fügt Marshall hinzu, »könnten wir letztlich um sie kämpfen, genauso wie wir es um die Kontrolle von Gebieten auf der Erde getan haben.« Auch wenn die Menschheit nach den Sternen strebt, werden uns unsere Schwächen und Eitelkeiten auf diesem Weg begleiten.

FAZIT: DAS ENDE DER GRENZE

Die zahlreichen Grenzkrisen im Jahr 2023 und darüber hinaus

Am 12. Juli 2021 veröffentlichte der russische Präsident Wladimir Putin einen Essay mit dem gewichtigen Titel »Über die historische Einheit von Russen und Ukrainern«. Darin vertrat er ausführlich – und zwar sehr ausführlich: 7000 Wörter, mehr als doppelt so lang wie jedes Kapitel dieses Buches – die Ansicht, dass die Völker Russlands, von Belarus und der Ukraine eine gemeinsame Einheit bilden. Dieses Konzept ist auch als die all-, pan- oder trirussische Nation bekannt. Alle drei Völker hätten ihren Ursprung im Staat der Kiewer Rus aus dem 9. Jahrhundert, teilten dieselbe Sprache, Religion und ein kulturelles Erbe.

Die Gründe dafür, dass *Welikorossija*, Großrussland, von *Malorossija*, Kleinrussland – der Ukraine – getrennt worden waren, seien die Machenschaften der frühneuzeitlichen Litauer und Polen, der katholischen Kirche und des modernen Westens. Aber er verschonte seine Landsleute nicht völlig vor Kritik: Die Kommunistische Partei der Lenin-Ära habe sich geirrt, als sie die Grenzen der Ukraine neu zog und ihr Gebiete zusprach, die eigentlich zu Russland gehörten. Das Gleiche gelte für ihre Nachfolger, die die Abspaltung der Ukraine zugelassen haben.

All dies, so schreibt Putin, sei die »große gemeinsame Tragödie« seines Volkes – und es war klar, dass zumindest er nicht die Absicht hatte, deren Fortsetzung zuzulassen. So hielt er am 21. Februar des folgenden Jahres eine Rede, in der er argumentierte, die Ukraine habe »eigentlich nie stabile Traditionen wirklicher Staatlichkeit« gehabt, und erkannte die »Unabhängigkeit« zweier abtrünniger Provinzen im Osten des Landes an. Drei Tage später marschierte seine Armee in die Ukraine ein.

Ich erwähne das alles nicht, weil ich kurz vor dem Ende des Buches beschlossen habe, den Wahrheitsgehalt von Putins Aussagen zu überprüfen. Es gibt viele historische und kulturelle Verbindungen zwischen der Ukraine und Russland, aber man könnte das auch über Österreich und Deutschland oder Irland und das Vereinigte Königreich sagen. Meiner Meinung nach sind solche Verbindungen jedoch weit weniger entscheidend als die Frage, ob die Menschen des einen Landes tatsächlich mit dem anderen Land vereint sein wollen. (Das ist wahrscheinlich der Grund, warum ich ein zartbesaiteter liberaler Schriftsteller und kein völkermordender Diktator bin.) Der Grund, warum ich das anspreche, ist, dass der Krieg in der Ukraine weiterhin eines der wichtigsten weltweiten Themen ist, während ich schreibe, und dass er sowohl die Geopolitik, die Energiemärkte als auch die Wirtschaft beeinflusst. Es ist der größte Krieg, den Europa seit Jahrzehnten erlebt hat. Letztlich geht es bei diesem Konflikt im Kern um die Frage, wo die Grenze zwischen zwei Völkern verlaufen sollte – oder ob es überhaupt eine Grenze zwischen ihnen geben sollte.

Der Name *Ukraina* selbst stammt von einem slawischen Wort, das »Grenzland« bedeutet, ein Begriff, der in etwa mit »Marsch« gleichzusetzen ist: Einer der Gründe, warum es der Regierung der Ukraine wirklich lieber wäre, wenn man ihr Land nicht als Ukraine bezeichnen würde, ist, dass dies ungewollt die Frage aufwirft, wovon eigentlich sie das Grenzland ist.

Der Krieg in der Ukraine ist ein Krieg um eine Grenze.

Obwohl es der größte und gefährlichste Krieg ist, ist er bei Weitem nicht die einzige Geschichte über Grenzen, die die Schlagzeilen beherrscht, während ich schreibe. Wenn ich im Frühjahr 2023 die inländischen Nachrichtenseiten durchsehe, stoße ich auf Berichte über das Versprechen der britischen Regierung, »die Kanalboote zu stoppen« – eine anhaltende »Krise«, bei der jeden Monat Tausende verzweifelte Menschen in Schlauchbooten von Frankreich aus versuchen, den Kanal zu überqueren, um Asyl zu beantragen. Dies ist eine Geschichte über eine Grenze in dem offensichtlichen Sinne, wie es die auf Seite 135 besprochene US-mexikanische Grenzmauer ist. Es handelt sich jedoch auch um eine Geschichte über eine Grenze in einem anderen, weniger beachteten Sinne. Bis vor einigen Jahren wagten nur relativ wenige Migranten den gefährlichen Grenzübertritt, da sie nach europäischem Recht in das erste EU-Land zurückgeschickt worden wären, das sie betreten hatten – das Risiko war einfach zu groß. Seit dem Brexit gilt dieses europäische Recht jedoch nicht mehr in Großbritannien. Ein Nebeneffekt der Entscheidung, dass Großbritannien die EU verlassen sollte, ist, dass aus der Flüchtlingskrise im Mittelmeer nun eine im Ärmelkanal geworden ist. An anderer Stelle sehe ich, dass das Nordirland-Protokoll, eine äußerst komplexe Reihe von Fragen zum genauen Status eines Teils Großbritanniens, der eine Landgrenze zur EU hat, wieder in den Schlagzeilen steht. In der Zwischenzeit fordert die Regierung der Scottish National Party (SNP), die die dezentralisierte Verwaltung in Edinburgh leitet, ein Referendum über die Frage, ob Schottland das Vereinigte Königreich ganz verlassen soll (diese Forderung besteht nun schon seit einigen Jahren). Oh, und der argentinische Verteidigungsminister hat behauptet, dass die Malwinen – die Falklandinseln – an ein Land »zurückgegeben« werden sollen, das sie nie wirklich besessen hat.

Die Grenzen Großbritanniens sind bemerkenswert stabil, besonders wenn man bedenkt, welchen Einfluss das Land auf den Rest der Welt hat: Trotz der Bestrebungen der SNP sind sie seit 1922 unverändert geblieben.[131] Wenn es jemals ein Land gab, das wenig Anlass haben sollte, über seine eigenen Grenzen zu streiten, dann ist es mit Sicherheit dieses Land.

Die Frage, wo das eine endet und das andere beginnt, die Frage, wo genau die Grenze gezogen werden soll, bleibt nach wie vor ein bedeutender Einflussfaktor in unserer Politik. Sogar die derzeitige wirtschaftliche Schwäche Großbritanniens – die teilweise auf die neuen Handelsbarrieren zwischen uns und unseren Nachbarn sowie den daraus resultierenden Mangel an Investitionen zurückzuführen ist – lässt sich zumindest teilwei-

131 Es kommt mir oft so vor, als ob wir so tun, als wäre es noch länger her. Wir blenden aus, dass der größte Teil Irlands sich nach einem ziemlich brutalen Unabhängigkeitskrieg abspaltete, indem wir uns selbst geschickt vormachten, dass Irland nie wirklich Teil des Vereinigten Königreichs war. Das ist jedoch eine andere Geschichte.

se auf ein Referendum zurückführen, in dem der Gedanke geäußert wurde, dass *wir* nicht dasselbe sind wie *sie*.

Angesichts all dessen, was in diesem Buch behandelt wird, mag es schwer sein, sich selbst davon zu überzeugen, dass Grenzen eine gute Sache sind. Ich hoffe, dass die darin enthaltenen Geschichten Sie unterhalten und sogar zum Lachen gebracht haben, aber sicherlich hat Sie keine von ihnen mit dem Gedanken zurückgelassen: *Wow, was für eine brillante, lebensbejahende Grenze.* Und doch ist es ebenso wenig klar, ob wir auf sie verzichten können.

Im Lauf der Geschichte haben unzählige Gemeinschaften – städtische, nationale und imperiale – ihre Grenzen gezogen, ausgeweitet und verteidigt. Sie taten dies aus verschiedenen, miteinander verbundenen Gründen: um ihre Macht zu betonen, ihr Territorium zu kennzeichnen und dessen Verwaltung zu ermöglichen; um sich gegen äußere Sicherheitsbedrohungen zu schützen und sicherzustellen, dass diese immer weiter vom Machtzentrum entfernt bleiben; um die Grenzen ihrer Verantwortung abzustecken, »uns« von »ihnen« zu trennen und sie dann hinter einer fiktiven Linie zu »halten«. Die genauen Gründe für diese Motivationen und die daraus hervorgegangenen Grenzen mögen sich immer wieder ändern, aber ihre Existenz scheint beinahe zeitlos zu sein. Die Vorstellung einer Welt ohne Grenzen, in der sich Menschen genauso frei bewegen können wie Geld, ist verlockend, doch der letzte Mensch, der zu glauben schien, einen Plan zu haben, um dies zu verwirklichen, war John Lennon – und man sieht ja, was ihm widerfahren ist.

Auf den ersten Seiten dieses Buches habe ich darauf hingewiesen, dass Sie bei der Suche nach einer Weltkarte von der Suchmaschine Ihrer Wahl mit ziemlicher Sicherheit eine Karte mit vielen Grenzen erhalten werden. Wenn Sie das Gleiche in 100 Jahren tun, werden sich die gezeigten Linien mit Sicherheit verändert haben. Aber können Sie sich vorstellen, dass es sie dann nicht mehr gibt, dass sie entweder abgeschafft sind oder als unwichtig angesehen werden? Können Sie sich vorstellen, dass die Schlagzeilen in jenem fernen Jahr frei von Geschichten sein werden, die sich, wenn auch nur indirekt, auf eine Linie beziehen, die irgendjemand, irgendwo, einmal auf eine Karte gezeichnet hat?

Jede einzelne Grenze mag veränderlich und zufällig sein, aber das zugrunde liegende Konzept von Grenzen könnte ewig bestehen, eine ebenso mächtige Kraft wie Völlerei oder Gier. Die Menschheit hat schon lange vor der Erfindung von Karten, um sie darzustellen, Grenzen zwischen »uns« und »ihnen« gezogen. Und wir werden sicherlich auch jetzt nicht damit aufhören.

QUELLEN UND WEITERFÜHRENDE LITERATUR

Im Rückblick betrachtet, habe ich viele Jahre lang für dieses Buch recherchiert, ohne überhaupt zu wissen, dass ich es eines Tages schreiben würde. Die Idee, ein Buch über Grenzen zu verfassen, entstand aus *Boundary Issues*, einer gelegentlich fortgesetzten Serie über ungewöhnliche oder unterhaltsame Grenzen, die ich für *CityMetric* schrieb – die leider mittlerweile eingestellte Website des *New Statesman*, die ich 2014 ins Leben gerufen und bis 2020 betrieben habe. Doch ein leicht obsessives Interesse an der Weltgeschichte im Allgemeinen und an der Entwicklung nationaler Identität im Besonderen hat meine Auswahl an Büchern und Hörbüchern über viele Jahre hinweg geprägt.

Ganz oben auf der Liste steht *How to Invent a Country*, die langjährige Doku-Serie auf BBC Radio 4, die von Misha Glenny präsentiert und von Miles Warde produziert wird. Andere Werke, die einen unverhältnismäßig großen Einfluss auf dieses Buch hatten, sind Simon Winders Trilogie für Picador Books, *Germania* (2010), *Danubia* (2013) und *Lotharingia* (2019); Jonathan Holslags *A Political History of the World*, Pelican, 2018; Zoran Nikolics *The Atlas of Unusual Borders*, Collins, 2019; Norman Davies' *Verschwundene Reiche – Die Geschichte des vergessenen Europa*, Theiss in Herder, 2015; und eine Reihe von Teilen der Great-Courses-Vorlesungsreihe, insbesondere Peter N. Stearns‹ »A Brief History of the World« (2007) und Vejas Gabriel Liulevicius »War, Peace and Power: Diplomatic History of Europe, 1500–2000«

(2008). Ich sollte auch die *Encyclopaedia Britannica* und Wikipedia erwähnen, zwei sehr unterschiedliche, aber gleichermaßen unschätzbare Quellen, auf die sich vor allem die Geschichtskapitel ausgiebig stützten; Frank Jacobs' Kolumne »Borderlands« in der *New York Times*; die BBC-Serie *In Our Time* und den ausgezeichneten Podcast *The Rest Is History*.

Einleitung: Die Geschichte des Begriffs »Grenzen« wurde durch ein Gespräch mit Philip Steinberg angeregt, dem Direktor des IBRU Centre for Borders Research an der Universität Durham. Das Zitat des Historikers John Mears von der Southern Methodist University stammt aus dem Konferenzbeitrag »Analyzing the Phenomenon of Borderlands from Comparative and Cross-cultural Perspectives«, der 2001 vor der American Historical Association gehalten wurde.

Teil 1: Geschichten

Die Vereinigung von Ober- und Unterägypten: Toby Wilkinson, *Aufstieg und Fall des Alten Ägypten*, Pantheon Verlag, 2015; Bob Brier, »The History of Ancient Egypt«, *The Great Courses*, 1999.

Die Chinesische Mauer und die Grenze als Vereinigung: Jared Diamond, *Arm und Reich: Die Schicksale menschlicher Gesellschaften*, Fischer, 2006; *In Our Time: The Great Wall of China*, BBC Radio 4, 2010. Das Zitat aus *National Geographic* stammt aus einem Reiseartikel mit dem Titel »Discover China's History Along the Great Wall«; die Liste der frühen Mauern aus der *Encyclopaedia Britannica*.

Warum ist Europa keine Halbinsel in Asien? Herodot, *Historien* (insbesondere Buch IV); Martin W. Lewis und Kären E. Wigen, *The Myth of Continents: A Critique of Metageography*, University of California Press, 1997. Die Bemerkung über das Istanbuler Eisenbahnnetz stammt von mir, und ich bitte vielmals um Entschuldigung.

Der römische Limes und die Macht der Peripherie: Der Beitrag »The Crisis of the Third Century« in der *World History Encyclopaedia* und die Folge

2022 des Podcasts *Rest Is History* mit dem Titel »When Did the Roman Empire Fall?« (Folge 156) waren beide von unschätzbarem Wert für das Schreiben dieses Kapitels. Weitere Quellen waren Terry Jones und Alan Ereira, *Barbarians: An Alternative Roman History*, BBC Books, 2007; und Jack Keilos Versuche, die Verteilung der römischen Legionen auf centrici.hypotheses.org zu kartieren.

Das Vermächtnis Karls des Großen: Simon Winder, *Germania*, Picador, 2010; Simon Winder, *Lotharingia*, Picador, 2019; *In Our Time: The Carolignian Renaissance*, BBC Radio 4, 2006; Charles West, »Plenty of Puff«, *London Review of Books*, 19. Dezember 2019.

Die Grenzen Großbritanniens: Max Adams, *The First Kingdom*, Apollo, 2021; Marc Morris, *The Anglo-Saxons*, Hutchinson, 2021; Norman Davies, *Verschwundene Reiche*, Theiss in Herder, 2015 (insbesondere das Kapitel über Alt Clud, das Königreich von Strathclyde). Das Zitat von Tacitus stammt aus der Biografie seines Schwiegervaters Gnaeus Julius Agricola.

Über Feudalismus, Markgrafen, Marquis und Grenzfürsten: Die weiterführenden Argumente zur frühen europäischen Staatsbildung und ihrer Bedeutung für die Grenzregionen habe ich aus verschiedenen Geschichtsbüchern entnommen. Erläuterungen zum Problem des Feudalismus finden sich in Elizabeth A. R. Brown, »The Tyranny of a Construct: Feudalism and Historians of Medieval Europe«, *The American Historical Review*, 1974; und Susan Reynolds, »Still Fussing about Feudalism«, in *Italy and Early Medieval Europe*, OUP, 2018. Die erfreuliche Tatsache über das französische Verb *se marquiser* stammt aus dem Eintrag der *Encyclopaedia Britannica* über das Wort »Marquess«.

Die Politik der offenen Grenzen des Dschingis Khan: Peter N. Stearns, »A Brief History of the World«, *The Great Courses*, 2007; John Man, *Genghis Khan: Life, Death, and Resurrection*, Macmillan, 2004; Mohammad Iqbal, »The Impact of Mongol Invasion on the Muslim World and the Political, Economic and Social Ramifications«, *Social Science Research Network*, 2021; »One Steppe Back«, *Economist*, 23. Dezember 1999. Die recht weitreichenden Behauptungen über Khans Nachkommen stammen von Tatiana Zerjal et al., »The Genetic Legacy of the Mongols«, *American Journal of Human Genetics*, 2003; die Gegendarstellung von Charmaine D. Royal et al., »Inferring Genetic Ancestry: Opportunities, Challenges, and Implications«, *American Journal of Human Genetics*, 2010.

Spanien und Portugal teilen sich die Welt unter sich auf: *The Invention of Spain*, BBC Radio 4, 2012; Simon Winder, *Danubia*, Picador, 2013. Das Zitat von J. H. Parry stammt aus *The Age of Reconnaissance: Discovery, Exploration, and Settlement 1450–1650*, Cardinal, 1973.

Heilig, römisch und ein Reich: Simon Winder, *Germania*, Picador, 2010; *The Invention of Germany*, BBC Radio 4, 2011; James Hawes, *Die kürzeste Geschichte Deutschlands*, Ullstein, 2018. Die Humboldt-Geschichte stammt aus Eric Dorn Brose, *German History 1789–1871*, Berghahn Books, 2013; die Einbeziehung von Gandersheim sollte Dr. Matthew Symonds vom University College London zugeschrieben werden. Das Problem, Westfalen als Ursprung des modernen Staatensystems zu betrachten, wurde von Andreas Osiander in »Sovereignty, International Relations, and the Westphalian Myth«, *International Organization*, MIT Press, 2001, dargelegt.

Britannien, Irland und die Erfindung des kartografischen Kolonialismus: Sowohl die Entscheidung, über die Down-Survey-Karte zu schreiben, als auch sie mit dem Jefferson-Raster zu vergleichen, wurde von James Vincents *Beyond Measure: The Hidden History of Measurement*, Faber & Faber, 2022, beeinflusst; herrliche Luftaufnahmen des Letzteren finden sich überall im Internet, zum Beispiel auf dem Instagram-Account zum Jefferson-Raster oder in Kaushik Patowarys »The Jefferson Grid«, *Amusing Planet*, 5. Juni 2018. Meine Beschreibung von William Pettys Leben und Werk stammt größtenteils aus seiner Biografie auf der Website des Institute for New Economic Thinking's History of Economic Thought.

Die häufig missverstandene Mason-Dixon-Linie: Phil Mawson, »The men who drew the Mason-Dixon Line«, BBC News, 2. September 2017; William F. Swindler, »Mason & Dixon: Their Line and its Legend«, *American Heritage Magazine*, February 1964; Charles W. Mitchell, »When Maryland Almost Got Philadelphia: The Remarkable Story of the Mason-Dixon Line«, Website des Maryland Center for History and Culture.

Die Reformen der lokalen Verwaltungsstruktur durch Kaiser Napoleon I.: Ich bin seit Langem von den Karten des Ersten Französischen Kaiserreichs und seiner Aufteilung eines Großteils Westeuropas in Départements besessen, ein Zeitraum, der in *The Invention of France*, BBC Radio 4, 2015, beschrieben wird. Die Geschichte der lokalen Verwaltung in Frankreich wird auf der Website des Portail National des Archives unter dem Titel »Les départements: la juste proximité depuis 230 ans« beschrieben. Die Wahrheit über Zhou Enlais Kommentar zur Französischen Revolution wurde von Mark Pack auf seiner Website im Jahr 2013 erläutert.

Die amerikanische Invasion in Mexiko: Gary W. Gallagher et al., »The History of the United States«, *The Great Courses*, 2003; »President Pol and the Taking of the West«, Constitutional Rights Foundation; »The Mexican-American war in a nutshell«, National Constitution Center, 2023.

Das Schleswig-Holstein-Geschäft: »The Schleswig Holstein Question; Earl Russell's Dispatch to the Federal Diet«, *New York Times*, 31. Januar 1864; *The Invention of Germany*, BBC Radio 4, 2011; James Hawes, »History gave the world a German leader Putin reminds us of (and it's not Hitler)«, *The Conversation*, 3. Juli 2014.

»... wo noch nie ein Weißer seinen Fuß hingesetzt hat«: Henry M. Stanley, *The Congo and the Founding of its Free State*, Cambridge University Press, 1885; *In Our Time: The Berlin Conference*, BBC Radio 4, 2013; Vittoria Traverso, »The Tree that Changed the World Map«, BBC Travel, 28. Mai 2020. Die Auswirkungen schlecht gestalteter Grenzen wurden mit einigen hervorragenden Karten von Elias Papaioannou und Stelios Michalopoulos in »The Long-Run Effects of the Scramble for Africa«, Vox EU/Centre for Economic Policy Research, 2012, beschrieben.

Die Grenzkommission Sudan-Uganda: Diese Geschichte habe ich zum ersten Mal in *Tales from the Map Room* kennengelernt, einer BBC-Fernsehdokumentation aus dem Jahr 1993, die mein Großvater Walter Horsey für mich auf Video aufzeichnete, weil er dachte, dass sie mir gefallen würde. Leider ist er 2003 gestorben, sodass er nicht mehr erleben konnte, welche Auswirkungen dies hatte. Hätte er aber diese Aufzeichnung nicht gemacht, würden Sie jetzt nicht dieses Buch in der Hand halten. Weitere Einzelheiten zu dieser Geschichte, einschließlich der Auszüge aus Kellys Tagebuch, finden Sie in *The Middle East and North Africa: World Boundaries Volume 2*, ed. Clive H. Schofield und Richard N. Schofield, Routledge, 2012.

Europäischer Nationalismus und die Vereinigten Staaten von Großösterreich: Simon Winder, *Danubia*, Picador, 2013; Simon Winder, »Who Was Franz Ferdinand?«, *New Statesman*, 28. Juni 2014; *The Spectacular Rise and Fall of the Habsburgs*, BBC Radio 4, 2003; Ian Chapman-Curry, »The United States of Greater Austria«, Vaguely Interesting / Almost History.

Großbritannien und Frankreich teilen den Nahen Osten unter sich auf: Malise Ruthven, »The Map ISIS Hates«, *New York Review of Books*, 25. Juni 2014; »A Century on: Why Arabs Resent Sykes-Picot«, Al Jazeera, 18. Mai 2016; Robin Wright, »How the Curse of Sykes-Picot Still Haunts the Middle East«, *New Yorker*, 30. April 2016; Aaron W. Hughes, »The Sykes-Picot Agreement and the Making of the Modern Middle East«, *The Conversation*, 12. Mai 2016; James L. Gelvin, »Obsession with Sykes-Picot Says More About What We Think of Arabs than History«, *The Conversation*, 12. Mai 2016.

Die Teilung von Ulster: Die vierteilige Podcast-Serie *The Rest Is History* aus dem Jahr 2023 über Irland (Folgen 336–339), mit den Historikern Dan Jackson und Paul Rouse, war von unschätzbarem Wert, um ein besseres Verständnis für die Ausdehnung der britischen Herrschaft zu entwickeln. Weitere nützliche Quellen waren die Website von History Ireland sowie die leider in Vergessenheit geratene Geschichtswebsite der BBC. Die sich verändernde Demografie Nordirlands wurde in Berichten über die Ergebnisse der Volkszählung 2021 in Großbritannien erwähnt, zum Beispiel Amanda

Ferguson und Padraic Halpin, »Northern Ireland has more Catholics than Protestants for first time«, Reuters, 22. September 2022.

Die Teilung Indiens: Zwei ausgezeichnete Dokumentarfilme haben dieses Kapitel begleitet: *India 1947: Partition in Colour,* Channel 4, 2022; und Andrew Whiteheads *India, a People Partitioned,* BBC World Service, 1997. Die Aktualität dieser Ereignisse wurde mir durch die Tatsache vor Augen geführt, dass der letztgenannte Film viele Interviews mit Augenzeugen enthält, die den politischen Umbruch aus erster Hand miterlebt haben und in einem Jahr interviewt wurden, in dem ich bereits fast erwachsen war. Die spätere Unsicherheit Mountbattens darüber, ob er nicht einfach hätte versuchen sollen, Jinnah zu überrumpeln, wurde von Larry Collins und Dominique Lapierre in *Mountbatten and the Partition of India,* Vikas, 1982, wiedergegeben. Weitere Quellen waren Alex Von Tunzelmann, *Indian Summer: The Secret History of the End of an Empire,* Pocket Books, 2007; Narayani Basu's V. P. Menon: *The Unsung Architect of Modern India,* Simon & Schuster India, 2020; Saurabh Banerjee, »When Jinnah Agreed to a United India«, *Times of India,* 15. August 2022.

Der Eiserne Vorhang und die Teilung Berlins: Sowohl die Merkwürdigkeit der geteilten U-Bahn-Karten Berlins als auch die Tatsache, dass die Teilung der Stadt aus dem Weltraum zu erkennen ist, habe ich bei der Bearbeitung von CityMetric entdeckt: Erstere sind über die ausgezeichnete Website TransitMap.net verfügbar, Letztere über die Website der Europäischen Weltraumorganisation. Weitere wertvolle Quellen waren Emily Wasik, »Inside the Forgotten Ghost Stations of a Once-Divided Berlin«, *Atlas Obscura,* 10. März 2014; »The Berlin Crisis, 1958–1961«, history.state.gov; und »Deconstructing the Wall«, *New York Times,* 6. November 2009.

Teil 2: Vermächtnisse

Königsberg/Kaliningrad: Ostdeutschland/Westrussland: Marc Bennetts, »Kaliningrad: the Russian exclave with a taste for Europe«, *Guardian,* 31. Mai 2018; »Operation Hannibal 1945: the Germany evacuation that dwarfed the ›miracle of Dunkirk‹«, *BBC History Magazine,* 20. Februar 2020;

Daniel S. Hamilton und Adrianna Pita, »Why is Kaliningrad at the center of a new Russia-NATO faceoff?«, Brookings, 23. Juni 2022; Andrius Sytas, »Lithuania widens curbs on Kaliningrad trade despite Russian warning«, Reuters, 11. Juli 2022; »Kaliningrad row: Lithuania lifts rail restrictions for Russian exclave«, BBC News, 23. Juli 2022.

Der seltsame Fall von Bir Tawil: Zum ersten Mal stieß ich auf diese Geschichte durch Ned Donovans gelegentlichen Blog *Terra Nullius* (ein juristischer Begriff, der oft, aber zu Unrecht, auf das betroffene Gebiet angewendet wird). Viele der Gruppen, die zum Spaß behaupten, das Gebiet zu beherrschen, sind online anzutreffen. Einige von ihnen, wie das Emirat unter der Führung von Scheich Andrew S. Edwards aus Louisville, Kentucky, sind sogar so weit gegangen, Pressemitteilungen herauszugeben. Für eine längere Version dieser Geschichte, geschrieben von jemandem, der – im Gegensatz zu diesen vermeintlichen Herrschern oder mir selbst – tatsächlich in Bir Tawil gewesen ist, empfehle ich Jack Shenkers ausführlichen Artikel, »Welcome to the land that no country wants«, *Guardian*, 3. März 2016.

Die Gefahren der Gartenarbeit in der koreanischen DMZ: Dieser Essay verdankt viel Allan R. Milletts faszinierendem und detailliertem Eintrag über den Koreakrieg in der *Encyclopaedia Britannica* sowie anderen Beiträgen auf Korea.net und History.com. Weitere Artikel, die Details beisteuerten, sind Eric Wagner, »The DMZ's Thriving Resident: The Crane«, *Smithsonian Magazine*, April 2011, und – eine der besten Schlagzeilen aller Zeiten – »Koreas switch off loudspeakers«, BBC News, 15. Juni 2004. (Das geschah auch 2018.)

Chinas Neun-Striche-Linie und ihre Konflikte: Robert Kaplans *Asia's Cauldron* wurde 2014 von Random House veröffentlicht; einen Eindruck vermittelt sein Sonderbericht für *Foreign Policy*, »The South China Sea Is the Future of Conflict«, 15. August 2011. Das Studentenzitat über *Abominable* stammt aus Khanh Vu und Phuong Nguyen, »Vietnam pulls DreamWorks‹ *Abominable* film over South China Sea map«, Reuters, 14. Oktober 2019; der zitierte *Time*-Artikel ist aus der Feder von Hannah Beech, »Just Where

Exactly Did China Get the South China Sea Nine-Dash Line From?«, 19. Juli 2016. Weitere Einzelheiten stammen aus Bec Strating, »China's nine-dash line proves stranger than fiction«, The Lowy Institute's *Interpreter* blog, 12. April 2022; »Vietnam-China Boundary Delimitation Agreement in the Gulf of Tonkin«, Vietnam News Agency, 11. Januar 2021; und Tan Kee Yun, »Fans angry after Chinese K-pop stars display patriotism«, *The New Paper/Straits Times*, 15. Juli 2016.

Die unsicheren Grenzen zwischen Israel und Palästina: Die Geschichte der Grünen Linie stammt ebenfalls aus der BBC-Sendung *Tales from the Map Room* (1993). Die Zionismus-Episoden des Podcasts *Origin Story* bieten eine ausgezeichnete Zusammenfassung der Geschichte. Die Zitate von Meron Rapoport stammen aus »The Line Separating Israel from Palestine Has Been Erased – What Comes Next?«, *The Nation*, 10. August 2022; die Zitate von Yousef Munayyer aus »Green-lined Vision Is Blurring Reality in Israel-Palestine«, *Foreign Policy*, 12. Mai 2021. Weitere Informationen über den Friedensplan finden Sie unter alandforall.org. Eine englische Übersetzung des Local-Call-Artikels über die Rolle der Mauer und ihrer Lücken während der Covid-Pandemie ist auf der Website des *972 Magazine* zu lesen (Suha Arraf, »In ironic twist, Palestinians count on Israel's separation barrier to keep out coronavirus«, 16. April 2020). Weitere informative Artikel sind Uri Dromi, »Israel Wants Peace, but It Won't Go Back to 1967«, *International Herald Tribune*, 27. Juni 2000; William Eichler, »Theodor Herzl and the Trajectory of Zionism«, Open Democracy, 1. Dezember 2016; Shakked Auerbach, »No One Actually Knows Where Israel Ends and the Palestinian Territories Begin«, *Haaretz*, 8. Juni 2017; Michael Sfard und Oren Yiftachel, »Who's Afraid of the Green Line?«, *Haaretz*, 6. September 2022; und Roleen Tafakji und Sinan Abu Mayzer, »Two textbooks, two stories as Palestinian parents protest Israeli curriculum«, Reuters, 3. Oktober 2022.

Die siamesischen Zwillingsstädte Baarle-Hertog und Baarle-Nassau: Ein weiterer Beitrag, basierend auf einem Artikel, den ich einmal für CityMetric geschrieben habe. Neben der üblichen Durchforstung von Enzyklopädien gehörten zu den Quellen Frank Jacobs, »An Apology of Enclaves«, *New York Times*, 14. November 2011; Bruno Waterfield, »Dining for some, whining for others in border town Baarle«, *The Times,* 5. Juni 2020; Andrew Eames, »Europe's strange border anomaly«, BBC Travel, 11. Dezember 2017; und die Website des Vereins für Ortsgeschichte Amalia van Solms.

Die Grenze zwischen den USA und Kanada – und das Problem mit geraden Linien: Die Geschichte des Northwest Angle war mir aus meiner Zeit bei CityMetric bekannt (das wird zu einem Thema); weitere Details stammen aus Zoran Nikolics *The Atlas of Unusual Borders,* Collins, 2019.

Ein paar Flecken, die nicht zur Schweiz zählen: Quellen zu Campione d'Italia: »A tiny Italian exclave unwillingly join the EU's customs union«, *Economist,* 2. Januar 2020; und Larry Bleiberg, »Campione d'Italia: An Italian town surrounded by Switzerland«, BBC Travel, 19. Mai 2020. Über Büsingen am Hochrhein schrieben unter anderem Larry Bleiberg, »Germany's tiny geographic oddity«, BBC Travel, 23. September 2019; und Frank Jacobs, »See Where Switzerland Has Germany Surrounded«, *Big Think,* 23. Juli 2010. Eine Borderlines-Kolumne von Jacobs mit dem Titel »Enclave-Hunting in Switzerland« (*New York Times,* 15. Mai 2012) liefert Hintergrundinformationen zu beiden.

Anmerkungen zu Mikrostaaten: Gideon Defoes *Atlas der ausgestorbenen Länder: Die erstaunliche Geschichte von 48 Ländern, die von der Landkarte verschwunden sind* (Knesebeck, 2. Aufl. 2022) war sehr nützlich, um einige interessante und in Vergessenheit geratene Mikrostaaten ausfindig zu machen. Der Zusammenhang zwischen dem italienischen Faschismus und der Souveränität des Vatikans wurde in David Kertzers preisgekröntem Buch *Der erste Stellvertreter: Papst Pius XI. und der geheime Pakt mit dem Faschismus* (Theiss in Herder, 2016) beschrieben; das Beziehungsgeflecht zwischen den anderen Staaten und der Wirtschaft wurde in zahlreichen Kolumnen erörtert, darunter Massimo Passamonti, »Small states in outer space: Monaco's ambitions for the new space age«, *Space News,* 18. Oktober 2021, und »Europe's microstates aren't irrelevant – and they can teach us a lot about sovereignty«, *Strategic Forecasting / Business Insider,* 27. April 2015.

Stadtgrenzen: Ein weiterer Beitrag, für den ich weniger recherchiert, sondern mir vielmehr alles notiert habe, was mir zu diesem Thema in den Sinn gekommen ist, seitdem ich CityMetric herausgeben habe – oder besser gesagt, seit meiner Kindheit, als es für mich von großer Bedeutung war, *innerhalb* der Grenzen von Greater London zu leben. Die Geschichte über das Zusammenwachsen von New York City wurde von Harry Macy Jr. für die New York Genealogical & Biographical Society im Jahr 2021 erzählt; ich habe zum ersten Mal von dem Commissioner's Plan von 1811 in *The Map That Made Manhattan* (BBC Radio 4, 2014) erfahren. Ein Beispiel für die Art hysterischer westlicher Presseartikel, die von chinesischen »Städten« sprechen, die eine Fläche umfassen, die mit der Großbritanniens vergleichbar ist, ist der Artikel von Tracy You, »China builds a mega-city larger than Britain with over 100 million people«, *Mail Online*, 28. März 2017.

Der Fluch der Vorstädte und die Grenzen von Detroit: Von der Rolle, die Grenzen beim Niedergang von Detroit gespielt haben, erfuhr ich zum ersten Mal in einer Rede, die der Kongressabgeordnete Dan Kildee aus Michigan 2016 auf einer Konferenz des Lincoln Institute of Land Policy in Washington, D.C. hielt. Viele Details stammen aus dem ausgezeichneten Blog *Detroit Urbanism* von Paul Sewick, insbesondere aus einem Beitrag mit dem Titel »7 Historical Facts About Detroit's Suburban Sprawl« (24. Mai 2021). Weitere Quellen sind: Mark Binella, »Don't Shrink Detroit, Super-Size It«, *The Atlantic*, 29. März 2021; Aaron Mondry, »How Detroit's borders were drawn and why it matters«, Detour Detroit, 19. Januar 2021; und Lauren Davis, »Detroit plans to shrink by leaving half the city in the dark«, Gizmodo, 26. Mai 2012.

Washington, D.C. und der Platz zwischen den Staaten: Die merkwürdige Form und der konstitutionelle Status der US-Hauptstadt ist etwas, über das ich seit derselben Reise 2016, auf der ich das über Detroit erfuhr, nachdenke. Meine Quellen sind: »Chasing Congress Away«, history.house.gov.us, 1. Juni 2015; »How Philadelphia lost the nation's capital to Washington«, National Constitution Center, 16. Juli 2021; und Chris Myers Asch und George Derek Musgrove, »Don't Fall for the D.C. Retrocession ›Okey-Doke‹«, *Atlantic*, 5. Mai 2021.

Grenzen vom anderen Ende der Welt: Die Hauptquelle für dieses Kapitel war der Vortrag von Gerard Carney aus dem Jahr 2013 »The Story behind the Land Borders of the Australian States – A Legal and Historical Overview«, der auf der Website des High Court of Australia zu lesen ist; David R. Hortons faszinierende Karte des indigenen Australiens aus dem Jahr 1996 ist online über AIATSIS verfügbar. Weitere Einzelheiten stammen aus Michael McGowan, »NSW and ACT in talks over biggest border shake-up in living memory«, *Guardian*, 16. September 2022; »New Zealand becomes a separate colony«, National Museum Australia; »New Zealand turns down federation with Australia«, NZhistory.govt.nz.

Einige versehentliche Invasionen: »Pocket war«, *Canberra Times*, 16. Oktober 1968; »Swiss Soldiers Inadvertently Invade Liechtenstein«, *Sarasota Herald-Tribune*, 1. September 1976; »Swiss in Liechtenstein ›invasion‹«, BBC News, 3. März 2007; Nick Miroff, »Venezuelan troops invaded Colombia this week. But just a little bit«, *Washington Post*, 24. März 2017; Latika Bourke, »Navy breached Indonesian waters six times under Operation Sovereign Borders, review finds«, abc.net.au, 18. Februar 2014; Giles Tremlett, »Tell it to the marines...we've invaded the wrong country«, *Guardian*, 18. Februar 2002; »PSNI set up checkpoint on wrong side of border«, *Belfast Telegraph*, 1. April 2010; Ken Jennings, »The Border Battle That Led to ›Fort Blunder‹«, *Conde Nast Traveller*, 7. Juli 2014; Michael Safi, »Chinese and Indian troops face off in Bhutan border dispute«, *Guardian*, 5. Juli 2017.

Costa Rica, Nicaragua und der »Google-Maps-Krieg«: Die vollständige Geschichte wurde von Frank Jacobs in »The First Google Maps War«, *New York Times*, 28. Februar 2012, dargelegt. Andere Quellen sind: Mark Brown, »Nicaraguan Invasion? Blame Google Maps«, *Wired*, 8. November 2010; Josh Halliday, »Google Nicaraguan map error threatens to escalate into regional dispute«, *Guardian*, 15. November 2010; »Google Maps Blamed for Conflict Between Costa Rica and Nicaragua«, *Tico Times*, 5. November 2010. Die Anschuldigungen gegen Präsident Ortega wurden als »Cable en el que jueces sandinistas ponen en libertad a ›narcos‹ a cambio de dinero«, *El Pais*, 6. Dezember 2010, veröffentlicht.

Das Dilemma des Kartografen: Das Interview im *Independent* mit Ed Parsons war »The man who's making Google Maps smarter« von Simon Usborne, 17. Juni 2014. Weitere Quellen waren Alex Hern, »Google Maps Russia claims Crimea for the federation«, *Guardian*, 22. April 2014; und Lorenzo Franceschi-Bicchierai, »Russia's Yandex Is Removing Borders from Its Maps App«, *Vice*, 10. Juni 2022.

Teil 3: Andere Arten von Grenzen

Eine kurze Geschichte des Nullmeridians: Die YouGov-Umfrage »Die berühmtesten US-Präsidenten« ist auf der YouGov-Website abrufbar. (Zum Zeitpunkt der Abfassung dieses Abschnitts rangiert Donald Trump auf dem achten Platz, nach Obama, Washington, George W. Bush, Jefferson, Clinton und Kennedy, was ihn wohl ausflippen lassen wird.) Der Text der Internationalen Konferenz in Washington zur Festlegung eines Nullmeridians und eines Weltzeit-Tages kann online beim Projekt Gutenberg nachgelesen werden. »Warum der Meridian von Greenwich verschoben wurde« erläutern Stephen Malys et al. im *Journal of Geodesy* vom 1. August 2015. Die Beschreibung von Greenwich als »schmuddeliger Londoner Vorort« findet sich abgedruckt im *Louisville Courier-Journal* vom Juni 1884.

Einige Hinweise zu Zeitzonen: Mehrere Artikel auf der – faszinierenden, wenn man sich für solche Themen interessiert – Website TimeAndDate.com erwiesen sich als hilfreich, um die Geschichte und den aktuellen Stand der Zeitzonen zu verstehen. Weitere Quellen sind: »›Eradicating Idological Viruses‹: China's Campaign of Repression Against Xinjiang's Muslims«, Human Rights Watch, 9. September 2018; Michael A. Lombardi, »Why is a minute divided into 60 seconds, an hour into 60 minutes, yet there are only 24 hours in a day?«, *Scientific American*, 5. März 2007; Joseph Stromberg, »Sandford Fleming Sets the World's Clock«, *Smithsonian Magazine*, 18. November 2011; »When Scotland and England had different time zones«, *Scotsman*, 27. Januar 2017; Adam Taylor, »The brief history of North Korea's time zone«, *Washington Post*, 4. Mai 2018; Laurie Clarke, »What would happen if we abolish time zones altogether?«, *Wired*, 20. Oktober 2019.

Eine kurze Geschichte der internationalen Datumsgrenze: Die wichtigste Quelle für dieses Kapitel war Robert H. van Gents »A History of the International Date Line«, zu finden auf seiner Website. Andere Quellen sind: Sarah Laskow, »In 1844, the Philippines Skipped a Day, And It Took Decades for the Rest of the World to Notice«, *Atlas Obscura*, 30. Dezember 2015; Associated Press, »Samoa loses a day and jumps forward in time«, *Guardian*, 30. Dezember 2011.

Von Seegrenzen und dem Seerecht: Der Text des UN-Seerechtsübereinkommens kann, falls Sie sich dafür interessieren, online in der Digitalen Bibliothek der Vereinten Nationen nachgelesen werden. Die Geschichte der Nordseegrenzen wurde in Professor Philip Steinbergs Vorlesung »Borders Research in a Shifting Landscape« aus dem Jahr 2021 beschrieben, die auf YouTube verfügbar ist. Weitere Quellen sind: Yukie Yoshikawa, »The US-Japan-China Mistrust Spiral and Okinotorishima«, *Asia-Pacific Journal*, 1. Oktober 2007; Justin McCurry, »Japan to spend millions on tiny islands 1,000 miles south of Tokyo«, *Guardian*, 3. Februar 2016; Rahul Srivastava und Amit Kumar Akela, »Why India Needs to Be on the International Continental Shelf Commission«, *The Wire* (India), 23. Mai 2017.

Einige Anmerkungen zu Binnenstaaten: Dieser Artikel war ursprünglich ein Artikel auf meinem Substack *The Newsletter of (Not Quite) Everything* und wurde auf Vorschlag meines Agenten Antony Topping in dieses Buch aufgenommen. Weitere Quellen: Rory Carroll and Andres Schipani, »Bolivia's landlocked sailors pine for the high seas«, *Guardian*, 28. August 2008; Dickens Olewe, »Why landlocked Ethiopia wants to launch a naval«, BBC News, 14. Juni 2018; Kyle Younker, »Falklands war 30 years on: Will a vote solve the dispute?«, *Christian Science Monitor*, 14. Juni 2012.

Wie die Welt Territorialansprüche in der Antarktis einfror: Auch der Antarktis-Vertrag kann online nachgelesen werden. Weitere wichtige Quellen: *In Our Time: Antarctica*, BBC Radio 4, 24. Juni 2010; David Adam, »How do you claim land in Antarctica?«, *Guardian*, 18. Oktober 2007; Tao Tao Holmes, »How a Baby Staked Argentina's Claim on Antarctica«, *Atlas Obscura*, 25. Februar 2016; Klaus Dodds, »In 30 years the Antarctic Treaty becomes modifiable, and the fate of a continent could hang in the balance«, *The Conversation,* 12. Juli 2018; Matthew Taylor, »Antarctic's future in doubt after plan for world's biggest marine reserve is blocked«, *Guardian,* 2. November 2018. Eine Aufzeichnung des jahrzehntelangen Versuchs, Ernest Shackletons berühmte, aber möglicherweise fiktive Anzeige zu finden, finden Sie auf Antarctic-Circle.org.

Das andere, größere, musikalischere Europa: Ein weiterer Aufsatz, der aus einem Beitrag auf *The Newsletter of (Not Quite) Everything* stammt und auf der einzigartigen Europakarte der Eurovision sowie einer gewissen Durchforstung der Eurovisions- und EBU-Websites basiert. Eine weitere wertvolle Quelle war Siobhán Doyle, »8 Eurovision controversies you probably didn't know about«, RTE, 9. Mai 2023. Dank an Tyron Wilson für sein schier unendliches Eurovisionswissen.

Grenzen in der Luft: Theo Deutingers Karte der Fluginformationsgebiete war von unschätzbarem Wert, ebenso wie die Websites von Skybrary, der NATS und der ICAO. Die Passagierstatistiken von FlightAware wurden unter anderem berichtet von Mary Kekatos, »The great getaway begins: 6,4 MILLION travelers set off for the holidays as incredible flight tracker map shows how busy the skies are above the US«, DailyMail.com, 23. Dezember 2017. Weitere Quellen waren: »The battle for the sky«, *Economist,* 13. Mai 2014; Luke Harding, »Russia and Norway resolve Arctic border dispute«, *Guardian,* 15. September 2010; und Mark Vanhoenackers Kolumne »View from the Cockpit«, insbesondere »Flying in the far north: a story of magnetism and magic«, *Financial Times,* 16. Dezember 2021.

Die letzte Grenze: Die Idee, dass dies der letzte Beitrag im Buch sein sollte, stammt von meinem langjährigen Kollegen Tom Phillips; das Ergebnis wurde von Kate Arkless Gray großzügig auf seine Richtigkeit überprüft. Die Arbeit von Tim Marshall war von unschätzbarem Wert, insbesondere »The battle for space is about to heat up«, *Prospect,* 23. April 2021; und *Die Macht der Geografie,* dtv Verlagsgesellschaft mbH & Co. KG, 20. Aufl., 2017. Der Aufsatz »Where is Space? And Why Does That Matter?« wurde von Bhavya Lal und Emily Nightingale von der Science and Technology Policy Institution für die Space Traffic Management conference 2014 verfasst. Weitere Quellen sind u. a. Nadia Drake, »Where, exactly, is the edge of space? It depends on who you ask«, *National Geographic*, 20. Dezember 2018; Marina Koren, »Jeff Bezos Is Ready to Cross a Cosmically Controversial Line«, *Atlantic*, 19. Juli 2021; Eric Betz, »The Kármán Line: Where does space begin?«, Astronomy.com, 5. März 2021; Elliot Ji, Michael B. Cerny and Raphael J. Piliero, »What Does China Think About NASA's Artemis Accords?«, *The Diplomat*, 17. September 2020; und Deng Xiaoci, »Trump administration's ›Artemis Accords‹ expose political agenda of moon colonization, show Cold War mentality against space rivals: observers«, *Global Times*, 7. Mai 2020.

Fazit: Das Ende der Grenze: Die Behauptung des argentinischen Verteidigungsministers Jorge Taiana, dass die Falklandinseln eher früher als später wieder argentinisch sein werden, findet sich unter anderem in »Malvinas to be returned to Argentina soon, says Argentine Defense Minister«, MercoPress, 9. Februar 2023. Sowohl Wladimir Putins Essay »Über die historische Einheit von Russen und Ukrainern« aus dem Juli 2021 als auch seine Rede vom Februar 2022, die der Invasion unmittelbar vorausging, sind auf der Website des Kremls zugänglich – falls Sie diese aus irgendeinem Grund lesen möchten.

DANKSAGUNG

Es gibt vor allem zwei Menschen, ohne die dieses Buch nie entstanden wäre: mein Großvater, Wally Horsey, der mein Interesse an Geschichte, Geografie und kuriosen Themen gleichermaßen geweckt hat, und meine geliebte Verlobte, Agnes Frimston, die mir gezeigt hat, dass diese Interessen ein Buch wert sind, und die das Ergebnis mitgeprägt hat. Leider sind beide nicht mehr unter uns – Agnes verstarb mit schockierender Plötzlichkeit und zu einem Zeitpunkt, der in einem Roman vielleicht zu auffällig wirken würde, nur wenige Stunden nachdem ich den ersten Entwurf im Juni 2023 abgeschlossen hatte. Ich vermisse sie mehr, als Worte ausdrücken können, und ich vermute, das wird immer so bleiben.

Zu dem Team, das den bizarren und zufälligen Inhalt meines Gehirns in ein kohärentes Buch verwandelt hat, gehören meine wunderbare und geduldige Lektorin Lindsay Davies, dann Tim Peters, der die Karten zur Verfügung gestellt hat, Liz Marvin für das Lektorat, Matthew Burne für die Umschlaggestaltung, das Team von Wildfire, insbesondere Alex Clarke und Federica Trogu, und mein Agent Antony Topping von Greene and Heaton.

Eine Reihe von Historikern war so freundlich, Teile des Manuskripts zu lesen und mir dabei zu helfen, grobe Fehler zu vermeiden: Kevin Feeney, Rhiannon Garth Jones und mein lieber Freund Matt Symonds. Weitere Personen, die mir an entscheidenden Stellen wertvolle Einblicke und Ratschläge gaben, sind Alex Von Tunzelmann, Duncan Weldon, Dr. Megan Barford von den Royal Museums Greenwich, Professor Philip Steinberg, Direktor der International Boundaries Research Unit an der Universität Durham, Jim Caruth, ehemaliger leitender Kurator für Landkarten an der British Library, und Lewis Baston, dessen eigenes, ganz anderes Buch über Grenzen kurz nach diesem hier erscheint und das Sie unbedingt sofort kaufen sollten.

Ich möchte auch weiteren wichtigen Menschen danken, ohne die ich wahrscheinlich noch nicht einmal mehr stehen würde, geschweige denn in der Lage wäre, Bücher zu vollenden: meiner Mutter und meinem Stiefvater, Kim und Alan; meinen Tanten Jennifer und Leila und Onkel David; sowie dem Team des Podmasters-Podcasts *Paper Cuts*, darunter Andrew Harrison, Miranda Sawyer, Jason Hazeley, Gráinne Maguire, Liam Tait, Jess Harpin, Jacob Jarvis und Adam Wright (Gott, ich habe es vermisst, Kollegen zu haben). Ich möchte auch der überraschend großen Zahl an Menschen danken, die meinen Substack-Newsletter, *The Newsletter of (Not Quite) Everything*, abonniert haben und deren Interesse und Unterstützung es mir ermöglicht haben, hauptberuflich zu schreiben.

Zu guter Letzt gibt es so viele Freunde, denen ich in den letzten Monaten so viel zu verdanken habe, dass ich Angst habe, einen zu vergessen. Dazu gehören unter anderen Scot Fisher, Manu Ekanayake, Brad Curtis, Rachel Nekanda-Trepka, Larissa Fischer, Jasper Jackson, James Ball, Frankie Goodway, Marie Le Conte, Tom Phillips, Luke McGee, Holly Thomas, Ava Evans, Sarah Duggers, Andrew Swan, Harriet Tyce, Kate Arkless Gray, Matt Drinkwater, Anne-Marie Conneally, Aaron Lovell, Rachel Cunliffe, Pete Mitchell, Jim Cooray-Smith, Neil Atkinson und Henry Scampi, der auf beruhigende Weise der beste Hund der Welt bleibt. Mein Herz ist erfüllt von Liebe für jeden einzelnen von euch.

STICHWORTVERZEICHNIS

A

Aachen 59, 99
Abdullah, König von Transjordanien 179
Abu al-Fida 345
Adams-Onís-Vertrag (1819) 137
Afrika 10, 26, 42, 44, 47, 94, 96, 149, 150, 151, 152, 153, 155, 326, 329
Ägäis 41, 42
Ägypten 26, 27, 28, 29, 33, 47, 159, 160, 173, 215, 216, 217, 218, 238, 242, 375, 379, 400
Alaska 253, 347, 348, 357
Alcáçovas, Vertrag von (1479) 93
Alexander VI., Papst 93
Alexandria 290, 294, 326, 327
Alfred der Große 69
Algerien 151, 375
All-India Muslim League 189
Amerikanischer Bürgerkrieg 117, 118, 124, 294
Amerikanische Revolution 115
Amerikanische Ureinwohner 116, 136, 138, 139
Amundsen, Roald 364
Anatolien 42, 82, 175, 176
Andorra 270, 271, 359
Angelsachsen 69, 70
Angevinisches Reich 78
Antarktis 10, 44, 97, 215, 363, 365, 366, 367, 369, 370, 412
Antoninuswall 66, 70
Äquator 327, 328, 330, 332, 347
Araber 173, 178, 179, 239, 327
Arabische Halbinsel 44
Argentinien 97, 240, 355, 361, 362, 368
Ärmelkanal 354, 395
Armenien 372, 374
Artemis-Vereinbarung 390
Arthur, Chester 325, 328, 330
Aserbaidschan 360, 372, 374
Asien 9, 20, 39, 40, 41, 42, 43, 44, 96, 229, 230, 348, 400
Asquith, Herbert 175
Astronomie 87, 329
Atatürk, Kemal 176
Athelstan, König von England 69
Äthiopien 155, 224, 361
Atlantischer Ozean 82, 93, 94, 152, 293, 329, 343, 356, 361, 368, 374
Augustus, Kaiser 49, 57, 61, 71
Aurelian, Kaiser 51

Australien 44, 219, 297, 300, 301, 303, 336, 340, 348, 363, 365, 368, 372, 380
AWZ (Ausschließliche Wirtschaftszone) 355, 356, 357, 358

B

Baarle-Hertog und Baarle-Nassau 247, 248, 249, 251, 407
Balbinus, Kaiser 50
Balfour-Erklärung 240, 245
Balkan 82, 176, 192
Baltimore 340
Bangladesch 196
Barbaren 36, 50, 52, 66
Barcelona 79, 132
Barford, Dr. Megan 332, 415
Barzani, Massoud 177
Bayern 57, 59, 100
BBC 177, 188, 193, 247, 399, 400, 401, 402, 403, 404, 405, 406, 407, 408, 409, 410, 412
Beaufortsee 357
Belarus 88, 209, 212, 376
Belgien 149, 150, 154, 178, 241, 249, 250, 261, 376, 380
Bengalen 190, 194
Berlin 150, 153, 156, 174, 197, 198, 199, 200, 201, 202, 203, 211, 267, 329, 403
Berliner Konferenz (1885) 153, 154, 156, 179
Berliner Mauer 198, 200, 202
Bernhard, König von Italien 58
Bezos, Jeff 385, 388
Bhutan 309
Bing, Dave 288
Binnenstaaten 359, 412
Birma 196
Bir Tawil 10, 215, 216, 217, 218, 219, 406
Bismarck, Otto von 152, 153, 154, 210
Blue Origin 385, 386, 387, 388
Böhmen 102, 167, 169
Bolivien 361, 362
Borges, Jorge Luis 362
Bosporus 40
Boston 280, 291
Brabant 248, 249
Brandenburg 79, 102, 209
Branson, Richard 385, 386, 387
Brasilien 96, 329, 361
Breitengrad 13, 26, 31, 118, 218, 221, 256, 257, 258, 309, 327, 358, 374
Brexit 265, 267, 395
Britische Ostindien-Kompanie 188
Buddhismus 188
Burgund 59, 61, 62, 103, 262
Büsingen am Hochrhein 408
Byrd, Richard 367
Byzantinisches Reich 82

C

Calvert-Familie 118, 119, 120
Campione d'Italia 263, 264, 265, 408
Canberra 302, 410
Carney, Dr. Gerard 299, 301, 409
Cäsar, Julius 49
Chicago 284, 341
Chile 96, 361
China 18, 31, 33, 35, 36, 37, 38, 48, 82, 84, 86, 87, 88, 223, 224, 225, 228,

230, 231, 232, 233, 234, 235, 236, 309, 318, 335, 336, 355, 356, 389, 390, 400
Chinesische Mauer 9, 15, 31, 35, 400
Christentum 17, 80
Christian I., König von Dänemark 142, 144
Christian IX., König von Dänemark 144
Chruschtschow, Nikita 199
Churchill, Winston 198
Conrad, Joseph 156
Cook, Captain James 298
Costa Rica 311, 312, 313, 314, 410
Covid-Pandemie 243, 251, 258, 407
Cromwell, Oliver 112, 113, 181

D

Danelag 69
Dänemark 142, 144, 145, 146
Dardanellen 40, 175, 176
Delaware 120, 122, 124, 125
Detroit 283, 284, 285, 286, 287, 288, 409
Deutscher Orden 209
Deutschland 61, 63, 100, 102, 105, 107, 133, 134, 146, 166, 168, 176, 198, 199, 210, 211, 223, 240, 261, 266, 280, 305, 338, 357, 368, 370, 373, 394
Diarmait Mac Murchada (Dermot MacMurrough) 110
Dio, Cassius 46
Diokletian, Kaiser 51, 52, 272
District of Columbia (D.C.) 10, 290, 291, 294, 295, 302
Dixon, Jeremiah 123, 124, 125
Djer, Pharao 28
Djoser, Pharao 29
Domesday Book 16
Donau 48, 50
Down-Survey 110, 402
Dreißigjähriger Krieg (1618-1648) 105
Dschingis Khan 81, 82, 83, 188, 401
Dublin 110, 112, 114, 182, 183, 184
Dumont d'Urville, Jules-Sébastien-César 365

E

East Anglia 68
Eberhard Im Thurn 266
Eisenbahnen 151, 328
Eiserner Vorhang 198
Elsass-Lothringen 62, 133
England 16, 65, 68, 69, 70, 71, 72, 75, 78, 80, 82, 103, 110, 111, 117, 118, 120, 124, 145, 182, 228, 386
Englischer Bürgerkrieg (1642-1651) 112
Eratosthenes von Kyrene 326
Eritrea 154
Erster Weltkrieg 44, 146, 164, 174, 211, 240, 329
Euphrat, Fluss 15
Eurasien 16, 48, 81, 82, 84, 229, 332
Europa 9, 16, 23, 38, 39, 40, 41, 42, 43, 44, 55, 75, 76, 82, 83, 87, 101, 105, 106, 111, 127, 130, 142, 150, 153, 166, 168, 170, 172, 188, 189, 236, 239, 262, 344, 357, 363, 371, 372, 373, 374, 375, 377, 382, 394, 400, 413
Europäische Kommission 382

Europäische Rundfunkraum (EBA) 10, 371, 374, 375
Europäische Rundfunkunion (EBU) 372, 374
Europäische Union 101, 185, 207, 213, 245, 264, 274, 359, 382
Eurovision Song Contest 371, 372, 374, 380

F

Faisal, König von Irak 179
Falklandinseln (Malwinen) 97, 355, 356, 362, 414
Ferdinand II., Kaiser von Österreich 105
Ferdinand I., Kaiser 168
Ferdinand VI., König von Spanien 97
Feudalismus 75, 76, 77, 106, 141, 172, 401
Finnland 371
FIR (Flight Information Region) 381, 382
Fleming, Sandford 338, 339
Florida 137
Ford, Henry 285, 287
Franken 55, 56, 58, 63, 264, 273
Franklin, Benjamin 124
Frankreich 16, 43, 61, 62, 63, 78, 79, 80, 82, 93, 99, 101, 103, 104, 105, 110, 111, 127, 128, 130, 131, 132, 133, 134, 146, 153, 166, 167, 173, 174, 175, 182, 183, 202, 216, 261, 263, 270, 271, 338, 339, 354, 365, 368, 373, 380, 381, 394, 403, 404
Franz Ferdinand, Erzherzog 165, 169, 170, 171, 172
Franz I., Kaiser von Österreich 167
Franz Joseph, Kaiser von Österreich 149, 169, 170
Französische Revolution 99, 127, 130, 168, 403
Freistaat Kongo 149, 154, 156
Friedrich VII., König von Dänemark 144

G

Gallien 47, 51, 55, 67, 228
Garibaldi, Giuseppe 16
Gazastreifen 242, 243, 244, 360
Gegenreformation 105
Gelber Fluss 15
Gelvin, James L. 178, 404
Genf 61, 262, 280, 352
Gent, Robert van 255, 346
Georges-Picot, François 174, 179
Georgien 372, 374
Gibraltar 42, 308
Gildas 67
Goldene Horde 85, 87
Google Maps 216, 311, 313, 315, 318, 320, 410
Goryeo-Dynastie (Korea) 222, 228
GPS (Globales Positionsbestimmungssystem) 301, 332
Great Western Railway 337
Greenwich-Zeit 338
Gregor VII., Papst 103
Grenze, Definition 20
Griechenland 42, 43, 44, 45, 47, 153

Großbritannien 65, 70, 72, 113, 142, 153, 156, 160, 166, 173, 174, 175, 181, 191, 194, 217, 255, 274, 308, 330, 354, 356, 357, 358, 362, 365, 371, 373, 381, 395, 404
Große irische Hungersnot 182
Grüne Linie 242, 243
Gruppe der \ 165, 166, 170
Guam 356
Gunter, Edmund 114

H

Habsburger Reich 62, 104, 165, 166, 167, 168, 170, 171, 172, 249, 262, 266
Hadrian, Kaiser 47
Hadrianswall 15, 48, 66, 70
Hala'ib-Dreieck 218, 219
Halikarnassos 42
Hamas 244
Hamilton, Alexander 292, 293, 406
Han-Chinesen 15, 35, 82, 88, 228, 335
Hanse 105, 210
Harappakultur 15
Haschemiten-Dynastie 173
Heaton, Jeremiah 216, 415
Heiliges Römisches Reich 61, 99, 101, 248, 265
Heinrich II., König von England 110
Heinrich IV., Kaiser 103
Heinrich VIII., König von England 71, 111
Heinrich VII., König von England 71
Heinrich VI., Kaiser 100
Hekataios von Milet 42
Hendrik I. von Brabant 248
Herodot 42, 400
Herzl, Theodor 239
Hesseln, Mathias Robert de 129
Hinduismus 188
Hobsbawm, Eric 133
Hoheitsgewässer 308, 352, 354, 358
Horton, David R. 297, 410
Hughes, Charles Evans 365, 404
Humboldt, Wilhelm von 99
Hussein bin Ali, König von Hedschas 173, 179

I

Iberische Halbinsel 92, 95
Ilkhanat 85, 88
Indien 45, 92, 94, 149, 187, 188, 189, 190, 191, 194, 195, 196, 241, 340
Indischer Nationalkongress 189
Indonesien 95, 233, 271, 308
Industal15, 33
Internationale Datumsgrenze (IDL) 10, 346, 347, 348
Internationale Meridiankonferenz (IMC) 339, 341
Internationale Raumstation 203
Internationaler Gerichtshof (IGH) 312, 357
Internationales Zeitbüro (BIH) 333
Internationale Zivilluftfahrt-Organisation (ICAO) 380, 382, 413
Irak 176, 177, 178, 179, 375
Iran 319, 340, 360
Irene, Kaiserin 57
Irisch-Republikanische Armee (IRA) 186

Irish Republican Brotherhood 183
Irland 109, 110, 111, 112, 116, 142, 181, 182, 183, 184, 185, 186, 298, 309, 338, 381, 394, 395, 402, 404
Irokesen 123
Isabella von Kastilien 92
Islam 188
Islamischer Staat 177
Israel 177, 237, 241, 242, 243, 244, 372, 375, 376, 407
Istanbul (Konstantinopel) 39, 40, 44, 57, 174, 175, 176, 178
Italien 55, 58, 60, 61, 95, 132, 176, 202, 261, 272, 338, 352, 373, 386

J

Jackson, Andrew 138
Jakob II., König von England 120
Jakob I., König von England 111
Japan 223, 355, 358
Jaxa 270
Jefferson, Thomas 17, 116, 293, 402, 411
Jerusalem 176, 241, 242
Jervis Bay Territory 303
Jin-Dynastie (China) 82, 84
Jinnah, Muhammad Ali 190, 191, 192, 193, 195, 196, 405
Johann II., König von Frankreich 62
Johann II., König von Portugal 93, 94
Johann V. König von Portugal 97
Jordanien 242, 375
Juden 111, 239, 240, 241
Jugoslawiens 359, 373
Julianischer Kalender 348
Julius II., Papst 95
Jütland 141

K

Kalifate 56, 82
Kaliningrad (Königsberg) 207, 208, 210, 212, 213, 214, 405
Kalkutta 190, 193
Kalten Krieg 198, 223
Kanada 253, 254, 256, 257, 258, 336, 338, 357, 363
Kanarische Inseln 93, 327
Kap der Guten Hoffnung 93, 123
Kaplan, Robert 232, 235, 236, 406
Kap Verde 344
Karfreitagsabkommen (1998) 185, 309
Karibik 113
Karl der Große 43, 55, 56, 57, 58, 61, 62, 63, 78, 270
Karl II., König von England 118
Karl I., König von England 56, 112, 118
Karlmann 56
Karl Martell, König der Franken 56
Karl V., Kaiser 104
Kármán-Linie 387
Karthago 47
Kartografie 14, 17, 116, 201, 319, 320, 331, 332
Kasachstan 44, 253, 359, 360
Kaschmir 196
Kaspisches Meer 40, 360
Katholische Kirche 104, 393
Kaukasus 40, 176, 375
Kelly, Captain Harry 159, 160, 161, 162, 163, 218
Kiewer Rus 85, 88, 393

Kim Il-Sung 221, 223
Kim Jong-Il 221
Kim Jong-Un 221, 227
Kirchenstaat 263, 270, 274
Kiribati 347, 349
Kleinstaaten 273, 305, 311, 359
Knut, König von Dänemark 145
Kolumbien 224
Kolumbus, Christoph 82, 92, 93, 95
Königliches Observatorium, Greenwich 122, 329, 330, 331, 332, 333
Königsberg (Kaliningrad) 207, 209, 210, 211, 212, 213, 405
Konstantin, Kaiser 52, 53
Kontinente 40, 42, 44, 116
Korea 81, 84, 221, 222, 223, 224, 225, 228, 406
Koreakrieg 225, 227, 406
Korsika 127, 133
Krieg von 1812 254, 255, 309
Krim 84, 88, 317, 318, 320, 321, 382
Kroatien 132, 167
Kublai Khan 85
Kurdistan 177

L

Lake of the Woods 255, 256, 257
Lancashire 16
Längengrad 94, 299, 301, 326, 327, 331, 341, 347, 357
Las Vegas 276
Lateinamerika 96
Leo III., Papst 55, 57
Leopold II., König der Belgier 150
Lesotho 359
Levante 26, 175, 238, 380
Libanon 175, 372, 375, 376
Liechtenstein 261, 273, 274, 305, 306, 307, 377
Limes Germanicus 52
Litauen 111, 145, 207, 208, 212, 213, 214
Livingstone, David 150
Lombardei 57, 77
London 112, 120, 163, 182, 183, 193, 275, 276, 278, 279, 280, 301, 304, 331, 337, 340, 341, 353, 368, 401, 402, 409
Londoner Protokoll (1852) 144, 145
Lothar II., König der Franken 61
Lothar I., König der Franken 59, 61
Lotharingien 61, 262
Ludwig der Fromme 58
Ludwig III., König der Franken 61
Luftraumgrenzen 382
Luther, Martin 104
Luxemburg 131, 153, 261, 270, 274, 381

M

Madison, James 293
Magellan, Ferdinand 343, 344, 345
Maine 125, 255
Makedonien 45
Malaysia 230, 233, 235
Malta 274
Manchester 16, 276
Mandschu-Dynastie (China) 37, 38
Mao Zedong 224, 230, 335
Marcher Lords 79
Marie Byrd Land 215, 216
Marinus von Tyrus 364
Markgrafen 75, 78, 80, 102, 401

Marks, Howard 264
Marmarameer 39, 40
Marokko 42, 319, 372, 375, 376
Marshall, Tim 389, 391, 413
Marx, Karl 115
Maryland 9, 118, 119, 120, 122, 123, 124, 125, 290, 293, 294, 295, 296, 302
Mason, Charles 117, 122, 124, 125
Mason-Dixon-Linie 117, 119, 124, 125, 402
Maximilian I., Kaiser 103
Maximinus Thrax, Kaiser 46
McDowell, Jonathan 387, 388
McMahon, Sir Henry 173, 174, 178
Mears, John 15
Melbourne 298
Memphis, Ägypten 26
Menes, Pharao 13, 26, 33
Menon, V. P. 192, 193, 405
Mercator, Gerhard 109, 114
Mercia 68
Meridiane 94, 299, 302, 326, 327, 329, 331, 332, 374, 375, 411
Mesopotamien 33, 46, 49, 175
Mexiko 135, 136, 138, 140, 312, 348, 381, 383, 403
Miami Beach 276
Mikronesien 273
Millett, Allan R. 224
Ming-Dynastie 37, 38, 88
Mississippi 124, 137, 139, 256, 257
Missouri-Kompromiss 125
Mittelalter 76, 77, 79, 141, 145, 209
Mittelamerika 136, 348
Mittelfranken 59, 60, 101
Mittelmeer 26, 42, 62, 86, 176, 245, 270, 274, 352, 395
Modi, Narendra 196
Mogulreich 188
Molukken 343
Monaco 261, 270, 271, 272, 274
Mond 389, 390, 391
Mongolisches Reich 9, 81, 88, 89
Moskau 88, 207, 208, 321, 374, 377
Mountbatten, Louis 191, 192, 193, 194, 195, 196, 405
Murdock, George P. 156
Muslime 44, 189, 190, 193, 195, 196
Mussolini, Benito 264

N

Nagel, William J. 286
Naher Osten 20, 82, 173, 179, 252, 372, 374, 404
Napoleon I., Kaiser 127, 129, 130, 133, 134, 136, 143, 153, 166, 167, 262, 271, 403
Napoleonische Kriege 127, 272
Narmer-Palette 27
NASA 388
Nationalismus 133, 141, 143, 165, 166, 168, 172, 176, 239, 404
Nationalstaaten 14, 25, 133, 212, 222
NATO 213, 358
Nazis 213, 267
Nehru, Jawaharlal 189, 190, 191, 192, 193, 195
Neolithische Revolution 32
Nepal 336, 340
Netanjahu, Benjamin 252

Neun-Striche-Linie 229, 230, 406
Neuseeland 303, 304, 348, 365
New Orleans 125, 137
New South Wales 299, 300, 301, 302, 303
New York 150, 195, 254, 263, 278, 279, 280, 291, 292, 313, 337, 341, 400, 403, 404, 405, 407, 408, 409, 410
Nicaragua 311, 313, 314, 410
Niederlande 59, 62, 101, 103, 104, 105, 106, 130, 133, 134, 248, 249, 250, 251, 261, 280, 380
Nigeria 154, 156
Nil, Fluss 13, 26, 42, 160
Nizza 16, 133
Nordafrika 380
Nordirland 72, 142, 181, 184, 185, 265, 267, 395
Nordkorea 31, 225, 226
Nordsee 57, 61, 357
Northern Territory (Australien) 300, 301
Northumbria 68, 69, 70
Norwegen 145, 370, 383
Nubien 26
Nullmeridian 325, 326, 327, 328, 329, 330, 331, 333, 346, 347, 411

O

Offa's Dyke 71
O'Higgins, Bernardo 367
Okinotorishima 351, 355, 356
Online-Kartografen 317
Oranierorden 185
Ordnance Survey 319
Organisation Amerikanischer Staaten (OAS) 312
Ortega, Daniel 312, 314, 410
Osmanisches Reich 240, 329
Österreich 79, 105, 132, 134, 146, 167, 168, 171, 172, 199, 261, 266, 305, 394
Österreich-Ungarn 149, 166, 176
Ostfranken 59, 60, 61, 101
Otto der Große, Kaiser 61, 101
Ottonische Dynastie 78

P

Pakistan 15, 33, 187, 192, 194, 195, 196, 318
Palästina 179, 237, 239, 240, 241, 242, 243, 244, 360, 407
Palau 273
Palmerston, Lord 141, 142, 146, 147
Panama 40
Paraguay 361
Paris 61, 78, 99, 130, 133, 194, 254, 256, 269, 276, 277, 278, 280, 329, 330
Parsons, Ed 319, 320, 410
Pax Mongolica 86, 87, 89
Pazifischer Ozean 95, 136, 303, 343, 347, 348, 351, 361, 368, 381
Penn-Familie 118, 119, 120, 122
Pennsylvania 9, 118, 119, 120, 122, 123, 124, 125, 291, 292
Pepys, Samuel 115
Persien 42, 84, 87, 88
Persischer Golf 15, 319
Peru 362
Petty, William 113, 114
Philadelphia 119, 120, 291, 292, 293

Philipp II. König von Spanien 104
Philippinen 136, 224, 230, 233, 234, 235, 343, 348
Point Roberts 258
Polen 87, 116, 168, 208, 210, 211, 213, 270, 327, 393
Polk, James 135, 138
Polo, Marco 87
Popovici, Aurel 170
Portugal 91, 93, 95, 96, 97, 402
Prag 105
Prager Fenstersturz 105
Prätorianergarde 45, 50
Preußen 100, 105, 134, 145, 146, 209, 210, 211
Princip, Gavrilo 166, 170
Protestanten 112, 184, 185, 261
Ptolemäus, Claudius 327
Punjab 187, 188, 189, 196
Pupienus, Kaiser 50
Putin, Wladimir 393
Pynchon, Thomas 123

Q

Qin-Dynastie 34, 35, 37
Qing-Dynastie 37, 270
Quäker 118
Quebec 255, 256, 257, 258, 309
Queensland 219, 297, 299, 300, 301

R

Radcliffe, Sir Cyril 194, 196
Rapoport, Meron 243, 244, 245, 407
Reconquista (Spanien) 92
Reformation 17, 97, 104, 111
Renaissance 43, 56, 88, 401
Reuß, Haus 100
Reuß, Heinrich von 106
Rhein, Fluss 46, 47, 48, 50, 56, 102, 134, 211, 266, 280, 307, 361
Rio Grande 135
Rio San Juan 311, 314
Robespierre, Maximilien 127
Rockall 356
Rom 45, 46, 47, 49, 50, 51, 53, 55, 57, 59, 61, 62, 102, 103, 132, 134, 265, 274, 338
Romulus Augustus, Kaiser 52, 53, 57
Rossi, Cesare 264
Ross, James Clark 365
Rudolf, Kronprinz 169
Russland 18, 43, 44, 71, 82, 84, 88, 134, 166, 174, 175, 176, 207, 209, 213, 214, 253, 256, 317, 318, 321, 336, 348, 357, 364, 370, 376, 382, 383, 389, 390, 393, 394

S

Sahara 49, 320
Salisbury, Lord 17, 154
Samoa 348, 349
San Marino 272, 359
Sarajevo 165
Satelliten 199, 332, 388, 389
Saudi-Arabien 179, 319, 374, 375, 376, 377
Savorgnan de Brazza, Pierre 151
Savoyen 131, 133
Schaffhausen 266
Schlacht von Waterloo (1815) 134

Schleswig-Holstein-Frage 141, 146
Schoten, Godfried van 248
Schottland 65, 66, 70, 71, 72, 111, 183, 338, 356, 395
Schwarzer Tod 87
Schwarzes Meer 176, 360
Schweden 105, 194, 208, 368, 371
Schweiz 62, 239, 261, 262, 263, 264, 265, 266, 267, 306, 307, 361, 373, 408
Schweizerische Eidgenossenschaft 106, 262, 263
Scott, Robert Falcon 364
Seegrenzen 235, 351, 353, 357, 412
Seemeilen 352, 354, 358
Seestreitkräfte 361
Seidenstraße 86, 87
Septimius Severus 45, 47
Serbien 153, 166
Severus Alexander 45, 47
Sewardstone, Essex 275, 279
Sewick, Paul 285, 286, 287, 409
Shackleton, Ernest 364, 413
Shang-Dynastie (China) 34
Shenker, Jack 216
Shihuangdi, Kaiser 35
Sieyès, Abbé 129, 130, 339
Sikhs 193, 195
Sinai-Halbinsel 40, 242
Singapur 100, 274
Sinn Féin 184, 309
Sixtus IV., Papst 93, 95
Sowjetunion (UdSSR) 202, 223
Spanien 43, 47, 48, 78, 79, 91, 92, 93, 95, 96, 97, 103, 105, 111, 131, 222, 270, 271, 299, 308, 313, 345, 361, 366, 373, 402
Stanley, Henry Morton 150, 151
Südafrika 123
Südamerika 40, 44, 95, 96, 136, 343, 367, 381
Sudan 10, 156, 159, 160, 163, 164, 215, 216, 217, 218, 219, 404
Sudan-Uganda-Grenzkommission 159
Südaustralien 300, 302
Südchinesisches Meer 229, 232, 355
Südkorea 226, 356
Südpol 363, 364, 367, 374
Südsudan 164, 359
Suezkanal 159
Suwalki-Lücke 213
Sydney 298, 300, 301, 303
Sykes, Mark 177, 179
Sykes-Picot-Abkommen 10, 173, 174, 175, 176, 177, 178
Syrien 43, 175, 176, 178, 179, 375, 376

T

Tacitus 66
Taiwan 230, 232, 236, 258, 351, 356
Tang-Dynastie (China) 222
Tanguten 84
Tasmanien 298, 300
Texas 137, 138, 298
Theodosius I., Kaiser 52
Thiers-Mauern, Paris 277
Thüringen 100
Tiarks, Johann Ludwig 257
Tigris, Fluss 15
Timur (Tamburlaine) 88

Tokio 351
Transjordanien 179, 237
Treaty of Limits (1828) 137
Troja 42
Truman, Harry 224
Trump, Donald 135, 136, 411
Tschagatai-Khanat 85, 88
Tschechoslowakei 202, 359
Tudor-Dynastie 71
Tufnell, Captain 159, 160, 161, 162, 218
Tunesien 372, 375, 376
Türkei 20, 42, 176, 358, 375
Turkmenistan 360

U

UdSSR (Sowjetunion) 212, 223, 225, 359, 373, 385
Uganda 10, 160, 162, 163, 164, 240, 404
Uiguren 84, 335, 336
Ukraine 81, 88, 111, 207, 214, 317, 318, 321, 375, 376, 393, 394
Ulster 111, 181, 184, 404
UNCLOS (UN-Seerechtsübereinkommen) 234, 352, 353, 354, 356, 358, 360
Ungarn 87, 145, 167, 169, 170, 171, 361
Ural 40, 41, 44
Uralgebirge 40
Urgell 271
USA (Vereinigte Staaten von Amerika) 17, 116, 117, 124, 135, 136, 137, 138, 139, 140, 221, 223, 224, 225, 236, 243, 253, 254, 255, 256, 259, 273, 284, 289, 329, 336, 338, 348, 356, 357, 358, 368, 380, 381, 385, 389, 390, 408
Usbekistan 359
UTC (Koordinierte Weltzeit) 335, 339, 340, 341, 347, 348, 349

V

Vancouver 258, 338
Vanhoenacker, Mark 381, 383
Vatikan 274, 372, 377
Venezuela 329, 340
Verdun, Vertrag von (843) 59
Vereinigtes Königreich 72, 182
Vermont 255, 256, 257, 258, 309
Versailles-Konferenz (1918) 179
Vertrag von Madrid (1750) 97
Vertrag von Paris (1783) 254, 256, 269
Vertrag von Prag (1866) 146
Vertrag von Tordesillas (1494) 91, 92, 96, 97, 152, 299, 366
Victoria (Australien) 300, 301
Victoria, Königin 149, 365
Vietnam 230, 233, 235
Virgin Galactic 385, 386
Virginia 118, 121, 207, 216, 290, 293, 294, 295, 302
Voltaire 101, 265
Vororte 39, 277, 278, 284, 285, 287, 295

W

Wales 65, 67, 71, 72, 73, 79, 80, 128, 183, 264, 300, 301, 303, 304
Wallonen 178
Warschau 132
Washington, D.C. 289, 295, 328, 409
Washington, George 293
Weltraum 19, 281, 385, 386, 387, 388, 389, 390, 405

Wessex 68, 69, 184, 228
Westafrika 93, 154, 381
Westaustralien 298, 300
Westfälischer Frieden (1648) 17, 106, 179, 262, 265
Westjordanland 237, 242, 243, 360
Wettlauf um Afrika 149, 150, 329
Wiener Kongress (1814-15) 134, 153, 272
Wikinger 59, 68, 69
Wilkinson, Toby 27
Winder, Simon 62, 170, 172, 401, 402, 404
Worsley, Benjamin 113
Wright, Orville 379

X

Xia-Dynastie (China) 34
Xinjiang 336, 340

Y

Yandex 321
YouGov 325, 411
Yuan-Dynastie (China) 85, 88

Z

Zeit der Streitenden Reiche (China) 34
Zeitzonen 19, 335, 336, 337, 338, 339, 340, 341, 346, 347, 348, 411
Zenobia, Königin 51
Zhou-Dynastie (China) 33, 34
Zhou Enlai 127
Zionismus 239, 240, 407
Zweiter Weltkrieg 172, 232
Zypern 44, 358